AFRIKA-STUDIEN Nr. 5

Die Schriftenreihe „Afrika-Studien" wird herausgegeben vom Ifo-Institut für Wirtschaftsforschung e. V. München in Verbindung mit

Prof. Dr. HEINRICH KRAUT, Dortmund
Prof. Dr. Dr. h. c. RUDOLF STUCKEN, Erlangen
Prof. Dr. HANS WILBRANDT, Göttingen
Prof. Dr. EMIL WOERMANN, Göttingen

Gesamtredaktion:
Dr. phil. WILHELM MARQUARDT, München,
Afrika-Studienstelle im Ifo-Institut
Dr. agr. HANS RUTHENBERG, Göttingen,
Institut für ausländische Landwirtschaft

IFO-INSTITUT FÜR WIRTSCHAFTSFORSCHUNG
AFRIKA-STUDIENSTELLE

Die sozialwissenschaftliche Erforschung
Ostafrikas 1954—1963

(Kenya, Tanganyika/Sansibar, Uganda)

Von

ANGELA MOLNOS

Mit zwei Karten

SPRINGER-VERLAG

BERLIN · HEIDELBERG · NEW YORK

1965

GEFÖRDERT VON DER FRITZ THYSSEN-STIFTUNG, KÖLN

Einführung

Das vorliegende Buch ist die zweite Veröffentlichung innerhalb der Reihe „Afrika-Studien", die über den rein wirtschaftswissenschaftlichen Bereich hinausgeht und sich mit sozialwissenschaftlichen Fragen im weiten Sinne des Wortes befaßt[1]. Es ist eine systematische und zum Teil kritisch-analytische Bestandsaufnahme der Forschungstätigkeit der letzten zehn Jahre in Zentral-Ostafrika auf dem Gebiet der Geschichtsforschung, Ethnologie, Soziologie, Sozialpsychologie, Psychologie und Nationalökonomie, erwachsen aus der Vorbereitung einer Studie über die „Situation und Rolle der Frau in der wirtschaftlichen und sozialen Entwicklung Ostafrikas". Die Afrika-Studienstelle beauftragte die Verfasserin dieses Buches im September 1963, während eines sechsmonatigen Studienaufenthaltes in Ostafrika dort die notwendigen Daten und Informationen zu sammeln, die zur Ausarbeitung des eigentlichen Forschungsplanes benötigt wurden. Diese Sammlung von Informationen sollte zugleich Anhaltspunkte für ein 1965 beginnendes größeres Programm der Sozialforschung in Ostafrika liefern, sowie den laufenden wirtschaftswissenschaftlichen und anderen Forschungsvorhaben der Afrika-Studienstelle dienlich sein.

Die Notwendigkeit einer engen Zusammenarbeit der Wirtschaftsforschung mit den benachbarten sozialwissenschaftlichen Disziplinen braucht heutzutage auch in Deutschland nicht mehr betont zu werden. Die interdisziplinäre Form der Forschung gibt uns gerade in Afrika am ehesten eine Chance, zu wirklichkeitsnahen und theoretisch gesicherten Ergebnissen zu kommen. Werden doch in Afrika die wirtschaftlichen Vorgänge auf nationaler und regionaler Ebene sowohl mitbestimmt durch die Eigenart traditioneller Wirtschaften auf dem „grass-roots level", als auch durch Verhaltens- und Denkweisen, die wir schwer nachvollziehen können und die stärker als bei uns Menschen der westlichen Industriegesellschaft im nicht-ökonomischen und irrationalen Bereich wurzeln. Gerade hier aber braucht der Wirtschaftswissenschaftler gründliche Informationen über den geschichtlichen, den sozio-

---

[1] Vgl. hierzu auch H. W. Jürgens, Beiträge zur Binnenwanderung und Bevölkerungsentwicklung in Liberia, Afrika-Studien Heft 4.

kulturellen und den sozialpsychologischen Hintergrund, bevor er seine Schlüsse ziehen kann.

Wir freuen uns, dem für die ostafrikanischen Probleme aufgeschlossenen Leser die vorliegende Arbeit als ein „Vademecum" der Forschung zu repräsentieren. Er wird darin nicht nur eine reichhaltige und systematisch geordnete Informationsquelle vorfinden, sondern zugleich eine Lektüre entdecken, die für eine informatorische und bibliographische Darstellung überraschend interessant ist. Dies liegt zum größten Teil an der neuen Form der Verarbeitung und Darbietung des Materials, welche die Verfasserin gefunden hat.

Dr. WILHELM MARQUARDT
Leiter der Afrika-Studienstelle
im Ifo-Institut

Vorwort

Diese Arbeit war ursprünglich als eine Daten- und Quellensammlung für ein spezielles soziologisches Projekt sowie als Unterlage für das laufende Ostafrika-Programm der Afrika-Studienstelle des Ifo-Instituts für Wirtschaftsforschung gedacht. Sie war anfangs nicht in der jetzigen umfassenden Form geplant, sondern ist erst im Verlauf der Beschäftigung der Verfasserin mit diesen Fragen entstanden.

Als Nicht-Ethnologin und Neuling in der Afrikaforschung konnte ich das Gefühl der Unsicherheit nur dadurch überwinden, daß ich versuchte, mir nach und nach einen systematischen und möglichst vollständigen Überblick über den Stand der Forschung zu verschaffen. Wenn das vorliegende Ergebnis dieser Bemühungen ein ähnliches Unsicherheitsgefühl bei anderen „Neulingen" verringern und ihnen die Anlaufzeit der ersten Datensammlung um ein paar Tage verkürzen würde, so wäre dies Ergebnis für mich sehr zufriedenstellend.

Damit ist bereits gesagt, daß diese Arbeit nicht für Ethnologen verfaßt wurde. Die Daten wurden in erster Linie für Soziologen und Wirtschaftswissenschaftler zusammengestellt, die am Anfang ihrer vorbereitenden Literaturstudien stehen und sich einen ersten Überblick über Forschungsergebnisse, Wissenschaftler, Institute, die Organisation der Forschung und weitere Informationsquellen verschaffen wollen.

*

Hier möchte ich der Fritz-Thyssen-Stiftung meinen Dank dafür aussprechen, daß sie durch ihre großzügige Förderung diese Arbeit überhaupt möglich gemacht hat.

Mein Dank gilt weiterhin der Afrika-Studienstelle des Ifo-Instituts für Wirtschaftsforschung sowie Frau Dipl.-Volkswirt Hildegard Harlander vom Ifo-Institut, die mich während meiner ganzen Arbeit in Ostafrika und in München mit technischer Hilfe, Informationen und Ratschlägen unterstützten. Dank auch allen neuen Freunden und Bekannten in Ostafrika, den Mitarbeitern und der Leitung des EAISR (East African Institute of Social

Research), des „Nyegezi Social Research" Instituts, der „Marco Surveys Ltd.", der Ford-Foundation und den vielen einzelnen, wie J. Banfield, V. Junod, M. Paulus, M. Snyder, A. W. Southall, F. X. Sutton, R. E. S. Tanner, G. M. Wilson, A. Wipper, die mir mit Auskünften halfen, Material zur Verfügung stellten und weitere Verbindungen vermittelten.

Besonders dankbar bin ich dem Ostafrika-Spezialisten, L. Vajda, Dozent am Institut für Völkerkunde der Universität München, für seine wissenschaftlichen Hinweise zum ethnologischen Teil der Arbeit und für die kritische Überprüfung des Manuskriptes aus ethnologischer Sicht.

München, im Januar 1965

Dr. ANGELA MOLNOS

Überblick über das Afrika-Forschungsprogramm

Das gesamte Forschungsprogramm umfaßte nach dem Stand Ende Juni 1964 die nachfolgend genannten Untersuchungen gesamtwirtschaftlicher und einzelwirtschaftlicher Art. Zur Unterrichtung über Änderungen und Ergänzungen sowie über den Gang der Veröffentlichung bringt jedes Heft der „Afrika-Studien" eine Übersicht über das Gesamtprogramm.

Gesamtwirtschaftliche Studien

a) Tropisch-Afrika

N. AHMAD/E. BECHER, Entwicklungsbanken und -gesellschaften in Tropisch-Afrika (erschienen als Heft 1)

R. GÜSTEN/H. HELMSCHROTT, Volkswirtschaftliche Gesamtrechnung in Tropisch-Afrika (erschienen als Heft 3)

N. AHMAD/E. BECHER/E. HARDER, Wirtschaftsplanung und Entwicklungspläne in Tropisch-Afrika (abgeschlossen)

b) Ostafrika

L. SCHNITTGER, Steuersysteme und Steuerpolitik als Mittel der wirtschaftlichen Entwicklung in Ostafrika (abgeschlossen)

R. GÜSTEN, Zur Problematik wirtschaftlicher Zusammenschlüsse in Ostafrika (in Bearbeitung)

R. VENTE, Methoden und Ergebnisse der Wirtschaftsplanung in Ostafrika (in Bearbeitung)

F. GOLL, Die Hilfe Israels für Entwicklungsländer unter besonderer Berücksichtigung Ostafrikas (i. Bearbeitung)

Landwirtschaftliche Studien

a) Tropisch-Afrika

A. REITHINGER, Möglichkeiten der Diversifizierung der Agrarproduktion in Tropisch-Afrika (v. Abschluß)

(Versch.), Die Auswirkungen der EWG-Agrarmarktordnung auf die Exportmöglichkeiten der Entwicklungsländer (abgeschlossen)

H. PÖSSINGER, Stand und Problematik der landwirtschaftlichen Entwicklung in Portugiesisch-Afrika (abgeschlossen)

b) Ostafrika

1. Zusammenfassende Rahmenuntersuchungen

H. Ruthenberg, Agricultural Development in Tanganyika (erschienen als Heft 2)

ders., Die bäuerliche Produktion in Kenya und Maßnahmen zu ihrer Förderung (in Bearbeitung)

2. Botanische, tierzüchterische und ökonomische Fragen der Rinderhaltung in Ostafrika

H. Leippert, Die natürlichen Pflanzengesellschaften in den Trockengebieten Ostafrikas (i. Bearbeitung)

K. Meyn, Die Fleischproduktion in den Trockengebieten Ostafrikas (i. Bearbeitung)

N. Newiger, Gemeinschaftliche Formen der Viehhaltung (und des Ackerbaus) in Ostafrika (in Bearbeitung)

E. Raddatz, Die Organisation der afrikanischen Bauernbetriebe mit Milchviehhaltung in Kenya (i. Bearbeitung)

H. Klemm, Die Organisation der Fleisch- und Milchmärkte Ostafrikas (in Bearbeitung)

3. Die Organisation bäuerlicher Betriebssysteme in Ostafrika

D. v. Rotenhan, Die Organisation der Bodennutzung im Sukumaland (Baumwolle) (abgeschlossen)

H. Pössinger, Möglichkeiten und Grenzen des Bauernsisal in Ostafrika (i. Bearbeitung)

S. Groeneveld, Die Organisation der Rinder-Kokospalmen-Betriebe bei Tanga (i. Bearbeitung)

W. Scheffler/A. v. Gagern, Betriebswirtschaftliche und soziologische Probleme der bäuerlichen Tabakproduktion in Tanganyika (i. Bearbeitung)

K. Friedrich/H. Jürgens, Die Organisation der Bodennutzung und Viehhaltung im Kaffee-Anbaugebiet bei Bukoba/Tanganyika (i. Bearbeitung)

E. Baum, Die bäuerliche Betriebsstruktur im Kilombero-Tal (i. Bearbeitung)

4. Sonstige Untersuchungen im Zusammenhang mit der landwirtschaftlichen Entwicklung

M. Paulus, Die Rolle der Genossenschaften in der wirtschaftlichen Entwicklung Ostafrikas, speziell Tanganyikas (v. Abschluß)

W. Poeplau/Chr. Schlage, Ernährungsgewohnheiten und Ernährungsmängel in Nordtanganyika (i. Bearbeitung)

F. Dieterlen/P. Kunkel, Tropische Nagetiere und Vögel als Schädlinge in der Landwirtschaft (i. Bearbeitung)

W. Kühme, Tierverhaltensforschung in der Serengeti (abgeschlossen)

Studien über Handel und Gewerbe

H. Kainzbauer, Der Handel in der wirtschaftlichen Entwicklung Tanganyikas (i. Bearbeitung)

K. Schädler, Das Handwerk in der wirtschaftlichen Entwicklung Tanganyikas (i. Vorbereitung)

Soziologische Studien

A. Molnos, Methoden und Ergebnisse der soziologischen Forschung in Ostafrika (erschienen als Heft 5)

H. Harlander/A. v. Molnos, Die Rolle der Frau in der wirtschaftlichen und sozialen Entwicklung Ostafrikas (in Bearbeitung)

O. Raum, Die Anpassungsbereitschaft und -fähigkeit des Afrikaners an die moderne Wirtschaft, untersucht für das Kilombero-Tal/Tanganyika (i. Bearbeitung)

O. Neuloh u. Mitarb., Der Afrikaner als Industriearbeiter in Ostafrika (in Bearbeitung)

I. Rothermund, Zur wirtschaftlichen und politischen Lage der asiatischen Minderheit in Ostafrika (im Druck als Heft 6)

Rechtswissenschaftliche Studien

H. Fliedner, Bodenrechtsformen in Kenya in ihren ökonomischen und sozialen Auswirkungen (abgeschlossen)

H. Krauss, Die moderne Bodengesetzgebung in Kamerun (abgeschlossen)

Chr. Stubenrauch, Der Stand der Rechtsetzung in Ostafrika (in Bearbeitung)

Regional-Studien verschiedener Art

W. Marquardt, Natur, Mensch und Wirtschaft in ihren Wechselbeziehungen am Beispiel Madagaskars (i. Bearbeitung)

R. Güsten, Problems of Economic Development of the Sudan (abgeschlossen)

H.-O. Neuhoff, Die Rohstoffwirtschaft in der Entwicklungsplanung der Republik Gabun (v. Abschluß)

H. Jürgens, Beiträge zur Binnenwanderung und Bevölkerungsentwicklung in Liberia (erschienen als Heft 4)

H. D. Ludwig, Ukara — eine wirtschaftsgeographische Entwicklungsstudie (i. Bearbeitung)

K. Schädler/R. Jätzold, Entwicklungsmöglichkeiten im Ulanga-Distrikt/Tanganyika (in Bearbeitung)

Bibliographien

D. Mezger/E. Littich, Die neuere englische und amerikanische Wirtschaftsforschung in Ostafrika. Eine ausgewählte Bibliographie (i. Bearbeitung)

A. Molnos, s. o. unter Soziologische Studien

Inhaltsverzeichnis

Seite

Einführung V

Vorwort VII

Liste der Abkürzungen 1

A. Einleitung

   I. Inhalt und Form der vorliegenden Arbeit

     1. Sachliche, geographische und zeitliche Abgrenzung 5
     2. Art der Informationen 6

   II. Vermerke für den Leser

B. Forschungszentren

   I. Forschungszentren in Ostafrika

     1. Das East African Institute of Social Research (EAISR) und die Britische „Social Anthropology" 11
     2. Ostafrikanische Universitäten 15
     3. Nyegezi Social Research Institute 16
     4. Marco Surveys Ltd. 16
     5. Andere Forschungsstätten in Ostafrika 17
       a) Regierungsstellen 17
       b) Kleinere Forschungszentren 18

   II. Forschungszentren außerhalb Ostafrika

     1. United Nations' Economic Commission for Africa (UNECA) . . . 18
     2. Amerikanische Ostafrikaforschung 18
     3. Deutsche Ostafrikaforschung 20
     4. Die Afrikaforschung in anderen Ländern 24

C. Der Stand der Forschung: Überblick nach ethnischen Gruppen und Regionen

   I. Bantu-Völker

     1. Z-Tanganyika: Die Bantu des abflußlosen Gebietes sowie die Gogo . 25
     2. N-Tanganyika: Der Shashi-Sonjo-Block der Bantu 27
     3. N-Tanganyika und SW-Kenya: Der Suba-Kuria-Gusii-Block der Bantu 28
     4. W-Kenya und SO-Uganda: Die Luyia oder Kavirondo-Bantu zusammen mit den Gwe, Samia, Gwere, Nyuli und Gisu in SO-Uganda 29

5. SO-, SZ- und SW-Uganda: Die östliche Gruppe der Zwischenseen-Bantu 31
6. W- und SW-Uganda: Die westlichen Stämme der Zwischenseen-Bantu in Uganda 36
7. NW- und W-Tanganyika: Die westlichen und südlichen Stämme der Zwischenseen-Bantu in Tanganyika 41
8. N- und NW-Tanganyika: Der Nyamwezi-Block der Bantu 43
9. SW-Tanganyika: Die Bantu des Nyasa-Rukwa-Gebietes 46
10. S-Tanganyika (Hochland): Der Hehe-Bena-Sangu-Vungu-Block der Bantu 48
11. S-Tanganyika: Der Pogoro-Ndamba-Bunga-Block der Bantu . . . 50
12. SO-Tanganyika: Die Bantu des Rovuma-Rufiji-Gebietes 50
13. O-Tanganyika: Der Ndengereko-Rufiji-Matumbi-Block der Bantu . 52
14. O-Tanganyika: Der Zaramu-Luguru-Block der Bantu 53
15. NO-Tanganyika: Der Zigua-Block der Bantu 54
16. NO-Tanganyika und SO-Kenya: Die Kilimandscharo-Gruppe der NO-Bantu 55
17. S- und Z-Kenya: Die Kenya-Gruppe der NO-Bantu 57
18. Das Küstengebiet von Kenya und Tanganyika: Die küstennahe Gruppe der Bantu und die Swahili 61

II. Niloten, Nilo-Hamiten, Kuschiten und die nicht-klassifizierbaren Völker

1. NW-Uganda: Die Madi-Lugbara-Gruppe 66
2. NW-, N- und SO-Uganda: Die Luo-Gruppe der Niloten 67
3. W-Kenya und N-Tanganyika: Die Kavirondo-Niloten der Süd-Lwo-Gruppe 69
4. O-Uganda und NW-Kenya: Die zentralen Nilo-Hamiten 71
5. O-Uganda, W-Kenya und N-Tanganyika: Die Nandi-Gruppe der südlichen Nilo-Hamiten 74
6. SW- und N-Kenya, NO- und Z-Tanganyika: Die Masai-Gruppe der südlichen Nilo-Hamiten 77
7. N-Kenya: Kuschitische (osthamitische) Völker 80
8. NZ-Tanganyika: Die nicht klassifizierbaren (sprachlich isoliert stehenden) Stämme (Iraqw-Gorowa-Alawa-Burungi-Block) 80

III. Die nicht-afrikanischen Minderheiten

1. Araber 81
2. Inder 82
3. Weiße 83

D. Der Stand der Forschung: Überblick nach Themenkreisen

I. Geschichte

1. Geschichte Ostafrikas 85
2. Entdeckungsgeschichte 86
3. Christliche Kirchen 86
4. Geschichte Kenyas 87
5. Geschichte Tanganyikas 87
6. Geschichte Sansibars 88
7. Geschichte Ugandas 88

II. Politik

    1. Föderation und Politik auf ostafrikanischer Ebene 89
    2. Die komplexe Gesellschaft Ostafrikas 91
    3. Politik in Kenya 93
    4. Politik in Tanganyika und Sansibar 94
    5. Politik in Uganda 95

III. Rechtsfragen

IV. Demographie

    1. Fruchtbarkeit — Bevölkerungswachstum 100
    2. Geschichtliche Wanderungen 100
    3. Flüchtlinge 101
    4. Wanderarbeit 101

V. Gesundheitswesen und Ernährung

    1. Traditionelle Einstellungen 102
    2. Gesundheit, Krankheit, Heilmethoden 103
    3. Ernährung und Nahrungsmittel 103

VI. Die wirtschaftliche Entwicklung

    1. Siedlungsformen 104
    2. Bodenrecht und Landnutzung 106
    3. Landwirtschaft 107
      a) Traditionelle Formen der Landwirtschaft 108
      b) Subsistenz- und Marktproduktion 109
      c) Landwirtschaftliche Arbeit und Ausbildung 110
      d) Modernisierung der Landwirtschaft 111
      e) Landwirtschaftliche Entwicklungspolitik 111
    4. Viehzucht, Fleisch- und Milchproduktion 112
    5. Genossenchaften 113
    6. Die Wirtschaft in einzelnen Stammesgebieten 114
    7. Planung der wirtschaftlichen Entwicklung Ostafrikas 114
    8. Kapitalbildung, Einkommen, öffentliche Finanzen und Steuern . . 117
    9. Transport und Verkehr 118
    10. Handel und afrikanisches Unternehmertum 119
    11. Industrialisierung und Handwerk 120
    12. Arbeitskräftepotential — Arbeiter 120
    13. Gewerkschaften 121

VII. Soziale Entwicklung

    1. Die Erforschung der Städte 122
      a) Die Untersuchungen in Kampala und Jinja 123
      b) Die Untersuchungen in Nairobi und Mombasa 124
      c) Die Untersuchungen in Dar es Salaam und Mwanza 125
    2. Psychologische und sozialpsychologische Forschung 125
      a) Schulen, Erwachsenenbildung, Eignungstests 126
      b) Höhere Ausbildung und Elite 127
      c) „Akkulturation" 129
    3. Verwandtschaft, Familie, Ehe 131
      a) Stammestraditionen 131

b) Die modernen Probleme: Brautpreis, Stabilität der Ehe 132
c) Rechtsfragen der Ehe 133
d) Stellung der Frau 134
e) Ausbildung, Berufschancen, Erwerbstätigkeit und Rolle der Frau
außerhalb der Familie 136

VIII. Allgemeine Werke über Ostafrika

E. Probleme der Forschung; Methoden und Methodenexperimente

I. Arbeiten über den Stand und die Probleme der Forschung in Ostafrika . 140
II. Arbeiten über Wesen, Theorien, Methoden und Anwendungen der "social
anthropology" bzw. der Ethnologie 142
III. Methoden, Methodenexperimente und Techniken der Feldforschung . . 144

Bibliographie Nr. 1

Liste der über Kenya, Tanganyika-Sansibar und Uganda 1954—1963 (z. T.
1950—1964) im Bereich der Sozialforschung, Wirtschaftsforschung und verwandter Gebiete verfaßten Arbeiten. Anhang zu den Kapiteln C. und D. . . 148

Bibliographie Nr. 2

Einige Quellen aus der Zeit vor 1954 über Kenya, Tanganyika-Sansibar und
Uganda. Anhang zu den Kapiteln C. I.—II. und D. VIII. 225

Bibliographie Nr. 3

Ausgewählte Arbeiten über wissenschaftstheoretische Fragen, Stand, Probleme,
Methoden und Techniken der Forschung. Anhang zu den Kapiteln B. und E . . 230

Bibliographie Nr. 4

Ausgewählte bibliographische Arbeiten, Bibliographien und Verzeichnisse. Anhang zu den Kapiteln B., C., D. und E. 248

Verzeichnis Nr. 1

Liste der in den Bibliographien vorkommenden Zeitschriften 257

Verzeichnis Nr. 2

Liste der in Kenya, Tanganyika-Sansibar und Uganda lebenden Stämme (zusammengestellt von L. Vajda). Anhang zu den Kapiteln C. und D. 268

Verzeichnis Nr. 3

Liste der Distrikte von Kenya, Tanganyika-Sansibar und Uganda. Anhang zu
den Kapiteln C. und D. Hierzu 2 Falttafeln am Ende des Buches 296

Verzeichnis Nr. 4

Anschriften von Instituten und Institutionen. Anhang zum Kapitel B. und zur
Bibliographie Nr. 4. 301

Korrekturvorschläge

Ergänzungen

Liste der Abkürzungen[1]

A   AAA   American African Association
     Afr.   Afrika/Africa/Afrique
               Afrikanisch/African/Africain
     Agric.   Agriculture/Agriculture
               Agricultural/Agricole
     Amer.   Amerika/America/Amérique
               Amerikanisch/American/Américain
     Anthrop. Anthropologie/Anthropology/Anthropologie
               Anthropologe/Anthropologist/Anthropologue
               Anthropologisch/Anthropological/Anthropologique
     Art.   Artikel
     ARU   Applied Research Unit (EAISR, Kampala)

B   B   Buch
     Bd.   Band
     BMZ   Bundesministerium für wirtschaftliche Zusammenarbeit
               (Bonn)
     Bull.   Bulletin

C   C   Central
     CCTA   Commission de Coopération Technique en Afrique au Sud
               du Sahara
     CEDESA Le Centre de Documentation Économique et Sociale
               Africaine (Bruxelles)
     CEPSI   Centre d'Étude des Problèmes Sociaux Indigènes
               (Elisabethville)
     CNRS   Centre National de la Recherche Scientifique (Paris)
     Coll.   College
     Conf.   Conference/Conférence
     Congr.   Congress/Congrès
     CSA   Conseil Scientifique pour l'Afrique au Sud du Sahara
     CSSRC   Colonial Social Science Research Council

D   Dept.   Department
     Dtsch.   Deutsch

---

[1] Diese Liste enthält nicht die Abkürzung von Zeitschriften. Hierfür s. Anhang II, 1.

E	E	East/Est
		Eastern
	EACSO	East African Common Services Organization (Nairobi)
	E. Afr. Lit. Bur.	East African Literature Bureau (Kampala, Nairobi, Dar es Salaam)
	EAISR	East African Institute of Social Research (Makerere University College, Kampala)
	Econ.	Economics/Économie
		Economist/Économiste
		Economic/Économique
	Ed.	Edition/Édition
		Editor/Éditeur
	EDRP	Economic Development Research Project (EAISR, Kampala)
	Educ.	Education/Éducation
		Educational/Éducationnel
	EDUC	Uganda Education Project (EAISR, Kampala)
	et al.	et alias/und andere/and others/et autres
	Ethnogr.	Ethnographie/Ethnography/Enthnographie
		Ethnograph/Etnographer/Ethnographe
		Ethnographisch/Ethnographical/Ethnographique
	Ethnol.	Ethnologie/Ethnology/Ethnologie
		Ethnologe/Ethnologist/Ethnologue
		Ethnologisch/Ethnological/Ethnologique
F	FAO	Food and Agricultural Organization of the United Nations
	Fac.	Faculty/Faculté
G	Geogr.	Geographie/Geography/Géographie
		Geograph/Geographer/Géographe
		Geographisch/Geographical/Géographique
	Govt.	Government
H	H	Heft
	Hist.	History
	HMSO	Her (His) Majesty Stationary Office (London)
I	IFAN	Institut Français d'Afrique Noire (Dakar)
	INCIDI	International Institute of Differing Civilisations (Bruxelles)
	ILO	International Labour Organisation (Genève)
	Inf.	Information
	INSEE	Institut National de la Statistique et des Études Économiques (Paris)
	Inst.	Institut/Institute
	Int.	
	Internat.	International
	IRSAC	Institut pour la Recherche Scientifique en Afrique Centrale (Bruxelles)
	ISEA	Institut de Science Économique Appliquée (Paris)
J	J.	Journal
	Jb.	Jahrbuch
	Jg.	Jahrgang
	jr.	junior

2

K	Kap.	Kapitel
	K	Kenya
	Konf. Ber.	Konferenzbericht
M	Magaz.	Magazine
	Med.	Medizin/Medicine
		Medizinisch/Medical
	Mitt.	Mitteilung(en)
	MS	Manuskript/Manuscript
N	N	Nord/North
		Nördlich/Northern
	no.	Number/Numéro
	Nr.	Nummer
O	O	Ost
	Org.	Organisation/Organization
P	Polit.	Politik/Politics/Politique
		Politisch/Political/Politique
	Psych.	Psychologie/Psychology/Psychologie
	Psychol.	Psychologe/Psychologist/Psychologue
		Psychologisch/Psychological/Psychologique
R	Rdsch.	Rundschau
	Res.	Research
	Rev.	Review/Revue/Revista
	Riv.	Rivista
	Roy.	Royal
S	S	Süd/South/Sud
		Südlich/Southern
	Sci.	Science(s)
	SCOLMA	The Standing Conference on Library Materials on Africa (University of London)
	Soc.	Society/Société
		Social
	Sociol.	Sociology/Sociologie
		Sociologist/Sociologue
		Sociological/Sociologique
	Stat.	Statistik/Statistics/Statistique
	Statist.	Statistiker/Statistician/Statisticien
		Statistisch/Statistical/Statistique
	Stud.	Study (Studies)
T	T	Tanganyika
	TANU	Tanganyika African National Union
	TEA	Teachers for East Africa (anglo-amerikanisches Programm für Ausbildungshilfe in Ostafrika)
	Transact.	Transaction(s)

U	U	Uganda
	UK	United Kingdom
	UN	United Nations
	UNECA	United Nations Economic Commission for Africa (Addis Abeba)
	UNESCO	United Nations Educational, Scientific and Cultural Organization (Paris)
	UNICEF	United Nations Children's Fund
	Univ.	Universität/University/Université
	U. of E. Afr. Conf. on Federation = Union of East Africa Conference on Federation, Kampala, 1963	
V	v.	volume
W	W	West
		Westlich/Western
	WHO	World Health Organization, Genève
Z	Z	1. Zanzibar (= Sansibar)
		2. Zentral
		3. Zeitschrift

A. Einleitung

I. Inhalt und Form der vorliegenden Arbeit

1. Sachliche, geographische und zeitliche Abgrenzung

„Sozialwissenschaftliche" Forschung. Schon am Anfang dieser Daten-sammlung stellte sich heraus, daß es „reine Sozialforschung" in Ostafrika nicht gibt. Die Wechselbeziehungen zur historischen, ethnologischen, politischen, juristischen und demographischen Forschung sowie zur neueren Wirtschaftsforschung sind so eng, daß auch die Arbeiten innerhalb dieser Disziplinen mit berücksichtigt werden mußten. So ist die Bezeichnung „sozialwissenschaftliche" Forschung in dieser Arbeit als ein weitgefaßter Sammelbegriff für nicht-naturwissenschaftliche und nicht-technische Forschung zu verstehen. Außer naturwissenschaftlichen und technischen Arbeiten wurden auch die Sprachwissenschaften, Volkskunst, Vorgeschichte und Archäologie außer acht gelassen. Von den geographischen Arbeiten wurden nur diejenigen berücksichtigt, die eine direkte Verbindung zu wirtschaftlichen oder sozialen Fragen haben.

Forschung. Auch der Begriff „Forschung" soll in einem weitgefaßten Sinne verstanden werden. Die meisten Arbeiten sind das Ergebnis sowohl von Literaturstudien als auch von Untersuchungen im „Feld". Die „Feldarbeit" oder „empirische Forschung" läßt sich schwer abgrenzen. Mit diesem Namen werden Untersuchungen aller Art bezeichnet, sowohl solche, die auf methodisch ausgewählten Stichproben und kontrollierbaren Befragungstechniken beruhen, als auch solche, die aus informellen Beobachtungen und freien Gesprächen mit Fachleuten, Behörden, mit dem „Mann auf der Straße" das Informationsmaterial zusammentragen. Andererseits kann der Ethnologe, der Kulturanthropologe oder Kulturhistoriker, der alte und neue schriftliche Quellen kritisch-vergleichend überprüft und aus ihnen die Fakten erschließt, für seine Forschungsarbeit mit Recht die Bezeichnung „empirische Wissenschaft" beanspruchen als Gegensatz zu einer „spekulativ-philosophischen Wissenschaft" oder gar zu einer unsystematisch-unkritischen Datensammlung „im Feld". Daher schien es angebracht, auch die wissenschaftlichen Arbeiten zu erfassen, die nicht direkt als Ergebnis einer Feldforschung entstanden sind. Rein impressionistisch-journalistische Werke wurden dagegen nur in Ausnahmefällen aufgenommen.

Ostafrika. Behandelt werden Arbeiten über Kenya, Tanganyika-Sansibar und Uganda. Dieser geographische Raum wird im Titel und Text mit dem üblichen Namen „Ostafrika" bezeichnet. In Wirklichkeit bilden diese vier bzw. nach der Vereinigung von Tanganyika und Sansibar drei Länder zusammen mit Rwanda und Burundi Zentralostafrika. Untersuchungen in den Ländern Rwanda und Burundi, deren Problematik z. T. mit derjenigen des Kongo zusammenhängt, sind in dieser Arbeit nicht aufgenommen worden.

1954—1963. Es war beabsichtigt, den Stand der Sozialforschung in Ostafrika aus der Forschungstätigkeit der letzten zehn Jahre zu erarbeiten. Diese Periode wurde jedoch in folgenden Fällen bis 1950 bzw. 1964 ausgedehnt:

a) Wenn die hauptsächlichen Werke eines Forschers während der zehn Jahre 1954—1963 erschienen sind, wurden auch seine früheren bzw. späteren Arbeiten erwähnt, um ein vollständiges Bild von seiner Tätigkeit zu geben.

b) Inhaltlich besonders interessante Arbeiten wurden erwähnt, auch wenn sie außerhalb der Zehnjahresperiode liegen.

c) Es wurden alle Veröffentlichungen und Forschungsarbeiten des EAISR und des IFO-Institutes berücksichtigt.

In die Bibliographie Nr. 1 und in die entsprechenden Textabschnitte wurden keine Werke aus der Zeit vor 1950 aufgenommen. Ausgewählte ältere Arbeiten sind in der Bibliographie Nr. 2 — „Quellen vor 1954" — enthalten. Die Bibliographien Nr. 3 — „Arbeiten über wissenschaftstheoretische Fragen, Stand, Probleme, Methoden und Techniken der Sozialforschung" — und Nr. 4 — „Bibliographische Arbeiten, Bibliographien und Verzeichnisse" — wurden zeitlich nicht begrenzt.

2. Art der Informationen

Die vorliegende Arbeit enthält folgende Arten von Informationen:

a) Veröffentlichte und zum Teil unveröffentlichte *Arbeiten der letzten zehn Jahre im Bereich der Sozialforschung und benachbarter Disziplinen.* Die 1558 Titel der Bibliographie Nr. 1 umfassen schätzungsweise 80% aller soziologischen und ethnologischen Arbeiten, die 1954—1963 veröffentlicht wurden. Das unveröffentlichte Schrifttum und die Forschungsarbeiten der benachbarten Wissenschaften wurden weniger vollständig erfaßt. Innerhalb der Gesamtperiode sind die Angaben für die Jahre 1954—1959 am vollständigsten.

b) Angaben über den Inhalt einzelner Werke und ihre *kritische Würdigung* stammen in der Regel von Dritten. Bei den wichtigsten Werken wurde versucht, aus Stellungnahmen sachkundiger Kritiker zu zitieren. Kritische Vermerke ohne Quellenangabe wurden mit Fachleuten besprochen.

c) Angaben über 1963—1964 noch *laufende Projekte* sind nur für einige Institute in Ostafrika (EAISR, Nyegezi usw.) und Deutschland (IFO-Institut) vollständig. Laufende und geplante Projekte amerikanischer und anderer Institutionen aus Übersee konnten nur unvollständig erfaßt werden.

d) Die Angaben über *Forscher* (nur im Text enthalten) sind ungleichmäßig vollständig. Dies hängt in erster Linie mit den ungleichen Möglichkeiten der Datenbeschaffung zusammen. Die unterschiedliche Ausführlichkeit, mit der die einzelnen Forscher besprochen werden, ist daher kein direkter Maßstab für ihre wissenschaftliche Bedeutung. Im Text sind auch solche Forscher erwähnt, die bis 1964 über Afrika bzw. Ostafrika noch nichts veröffentlicht hatten und daher in keiner der Bibliographien im Anhang erscheinen.

e) Angaben über *Forschungsinstitute* (Kap. B). Einige der wichtigsten Forschungszentren, die sich mit Ostafrika befassen, wurden im einzelnen beschrieben, und das Vorhandensein anderer Institutionen wurde nur erwähnt.

f) Auf *weitere Informationsquellen* für den Leser wird im Kap. E sowie in den Bibliographien Nr. 2, 3 und 4 hingewiesen. Im Gegensatz zu Bibliographie Nr. 1 streben diese drei Listen keine Vollständigkeit an. Sie stellen nur eine Auswahl von Arbeiten dar, die für den Anfänger in der Afrika-Forschung nützlich sein kann [1].

Das Informationsmaterial, auf dem die vorliegende Arbeit beruht

Die Angaben wurden aus der Sichtung des Schrifttums über den Stand der Forschung in Ostafrika (Bibliographie Nr. 3), aus Bibliographien (Bibliographie Nr. 4), Mitteilungen und Berichten von Fachzeitschriften und Instituten und aus vielen Gesprächen mit Mitarbeitern von Forschungszentren und anderen Afrikaforschern gewonnen.

Genauigkeit und Vollständigkeit der Angaben

Den meisten Lesern wird es möglich sein, einige Fehler und vor allem Lücken in den Angaben zu entdecken. Dies ist bei dieser komplexen Informationssammlung kaum vermeidbar. Die Verfasserin ist jedem Leser sehr zu Dank verpflichtet, wenn er die gefundenen Fehler und Lücken auf den entsprechenden Formularen (Seiten 305 und 306) notiert und einschickt.

---

[1] Die Bibliographie Nr. 1 enthält 1558 Titel; die Bibliographie Nr. 2 enthält 76 Titel; die Bibliographie Nr. 3 enthält 273 Titel; die Bibliographie Nr. 4 enthält 112 Titel.

II. Vermerke für den Leser

Allgemeines

Die vorliegende Arbeit ist als *Nachschlagewerk* gedacht. Dies bedeutet, daß sich die einzelnen Kapitel und Unterkapitel jeweils auf einen geschlossenen Informationsbereich erstrecken und voneinander unabhängig, d. h. mit anderen Kapiteln und Unterkapiteln nur durch Hinweise (in Klammern) verbunden sind. Bei der Lektüre mehrerer Kapitel und Unterkapitel hintereinander ergeben sich zwangsläufig Wiederholungen.

Zu den Kapiteln C. I., II. und III.

Die *Gruppierung der Volksstämme* richtet sich nach dem neuesten Stand der ethnologischen Forschung [1]. Die Reihenfolge, in der die Gruppen behandelt wurden, hat dagegen keine ethnologische Bedeutung. Bei der *Reihenfolge* wurde nur versucht, Gruppen innerhalb zusammenhängender geographischer und politisch-administrativer Gebilde möglichst hintereinander zu behandeln.

Volksstämme, über die keine Arbeiten in den letzten zehn Jahren gefunden werden konnten, wurden im Text *nicht* oder nur gruppenweise *erwähnt*. Das *Verzeichnis Nr. 2* stellt einen ersten Versuch dar, alle ostafrikanischen Stämme (mit Alternativnamen) vollzählig aufzuführen.

Die angegebenen Zahlen der Stammesangehörigen (in der Ethnologie „Seelenzahlen" genannt) konnten nur teilweise auf den heutigen Stand gebracht werden. Sie stammen aus Volkszählungen bzw. Schätzungen verschiedener Jahre. Diese unverbindlichen Angaben wurden nur eingefügt, um eine Vorstellung der Größenverhältnisse zu vermitteln (vgl. Kopf der Kap. C. I. 1—18; II. 1—8; Verzeichnis Nr. 2).

Der *geographische Raum* (Distrikt), in dem die jeweils besprochenen Stämme leben, wurde ebenfalls nur zu einer ersten Orientierung annäherungsweise aufgeführt (vgl. Kopf der Kap. C. I. 1—18; II. 1—8 und Verzeichnisse Nr. 2 und 3).

Die Angaben über die Lage der Distrikte innerhalb der übergeordneten politischen Einheit (Kenya, Uganda, Tanganyika) sind geographisch zu verstehen (z. B. N-T = Nord-Tanganyika) und richten sich nicht nach den Namen der Provinzen (z. B. „Central Province", „Northern Province").

Die genaue Lage der Distrikte ist aus den *Falttafeln* am Ende des Buches ersichtlich.

---

[1] Aufsatz von L. VAJDA in dem von H. BAUMANN herausgegebenen Werk „Völkerkunde von Afrika". Die Gruppierung wurde mit der freundlichen Erlaubnis des Verfassers aus dem noch unveröffentlichten Manuskript und unter seiner Anleitung entnommen.

Zu den Kapiteln D. I. bis VIII.

In diesen Kapiteln, die nach Themenkreisen geordnet sind, wurden die *rein ethnologisch-kulturhistorischen Arbeiten weggelassen*. Die Arbeiten über Altersklassen, Besessenheitskulte und Hexenwesen zum Beispiel, die in den Kapiteln C. I. und II. erscheinen, werden nicht nochmals zusammengefaßt. In dem Überblick nach Themenkreisen (Kap. D.) fehlen also einige Werke, die in der ethnischen Gruppierung (Kap. C.) vorkommen. Das Kapitel D. enthält dagegen Angaben über *überregionale* und vom Thema her interessierende *Arbeiten*, die keiner ethnischen Gruppe zuzuordnen waren. Die meisten Werke wurden jedoch in beiden Hauptteilen (Kap. C. und D.) erwähnt.

Im Teil D. — „Der Stand der Forschung: Überblick nach Themenkreisen" — konnte kein Kapitel mit dem Stichwort *„sozialer Wandel"* gebildet werden. Die meisten Untersuchungen sind auf Phänomene der laufenden sozialen und wirtschaftlichen Veränderungen gerichtet, so daß der „soziale Wandel" keine spezifische Forschungsfrage darstellt. Im Kapitel D. VII. 2. a — „Akkulturation" — wird jedoch auf einige Arbeiten hingewiesen, die sich besonders mit dieser Frage auseinandersetzen.

Zum Text im allgemeinen und den Verzeichnissen

Im Text werden *alle* in der *Bibliographie Nr. 1* aufgeführten *Arbeiten* mindestens einmal erwähnt.

Der vollständige Titel der *Zeitschriften* und ihr Erscheinungsort sind im Verzeichnis Nr. 1 zu finden.

Bei Veröffentlichungen und Manuskripten, deren *Erscheinungsjahr* nicht festgestellt werden konnte oder die zur Zeit noch nicht fertiggestellt bzw. nur geplant sind, wurde die unsichere Jahreszahl durch einen Punkt ersetzt (195 . bzw. 196 .).

Alle *Abkürzungen,* mit Ausnahme der Titel von Zeitschriften, sind in der Liste (S. 1 ff.) enthalten. Alle Personen wurden mit abgekürzten Vornamen (mit Ausnahme von verwechselbaren Fällen) und ohne akademische Titel erwähnt.

Da der größte Teil der angeführten Literatur englisch ist, wurde bei den bibliographischen Angaben die englische Schreibweise (vol. bzw. v. statt Bd., Pp. statt Seiten usw.) für die englisch-sprachigen Werke beibehalten.

Schreibweise der ethnischen und geographischen Namen

Die ethnischen und geographischen Namen wurden grundsätzlich in der heute in Ostafrika üblichen Weise geschrieben. Diese Schreibweise entspricht weitgehend der internationalen phonetischen Transkription und wird auch in der modernen wissenschaftlichen Literatur über Ostafrika beinahe einheitlich gebraucht. Nur für die Namen „Zanzibar" und „Kilimanjaro" wurden auf Wunsch des Herausgebers die im deutschen Sprachgebrauch verbreiteten Varianten „Sansibar" und „Kilimandscharo" beibehalten.

Wenn es der Sinn des Textes nicht anders erfordert, sind die Länder in alphabetischer Reihenfolge aufgeführt: Kenya, Tanganyika (mit Sansibar) und Uganda.

B. Forschungszentren [1]

"... The number of centres throughout the world has increased greatly over the last few years and many of those responsible for directing the various current training and research programmes have become acutely conscious of the need for exchanging and co-ordinating information. Some research schemes have considerably overlapped in scope without the awareness of the bodies concerned, and opportunities for co-operation and exchange of information have been lost..."

(Ankündigung der „African Research Planning and Coordination Conference" vom April 1964 in Ibadan — „Africa", Jan. 1964, p. 57)

I. Forschungszentren in Ostafrika

1. Das East African Institute of Social Research (EAISR) und die britische „Social Anthropology"

Seit der Gründung des EAISR 1950 in Kampala schloß sich die britische anthropologische Forschung, die zuvor auf unkoordinierten Initiativen von Universitäten, kolonialen Forschungsorganisationen, Stiftungen, Instituten und privaten Forschern fußte, an dieses neue Institut an [2]. Die Forschungstätigkeit des EAISR deckte sich bis vor einigen Jahren mit der Tätigkeit der britischen „Social Anthropology" in Ostafrika schlechthin. Die nacheinander folgenden Direktoren des EAISR — W. H. STANNER, A. I. RICHARDS, L. A. FALLERS, A. W. SOUTHALL, D. J. STENNING — waren zum Teil namhafte Vertreter der britischen Social Anthropology [3]. Die For-

---

[1] Die bibliographischen Daten, auf die in diesem Kapitel hingewiesen wird, sind in der Bibliographie Nr. 3 enthalten.

[2] Um nur einige der berühmten Träger der früheren britischen Afrikaforschung zu nennen: International African Institute, Colonial Social Science Research Council, Scarborough Committee, Goldsmith-Foundation.

[3] A. W. SOUTHALL verließ Uganda nach 18 Jahren Forschungstätigkeit im Mai 1964 als letzter der international bekannten „Social Anthropologists", deren Namen mit dem EAISR und der Universität Makerere eng verbunden sind. Er folgte einer Einladung der Syracuse University, USA, wo er seine Forschungs- und Dozententätigkeit fortsetzen wird. Er hofft, im Rahmen seiner neuen Arbeit wenigstens für kürzere Untersuchungen nach Uganda zurückkehren zu können (s. u. a. Kap. C. II. 2. — Alur; Kap. D. VII. 1. a — Kampala).

schungspolitik Großbritanniens ging immer mehr dahin, die wissenschaftlichen Zentren in die zu untersuchenden Gebiete zu verlegen. "The UK has financed African studies ... in two ways — by making research grants to individuals trained in British Universities who apply direct to the Social Science Research Council, and by establishing centres of research in Africa itself. The second of these methods is the most significant, since it is hoped that these centres will continue their work in territories which become independent, with the support of their governments" (L. P. MAIR, 1960 a) [1].

"Before the Second World War, there was no regular provision for research in the social sciences in British Africa. Territorial governments had research officers or departments for medical, agricultural, veterinary and other varieties of natural science research, but research in the social sciences was discontinuous and unplanned. Social research in the African colonies and protectorates consisted in the main of tribal studies by social anthropologists who worked for one or two years in Africa, usually with private funds, and then returned to their home universities or to periods of unemployment. This situation was so unsatisfactory that the new Colonial Research Committee, established in 1942 to advise the Secretary of State for the Colonies on the allocation of research funds voted under the Colonial Development and Welfare Act, was asked especially to consider the needs of 'the wider, but hitherto less organised field of social studies, such as economics, sociology, linguistics and the studies of law and administration'" (Report EAISR 1950—1955, p. 1).

Das 1944 gegründete CSSRC beauftragte 1947 I. SCHAPERA, den Stand der Wissenschaft und Sozialforschung in Kenya zu prüfen. Denselben Auftrag erhielt 1948 W. H. STANNER in bezug auf Tanganyika und Uganda. Er sollte eine Dringlichkeitsliste von zu untersuchenden soziologischen und wirtschaftlichen Problemen erstellen. Das CSSRC wählte 1948 W. H. STANNER als ersten Direktor des zu gründenden EAISR. Dieses sollte nach dem Beispiel des damals seit zehn Jahren bestehenden Rhodes-Livingstone Institute (M. GLUCKMAN, 1945) folgende Ziele verfolgen:

a) langfristige Forschungsprojekte auf regionaler Basis planen und koordinieren;

b) eine Reihe von vergleichenden Untersuchungen spezieller Probleme innerhalb jeden Gebietes organisieren, so daß die Ergebnisse Verallgemeinerungen von theoretischer und praktischer Bedeutung zulassen;

c) neben langfristigen Projekten und Grundlagenforschung auch ad hoc Untersuchungen für die Regierung und private Firmen durchführen;

---

[1] LUCY P. MAIR berichtete in diesem und einem anderen Aufsatz (1960) über den britischen Beitrag zur Sozialforschung südlich der Sahara. Viele andere Aufsätze befassen sich mit der britischen Social Anthropology von wissenschaftstheoretischem und von praktischem Gesichtspunkt aus (Kap. E. II).

d) methodische Experimente durchführen, um Forschungstechniken den örtlichen Verhältnissen anzupassen.

e) Die veröffentlichten Forschungsergebnisse des EAISR sollten u. a. den Universitäten Ostafrikas als Lehrmaterial über die sozialen, wirtschaftlichen und politischen Verhältnisse in Ostafrika dienen. "Such materials, it was hoped, would also prove helpful to administrators, educationists and businessmen from overseas, who often find it difficult when they first arrive in a new territory to get information about it" (Report EAISR 1950—1955, p. 3).

f) Das EAISR sollte ein Forschungszentrum für Wissenschaftler aus Übersee werden.

Obwohl das Institut 1948 gegründet wurde, begann seine eigentliche Forschungstätigkeit erst 1950 unter der Direktion der Ethnologin A. I. RICHARDS. Das Institut erarbeitete sein Programm unter Berücksichtigung der Berichte von W. H. STANNER und I. SCHAPERA (s. oben) und begann mit der ethnographisch-ethnologischen Feldforschung in den damals noch wenig bekannten Stammesgebieten. Die Erforschung der Zwischenseen-Bantu (Kap. C. I. 5, 6, 7) wurde besonders stark vorangetrieben. Weitere Schwerpunkte bildeten die Bantu-Kavirondo (Kap. C. I. 4) sowie Stämme in N- und NO-Tanganyika. Mit der Tätigkeit des EAISR begannen auch die Untersuchungen über Probleme der Urbanisierung besonders in Kampala und Jinja (Kap. D. VII. 1. a).

Innerhalb der ethnologischen Untersuchungen wurden bestimmte Themen — traditionelle politische Systeme bzw. Führertum, Bodenrecht und Landnutzung, Hexenwesen — den Forschern besonders empfohlen und die Ergebnisse in vergleichenden Analysen ausgewertet bzw. in Sammelwerken zusammengefaßt. Den Ethnologen gebührt das Verdienst, in den ersten Jahren des Institutes auch die Wirtschaftsgeschichte einzelner Stammesgebiete erforscht zu haben. Die Wirtschaftsforschung intensiviert sich neuerdings immer mehr; sie nimmt heute de facto den wichtigsten Platz unter den im EAISR vertretenen Disziplinen ein. Psychologische und sozialpsychologische, sprachwissenschaftliche, demographische, historische und geographische Forschung wurde im EAISR von Anfang an betrieben. Die Untersuchungen in diesen Randgebieten der Sozialforschung wurden meistens in Zusammenarbeit mit Fachleuten aus den verschiedenen Fakultäten der Universität von Makerere durchgeführt [1].

Das EAISR gab bis 1964 sechzehn Arbeiten in der Reihe „East African Studies" und vier Arbeiten in der Reihe „East African Linguistic Studies"

---

[1] Die Gesamtheit der vom EAISR bis Mitte 1964 geleisteten Forschungsarbeit ist aus den zwei Hauptteilen dieser Arbeit, Kapitel C. und D., ersichtlich. Es muß jedoch darauf hingewiesen werden, daß es uns nicht bei jedem Forscher gelungen ist, festzustellen, ob er in irgendeiner Weise mit dem EAISR in Verbindung stand. Die Anzahl der Wissenschaftler, die sich dieses Zentrum zunutze machen konnten, dürfte daher noch höher liegen, als es sich aus dem Text ergibt.

heraus. Das EAISR betreute zudem die Veröffentlichung von weiteren zehn monographischen Werken seiner Mitarbeiter. Aus den halbjährlich abgehaltenen Arbeitskonferenzen, vor denen die mit dem EAISR verbundenen Wissenschaftler über den Stand ihrer Forschung berichten, ist eine Sammlung von Hunderten von vervielfältigten Konferenzbeiträgen entstanden. Neuerdings vervielfältigt die Abteilung für Wirtschaftsforschung auch Zwischenberichte über die Ergebnisse ihrer laufenden Forschung [1].

Die Wirtschaftsforschung im Rahmen des EAISR hat sich erst in den letzten Jahren stark entwickelt: 1963 startete das Economic Development Research Project (= EDRP) mit sechs Wirtschaftswissenschaftlern und P. G. CLARK von der Universität Harvard als Direktor. Das Projekt, das auf vier Jahre geplant ist, wird von der Rockefeller-Stiftung finanziert (s. u. a. Kap. D. VI. 7). Die Rockefeller-Stiftung finanziert außerdem einen Mitarbeiter des EAISR für politische Wissenschaften.

Weitere laufende Projekte des EAISR sind das Uganda Education Project (= EDUC), das von der Regierung von Uganda gefördert und von der Ford-Stiftung finanziert wird (s. u. a. Kap. D. VII. 2), das Forschungsprogramm „Land Use and Agricultural Production" (auch „Land Consolidation Project" genannt), finanziert vom „Department of Technical Cooperation" zusammen mit der Ford-Stiftung (s. u. a. Kap. D. VI. 2 und 3) und das „Applied Research Unit" (= ARU), das der im April 1964 verstorbene D. J. STENNING leitete.

Das ARU wurde mit Geldern der Ford-Stiftung 1960 gegründet. "The unit is an integral part of the Institute and its aim is to stimulate interest in and responsibility for social and economic research in public business and voluntary bodies in East Africa. Problems communicated to the Unit by these bodies are planned as research projects in anthropology, sociology and economics to be carried out by appropriate techniques of investigation rangig from documentary work to intensive field study. The Unit also initiates research in some fields, and associated with it is a programme of research in aspects of the sociology, psychology and economics of education in Uganda assisted by the Ford Foundation." (Interner Jahresbericht des EAISR 1963.)

In Verbindung mit dem ARU werden nach wie vor ethnologische und soziologische Untersuchungen durchgeführt, wenn auch nicht mehr mit der gleichen Systematik und Intensität wie vor einigen Jahren. Dagegen hat sich das Gebiet der Wirtschaftsforschung erweitert und die interdisziplinäre Zusammenarbeit und der Gedanken- und Erfahrungsaustausch mit verschiedenen Fakultäten von Makerere und anderen Forschungszentren verstärkt. Dies nicht nur, weil das vorher unabhängige EAISR ein Forschungs-

---

[1] Sowohl die gedruckten als auch die vervielfältigten Arbeiten des EAISR sind in der Bibliographie Nr. 1 enthalten.

institut von Makerere geworden ist. Auch die Zusammenarbeit mit Wissenschaftlern aus Nicht-Commonwealth-Ländern, besonders aus Amerika und Deutschland, hat auf individuellen und institutionellen Wegen zur Intensivierung des Gedanken- und Erfahrungsaustausches beigetragen.

Über die Geschichte, Forschungstätigkeit und Mitarbeiter des EAISR sowie über seine Beziehungen zu anderen Forschungsstätten geben die verschiedenen Tätigkeitsberichte („EAISR 1950—1953"; „EAISR 1950—1955"; interne Jahresberichte), sowie Aufsätze mehrerer Autoren (u. a. A. I. Richards 1953, 1953 a; L. P. Mair 1960 a) Auskunft.

2. Ostafrikanische Universitäten

Die drei Universitäten Ostafrikas — das Makerere University College in Kampala, das Royal College in Nairobi und das University College in Dar es Salaam — haben sich zwar in einer Körperschaft unter dem Namen „East African University" zusammengeschlossen; sie werden jedoch nach wie vor mit ihren alten Namen bezeichnet, und was ihre Forschungsvorhaben betrifft, so wurden diese bis 1964 noch in relativer Unabhängigkeit von den drei Universitäten einzeln geplant und durchgeführt.

In Makerere war die Forschungstätigkeit bisher am mannigfaltigsten, was sowohl durch die Größe dieser Universität als auch durch das Vorhandensein des EAISR erklärlich ist. Die verschiedenen Fakultäten und Forschungsabteilungen — besonders die Fakultäten für Soziologie, Wirtschaftswissenschaften, Geschichte, politische Wissenschaften, die Abteilung für öffentliche Verwaltung und die landwirtschaftliche Fakultät — arbeiten an einzelnen Projekten mit dem EAISR zusammen. Durch die räumliche Nähe der Institute, die vielen individuellen Verbindungen und gemeinsamen Interessen ergibt sich eine spontane und ausgezeichnete Zusammenarbeit. Besonders die Mitarbeiter der soziologischen Fakultät, Professoren, Assistenten und Studenten, stehen in engem Kontakt mit dem EAISR. Viele von ihnen führen in ihrer freien Zeit Feldforschung in Kampala bzw. in nicht allzu weit entfernten Gebieten Ugandas durch.

Das Royal College in Nairobi gründete 1963 das „Centre for Economic Research" unter der Leitung des Professors für Wirtschaftswissenschaften und mit einer Startfinanzierung der Rockefeller-Stiftung. Mitglieder dieses Centre, das sich vergrößern und seine Tätigkeit auch auf die Sozialforschung erstrecken möchte, haben bereits einige ihrer Forschungsergebnisse veröffentlicht. Sie stehen zum Teil in wissenschaftlicher Verbindung mit Forschern von Makerere. Der Direktor, P. Robson, bespricht mit dem Leiter des EDRP, P. G. Clark, im EAISR Fragen der Programmgestaltung und Koordinierung. Das „Centre for Economic Research" hat verschiedene Kontakte aufgenommen, um seine Zukunft finanziell zu sichern und die Arbeit wissenschafts-organisatorisch auszubauen.

Das voraussichtliche Forschungsprogramm des „Centre for Economic Research" wird, soweit es sich Mitte 1964 auf Grund einer inoffiziellen Unterhaltung feststellen ließ, folgende Themen umfassen:

a) Input-Output — Analyse der Wirtschaft Kenyas;
b) Struktur des ostafrikanischen Handels;
c) Afrikanisches Unternehmertum;
d) Wirtschaftliche Aspekte der Siedlungsplanung;
e) Standortprobleme in der industriellen Entwicklung;
f) Zentralisierung und Kontrolle der öffentlichen Finanzen;
g) Anreize für Investitionen;
h) Bildungsplanung;
i) Absatz von „minor crops".

Die Forschung am University College Dar es Salaam war bisher vor allem auf politische, juristische und Verwaltungsfragen gerichtet. Der Ausbau der Wirtschafts- und Sozialforschung ist aber auch hier im Gange.

3. Nyegezi Social Research Institute

Dieses Institut nimmt eine Sonderstellung unter den Trägern der Forschung in Ostafrika ein. Es wurde 1960 auf Initiative des Bischofs J. J. BLOMJOUS als eine Forschungsabteilung des „Social Training Centre — Social Development Institute" in Nyegezi bei Mwanza gegründet. Ziel des Nyegezi Social Research Institute ist, das Gebiet der Sukuma unter ethnologischen, soziologischen, wirtschaftlichen, juristischen und anderen Gesichtspunkten in Teamarbeit zu untersuchen, die Veränderungen zu beobachten und zu analysieren. Damit will das Institut einerseits Grundlagenforschung betreiben, andererseits die Entwicklungsarbeit des „Social Training Centre" mit wissenschaftlich fundierten Erkenntnissen unterstützen. Das Institut unternimmt grundsätzlich keine Forschung außerhalb des Sukumalandes[1].

4. Marco Surveys Ltd.

Dieses kommerzielle Institut für Markt- und Sozialforschung wurde 1959 von G. WILSON in Nairobi gegründet. G. WILSON ist ein kanadischer Ethnologe, der sich seit sechzehn Jahren mit Sozialforschung in Ostafrika befaßt (s. u. a. Kap. C. I. 4 — Tiriki usw.; C. II. 3 — Luo; C. II. 5 — Barabaig). Er war Mitarbeiter des EAISR und stand eine Zeitlang im Dienste der früheren Kolonialregierung.

Marco Surveys Ltd. dürfte das einzige Institut sein, das in Ostafrika über einen eigenen festen Interviewerstab verfügt und daher imstande ist, Breitenbefragungen kurzfristig durchzuführen.

---

[1] Im einzelnen wird die Forschungstätigkeit des Institutes und seine Verbindung mit anderen Forschungsstätten im Kap. C. I. 8: „Der Nyamwezi-Block der Bantu" beschrieben.

In dem speziellen für uns freundlicherweise angefertigten Tätigkeitsbericht heißt es u. a.:

"Since its foundation in 1959, Marco Surveys Ltd. has undertaken more
than one hundred studies in the research field. Of this total some studies
were commissioned on an exclusive basis and are, therefore, confidential to
the client concerned. The size of these studies has varied from small market
feasibility studies, of not more than a few pages, to three-volume reports,
containing some hundreds of pages and multiple appendices.

While almost all studies carried out involve to some extent the recording
of socio-economic factors, only a relatively few studies can be said to fall
completely within the categories of pure 'social' or 'economic' research ...

Over the years since its foundation, Marco Surveys Ltd. has at regular
intervals carried out Public Opinion Polling in East Africa on matters of
economic and political interest. The size of sample used has varied from
approximately 1,000 to 2,000 and attitudes to political and economic
problems facing the East African countries have been recorded, together
with changes in those attitudes. ...

The remaining one hundred and eighty odd studies carried out by
Marco Surveys Ltd. were done in the fields of product testing, listener and
audience research, advertising preferences and recall, brand image, company
image, retail and consumer reactions, package testing, industrial feasibility,
media research, public relations research etc. In addition Marco Surveys Ltd.
has undertaken aptitude testing, personnel selection, investment con-
sultancy, and many other allied activities."

In den verschiedenen Kapiteln (u. a.: D. II. 1, 2, 3; D. VI. 10; D. VII.
1. b) wurde auf siebzehn Umfragen von Marco Surveys Ltd. hingewiesen.

5. Andere Forschungsstätten in Ostafrika

a) Regierungsstellen

Vor der Unabhängigkeit arbeiteten Ethnologen für die Kolonialregie-
rungen von Kenya und Tanganyika [1]. Sie erstatteten interne Forschungs-
berichte, die es den örtlichen und zentralen Behörden ermöglichen sollten,
ihre Maßnahmen in Kenntnis der kulturellen und soziologischen Hintergründe zu gestalten und bestehende Schwierigkeiten zu beheben. Einige von
diesen „beamteten" Wissenschaftlern haben sich durch ihre Untersuchungen
einen Namen gemacht.

---

[1] Vgl. u. a.: MOFFETT, J. P., and FOSBROOKE, H. A., 1952. In diesem Artikel
werden folgende „Government Sociologists" in Tanganyika genannt: G. BROWN,
A. T. CULWICK, H. A. FOSBROOKE, J. E. S. GRIFFITHS, R. DES Z. HALL, R. A. J.
MAGUIRE und W. B. MUMFORD. Auch der Ethnologe G. WILSON, früher Mitarbeiter
des EAISR, heute Leiter der Marco Surveys Ltd., stand eine Zeitlang im Regie-
rungsdienst (vgl. u. a. Kap. C. II. 5 — Barabaig).

Seit der Unabhängigkeit werden in der Hauptsache nur statistische und demographische Untersuchungen von Regierungsstellen durchgeführt. Das East African Statistical Department in Nairobi arbeitet auf interterritorialer Basis. Weitere Regierungsstellen, die z. T. eine uns interessierende Forschungstätigkeit ausüben, sind das Ministry of Social Services, Nairobi, das Ministry of Commerce, Kampala, und die National Housing Corporation, Dar es Salaam.

Die Bemühungen der EACSO, die wissenschaftliche Forschung in Ostafrika zu fördern und zu koordinieren, richten sich in erster Linie auf das naturwissenschaftliche und medizinische Gebiet.

b) Kleinere Forschungszentren

Es gibt außerdem einige kleinere Forschungszentren, die jeweils aus den örtlichen Verhältnissen herausgewachsen sind und die ihre Forschungstätigkeit sowohl räumlich als auch thematisch begrenzt halten, so zum Beispiel das „Farm Economic Survey Unit" in Nakuru, Kenya, und das „College of Social Studies Kikuyu"[1] in der Nähe von Nairobi.

II. Forschungszentren außerhalb Ostafrikas

1. United Nations Economic Commission for Africa (UNECA)

Die UNECA gründete 1960 eine Abteilung für Sozialforschung — „Social Research Unit" —, die sowohl Projekte über allgemeine soziale und soziologische Fragen als auch Untersuchungen im Bereich der sozialen Fürsorge und der „Community Development"-Programme fördern und organisieren soll. Bis 1964 gab es nur vereinzelte Projekte im Bereich der Sozialforschung in Ostafrika, die auf eine UN-Initiative zurückzuführen sind. Hierzu gehört die von A. H. Scaff im Auftrag der United Nations Urban Planning Commision geleitete Untersuchung in Kisenyi, Kampala (s. Kap. D. VII. 1. a).

2. Amerikanische Ostafrikaforschung

(„Area Studies" der Universitäten, African Studies Association, Stiftungen)

Die amerikanische Afrikaforschung ist um das Jahr 1957 fast schlagartig entstanden und seitdem ständig im Wachsen. "Africa in recent years has caught the attention of scholars concerned with problems of political, economic and social change and many segments of the American population are eager to inform themselves about African conditions... Throughout the United States interest in Africa is growing, and this is reflected in the growth of African studies programs at many different colleges and uni-

---

[1] S. Bibliographie Nr. 1: Arbeiten von P. E. Fordham, J. C. Nottingham, C. Sanger.

18

versities" (E. COLSON 1958). Dieses plötzliche Interesse für Afrika, das sowohl die Öffentlichkeit als auch die Wissenschaftler packte, dürfte vielfältige Motive gehabt haben. Es ist bestimmt nicht allein aus einer politischen Angst vor der Verbreitung des Kommunismus entstanden, wie oft behauptet wird, sondern es war auch auf menschlicher Anteilnahme für die Probleme der neuen Staaten und auf wissenschaftlicher Neugierde gegründet.

Die in Amerika hoch entwickelte Sozialforschung, die zur Zeit des Unabhängigwerdens der afrikanischen Staaten ohnehin stark auf interkulturelle Fragen gerichtet war, fand ein für sie neues und besonders interessantes Untersuchungsfeld in Afrika. Die intensive Organisation der amerikanischen Afrikaforschung begann 1957 mit der Gründung der African Studies Association, deren Sitz an der Columbia University ist. "The function of this non-political association will be to facilitate communication among scholars interested in Africa and to stimulate research on Africa by specialists in various scientific disciplines and the humanities. The Association will focus upon the problems of sub-Sahara Africa" (Africa, Oct. 1957, p. 401). Diese wissenschaftliche Gesellschaft, in der de facto die ganze amerikanische Afrikaforschung durch persönliche und institutionelle Mitgliedschaften zusammengeschlossen ist, gibt vierteljährlich das „African Studies Bulletin" heraus, das laufende Informationen über den Stand der Forschung vermittelt. Eine ähnliche Institution wie die „African Studies Association" in den USA ist in Kanada erst Ende 1962 entstanden. Das „Committee on African Studies in Canada" wurde ebenfalls mit dem Ziel des Informationsaustausches und der Koordinierung von Forschungsvorhaben gegründet.

Die amerikanische Afrika-Forschung wird durch die Finanzierung der großen Stiftungen, besonders von Carnegie, Rockefeller und Ford ermöglicht. Sowohl die Geldgeber als auch die Universitäten, die Forschungsprojekte in Afrika durchführen, haben ihre thematischen und regionalen Schwerpunkte. So zum Beispiel wendet sich in den letzten Jahren die Ford-Stiftung, die zuerst auf Ghana und Nigeria konzentriert war, immer stärker Ostafrika zu. Sie fördert und unterstützt Forschungsvorhaben, besonders auf dem Gebiet der Ausbildung und über soziale Fragen. Auch die Einrichtung einer Zentrale in Nairobi zeigt das steigende Interesse der Ford-Stiftung für Ostafrika.

Schätzungsweise gibt es heute etwa zwanzig amerikanische Universitäten, die sich im Rahmen ihrer „area studies" mit Afrika befassen [1] und mit Universitäten in Afrika eng zusammenarbeiten. Einige große Universitäten, wie die University of California — Los Angeles (= UCLA), Northwestern University, Columbia University, Harvard University, Yale University,

---

[1] Für die Beschreibung und Begriffsbestimmung von „area studies" s. u. a. R. HEINDEL (1950) „Language and Area Study Programs in American Universities" (1962), p. 9—10. Kritische Bemerkungen über dieses amerikanische System sind u. a. in den Artikeln von A. H. M. KIRK-GREENE (1959, 1961) enthalten.

University of Chicago, Syracuse University — führen Forschung in Ostafrika durch und stehen je nach dem Schwerpunkt ihrer Forschungsinteressen mit verschiedenen Fakultäten bzw. Instituten der ostafrikanischen Universität — University College Makerere, EAISR, Royal College Nairobi, University College Dar es Salaam — in enger Verbindung. Berücksichtigt man die individuellen wissenschaftlichen Verbindungen, die durch die Arbeit von Hunderten von amerikanischen Forschern, besonders Doktoranden der Politischen Wissenschaften sowie der Sozial- und Wirtschaftswissenschaften, in den letzten Jahren in Ostafrika entstanden sind, so ist die Zahl der amerikanischen Universitäten, die an der Ostafrikaforschung beteiligt sind, noch wesentlich höher. Die Gesamtzahl der in Ostafrika arbeitenten amerikanischen Sozialforscher ist schwer festzustellen. Nicht alle von ihnen können in den amerikanischen Afrika-Organisationen oder im EAISR vor Beendigung ihrer Feldforschung registriert werden.

Auf Grund unserer bibliographischen und sonstigen Daten ergibt sich, daß bei den amerikanischen Sozialforschern ein gewisses thematisches Schwergewicht auf Fragen der ehemaligen Kolonialpolitik und auf Fragen der Weiterentwicklung der heutigen innenpolitischen Struktur liegt. In den folgenden Kapiteln über den Stand der Forschung nach ethnischen Gruppen und Themen haben wir bei den meisten Forschern den Namen ihrer Universität vermerken können. Dadurch wird der Anteil der Amerikaner an der Ostafrikaforschung im einzelnen ersichtlich.

Die Entwicklung und der heutige Stand der amerikanischen Afrikaforschung sind aus den Forschungsprogrammen amerikanischer Universitäten (z. B. F. Sweetzer 1953; M. J. Herskovits 1954, 1956; E. Colson 1958), aus laufenden Berichten in den Fachzeitschriften, besonders in dem in New York erscheinenden „African Studies Bulletin" und „Africa" (s. u. a. Berichte: „African Studies Association", 1957, 1958, 1960; „African Studies in the United States" 1962) und aus einzelnen Aufsätzen (u. a.: G. MacGregor 1959; A. H. M. Kirk-Greene 1962) ersichtlich. K. Schädler vom IFO-Institut in München verfaßte 1964 einen vervielfältigten Bericht über die Afrikaforschung in Amerika. Über theoretische Orientierung und praktische Ziele der amerikanischen „Social anthropology" geben u. a. die Aufsätze von M. J. Herskovits (1958), F. X. Sutton (1958, 1960, 1963), W. Rudolph (1959), R. L. Beals (1960), G. Weltfish (1962) Aufschluß (s. Kap. E. II.).

3. Deutsche Ostafrikaforschung

(Ethnologische Tradition, akademische und nicht-akademische Forschungsinstitute und Koordinierung)

Die Kontinuität der deutschen wissenschaftlichen Tätigkeit wurde während des Dritten Reiches auch auf dem Gebiet der Orientalistik, Ethnologie und der Afrikanistik nahezu vollkommen zerstört (A. FALKENSTEIN 1960). Einige deutsche „Klassiker" der Ethnologie hatten sich u. a. speziell mit Ostafrika befaßt (s. in der Bibliographie Nr. 2: O. BAUMANN, W. BLOHM, EMIN PASCHA, F. FÜLLEBORN, B. GUTMANN, L. KOHL-LARSEN, E. KOOTZ-KRETSCHMER, J. L. KRAPF, H. MEYER, O. RECHE, F. STUHLMANN, G. WAGNER, M. WEISS, K. WEULE, H. und R. THURNWALD).

Nach dem Kriege wurde die ethnologische Forschungstätigkeit an den deutschen Universitäten, in spezialisierten Institutionen, wie dem Frobenius Institut in Frankfurt, und in völkerkundlichen Museen unter vielen Schwierigkeiten langsam wieder aufgenommen [1]. Sie knüpfte an die Tradition der historischen Kulturforschung an und blieb abseits der sich von der Praxis der Entwicklungshilfe her rasch aufbauenden Afrikaforschung. Es gibt mehrere Ansätze, um diese in Deutschland noch heute bestehende Kluft zwischen einer rein wissenschaftlich-kulturgeschichtlich orientierten und einer neuen Afrikaforschung zu verringern. Diese neue „angewandte" Afrikaforschung, die Gegenwartsprobleme verstehen und einer gesunden Weiterentwicklung Afrikas dienen will, sollte im Idealfall das kulturhistorische Wissen der deutschen Völkerkunde als Ausgangsbasis wählen, anstatt mit dieser ohne Berührungspunkte parallel zu laufen.

Im Gegensatz zu der Ethnologie besteht seitens der Soziologie und Sozialpsychologie, beide recht neue Wissenschaften in Deutschland, ein wachsendes Interesse, sich an dieser neuen angewandten Afrikaforschung aktiv zu beteiligen. Ferner interessieren sich für die Afrikaforschung verschiedene wissenschaftliche Institute, u. a. die Institute für Wirtschaftswissenschaften und Geographie an deutschen Universitäten.

Eine ganze Reihe akademischer und nichtakademischer Institutionen befaßt sich mit Afrika oder fördert die Afrikaforschung im Rahmen ihres Spezialgebietes bzw. im Rahmen der sogenannten Entwicklungsländerforschung (u. a.: Afrika-Verein e. V., Hamburg; Arnold Bergstraesser Institut für kulturwissenschaftliche Forschung, Freiburg; Bremer Ausschuß für Wirtschaftsforschung; Deutsche Afrika-Gesellschaft e. V., Bonn; Deutsche Stiftung für Entwicklungsländer, Berlin-Tegel; Forschungsstelle der Friedrich-Ebert-Stiftung e. V., Bonn; Forschungsstelle für Entwicklungshilfe an der Universität des Saarlandes; Hamburgisches Welt-Wirtschafts-Archiv; Wirtschaftsgeographisches Institut der Hochschule für Wirtschafts-Sozialwissenschaften, Nürnberg).

Ferner führt das Bundesministerium für wirtschaftliche Zusammenarbeit (BMZ) ein umfassendes Forschungsprogramm in Entwicklungsländern, u. a. auch in Ostafrika, durch, dessen Ergebnisse als Grundlage für die deutsche Entwicklungspolitik dienen sollen. Das BMZ gibt Projekte an Forschungsinstitute in Auftrag, wie zum Beispiel an die Afrika-Studienstelle des IFO-

---

[1] S.: W. E. MÜHLMANN (1960), „German Ethnology" (1962) und Kap. E. II.

Institutes für Wirtschaftsforschung (s. unten). Ein solches BMZ-Forschungsprojekt wird 1964/1965 von der Forschungsstelle der Friedrich-Ebert-Stiftung über deutsche Hilfe für Erwachsenenbildung in Afrika durchgeführt. Die Untersuchung wird auch Ostafrika berühren.

Die wirtschaftliche Erforschung Ostafrikas wird in der Bundesrepublik von der Afrika-Studienstelle des IFO-Instituts für Wirtschaftsforschung, München, betrieben. Das IFO-Institut für Wirtschaftsforschung wurde 1949 als gemeinnützige und unabhängige Forschungseinrichtung in München gegründet. Als Aufgabe stellte es sich die Beobachtung, Analyse und Diagnose der Konjunktur, des wirtschaftlichen Wachstums und der Strukturveränderungen der Wirtschaft in Deutschland. Das Ziel dieser Forschungstätigkeit war u. a., der Wirtschaft, Verwaltung und Öffentlichkeit sachlich-wissenschaftlich fundierte und zugleich praxisnahe Informationen und Berichte vorzulegen.

Mit ähnlichen Zielsetzungen in bezug auf Afrika wurde im Frühjahr 1961 im Rahmen des IFO-Instituts die „Afrika-Studienstelle" ins Leben gerufen. Ihre Aufgabe ist, sich mit wirtschaftstheoretischen und wirtschaftspolitischen Problemen Afrikas auseinanderzusetzen und durch Untersuchungen über Struktur und Entwicklungsmöglichkeiten einzelner Länder an der Schaffung der Grundlagen mitzuarbeiten, auf denen sich die Entwicklungspolitik der Bundesrepublik wirkungsvoll entfalten kann. Die Afrika-Studienstelle übernimmt einerseits die Durchführung von Untersuchungsprojekten in Auftrag („Auftragsforschung") und führt andererseits ein umfassendes eigenes Forschungsprogramm („Initiativforschung") durch, das mit großzügiger Finanzhilfe der Fritz-Thyssen-Stiftung gestartet wurde.

Die Afrika-Studienstelle hatte sich anfänglich folgende Schwerpunkte für ihr Forschungsprogramm — „Initiativforschung" — gestellt: Wirtschaftsstruktur afrikanischer Länder zu Beginn der Unabhängigkeit; volkswirtschaftliche Gesamtrechnungen; Entwicklungsbanken und Entwicklungsgesellschaften; Wirtschaftsplanung; Verkehrspolitik; Möglichkeiten der landwirtschaftlichen Entwicklung; Steuersysteme und Steuerpolitik.

Neben der reinen Wirtschaftsforschung werden zunehmend auch Projekte in Zusammenarbeit mit anderen Fachrichtungen, besonders der Ethnologie und der Soziologie, entwickelt. Darüber hinaus wird die beratende Mitarbeit von Ethnologen bzw. Soziologen auch bei nicht-interdisziplinären Forschungsaufgaben angestrebt. Was die regionalen Interessen anbelangt, so konzentrieren sich die wissenschaftlichen Bemühungen der Afrika-Studienstelle auf Tropisch-Afrika mit dem Schwerpunkt auf Ostafrika und Madagaskar.

„Kenya, Tanganyika, Uganda und Madagaskar galt von Anfang an das besondere Interesse des IFO-Instituts. Mit Unterstützung der Fritz-Thyssen-Stiftung gelang es, ein koordiniertes, weit über die Wirtschaftswissenschaft im engeren Sinne hinausgreifendes Forschungsprogramm für diese Länder in Angriff zu nehmen. In Zusammenarbeit zahlreicher Fachwissenschaftler aus dem Bereich der tropischen Landwirtschaft, der Ernährungswissenschaft, der Ethnologie und Soziologie, der Volks- und Betriebswirtschaft, der Rechtswissenschaft, der Botanik, der Zoologie und der Geographie werden im Laufe der nächsten zwei Jahre mehr als 30 Einzeluntersuchungen die sozialökonomische Situation in Ostafrika beleuchten und versuchen, Wege zur Überwindung der gegenwärtigen Schwierigkeiten aufzuzeigen. Das Ziel unserer gemeinsamen Bemühungen ist, in enger Zusammenarbeit auch mit englischen und amerikanischen Wissenschaftlern in Ostafrika die Probleme von verschiedenen Seiten aus zu analysieren, um zu einer Gesamtschau zu kommen. Wir hoffen, daß die dabei entwickelten Methoden und die gewonnenen Erkenntnisse auch für die wissenschaftliche Bearbeitung ähnlicher Probleme in anderen Ländern von Nutzen sein werden. Das IFO-Institut ist in Zusammenarbeit mit der Fritz-Thyssen-Stiftung um die Koordinierung und die organisatorische Vorbereitung und Durchführung dieses Programms bemüht. Die wissenschaftliche Verantwortung für die einzelnen Forschungsvorhaben liegt bei den beteiligten Wissenschaftlern bzw. Institutionen. Die Veröffentlichung der Forschungsergebnisse wurde vom IFO-Institut übernommen."

(Aus dem Bericht des Leiters der Afrika-Studienstelle, W. MARQUARDT, anläßlich der Tagung des Arbeitskreises „Entwicklungsländer" am 24. April 1964 in Bonn.)

Ab Mitte 1964 erscheinen in der neuen Schriftenreihe „Afrika-Studien", Springer-Verlag, Berlin—Göttingen—Heidelberg—New York, die Forschungsergebnisse der von der Afrika-Studienstelle durchgeführten oder betreuten Projekte. In dieser Reihe werden u. a. Arbeiten von H. FLIEDNER, A. v. GAGERN / W. SCHEFFLER, S. GROENEVELD, H. HARLANDER / A. v. MOLNOS, W. KAINZBAUER, H. D. LUDWIG, M. PAULUS, H. PÖSSINGER, D. v. ROTENHAN, H. RUTHENBERG, L. SCHNITTGER über ostafrikanische Probleme veröffentlicht.

Die einzelnen Forschungsvorhaben der Afrika-Studienstelle werden eingehend in den einschlägigen Kapiteln besprochen (vgl. u. a. Kap. D. VI. 2, 3, 4, 5, 7, 8, 10, 11; D. VII. 3. d).

Obwohl in Deutschland keine mit der amerikanischen „African Studies Association" vergleichbare Dachorganisation existiert, stehen die an der Afrikaforschung interessierten Stellen miteinander in Kontakt, und es gibt ständige Bemühungen für die weitere Koordinierung. Der Arbeitskreis „Entwicklungsländer" in der Arbeitsgemeinschaft deutscher wirtschaftswissenschaftlicher Forschungsinstitute bildete 1962 die Arbeitsgruppe „Afrika", in der sich die Vertreter der erwähnten Forschungsinstitute treffen.

Im Aufsatz von T. COLE (1963) über die Afrikaforschung in Deutschland wird u. a. die Zusammenarbeit zwischen der amerikanischen und der deutschen Afrikaforschung befürwortet. Daß eine solche Tendenz erfreulicherweise besteht, geht auch aus dem Bericht von K. SCHÄDLER (1964) hervor.

4. Die Afrikaforschung in anderen Ländern

Außer England, den USA und Deutschland entfalten andere Länder keine ausgedehnte Forschungstätigkeit in Ostafrika. Frankreich (s.: G. BALANDIER, 1959, 1960), Belgien (s.: G. E. J. BRAUSCH, 1951 — Aufsatz über das Institut Solvay; A. DORSINFANG-SMETS, 1959; M. WALRAET, 1959 — Aufsatz über CEDESA; J. J. MAQUET, 1953 — Aufsatz über IRSAC), Portugal (s.: A. J. DIAS, 1961), Holland (s.: A. A. GERBRANDS, 1959) und Italien (s.: G. TUCCI, 1959; C. CIGLIO, 1960; M. DORATO, 1960; „Antropologia culturale...", 1961; F. VAN DER LINDEN, 1962) konzentrieren ihre Forschung auf andere Teile Afrikas, zu denen sie seit der Kolonialperiode engere Beziehungen gepflegt haben als zu Ostafrika. Es gibt jedoch einige Forschungsinitiativen auch in Ländern, die mit Afrika keine kontinuierlichen geschichtlichen Verbindungen haben z. B. in Kanada und Skandinavien („African Studies in Canada and Scandinavia", 1963), in der Sowjetunion (M. HOLDSWORTH, 1959, 1962; M. G. LEVIN, 1960; Z. RUDY, 1961) und in Japan (T. NISHINO, 1963). Diese Forschungsinteressen sind teils rein wissenschaftlich, teils ideologisch, teils wirtschaftlich bedingt.

J. S. COLEMAN (1959) gibt in seinem Aufsatz einen guten Überblick über die ganze europäische Afrikaforschung. Die Arbeit von W. SCHEIDT (1961) befaßt sich mit der anthropologischen Forschung in den USA und Europa seit 1900.

Über die ethnologische Forschung in Österreich geben der von E. BREITINGER (et al. — 1959) herausgegebene Band und der Aufsatz von S. A. TOKAREV (1960) Aufschluß. W. S. HUANG und HO LIEN-KWEI (1960) schrieben über die ethnologische Forschung in China. Ihr Aufsatz ist in dem Sammelwerk „Men and Cultures", herausgegeben von A. F. C. WALLACE, enthalten, das einen Überblick über den Stand der ethnologischen Forschung in der Welt vermittelt (s. die zitierten Aufsätze von R. L. BEALS — Amerika; R. FIRTH — England; R. HEINE-GELDERN — Europa).

Von Interesse dürften noch die Aufsätze von D. SCHRÖDER (1959), F. M. KEESING (1960) und die Aufstellung „Recherche scientifique Outre-Mer" (1960) sein sowie andere im Kap. E. II. erwähnte Arbeiten.

C. Der Stand der Forschung:

Überblick nach ethnischen Gruppen und Regionen [1]

I. Bantu-Völker

1. Z-Tanganyika: Die Bantu des abflußlosen Gebietes sowie die Gogo

Stamm	Zahl der Stammes-angehörigen	Distrikt		Quellen vor 1954
Turu (Selbstbezeich-nung: *Rimi*)	182 000	Manyoni Singida	Z-T Z-T	
Mbugwe	8 000	Mbulu	NZ-T	
Rangi	96 000	Kondoa	Z-T	O. Baumann, 1894
Iramba (einschl. *Iambi*)	172 000	Iramba	Z-T	O. Reche, 1914 H. Claus, 1911
Isanzu	12 000	Iramba	Z-T	
Gogo (einschl. *Ngomwia*)	285 000	Mpwapwa Dodoma Manyoni	Z-T Z-T Z-T	

Turu

Über diesen Stamm gibt es zwei ältere Aufsätze ethnologischen Inhalts (G. Hunter, 1953; V. E. Johnson, 1954) sowie Arbeiten von L. Kohl-Larsen, M. Jellicoe, J. G. Liebenow und H. K. Schneider. L. Kohl-Larsen, der sich hauptsächlich mit den Stammessagen der Hadza befaßt hat, schrieb auch ein Buch über die Volkserzählungen der Turu (1957). Die Soziologin M. Jellicoe (s. auch Kap. C. I. 8: Der Nyamwezi-Block der Bantu), sammelte 1959 Daten und Dokumente über das Leben der Turu.

---

[1] Die bibliographischen Daten, auf die im Text dieses Kapitels hingewiesen wird, sind in der Bibliographie Nr. 1 enthalten. Dagegen sind die „Quellen vor 1954" in der Bibliographie Nr. 2 zu finden. Vgl. zu diesem Kapitel auch die beiden Falttafeln mit der Distrikteinteilung, die dazu dienen, die einzelnen Stämme zu lokalisieren.

Ihre Arbeit liegt nur in Form eines Manuskriptes vor. J. G. Liebenow, der in erster Linie das politische System der Sukuma erforschte (Kap. C. I. 8: Der Nyamwezi-Block der Bantu), befaßte sich auch mit den Rechtsvorstellungen der Turu (1961, 1961 a). H. K. Schneider, Soziologe von der Northwestern University, USA, der hauptsächlich über die Pokot (Kap. C. II. 5: Die Nandi-Gruppe der südlichen Nilo-Hamiten) arbeitete, schrieb 1962 eine kurze ethnologische Mitteilung über die Turu und verfaßte ein Buch über die Wirtschaft des Turu-Stammes (196 .).

Mbugwe

R. F. Gray, von der Universität Chicago, führte u. a. bei den Mbugwe empirische Forschungen durch. Seine Aufsätze geben einen allgemeinen ethnologischen Überblick über den Stamm (1955) bzw. behandeln einzelne Aspekte, wie das System der Nachfolgerschaft (1953 a) oder den Hexenglauben (195 .).

Ein Aufsatz von H. A. Fosbrooke (1954 b) in einer Artikelreihe über traditionelle Verteidigungssysteme bezieht sich ebenfalls auf die Mbugwe.

Rangi

Der Ethnologe von der Universität von Oxford, J. D. Kesby, ist der einzige Wissenschaftler, der in den letzten Jahren Feldforschung unter den Rangi betreibt. Er begann seine Arbeit Mitte 1963 mit einem zweijährigen Stipendium der Goldsmiths und Horniman-Stiftungen. Sein Ziel ist, eine monographisch-ethnologische Erhebung durchzuführen. R. F. Gray schrieb 1953 einen Artikel über die Häuser der Rangi, und von H. A. Fosbrooke stammen zwei Aufsätze über Rangi Beschneidungszeremonien bzw. Vegetationsfeste (1958, 1958 a).

Iramba, Isanzu

Die Ethnologin V. Adam begann 1961 als Mitarbeiterin des EAISR ihre ethnologische Feldforschung unter den Iramba, Iambi und Isanzu. Sie legte auf Konferenzen des EAISR ausführliche Berichte über ihre ersten Ergebnisse bei den Isanzu vor (Konf. Ber. EAISR, 1961, 1962, 1963, 1963 a). Ihre Arbeit ist ein Teil des ARU-Projektes und wird von dem Ministry of Social Development von Tanganyika gefördert. Das Ministerium erwartet entscheidende Informationen für die Gestaltung von sozialen Entwicklungsmaßnahmen in diesem Gebiet. Ein Buch von L. Kohl-Larsen (1958) befaßt sich in Form einer Eingeborenen-Biographie mit den Isanzu. E. R. Danielson erforschte die Iramba eher vom philologischen Gesichtspunkt aus (1957: Iramba-Sprichwörter; 1961: Übersetzung einer kurzen Geschichte des Iramba-Volkes).

Gogo

In der Reihe der Veröffentlichungen des Verlages Eagle Press in Kiswahili über einzelne Volksstämme in Ostafrika schrieb M. E. MNYAMPALA (1954) über Geschichte und Sitten der Gogo. Von W. J. CARNELL erschienen 1955 zwei Aufsätze von ethnologischem Interesse über die Gogo (Magie; Volkserzählungen). Seit Juli 1961 führt P. J. A. RIGBY im Auftrag und mit finanzieller Unterstützung der CSSRC und des EAISR ethnographische Feldforschungen in Ugogo durch. Er berichtete bereits 1962 und 1963 über Zusammenhänge zwischen Hexenglauben, Verwandtschafts- und Autoritätssystem sowie über Ehe und Zusammenarbeit in Gogo-Dörfern (Konf. Ber. EAISR 1962, 1962 a, 1963).

2. N-Tanganyika: Der Shashi-Sonjo-Block der Bantu

Stamm	Zahl der Stammesangehörigen	Distrikt		Quellen vor 1954
Sonjo	4 500	Masai	NO-T	O. BAUMANN, 1894
Shashi (einschl. *Kara*)	34 000	Ukerewe Musoma	N-T N-T	F. STUHLMANN, 1894 P. KOLLMANN, 1898
Kerewe	35 000	Ukerewe	N-T	

Sonjo

R. F. GRAY von der Universität Tulane, der hauptsächlich die Bantu des abflußlosen Gebiets erforschte, gebührt das Verdienst, neuerdings ein Buch über die Sonjo verfaßt zu haben (1963). Obwohl R. F. GRAY nur sechs Monate unter den Sonjo verbringen konnte und mit manchen Schwierigkeiten in der Feldarbeit zu kämpfen hatte, gelang es ihm doch, eine zusammenfassende Darstellung der traditionellen Bewässerungs- und Terrassierungswirtschaft vom soziologischen Gesichtspunkt aus zu entwerfen. Von ihm sind noch Aufsätze über den Brautpreis (1960) und die wirtschaftliche Entwicklung (1962) bei den Sonjo erschienen.

Abgesehen von drei Aufsätzen ethnologischen Inhalts über Hambageu, eine Heilsbringer-Gestalt der Sonjo-Mythologie, (H. A. FOSBROOKE, 1953; E. SIMENAUER, 1955; F. G. FINCH, 1957) behandelte H. A. FOSBROOKE (betr. sein Hauptwerk s. Kap. C. II. 6: Masai; Kap. C. I. 1: Die Bantu des abflußlosen Gebiets; Kap. C. I. 18: Die küstennahe Gruppe der Bantu und die Swahili) die Sonjo auch in einer Artikelserie über traditionelle Verteidigungssysteme (1955).

Kara, Kerewe

Über die restlichen Stämme des Gebietes gibt es keine neueren Arbeiten, bis auf einige Artikel über die Insel Ukara bzw. über die Geschichte der Herrscherfamilie von Ukerewe (R. L. PATERSON, 1956; G. W. HATCHELL,

1957; A. Scheuen, Ms. 1959). H. D. Ludwig begann im April 1964 mit einer Forschungsarbeit auf der Insel Ukara über die Organisation der Bodennutzung und Viehhaltung. Die Untersuchung ist Teil einer wirtschaftsgeographischen Gesamtstudie über diese Insel. Sie wird von der Fritz-Thyssen-Stiftung finanziert und von der Afrika-Studienstelle des IFO-Instituts für Wirtschaftsforschung betreut.

3. N-Tanganyika und SW-Kenya: Der Suba-Kuria-Gusii-Block der Bantu

Stamm	Zahl der Stammes- angehörigen	Distrikt		Quellen vor 1954
Gusii	238 000	Kericho	W-K	P. Mayer, 1949
		South Nyanza	W-K	
Kuria	95 000	South Nyanza	W-K	
		Narok	SW-K	
		North Mara	N-T	
		Musoma	N-T	
Suba	17 000	North Mara	N-T	

Gusii

In den letzten zehn Jahren erforschten P. Mayer und R. le Vine den Stamm der Gusii. P. Mayer begann schon Ende der vierziger Jahre mit seinen Veröffentlichungen über die Gusii. Er schrieb Aufsätze über den Brautpreis (1950, 1951), die landwirtschaftliche Zusammenarbeit im Rahmen der Nachbarschaft (1951) und über Initiationszeremonien (1953, 1953 a).

Der Psychologe R. le Vine von der Universität Harvard begann 1955 seine Forschung mit einem Stipendium der Ford-Stiftung im Südnyanza-Gebiet. Neben entwicklungspsychologischen Gesichtspunkten (Konf. Ber. EAISR 1956, 1959) berücksichtigte er auch diejenigen der Soziologie, z. B. in Zusammenhang mit dem sexuellen Leben (u. a. Aufsatz über soziale Kontrolle, 1959 a), und führte vergleichende Studien über ethnologische Probleme durch (Hexenwesen, 1962; Aufsatz zusammen mit W. H. Sangree über Altersgruppen bei den Tiriki und Gusii, 1962).

Weiterhin werden die Gusii in dem Buch von Lucy P. Mair „Primitive Government" (1962) als Beispiel für das nicht-zentralisierte Regierungssystem gebracht. Auch O. S. Knowles erwähnt die Gusii in einem kurzen Artikel über moderne Anwendungen des Gewohnheitsrechtes in der Schlichtung von Ehestreitigkeiten (1956).

Kuria

Die Kuria wurden 1956—1958 von M. J. Ruel von der Universität Edinburgh, damals Mitarbeiter des EAISR, untersucht. Außer den vor den Konferenzen des EAISR (1957, 1958) vorgetragenen Berichten schrieb er noch einen Aufsatz über die Organisation der Altersklassen bei den Kuria

(1962). In dem oben erwähnten Aufsatz von O. S. Knowles (1956) werden neben den Luo und Gusii (oder Kisii) auch die Kuria behandelt.

Von P. Mboya erschien 1959 eine Arbeit über die Entwicklung der örtlichen Verwaltung im Südnyanzagebiet.

4. W-Kenya und SO-Uganda: Die Luyia oder Kavirondo-Bantu zusammen mit den Gwe, Samia, Gwere, Nyuli und Gisu in SO-Uganda

Stamm	Zahl der Stammesangehörigen	Distrikt		Quellen vor 1954
Luyia [1]	654 000	North Nyanza	W-K	↑
		Elgon Nyanza	W-K	
		Central Nyanza	W-K	
Samia	43 000	Central Nyanza	W-K	
	13 000	Bukedi	SO-U	G. Wagner, 1949
Gwe	21 000	Bukedi	SO-U	M. Weiss, 1910
Gwere	83 000	Bukedi	SO-U	J. Roscoe, 1915
Nyuli	57 000	Bukedi	SO-U	
Gisu (einschl. Legenyi)	244 000	Bugisu	O-U	↓

[1] Untergruppen der Luyia a) im North Nyanza Distrikt: Idakho, Isukha, Kabras, Kakalelwa, Kisa, Logoli, Marama, Nyore, Tiriki, Tsotso, Wanga (einschl. Mukulu); b) im Elgon Nyanza Distrikt: Bugusu, Kabras, Kakalelwa, Tadjoni, Fafoyo, Hayo; c) im Central Nyanza Distrikt: Holo.

Luyia

Die Kavirondo-Bantu oder Luyia bestehen aus einer Anzahl kleiner Bantugruppen, die z. T. mit den Luo (sog. Kavirondo-Niloten) räumlich eng zusammenleben (Kap. C. II. 3: Die Kavirondo-Niloten). Die letzten Arbeiten des größten Erforschers der Kavirondo-Bantu, des früh verstorbenen deutschen Ethnologen G. Wagner, erschienen in der hier behandelten Periode (1954, 1956, 1963). Vor zehn Jahren begann das EAISR mit Studien über die Kavirondo-Bantu mit dem Ziel, auf noch ungeklärte Fragen der ethnischen Verwandtschaft der Luyia eine Antwort zu suchen und zu gleicher Zeit die vergleichende Forschung über das politische Führertum bei traditionellen ostafrikanischen Gesellschaften voranzutreiben. In dem Buch von Lucy P. Mair über „Primitive Government" (1962), in dem die meisten Ergebnisse dieses EAISR-Projektes ihren Niederschlag fanden, wird auch die politische Führungsform der Luyia behandelt. In den dazwischenliegenden Jahren hatten mehrere Wissenschaftler, alle in mehr oder minder enger Zusammenarbeit mit dem EAISR, Feldforschung unter den Luyia betrieben, so z. B. das Ethnologen-Ehepaar Laura und P. J. Bohannan (1955—1956). Der Soziologe W. H. Sangree von der Universität von Chicago führte 1954—1956 mit einem Fulbright Stipendium eine Feldforschung bei den Tiriki durch. Er referierte über einige seiner Ergebnisse auf einer EAISR-Konferenz (Konf. Ber. EAISR 1956: zwei Aufsätze über Politik bzw. Religion der Tiriki). W. H. SANGREE schrieb seine Dissertation 1959 über die Entwicklung der sozialen Organisation bei den Tiriki. Ferner verfaßte er eine kurze ethnologische Mitteilung (1959 d) über die Tiriki, eine umfassende Arbeit über ihren kulturellen Wandel (196.) und einen Aufsatz über die soziale Funktion des Biertrinkens bei den Tiriki (1962). Zusammen mit R. LE VINE (Kap. C. I. 3: Der Suba-Kuria-Gusii-Block der Bantu) schrieb er 1962 einen systematischen Vergleich über die Verbreitung von Altersgruppen-Organisationen bei den Tiriki und Gusii.

H. FEARN, von der Universität Cambridge, Nationalökonom und Wirtschaftshistoriker, führte seine empirischen Forschungen 1954—1956 im Nyanza-Gebiet durch. Seine Arbeit bildete ebenfalls einen Teil des EAISR-Projektes über politisches Führertum. Ein weiteres Forschungsziel von H. FEARN war, die Geschichte der wirtschaftlichen Entwicklung des Gebietes unter besonderer Berücksichtigung der genossenschaftlichen Bewegung und der eingeborenen Fischerei zu untersuchen. Auf einer EAISR-Konferenz referierte er über die Eingeborenen-Händler des Gebietes (Konf. Ber. EAISR 1955). 1960 erschien sein Buch über die wirtschaftliche Entwicklung der Nyanza-Provinz in den letzten 50 Jahren. In dieser Arbeit beschreibt er nicht nur die Einflüsse, die im Laufe der Zeit eine grundlegende Veränderung der Wirtschaftsstruktur bewirkt haben, sondern auch die kulturellen und sozialpsychologischen Faktoren, die dieser Entwicklung hinderlich waren und es heute noch sind. H. FEARN zeigt, daß der Übergang zur Marktproduktion unter Umständen ganz anders bedingt und motiviert sein kann als durch die Überzeugung, daß das neue System nutzbringender ist.

Auch das amerikanische Ethnologen-Ehepaar LAURA und P. J. BOHANNAN, soll 1955—1956 im Rahmen des EAISR-Projektes über politisches Führertum im Nyanza-Gebiet gearbeitet haben. Sie untersuchten den Stamm der Wanga.

Der Soziologe G. M. WILSON, von der Universität Toronto, der sich der Erforschung der Barabaig und der Kavirondo-Niloten gewidmet hatte (Kap. C. II. 5: Die Nandi-Gruppe; Kap. C. II. 3: Die Kavirondo-Niloten), beschäftigte sich auch mit dieser Gruppe. Abgesehen von einigen unveröffentlichten Berichten, die er seinerzeit als Soziologe der Regierung von Kenya verfaßte, behandelt er die Luyia in seinem Buch über sozialen Wandel (1962). Marco Surveys Ltd., das große kommerzielle Institut für Markt- und Sozialforschung (Kap. B. I. 4), das G. M. WILSON gründete und leitet, führte 1962 eine Umfrage im Elgon-Nyanza-Distrikt durch. Es wurden 700 Familien des Gebietes nach soziologischen und wirtschaftlichen Daten befragt. Außerdem wurden die Formen der Wanderarbeit, die soziale und wirtschaftliche Entwicklung auf dem Lande sowie die Einstellungen zu diesen Veränderungen untersucht.

Es gibt noch zwei frühere Arbeiten in Kiswahili, das Buch von S. MALO über die Sippen des Zentralnyanza-Gebietes (1953) und das Buch von D. M. WAKO über die Sitten der West-Luyia (1954). Der Geograph R. B. DAKEYNE schrieb 1960/1962 einen Aufsatz über die Siedlungsform im Zentralnyanza-Gebiet.

Samia

Über die Samia arbeitete der Ethnologe R. W. MOODY. Als Mitarbeiter des EAISR begann er im April 1961 eine zweijährige Feldforschung unter den Samia. Er berichtete vor Konferenzen des EAISR über das Verwandtschaftssystem (1961), Probleme der Wanderarbeit (1962), Bodenrecht (1962 a) und Fischerei (1963) bei den Samia.

Gisu

Über die Gisu gibt es in den letzten Jahren nur die Untersuchung der Ethnologin J. S. LA FONTAINE von der Universität Cambridge, einer ehemaligen Mitarbeiterin des EAISR. Sie führte ihre Feldforschung 1953 bis 1956 in Bugisu durch. Von ihr stammt der 10. Band des „Ethnographic Survey of Africa: East Central Africa" über die Gisu (1959) und eine knappe Darstellung in dem von A. I. RICHARDS redigierten Sammelwerk „East African Chiefs" (1960). In der von der Regierung herausgegebenen Reihe „Background to Uganda" erschienen 1956 einige Seiten über Bugisu. Schließlich erschien noch ein Aufsatz von J. SACKUR (1959) über politische Verhältnisse in Bugisu.

5. SO-, SZ- und SW-Uganda: Die östliche Gruppe der Zwischenseen-Bantu

Stamm	Zahl der Stammes-angehörigen	Distrikt		Quellen vor 1954
Soga	430 000	Busoga	SO-U	F. STUHLMANN, 1894
				H. H. JOHNSTON, 1902
Ganda [1]	840 000	Mengo	SZ-U	J. F. CUNNINGHAM, 1905
		Mubende	W-U	M. WEISS, 1910
		Masaka	SW-U	J. ROSCOE, 1911, 1915
				L. P. MAIR, 1934
				L. A. FALLERS (s. unten)
				A. I. RICHARDS (s. unten)

[1] „Ganda" ist die in der Ethnologie übliche Bezeichnung. Die in Uganda landläufigen und allen Reisenden in Ostafrika gut bekannten Namen — „Muganda" für einen Menschen aus dem Stamm und „Baganda" für die Mehrzahl — können in diesem Text deswegen nicht aufgenommen werden, weil dann auch für alle anderen Stämme die in der jeweiligen Stammessprache übliche Bezeichnung und die entsprechenden Präfixe folgerichtigerweise gebraucht werden müßten. Dies würde aber der Nomenklatur, wie sie im wissenschaftlichen Schrifttum üblich ist, widersprechen.

Aus der folgenden Sichtung der Forschungsarbeiten der letzten zehn Jahre wurden die stadtsoziologischen und die psychologischen Untersuchungen herausgelassen. Die berühmt gewordenen Untersuchungen von A. W. SOUTHALL und P. C. GUTKIND über die Stadt Kampala und deren Außenviertel sowie die Arbeit des Ehepaares SOFER über Jinja werden im Kapitel über städtische Untersuchungen (Kap. D. VII. 1. a) besprochen. Die Untersuchungen von F. KAMOGA, J. SILVEY, M. STANLEY, S. C. WEEKS, H. C. A. SOMERSET und anderer Psychologen, die in Kampala bzw. Buganda Feldforschung durchführten, werden in dem Kapitel über psychologische Untersuchungen (Kap. D. VII. 2.) behandelt. Die Literatur über die Lwoo-Wanderungen, die für diese Bantugruppe von ethnohistorischem Gesichtspunkt aus wichtig sind, wird am Anfang des Kapitels C. II. besprochen.

Soga

L. A. FALLERS von der Universität von Chicago, der 1955—1957 Direktor des EAISR war, und seine Frau MARGARET C. FALLERS befaßten sich in den letzten Jahren intensiv mit den Soga. L. A. FALLERS führte seine erste Feldforschung in Busoga als Fulbright-Stipendiat schon 1950—1952 durch. In seinen Arbeiten behandelte er in erster Linie die politische Struktur von Busoga, die Institutionen, das Rechtssystem, besonders das Bodenrecht, und die Verwandtschaftsorganisation der Soga (Konf. Ber. EAISR, 1950, 1951, 1951 a, 1952, 1956 b; Art.: 1955, 1955 a, 1956 a, 1957 a, 1959, 1960, 1960 a, 1961, 1961 a). Da er auch in Buganda Feldforschung betrieb, enthalten seine Analysen mitunter Hinweise auf beide Stämme. Das Buch über „Bantu Bureaucracy" (1956) ist eigentlich eine Überarbeitung und Erweiterung seiner 1953 geschriebenen, unveröffentlichten Dissertation über die institutionellen Veränderungen im politischen System der Soga. MARGARET C. FALLERS verfaßte den 1960 erschienenen 11. Band des „Ethnographic Survey of Africa: East Central Africa" über die östlichen Zwischenseen-Bantu, die Ganda und die Soga.

Obwohl die Arbeiten von R. C. PRATT, Universität Toronto und Makerere College, sich dem Titel nach auf ganz Uganda beziehen (1960 a, 1961, 1961 a), behandeln sie zum Teil nur Busoga. R. C. PRATT, dessen Fach politische Wissenschaften ist, muß vor ungefähr zehn Jahren Feldforschung über Verwaltungsfragen in Busoga durchgeführt haben. Von A. I. RICHARDS liegt noch ein kurzer Aufsatz politischen Inhalts über Busoga (Konf. Ber. EAISR, 1952) vor.

Fragen der Landwirtschaft in Busoga, besonders die Produktion von Baumwolle, untersuchte die Ethnologin J. HARMSWORTH. Als Mitarbeiterin des EAISR erforschte sie 1961—1963 die soziologischen Faktoren, die dem Anbau gewinnbringender Pflanzen, besonders der Baumwolle, hinderlich sind. Ihre Arbeit bildete einen Teil des ARU-Programmes und wurde vom

Ministry of Natural Resources gefördert. Sie legte einen Teil ihrer Ergebnisse auf zwei EAISR-Konferenzen dar (Konf. Ber. EAISR 1962, 1962 a, 1963). Es ist damit zu rechnen, daß sie bald einen umfassenden Bericht veröffentlichen wird. T. M. OTHIENO von der landwirtschaftlichen Fakultät der Universität Makerere führt zur Zeit eine Feldforschung über wirtschaftliche Aspekte der bäuerlichen Landwirtschaft in Bukedi durch.

Interessant ist das Buch der Geographin ANN EVANS LARIMORE über Siedlungsformen in Busoga (1958). Dieser „Essay in kultureller Geographie", wie es im Untertitel heißt, war ursprünglich eine Dissertation, die A. E. LARIMORE bei dem Department of Geography der Universität Chicago einreichte. Schließlich ist ein Buch von H. P. GALE (1959) zu erwähnen, das sich mit Missionsgeschichte befaßt, deren Schauplatz in erster Linie Busoga war.

Ganda

Nach den Kikuyu sind die Ganda das größte Volk Ostafrikas. Sie zeichnen sich durch eine entwickelte, schon in vorkolonialer Zeit bestehende Staatsorganisation aus. Das Reich Buganda ist zweifelsohne die führende politische Kraft auch in dem modernen Staat Uganda. Die Ganda gehören zu den ethnologisch am besten bekannten Stämmen Ostafrikas. Bereits 1950, als das Forschungsprogramm des EAISR gestartet wurde, hatte man die grundlegende ethnographische Erforschung Bugandas für abgeschlossen gehalten. "... it was decided that it was unnecessary to do a basic outline study in Buganda owing to the amount to anthropological work already done in this area ... In practice it has been found possible to combine the collection of ethnographic date with carrying out of surveys of administrative importance" (EAISR Report 1950—1955, S. 11).

Dieser Entschluß war der weiteren soziologischen und ethnologischen Forschung in Buganda keineswegs hinderlich. Im Gegenteil, über Buganda wurde auch in den letzten zehn Jahren mehr als über andere Gebiete Ostafrikas gearbeitet. Die Tatsache, daß sich das bedeutendste Institut für Sozialforschung Ostafrikas, das EAISR, mit den soziologischen, wirtschaftlichen und landwirtschaftlichen Fakultäten der Universität Makerere im Gebiet von Buganda befindet, ist zweifellos einer der Gründe dieser für ostafrikanische Verhältnisse ausnehmend intensiven Forschungstätigkeit. Hinzu kommt noch die Institutspolitik des EAISR, nach der die Studien in nahegelegenen Gebieten zu fördern waren: "It was the initial policy of the Institute to concentrate work on territories not too far distant from Kampala, that is to say within a day or a day-and-a-half's motor drive. This was done in order to facilitate fairly frequent meetings for discussion of joint research." (EAISR Report 1950—1953).

Diese Institutspolitik hat dazu entschieden beigetragen, daß in den letzten zehn Jahren große Fortschritte in der Erforschung der Zwischenseen-

Bantu gemacht wurden. Viele Mitarbeiter der Makerere-Universität — Assistenten und Professoren —, die neben ihrer Lehrtätigkeit noch Feldforschung betreiben wollten, mußten dies zwangsläufig innerhalb eines nicht allzu weiten Umkreises von Kampala, also in Buganda tun. Obwohl man auf grundlegende ethnographische Erhebungen unter den Ganda von vornherein verzichtete, wurde eine Reihe von Projekten mit speziell soziologischen, demographischen, wirtschaftlichen, psychologischen und anderen Fragestellungen ganz oder teilweise in Buganda bzw. in Kampala durchgeführt. Schließlich liegt ein recht wichtiger Grund für die intensive Forschungstätigkeit bei den Ganda selbst, die vom kulturhistorischen und soziologischen Standpunkt aus nach wie vor eines der interessantesten Völker Afrikas sind.

Ausgesprochene Geschichtsforschung wurde in den letzten zehn Jahren u. a. von R. OLIVER, D. A. LOW und J. A. ROWE in Buganda durchgeführt. Von R. OLIVER, der 1963 zusammen mit G. MATHEW eine Geschichte Ostafrikas herausgab, stammen mehrere Aufsätze über die Geschichte der Ganda (1954, 1954 a, 1955, 1959 a). Der Historiker D. A. LOW von den Universitäten Oxford und Makerere begann 1954 seine Forschung über die Kontakte der Ganda mit den Europäern vor 1900 und andere historische Vorgänge (Konf. Ber. EAISR 1954, 1956 a, 1958; Aufsätze: 1956, 1957, 1959, 1963; Buch zusammen mit R. G. PRATT 1960). J. A. ROWE von der Universität Wisconsin sammelte Material zur Geschichte der politischen Führung in Buganda um 1875. Er hatte ein Stipendium der Ford-Stiftung für 1962 bis 1963 und war vorgesehen, 1964 eine Dissertation über das obige Thema bei seiner Universität einzureichen. Bisher verfaßte er einen Aufsatz über Ganda-Häuptlinge (Konf. Ber. EAISR 1963). Einige Studien des Wirtschaftsforschers C. C. WRIGLEY befassen sich ebenfalls stark mit dem rein historischen Bereich.

Von J. M. GRAY (1956), E. B. HADDON (1957) und P. C. W. GUTKIND (1960 a) erschien je ein Artikel über den mythischen Ganda-Herrscher Kibuga (= Kibuka). W. DIEZ, Professor der politischen Wissenschaften an der Universität Rochester, führte 1952—1953 Untersuchungen über die Verfassungsgeschichte von Buganda und Bunyoro durch. Auch LAURA und P. J. BOHANNAN müssen 1955—1956 im Rahmen des EAISR-Projektes das traditionelle Führertum in Buganda untersucht haben. Mehrere Autoren — manche von ihnen schreiben in Luganda — befassen sich mit der Geschichte der Könige von Buganda (J. S. KASIRYE, 1955; H. P. GALE, 1956; S. B. K. MUSOKE — 51 Seiten Manuskript in Luganda in der Bibliothek des EAISR — 1958; C. E. S. KABUGA, 1963) oder mit dem Parlament des Königreiches, dem Lukiiko (W. P. TAMUKEDDE, Konf. Ber. EAISR 1954; K. INGHAM, 1956; CH. HARRISON, 1956/1957; D. A. LOW, 1959). Von A. D. ROBERTS liegt ebenfalls ein Aufsatz historisch-politischen Inhalts vor (1962).

Die Forscher, die sich mit den Ganda in den letzten zehn Jahren am meisten beschäftigten, dürften A. I. RICHARDS, M. SOUTHWOLD, MARGARET C. und L. A. FALLERS und auf dem Gebiet der Wirtschaftsforschung C. C. WRIGLEY sein.

A. I. RICHARDS, die von 1950 bis 1955 Direktorin des EAISR war, befaßte sich vor allem mit der politischen Struktur der Ganda (Konf. Ber. EAISR 1951, 1952; Art.: 1955 a, 1962; B.: 1960), mit der Verwandtschaftsstruktur (Konf. Ber. EAISR 1951, 1955), mit den sozialen Aspekten der wirtschaftlichen Entwicklung und dem Problem der Wanderarbeit (1953). Zusammen mit P. REINING arbeitete sie auch an einer sozial-statistischen Untersuchung über das Bevölkerungswachstum in Buganda und in Buhaya (1952).

Der Ethnologe M. SOUTHWOLD von der Universität Cambridge, der seit 1954 mehrere Forschungsreisen nach Uganda unternahm, beschäftigte sich vor allem mit dem Führungssystem und dem Bodenrecht bei den Ganda (Konf. Ber. EAISR 1956, 1959 a; Art.: 1956 a, 1959; B.: 1960).

L. A. FALLERS widmete sich zunächst in erster Linie dem Volk der Soga. Ihm verdanken wir aber auch eines der besten Werke über die soziale, wirtschaftliche und kulturelle Entwicklung von Buganda („The King's men", 1963). Von MARGARET C. FALLERS stammt der 11. Band der „Ethnographic Survey of Africa: East Central Africa" über die östlichen Zwischenseen-Bantu — die Ganda und die Soga (1960).

Der Wirtschaftshistoriker C. C. WRIGLEY von der Universität Oxford, ein ehemaliger Mitarbeiter des EAISR, begann schon 1952—1954 mit seinen Untersuchungen in Buganda. Er untersuchte eingehend die wirtschaftliche (1957), besonders die landwirtschaftliche Geschichte Bugandas (Konf. Ber. EAISR 1953; Ms. 1953 a; B. 1959). Auch A. B. MUKWAYA erforschte u. a. landwirtschaftliche Probleme (Konf. Ber. EAISR, 1957), Bodenrecht (Konf. Ber. EAISR 1953 a; B. 1953) und die Einwanderungsbewegungen in Buganda (1954 a).

Auch C. EHRLICH von den Universitäten London und Makerere beschäftigt sich mit der Wirtschaftsgeschichte Bugandas (u. a.: 1956).

Über die Bodennutzung in Buganda schrieb 1954 der amerikanische Geograph J. H. DEAN seine Dissertation. Ein anderer Geograph, H. W. WEST, untersuchte ebenfalls das Problem des Bodenrechts in Buganda (Konf. Ber. EAISR, 1964). Das Buch von E. S. HAYDON (1960) über dasselbe Thema wurde zum Teil negativ beurteilt. Die bekannte Ethnologin L. P. MAIR, die schon in den dreißiger Jahren ein grundlegendes Buch über die Ganda schrieb, findet, daß der Arbeit von E. S. HAYDON der ethnologische Hintergrund fehle („Africa", Jan. 1962). Die Ethnologin J. HARMSWORTH untersuchte in ihrer oben zitierten Arbeit die soziologischen Faktoren der landwirtschaftlichen Produktion nicht nur bei den Soga, sondern auch bei den Ganda.

Verschiedene Forscher und Autoren schrieben Arbeiten von ethnologischem bzw. soziologischem Interesse über die Ganda (E. C. Lanning, 1954 a, 1956, 1959; M. B. Nsimbi, 1953, 1956, 1956 a; L. Oschinsky, 1954; Fr. P. Kalanda: Konf. Ber. EAISR, 1964; J. Jensen: Dissertation in Ethnologie für die Freie Universität Berlin vorgesehen). Auch die in der Reihe „Background to Uganda" erschienene Broschüre „The Sesse Insel: home of tribal god" (1960) ist ein ethnologischer Aufsatz.

L. Doob (1958, 1960), Professor der Psychologie an der Universität Yale, führte 1954—1955 die Feldforschung für seine vergleichende Studie über „Akkulturation" bei den Ganda (und den Luo) durch (Kap. D. VII. 2. c).

Der evangelische Geistliche F. B. Welbourn, der lange Zeit als Pfarrer an der Universität Makerere tätig war, schrieb ein Buch über unabhängige afrikanische Kirchen — drei davon in Buganda (1961) — und einen Aufsatz über die Kiganda-Religion (1962).

Von S. J. K. Baker (1956) stammt ein geographischer Aufsatz über Buganda. J. M. Fortt von der Universität London führte 1951—1953 eine Untersuchung über die Verteilung der eingeborenen und eingewanderten afrikanischen Bevölkerung in Buganda durch (Ms.: 195 .: Bibliothek des EAISR; Aufsatz, 1954).

Drei kürzere Arbeiten befassen sich mit Gesundheits- bzw. Ernährungsfragen in Buganda (H. Welbourn, 1954; M. Southwold, Symposium des EAISR, 1959; I. H. E. Rutishauser, 1962).

6. W- und SW-Uganda: Die westlichen Stämme der Zwischenseen-Bantu in Uganda

Stamm	Zahl der Stammes-angehörigen [1]	Distrikt		Quellen vor 1954
Nyoro	200 000	Bunyoro Mubende	W-U W-U	
Toro	185 000	Toro	W-U	
Amba (einschl. *Bwizi*)	30 000	Toro	W-U	F. Stuhlmann, 1894 H. H. Johnston, 1902 J. F. Cunningham, 1905
Konjo	107 000	Toro	W-U	J. Roscoe, 1915, 1923, 1923 a
Nkole (einschl. *Hororo*)	520 000	Masaka Ankole Kigezi	SW-U SW-U SW-U	E. H. Winter (s. unten)
Kiga	320 000	Ankole Kigezi	SW-U SW-U	

[1] Die Angaben für die Amba stammen aus dem Jahr 1948, jene für die Nyoro, Toro, Konjo, Nkole und Kiga aus dem Jahr 1959.

Nyoro

Wie jeder Ethnologe, der sich für viele Jahre kontinuierlich mit einem und demselben Stamm befaßt, erforschte auch J. H. M. BEATTIE, der z. Z. vermutlich beste Kenner der Nyoro, diese in allen ihren wesentlichen Lebensbereichen. J. H. M. BEATTIE von der Universität von Oxford, früher Beamter in der staatlichen Verwaltung Ugandas, erhielt 1951 ein Scarborough-Stipendium, um die Nyoro zu untersuchen. Zuerst befaßte er sich mit dem „Kibanja"-System des Bodenrechtes in Bunyoro (Konf. Ber. EAISR, 1953, 1954, 1954 a). Seine weiteren Studien beziehen sich auf Nyoro-Namen (1957 c), informelle Rechtssprechung (1957), Besessenheitskult (1957 a, 1963), Verwandtschaftssystem und Ehe (1957 b, 1958), Blutsbrüderschaft (1958 a), nachbarliche Beziehungen (1959), Riten des Königtums (1959 a). Seine 1960 erschienene Broschüre „Bunyoro, an African Kingdom" ist eine für einen breiteren Leserkreis geschriebene Schilderung dieser Gesellschaft. In seinen übrigen Arbeiten (1960 a, 1960 b, 1961) analysiert er u. a. die Veränderungen, die unter dem Einfluß eingeführter demokratischer Werte und Institutionen stattfanden. Er verfaßte den Beitrag über die Nyoro für das 1960 von A. I. RICHARDS herausgegebene Buch „East African Chiefs". In einem seiner letzten Aufsätze (1964) zeigt er, in welcher Weise die Teilnahme an einer neuen sozialen und wirtschaftlichen Welt, die über die Grenzen der ländlichen Gemeinschaft hinausgeht, das Alltagsleben des einzelnen im Stamm verändern kann.

Außer den Forschungen von J. H. M. BEATTIE sind nur noch vereinzelte Arbeiten über die Nyoro festzustellen. S. J. K. BAKER verfaßte 1954 eine kurze geographische Beschreibung von Bunyoro. Von G. RODGER stammt ein ethnographischer Aufsatz (1955). L. T. RUBONGOYA schrieb ein Buch über die Nyoro in der Reihe des East African Literature Bureau (1957).

W. DIEZ, Professor der politischen Wissenschaften an der Universität Rochester, soll 1952—1953 seine schon erwähnten Untersuchungen z. T. der Verfassungsgeschichte der Nyoro gewidmet haben.

Zwei Historiker, K. INGHAM (1953, 1957) und R. OLIVER (1954 a, 1955), befaßten sich in einigen Aufsätzen und auch in ihren Hauptwerken mit der Geschichte von Bunyoro. Beide gaben unabhängig voneinander eine Geschichte Ostafrikas heraus (1962 bzw. 1963). Auch im Buch von B. K. TAYLOR über die westlichen Zwischenseen-Bantu (1962) werden die Nyoro behandelt.

Toro

Die Ethnologen B. K. TAYLOR und M. L. PERLMAN scheinen die einzigen zu sein, die in den letzten Jahren unter den Toro Feldforschung durchgeführt haben.

B. K. TAYLOR hatte 1950—1952 mit einem CSSRC-Stipendium an einer Untersuchung in Toro gearbeitet. Das Ziel war, die soziale Struktur und Kultur der Toro und der Konjo unter besonderer Berücksichtigung der Entwicklungspläne — damals als „programmes of colonial development" bezeichnet — und der stattfindenden Veränderungen zu untersuchen. Die von B. K. TAYLOR gewonnenen Ergebnisse sind größtenteils in seinem Buch über die westlichen Zwischenseen-Bantu (1962) enthalten. Er lieferte das Material über die Toro für den Aufsatz von A. I. RICHARDS in „East African Chiefs" (1960). Es gibt außerdem zwei Berichte von ihm bei Konferenzen des EAISR (1950, 1951).

M. L. PERLMAN führte 1959—1961 seine Feldforschung unter den Toro durch. Er war Mitarbeiter des EAISR und erhielt ein CSSRC-Stipendium, um die Stabilität der Ehe und der Familie in Toro zu untersuchen. Sein Projekt wurde von der Uganda-Regierung gefördert. An mehreren Konferenzen des EAISR erstattete M. L. PERLMAN über seine Zwischenergebnisse ausführlich Bericht: Über Siedlungsformen in Toro (1959), über Stabilität der Ehe (1960, 1962 a) und über Bodenrecht (1962). Er schloß seine Dissertation über das Thema Ehe in Toro 1963 ab. Diese Arbeit liegt vorläufig nur als maschinengeschriebenes Manuskript vor. M. L. PERLMAN hat noch einen ebenfalls unveröffentlichten Vortrag über „Eigentumsrecht der Frauen" (1962 b) vor einer Konferenz des Uganda Council of Women gehalten. Seine Frau E. H. PERLMAN schrieb 1959 den Beitrag für das Symposium des EAISR über die Einstellung der Toro zu Gesundheitsfragen und Krankheiten.

Über die Toro gibt es noch eine Sprichwortsammlung von E. D. KAGORO (1956).

Amba

Ähnlich wie sich J. H. M. BEATTIE ganz dem Studium der Nyoro widmete, konzentriert sich die Forschungsarbeit des amerikanischen Ethnologen E. H. WINTER in erster Linie auf die Amba. E. H. WINTER von der Universität Harvard, später Universität Oxford und London School of Economics, war einer von fünf amerikanischen Sozialwissenschaftlern, die Anfang der fünfziger Jahre im Rahmen eines speziellen Ausbildungsprogramms auf britische Universitäten geschickt wurden. Er wurde Mitarbeiter des EAISR in Kampala und erhielt ein CSSRC-Stipendium für 1950—1952, um eine monographisch-ethnologische Erhebung unter den Amba durchzuführen, deren Gesellschaft bis dahin kaum erforscht war. Mit Hilfe von Einzelinterviews und der Aufzeichnung von Lebensgeschichten sollte er auch das Wertsystem erfassen, das der Amba-Gesellschaft zugrunde liegt.

E. H. WINTER fing schon 1950 an, über seine Ergebnisse fortlaufend zu berichten (Konf. Ber. EAISR, 1950, 1951, 1951 a, 1952). In den darauffolgenden Jahren erschienen nacheinander seine drei Bücher: über die Wirtschaft der Amba — „Bwamba Economy. The Development of a Primitive Subsistence Economy in Uganda" — (1955), über ihre Gesellschaftsstruktur (1956) und ein Buch über vier Lebensgeschichten (1959). In dem von J. MIDDLETON und D. TAIT 1958 herausgegebenen Werk „Tribes without Rulers" schrieb E. H. WINTER den Aufsatz über die Amba. Alle Arbeiten von E. H. WINTER fanden eine einstimmige positive Kritik. Das Buch „Bwamba, a structural-functional Analysis of a Patrilineal Society" wird von J. MIDDLETON als „ . . . an admirable and straightforward account of a total social system not an analysis of any particular aspect . . ." beschrieben (Africa, Apr. 1957, p. 194). J. H. M. BEATTIE meint in der Rezension des Buches „Bwamba Economy": „ . . . should be read by all who have to do with the economic development of less advanced communities . . .".

Die Amba werden außerdem in dem Buch von B. K. TAYLOR über die westlichen Zwischenseen-Bantu behandelt („Ethn. Survey Afr.: E. C. Afr.", no. 13, 1962).

Konjo

Über diesen Stamm wurde in den letzten Jahren, aber auch früher recht wenig gearbeitet. B. K. TAYLOR (s. in diesem Kapitel: Toro) ist einer der wenigen Forscher, der in den letzten 10—15 Jahren bei den Konjo Forschung betrieb. Seine Ergebnisse sind in dem Buch über die westlichen Zwischenseen-Bantu („Ethn. Survey Afr.: E. C. Afr.", no. 13, 1962) enthalten.

Der norwegische Ethnologe A. SOMMERFELT reiste mit einem Stipendium des Norwegischen Rates für Wissenschaftliche Forschung nach Uganda, um die Konjo zu erforschen. Seine Frau K. SOMMERFELT schrieb zum Symposium des EAISR „Attitudes to health an disease among some East African tribes" — 1959 den Beitrag über die Konjo.

Über die Konjo gibt es noch eine kleine ethnographische Mitteilung von T. D. H. MORRIS (1953) und einen ebenso kurzen Artikel des Historikers R. OLIVER (1954).

Nkole

Es liegen eine ganze Reihe von neueren historischen Arbeiten über das Königreich Ankole vor sowie Aufsätze über die mündlichen Traditionen und Erzählungen des Volkes. Es wurden aber in den letzten Jahren keine anthropologischen oder soziologischen Forschungsarbeiten in Ankole durchgeführt und abgeschlossen.

Arbeiten geschichtlichen Inhaltes wurden vor allem von den Historikern R. OLIVER (1954, 1954 a, 1955, 1959) und H. F. MORRIS (1956, 1957, 1962) geschrieben. Eine Geschichte der Könige von Ankole, verfaßt von A. G. KATATE und L. KAMUGUNGUNU, erschien 1955 in Kinyankole.

Mit einem speziellen, ethnologisch-geschichtlichen Thema — mit der legendären Dynastie der Bachwezi — befaßten sich u. a. R. OLIVER (1953), E. C. LANNING (1958) und C. C. WRIGLEY (1958). Über die letzte Herrscherschicht, die kriegerischen Hima, erschien außer einem Aufsatz von J. FORD (1953) die von H. F. MORRIS herausgegebene bahnbrechende Sammlung von Heldensagen (1964). Von C. M. SEKINTU und K. P. WACHSMAN stammt ein kleiner Beitrag über die Wandmalerei der Hima-Hütten (1956). M. J. WRIGHT, der in erster Linie die Volkserzählungen der Lango studierte, schrieb auch über eine Nkole-Tradition (1961). K. K. NGANWA veröffentlichte 1956 eine Sammlung von Nkole-Erzählungen in der Urfassung.

Der 1964 verstorbene Direktor des EAISR, D. J. STENNING, der längere Zeit soziologische Feldforschung in Ankole durchgeführt hatte, hinterließ leider nur zwei Berichte, die er für EAISR-Konferenzen schrieb. Der Aufsatz über die Nkole, den er für das Buch „East African Chiefs" (1960, hrsg. von A. I. RICHARDS) lieferte, wurde von ihm am Anfang seiner Feldforschung z. T. auf Grund von Literaturstudien verfaßt.

Die Ethnologin E. HOPKINS von der Universität von Columbia untersuchte von Ende 1961 bis September 1962 die Veränderungen des Gewohnheitsrechtes unter den Nkole. Von ihr gibt es nur einen Bericht (Konf. Ber. EAISR, 1962) über Strafrecht in Ankole.

M. H. SEGALL (Konf. Ber. EAISR, 1959) führte 1959—1960 psychologische Untersuchungen in Ankole durch (s. Kap. D. VII. 2. c).

In dem Buch von B. K. TAYLOR über die westlichen Zwischenseen-Bantu („Ethn. Survey Afr.: E. C. Afr.", no. 13, 1962) werden auch die Nkole — dort „Nyankore" genannt — behandelt.

Kiga

Über das relativ große und wichtige Volk der Kiga (= Chiga) gibt es recht wenig Literatur und in den letzten Jahren kaum abgeschlossene empirische Studien. Die wichtigste Arbeit über die Kiga dürfte das 1957 veröffentlichte Buch von M. MANDELBAUM EDEL sein. Die Feldforschung, auf der diese Arbeit größtenteils beruht, wurde aber bereits 1932—1933 durchgeführt.

P. T. W. BAXTER von der Universität Oxford hatte mit einem Stipendium des CSSRC 1954—1956 die Kiga studiert. Er schrieb den Beitrag über die Kiga im Sammelwerk „East African Chiefs", hrsg. von A. I. RICHARDS (1960).

M. J. WRIGHT, der Sammler von Lango-Erzählungen, veröffentlichte einen von ihm aufgezeichneten Mythos (1959). B. K. TAYLOR behandelte in seinem Buch über die westlichen Zwischenseen-Bantu auch die Kiga („Ethn. Survey Afr.: E. C. Afr.", no. 13, 1962).

Hororo

In Zusammenhang mit dem im Lande Mpororo lebenden Stamm der Hororo ist nur ein Aufsatz historischen Inhalts von H. F. MORRIS (1955) zu erwähnen. H. F. MORRIS befaßte sich vor allem mit der Geschichte der Nkole (s. in diesem Kap.).

7. NW- und W-Tanganyika: Die westlichen und südlichen Stämme der Zwischenseen-Bantu in Tanganyika

Stamm	Zahl der Stammes- angehörigen	Distrikt		Quellen vor 1954
Haya	326 000 [1]	Bukoba	NW-T	↑
		Biharamulo	NW-T	
		Karagwe	NW-T	
Zinza	56 000 [1]	Biharamulo	NW-T	F. STUHLMANN, 1894
		Geita	NW-T	P. KOLLMANN, 1898
		Ngara	NW-T	G. A. Graf von GÖTZEN, 1899
Subi	75 000	Geita	NW-T	H. REHSE, 1910
		Ngara	NW-T	M. WEISS, 1910
Ha (einschl. *Jiji*)	300 000	Kibondo	NW-T	
		Kasulu	NW-T	
		Biharamulo	NW-T	
		Kigoma	W-T	↓

[1] Angabe aus dem Jahr 1957.

Haya

In den letzten zehn Jahren sind vor allem die Arbeiten von P. O. MORS und P. C. REINING über den Stamm der Haya hervorzuheben. Von P. O. MORS stammen zwei Artikel von historischem Interesse (1955, 1957). Die meisten seiner ethnographischen Aufsätze dürften jedoch für Sozial- und Wirtschaftsforscher sowie Praktiker in diesem Gebiet von direktem Nutzen sein. Er befaßte sich mit der Jagd und Fischerei (1953), Viehzucht (1954), den Eßgewohnheiten (1958: Heuschrecken als Nahrungsmittel) sowie mit den Umgangsformen (1961) der Haya.

Die Ethnologin P. C. REINING von der Universität Chicago, damals Mitarbeiterin des EAISR, erhielt 1951 vom EAISR den Auftrag, in Bukoba eine soziologische Untersuchung des politischen Systems und des Bodenrechtes durchzuführen. Über diesen Teil ihrer Forschung berichtete sie in zwei Arbeiten, eine über Gemeindeorganisation (Konf. Ber. EAISR, 1952) und die andere über Landbesitz und Pächterschaft (1962). P. C. REINING lieferte zudem das Material für den Aufsatz über die Haya in dem Buch „East African Chiefs" (hrsg. von A. I. RICHARDS, 1960). P. C. REINING war

41

auch Mitarbeiterin von A. I. RICHARDS bei der Auswertung des Bevölkerungswachstums in Buganda und Buhaya, die für die Veröffentlichung der UNESCO „Culture and Human Fertility" (hrsg. von F. LORIMER, 1952) unternommen wurde.

Über traditionelle Vorstellungen der Haya und ihrer Riten in Zusammenhang mit Schwangerschaft und Geburt erschienen 1958 zwei kurze Aufsätze von M. S. G. MOLLER und K. J. RWUIZA. R. A. AUSTEN führte 1962—1963 eine Untersuchung über die indirekte Verwaltung in Bukoba durch (Konf. Ber. EAISR, 1963, 1963 a). Zur Zeit arbeitet K. H. FRIEDRICH an einem Forschungsprojekt über die Organisation der Bodennutzung und Viehhaltung in Kaffee-Anbaugebieten bei Bukoba. K. H. FRIEDRICH ist landwirtschaftlicher Betriebswirt und arbeitet in Verbindung mit einem Ethnologen, H. JÜRGENS, Kiel. Das Projekt wird von der Fritz-Thyssen-Stiftung finanziert und vom IFO-Institut betreut.

Aus dem Schrifttum der letzten Jahre über die Haya und die anderen Stämme der Westgruppe der Zwischenseen-Bantu sind noch das in der Reihe „Ethnographic Survey of Africa: East Central Africa" (1962) erschienene Werk von B. K. TAYLOR „The western lacustrine Bantu" sowie einzelne Aufsätze (H. CORY, 1956 a; D. N. MCMASTER, 1960; R. BERGER, Konf. Ber. EAISR, 1963) hervorzuheben.

Zinza

Der Ethnologe J. W. TYLER, University College London, damals Mitarbeiter des EAISR, erhielt von dem EAISR zur gleichen Zeit wie P. C. REINING eine ähnliche Aufgabe. Er sollte eine grundlegende Feldforschung zur Sammlung aller ethnographischen Daten bei dem wenig bekannten Stamm der Zinza durchführen und dabei besonders ihr politisches System gründlich analysieren. J. W. TYLER schrieb damals einen kurzen Aufsatz über Zinza- und Subi-Häuptlinge (Konf. Ber. EAISR, 1952) und eine Arbeit über das politische System der Zinza (1959). Über die politischen Verhältnisse bei den Zinza gibt es noch den Artikel von J. LA FONTAINE in dem von A. I. RICHARDS herausgegebenen Buch „East African Chiefs" (1960). Das Material für diesen Aufsatz wurde ebenfalls von J. W. TYLER geliefert.

Ha

Über den großen Stamm der Ha und die ganze sogenannte Südgruppe der Zwischenseen-Bantu, zu der sie gehören, gibt es recht wenige Arbeiten in den letzten Jahren. Zu erwähnen sind nur die ethnologischen Studien von J. H. SCHERER (Konf. Ber. EAISR, 1951, 1959) über die Ha und den Aufsatz über die politische Entwicklung des Stammes in dem von A. I. RICHARDS

herausgegebenen Sammelwerk „East African Chiefs" (1960). Dieser Aufsatz
wurde von J. LA FONTAINE verfaßt und das Material von J. H. SCHERER
geliefert. J. H. SCHERER, ein holländischer Ethnologe, hatte seinerzeit ein
Stipendium vom EAISR erhalten, um eine monographisch-ethnologische
Studie unter besonderer Berücksichtigung des politischen Systems und der
Sitten in bezug auf Brautpreis und Eheschließung bei den Ha durchzuführen.

Auch R. E. S. TANNER (vgl. Kap. C. I. 8: Der Nyamwezi-Block der
Bantu; und Kap. C. I. 18: Das Küstengebiet), hat sich u. a. mit der politischen Entwicklung bei dieser Gruppe befaßt. Er beschrieb und analysierte
den Vorgang der Gemeindewahlen in Ngara (Konf. Ber. EAISR, 1962 b,
1962 c).

8. N- und NW-Tanganyika: Der Nyamwezi-Block der Bantu

Stamm	Zahl der Stammesangehörigen	Distrikt		Quellen vor 1954
Sukuma	900 000	Shinyanga	N-T	
		Maswa	N-T	F. STUHLMANN, 1894
		Kwimba	N-T	P. KOLLMANN, 1898
		Mwanza	N-T	D. W. MALCOLM
		Geita	NW-T	(s. unten)
Nyamwezi	370 000	Nzega	ZN-T	P. FR. BÖSCH, 1930
		Kahama	NW-T	W. BLOHM, 1931, 1933
		Tabora	ZW-T	
		Mpanda	W-T	

Sukuma

Zu diesem Block gehört der größte Stamm Tanganyikas, die Sukuma.
Die ethnologisch-soziologische Erforschung des Sukumalandes wurde erst
in den letzten 10—15 Jahren intensiv betrieben. Sie ist mit den Namen
von H. CORY und R. E. S. TANNER sowie mit dem 1961 gegründeten
Nyegezi Social Research Institute in Mwanza (Kap. B. I. 3) verbunden.

Der 1962 verstorbene Ethnologe H. CORY untersuchte vor allem die
Riten, religiösen Vorstellungen und magischen Praktiken (Werke vor 1950
und 1951, 1953 a, 1960 a, 1961, 1962) sowie das Gewohnheitsrecht und
das politische System des Stammes. In seinem Buch „Sukuma Law and
Custom" (1953) behandelte er das Gewohnheitsrecht in bezug auf Ehe,
Brautpreis, Scheidung, Kinder, Land- und Viehbesitz und das Erbrecht.
Auf Grund seines anderen Werkes „The Indigenous Political System of
the Sukuma and Proposals for Political Reform" (1954) schrieb die sonst
sehr kritische LUCY P. MAIR: „Mr. Cory is one of the small band of
anthropologists whose work can really claim the description ‚applied‘"
(Africa, Apr. 1956, p. 207).

R. E. S. Tanner, früher höherer Beamter — District Officer — in Tanganyika und zur Zeit Leiter der Abteilung „Extra-Mural Studies" des University College Makerere in Mombasa, führte seine ethnologisch-soziologischen Untersuchungen ohne technische oder finanzielle Hilfe von Forschungsinstituten, sozusagen nebenberuflich durch. Er ist heute vermutlich der beste Kenner der Sukuma und ein ausgezeichneter Ratgeber für praktische Fragen der Feldforschung in Ostafrika. Er untersuchte verschiedene Aspekte der Sukuma-Gesellschaft: Familiensystem, Ehe, sexuelles Verhalten, Fruchtbarkeit, Bodenrecht (Aufsätze, 1955 und 1956), Besessenheitskult in Zusammenhang mit Heilpraktiken (1955), Ernährungsfragen (1956 b), religiöse Vorstellungen, Ahnenkult und Hexenwesen (Aufsätze, 1956, 1957, 1958 und 1959). 1953 verfaßte er einen kurzen ethnographischen Beitrag über das Bogenschießen bei den Sukuma. R. E. S. Tanner entwickelte z. T. eigene Methoden und Techniken der Datensammlung und Feldforschung unter afrikanischen Verhältnissen. Er verfügt über sehr viel noch nicht veröffentlichtes Material über die Sukuma.

1953 erschien das Buch von D. W. Malcolm über das Sukumaland, das sich vor allem mit den Problemen des Bodenrechts befaßt. Seitdem sind noch einzelne Aufsätze von A. C. A. Wright (1952, 1954), J. G. Liebenow (1959), W. Juma (1960) und J. R. Smith (1962) über verschiedene Aspekte des Lebens der Sukuma und eine kurze Mitteilung von P. J. C. Ellis (1957) über die Ubungu, eine Untergruppe der Sukuma, erschienen. Im Sammelwerk von A. I. Richards (1960) über ostafrikanische Häuptlinge und die politische Entwicklung einiger Stämme in Uganda und Tanganyika schrieb der bereits erwähnte J. G. Liebenow den Aufsatz über die Sukuma. Er führte seine Feldforschung 1954 in Sukumaland im Rahmen des Studienprogrammes der Northwestern University, USA, mit Hilfe eines Stipendiums des American Social Sciences Research Council durch.

Die Soziologin M. R. Jellicoe, die damals Community Development Officer war, führte 1963 mit einem Team von Fachleuten eine umfassende Untersuchung über Landwirtschafts-, Gesundheits- und Ernährungsfragen in mehreren Dörfern in der Umgebung von Mwanza durch. Die Ergebnisse der Untersuchung — „Interdepartmental Survey in Mwanza Area" — liegen leider nur in Form eines in wenigen Exemplaren vervielfältigten Berichtes vor. Die Untersuchung gibt Aufschluß über wesentliche Aspekte des Gesellschaftslebens, wie Familienorganisation, traditionelle und neue Formen kooperativer, politischer, religiöser und sonstiger Gruppierungen; Ernährungsgewohnheiten, Gesundheit und Unterkunft, Methoden der Landwirtschaft und Viehzucht, Arbeitsteilung innerhalb der Familie und der Gemeinschaft usw.

Die meisten Forscher, die zur Zeit in Sukumaland ethnologische, soziologische oder wirtschaftliche Untersuchungen durchführen, stehen mit dem Nyegezi Social Research Institute in Mwanza in Verbindung (Kap. B. I. 3).

Das Institut wurde 1961 auf Initiative des Bischofs J. J. Blomjous als eine Forschungsabteilung des „Social Training Centre — Social Development Institute" in Nyegezi bei Mwanza gegründet. Ziel des Nyegezi Social Research Institute ist, das Gebiet der Sukuma unter den ethnologischen, soziologischen und wirtschaftlichen Gesichtspunkten in Teamarbeit zu untersuchen, die Veränderungen zu beobachten und zu analysieren. Damit will das Institut Grundlagenforschung betreiben und die Entwicklungsarbeit des „Social Training Centre" mit wissenschaftlich fundierten Erkenntnissen unterstützen. Das Institut unternimmt im Prinzip keine Forschung außerhalb des Sukumalandes.

Der Ethnologe G. O. Lang, Professor an der katholischen Universität Washington, der mit dem Nyegezi Institut zusammenarbeitet, befaßt sich seit Jahren mit den sozialen und wirtschaftlichen Veränderungen und vor allem mit neuen politischen Strukturen und neuen Formen der kooperativen Gruppierungen in Sukumaland (1962). Ein Schüler von ihm, C. Noble, hatte bis April 1964 die Leitung des Nyegezi Social Research Institute inne. C. Noble erforschte drei Jahre lang das Leben der Sukuma. Er untersuchte die Faktoren, die für die Erhaltung der traditionellen sozialen Strukturen ausschlaggebend sind. Sein Mitarbeiter, der holländische Soziologe A. van de Sande, untersuchte die städtische Situation der Sukuma in Mwanza. Ferner arbeiteten 1963—1964 drei junge Amerikaner im Institut: M. E. Read, Ethnologin von der Minnesota Universität, befaßte sich mit dem Gewohnheitsrecht der Sukuma; G. A. Maguire, der an der Harvard University politische Wissenschaften studiert, untersuchte die politischen Entwicklungen 1947—1963 und der Ethnologe C. Hatfield von der katholischen Universität Washington die Veränderungen in den traditionellen Formen der Religion. W. Roth (196.), ebenfalls von der katholischen Universität Washington, beobachtete die genossenschaftliche Entwicklung. Auch M. Paulus (1962), Volkswirtin von der Universität Köln, führte eine Forschung über die Möglichkeiten und Grenzen des Genossenschaftswesens in Tanganyika, u. a. in Sukumaland, durch. H. Ruthenberg (1962, 1964, 1964 a) erforschte die Möglichkeiten der landwirtschaftlichen Entwicklung in Tanganyika, u. a. in Sukumaland, und D. v. Rotenhan die Organisation der Bodennutzung in Sukumaland, speziell in bezug auf die Baumwollproduktion. Die Forschungsarbeit der letzten drei Wissenschaftler erfolgte im Auftrag der Afrika-Studienstelle des IFO-Institutes, München, und mit finanzieller Unterstützung der Fritz-Thyssen-Stiftung. Alle drei Forscher standen in wissenschaftlichem Kontakt mit dem Nyegezi-Institut.

Über die Ergebnisse der gesamten Forschungstätigkeit des Nyegezi-Social Research Institute und der mit ihm verbundenen Forscher gibt es z. Z. nur einen Aufsatz von G. und Martha B. Lang (1962). Es ist aber zu erwarten, daß mehrere Arbeiten der genannten Forscher bald erscheinen werden.

Nyamwezi

Über den mit den Sukuma nahe verwandten Stamm der Nyamwezi lief in den letzten Jahren nur eine empirische Forschung, durchgeführt von einem Mitarbeiter des EAISR, R. G. ABRAHAMS. Außer den Referenten für das EAISR über die ersten Forschungsergebnisse (Konf. Ber. 1958 über die Nyamwezi i. a. und über ihren Hexenglauben; Beitrag zum Symposium über „Attitudes to health and disease" — 1959) verfaßte R. G. ABRAHAMS noch einen Aufsatz über die Urbanisationsvorgänge in der Stadt Kahama für das von A. W. SOUTHALL herausgegebene Buch „Social Change in Modern Africa" (1961).

W. D. YONGOLO schrieb 1956 ein allgemein gehaltenes Buch in Kiswahili über die Nyamwezi, ihr Leben und ihre Sitten. Im übrigen gibt es nur noch kürzere Aufsätze von A. M. M. NHONOLI (Kindersterblichkeit im Nyamwezi-Gebiet, 1954), V. REYNOLDS („joking relationships", 1958) und von H. CORY (Religiöse Vorstellungen und Praktiken, 1960). Der Historiker N. R. BENNETT von der Universität Boston befaßte sich u. a. auch mit den Nyamwezi (Aufsatz in seinem Buch „Studies in East African History", 1961). H. CORY schrieb über rituelle Figürchen der Sumbwa, eine Untergruppe der Nyamwezi (1961).

9. SW-Tanganyika: Die Bantu des Nyasa-Rukwa Gebietes

Stamm	Zahl der Stammesangehörigen	Distrikt		Quellen vor 1954
Nyakyusa (einschl. *Selya, Kukwe, Saku, Ndali, Penja, Nyiha* am Kiwira-Fluß, *Lugulu, Rambia*)	229 000	Rungwe Mbeya	S-T S-T	F. FÜLLEBORN, 1906 D. R. MACKENZIE, 1925 M. WILSON (s. unten)
Fipa	78 000	Ufipa	SW-T	

Nyakyusa

Die ethnologischen Studien, die MONICA WILSON mehr als zehn Jahre lang über die Nyakyusa durchführte, machen den größten Teil der neueren Untersuchungen in diesem Gebiet aus. Eine ihrer ersten Arbeiten über die Nyakyusa war das bekannte Buch von 1951 „Good Company", eine Studie über das Leben in den Altersklassendörfern. In diesem Werk legte sie auch die politische und die Gemeindeorganisation der Nyakyusa dar. Die späteren Arbeiten von M. WILSON befassen sich in erster Linie mit rituellen Handlungen in verschiedenen Lebensbereichen des Stammes (1954, 1957, 1959). Ein kurzer ethnologischer Aufsatz von ihr über Zentralafrika (1957) enthält ebenfalls Hinweise auf die Nyakyusa. Von ihr stammt außerdem eine recht nützliche Abhandlung über die Stämme dieses Gebietes (1958). Die Arbeit liegt leider nur in vervielfältigter Form vor.

Der vor allem für seine Studien über Nilo-hamitische Völker Ostafrikas bekannte P. H. GULLIVER veröffentlichte 1958 in der Reihe der „East African Studies" des EAISR eine Broschüre über Bodenrecht und sozialen Wandel bei den Nyakyusa. J. C. MITCHELL schrieb in der Besprechung dieser Arbeit von P. H. GULLIVER: „ ... If there is any way in which this excellent essay could be improved it would be through more cases of this sort ... a useful contribution to the growing information on that nebulous aspect of anthropological theory — social change." (Africa, Juli 1960, p. 293.) In einem früher veröffentlichten Aufsatz befaßte sich P. H. GULLIVER mit der Wanderarbeit der Nyakyusa (1957 b); er hatte dasselbe Problem bereits bei den Ngoni untersucht (Kap. C. I. 12: Die Bantu des Rovuma-Rufiji-Gebietes).

Außerdem liegt eine ethnologische Mitteilung über die Religion der Nyakyusa von R. M. B. CONNOR (1954) vor und eine neuere ethnographische Studie von P. LESER über Ackerbau bei den Nyakyusa (1960).

Fipa

Über den zweitgrößten Stamm dieser Gruppe, die Fipa, wurden in den letzten zehn Jahren und auch vorher so gut wie keine empirischen Untersuchungen, weder ethnologische noch soziologische, durchgeführt. Es gibt lediglich zwei kurze Aufsätze von R. WISE (1958, 1958 a) über die Eisenschmiederei in Ufipa und ihre rituelle Bedeutung. Anfang 1963 begann ein Schüler von E. E. EVANS-PRITCHARD, der Ethnologe R. WILLIS von der Universität von Oxford, eine gründliche ethnologische Feldforschung in Ufipa durchzuführen. Er versucht sowohl die Stammesgeschichte zu rekonstruieren als auch die jetzige soziale Struktur zu erfassen und historisch zu begründen (Konf. Ber. EAISR, 1963, 1964). Die Forschung wird mit einem Horniman-Stipendium finanziert. R. WILLIS schloß seine Feldarbeit Ende 1964 ab.

10. S-Tanganyika (Hochland) Der Hehe-Bena-Sangu-Vungu-Block der Bantu

Stamm	Zahl der Stammes-angehörigen	Distrikt		Quellen vor 1954
Nyiha südlich des Rukwa-Sees (einschl. *Lambyia, Malila*)	89 000 [1]	Ufipa Rungwe Mbeya	SW-T S-T S-T	↑
Kinga (einschl. *Mahasi*)	61 000	Njombe	S-T	
Wanji	18 000	Njombe	S-T	
Safwa (einschl. *Guruka, Mbwila, Songwe*)	46 000	Mbeya Chunya	S-T SW-T	F. FÜLLEBORN, 1906 E. NIGMAN, 1908 E. KOOTZ-KRETSCHMER, 1926/1929
Bena	159 000	Songea Njombe Ulanga Iringa	S-T S-T S-T ZS-T	G. G. BROWN und Mc D. B. HUTT, 1935 A. T. CULWICK, 1935
Hehe (einschl. *Kosishamba, Zungwa*)	192 000	Mbeya Iringa	S-T ZS-T	
Sangu (einschl. *Rori*)	30 000	Mbeya Chunya	S-T SW-T	
Wungu	8 000	Chunya	SW-T	
Kisi	6 000	Njombe Rungwe	S-T S-T	↓

[1] Die außerhalb von Tanganyika lebenden Stammesteile sind nicht mit einbegriffen.

Nyiha

In diesem früher wenig erforschten Gebiet wurden in den letzten Jahren mehrere empirische Untersuchungen, meistens auf Anregung des EAISR, begonnen. M. K. SLATER vom Queen's College erhielt ein Stipendium der Ford-Stiftung, um 1962—1963 ethnologische Forschung unter den Nyiha durchzuführen. Sie legte bereits einen Aufsatz über informelles schiedsrichterliches Verfahren bei den Nyiha vor (Konf. Ber. EAISR, 1963).

Kinga, Wanji, Safwa, Bena

G. K. PARK begann Ende 1961 im Auftrag des EAISR eine ethnographische Untersuchung des Kinga-Stammes, für die zweieinhalb Jahre vorgesehen wurden. Sein Ziel war, die soziale Struktur des Stammes unter besonderer Berücksichtigung jener Faktoren zu untersuchen, die — wie z. B. der Hexenglauben — eine erfolgreiche Durchführung von manchen sozialen Entwicklungsmaßnahmen erschweren. G. K. Park berichtete auf zwei EAISR-Konferenzen über Teilergbnisse seiner Arbeit: Über die späte Eheschließung bei den Kinga-Frauen (1962) und über das Problem des Brautpreises (1963). — W. Garland, von der West Michigan Universität, begann im August 1963 eine zweijährige empirische Forschung über das Rechtssystem und die politische Struktur des Wanji- bzw. des benachbarten Kinga-Stammes [1].

A. Harwood, Universität Columbia, führt eine ethnographische Feldforschung ebenfalls unter den Kinga durch. Sein Hauptinteresse gilt der traditionellen Wirtschaftsform — Subsistenzwirtschaft — sowie der sozialen und politischen Organisation. Auf der EAISR-Konferenz 1964 berichtete er über seine Beobachtungen über die heutige Lebensführung in einem Dorf des benachbarten Safwa-Stammes (Konf. Ber. EAISR, 1964).

M. J. Swartz erforschte die politische Organisation der Bena (Konf. Ber. EAISR, 1963). Außer seiner Arbeit sind keine weiteren empirischen Untersuchungen über diesen großen und wichtigen Stamm zu verzeichnen.

Hehe

E. V. Winans, Professor der Ethnologie an der Universität von Kalifornien und erster wissenschaftlicher Assistent in dem Projekt von W. Goldschmidt (Kap. D. VII. 2. c), untersucht im Rahmen dieses Projektes den Hehe-Stamm, besonders die soziale Organisation und das traditionelle Wirtschaftssystem. In einem zusammen mit E. B. Edgerton verfaßten Aufsatz (1963) beschreibt er die magischen Techniken, von denen die Hehe bei Schlichtungsverfahren in zunehmendem Maße Gebrauch machen. Die Autoren erklären die Zunahme dieser Praktiken u. a. durch die zu schnellen Veränderungen des Rechtssystems nach der Befreiung von der Kolonialverwaltung. — 1961—1962 führte A. Redmayne im Auftrag der Universität Oxford mit einem Goldsmiths Stipendium ethnographische Feldforschungen unter den Hehe durch (Konf. Ber. EAISR, 1962). Zu erwähnen bleiben noch eine Studie von G. G. Brown, in der er Probleme des kulturellen Kontakts bei den Hehe mit denjenigen der Samoa vergleicht (1959), und zwei kürzere Artikel von 1954, einer von Sir E. Twining über ein ethnologisch-historisches Thema und ein anderer — „The skull of Chief Mkwawa of Uhehe" — ohne Autorenangabe.

---

[1] Hierüber liegen zwei verschiedene Informationen vor. Entweder hat W. Garland sein Untersuchungsgebiet gewechselt oder er hat sich beide Stämme für die Studie vorgenommen.

11. S-Tanganyika: Der Pogoro-Ndamba-Bunga-Block der Bantu

Stamm	Zahl der Stammes- angehörigen	Distrikt		Quellen vor 1954
Pogoro	65 000	Ulanga	S-T	K. Lussy, 1951 (s. auch unten)

Pogoro

K. Lussy untersuchte die Pogoro sowohl unter ethnologischen als auch soziologischen Gesichtspunkten (Art. über Arbeitsgewohnheiten, 1953; Religion, 1954, 1954 a). J. P. Henninger (1954) veröffentlichte als Mikrofilm den handschriftlichen Nachlaß des Missionars A. Engelberger, der viele Jahre unter den Pogoro verbracht hatte. J. P. Henninger besprach diese Aufzeichnungen eingehend. Anfang 1964 führte O. F. Raum die Feldarbeit für eine durch die Fritz-Thyssen-Stiftung geförderte soziologische Untersuchung im Kilombero-Tal durch, die 1965 in erweitertem Umfang fortgesetzt werden sollte. Die Ergebnisse dieser Untersuchung sollen der Planung eines deutschen Entwicklungsprogramms in diesem Gebiet dienen. A. Brantschen stellte 1953 eine Bibliographie der ethnographischen Arbeiten über den Ulanga-Distrikt zusammen (vgl. Bibliographie Nr. 4).

12. SO-Tanganyika: Die Bantu des Rovuma-Rufiji-Gebietes

Stamm	Zahl der Stammes- angehörigen	Distrikt		Quellen vor 1954
Makonde (einschl. *Mawia*- Einwanderer)	280 000 [1]	Masasi Mtwara Lindi Newala	SO-T SO-T SO-T SO-T	
Makua	96 000 [1]	Nachingwea Tunduru Masasi	SO-T SO-T SO-T	
Pangwa	31 000	Songea Njombe	S-T S-T	
Ngindo (einschl. *Ndonde, Magingo, Chobo, Ikemba, Hamba, Ndwewe*)	100 000 [2]	Lindi Nachingwea Ulanga Kilwa	SO-T SO-T S-T O-T	F. Fülleborn, 1906 K. Weule, 1908
Ngoni (einschl. *Ndendeule, Mawindi*)	85 000 [1]	Songea Mbeya Njombe Ulanga Kahama	S-T S-T S-T S-T NW-T	
„*Nyasa*" (einschl. *Mpoto*)	36 000 [1]	Songea	S-T	

[1] Ohne die in Tanganyika lebenden Stammesteile.

[2] Angabe aus dem Jahr 1956.

Makonde

Über den Stamm der Makonde, deren Stammesgebiet größtenteils zu Mozambique gehört, gibt es einige portugiesische Untersuchungen. C. M. S. Reis befaßte sich mit der physischen Kraft der Makonde (1954, 1955) und ihren Initiationsriten (1955 a). Von dem besten Kenner der Makonde, A. J. Dias, stammt ein kurzer Artikel, eine allgemeine Betrachtung des Stammes (1959). Die Veröffentlichung einer Monographie aus seiner Feder ist zu erwarten.

Abgesehen von einer kurzen Mitteilung von M. A. Bennet-Clark über eine Makonde-Maske (1957), gibt es noch die Untersuchung von U. R. Ehrenfels, Professor der Ethnologie an den Universitäten von Heidelberg (Deutschland) und Madras (Indien). Mit einem Stipendium der schwedischen Elin-Wegner-Stiftung führte er 1957—1958 empirische Forschung in Ostafrika durch. Sein Auftrag war, mutterrechtliche Gesellschaften und in diesem Zusammenhang die sich wandelnde Stellung der Frau im modernen Afrika zu untersuchen. Im Laufe seiner ethnologischen Feldforschung auf dem Makonde-Hochland machte er interessante Beobachtungen über die Folgen des neuen Wasserversorgungssystems für das Leben der Gemeinschaft. Einige dieser Beobachtungen sind in seinem Reise- und Erlebnisbericht „Im lichten Kontinent" (deutsche Ausgabe: 1962) und in seinem Aufsatz (1962 a) enthalten. U. R. Ehrenfels befaßte sich früher vor allem mit dem Studium mutterrechtlicher Völker in Indien.

Makua

Unter den Makua arbeitete vor ungefähr zehn Jahren W. H. Whiteley (Konf. Ber. EAISR, 1950; Aufsatz, 1954, über die örtliche Verwaltung bei den Makua), der damals zum Stab des EAISR gehörte. Er ist von Haus aus Sprachwissenschaftler (vgl. Bibliographie Nr. 4: W. H. Whiteley and A. E. Gutkind).

Pangwa, Ngindo

Zwei kurze ethnologische Mitteilungen von J. Mtekteka (1958) und G. Kubik (1961) liegen über die Pangwa vor.

A. R. W. Crosse-Upcott beschrieb einige Aspekte der traditionellen Subsistenzwirtschaft der Ngindo mit vorbildlicher Gründlichkeit (1956, 1958). Von ihm stammt auch ein Aufsatz über Beschneidungsriten bei den Ngindo (1959).

Ngoni

P. H. Gulliver, der vor allem als Forscher der nilo-hamitischen Stämme Ostafrikas bekannt ist (s. Kap. C. II. 4: Die zentralen Nilo-Hamiten), untersuchte im südlichen Tanganyika neben den Nyakyusa (Kap. C. I. 9:

Die Bantu des Nyasa-Rukwa-Gebiets) auch die Ngoni (1955 a) [1] vom Gesichtspunkt der Wanderarbeit aus. Zum selben Themenkreis gehört die Untersuchung von M. J. S. W. PRIESTLEY und P. GREENING über Bodennutzung bei den Ngoni (1956).

P. H. GULLIVER schrieb zudem einen Aufsatz über die Geschichte der Ngoni (1955) und einen zweiten über das Brauchtum der rituellen Freundschaft — „joking relationships" (1957 a) — bei den Ngoni.

Eine Arbeit von J. T. KOMBA (1953) befaßt sich mit der religiösen Einstellung der Ngoni vom christlichen Standpunkt aus gesehen.

„Nyasa" [2]

Über die Nyasa, die auch in diesem Gebiet, am östlichen Rande des Nyasa-Sees, leben, gibt es eine kurze Mitteilung von PAMELA GULLIVER (1955).

Zusammenfassend kann gesagt werden, daß die Studien der letzten Jahre zu spärlich waren, um die große Lücke zu füllen, die nicht nur in der soziologischen Erforschung SO-Tanganyikas, sondern auch in der ethnologischen Grundlagenforschung unter diesen Stämmen besteht. Besonders über die Yao, Makua, Mwera und Makonde müssen noch durch Feldforschung die notwendigen ethnologischen Daten gesammelt werden [3], dies nicht nur, um diese Informationen für die anthropologischen Wissenschaften zu retten, sondern auch, weil diese Daten als Grundlage für soziologische und wirtschaftliche Untersuchungen erforderlich sind.

13. O-Tanganyika: Der Ndengereko-Rufiji-Matumbi-Block der Bantu

Stamm	Zahl der Stammes-angehörigen	Distrikt		Quellen vor 1954
Ndengereko	55 000	Bagamoyo	O-T	
		Rufiji	O-T	
		Kisarawe	O-T	Keine erwähnenswerten älteren Quellen
Rufiji (einschl. *Mawanda*)	72 000	Rufiji	O-T	
		Kisarawe	O-T	
Matumbi	42 000	Kilwa	O-T	

[1] „Ndendeuli", der im Buchtitel vorkommende Name, bezeichnet eine ältere ethnische Schicht — autochthones Substrat —, die die Ngoni bei der Einwanderung auf ihrem heutigen Stammesgebiet in Tanganyika vorgefunden hatten. Die Ndendeuli sind von den Ngoni de facto völlig assimiliert.

[2] Die „Nyasa" sind kein eigentlicher Stamm, sondern ethnische Reste von Einwanderern, Abkömmlinge von Sklaven aus allen möglichen Stämmen. Die Swahili-Völker haben zudem die Gewohnheit, alle Stämme, die um den Nyasa-See leben, als „Wanyasa" zu bezeichnen.

[3] H. BAUMANN (vgl. Bibliographie Nr. 3 — 1959) rechnet diese Stämme zu den „außerordentlich schlecht bekannten Völkern Afrikas".

Über diese ganze Bantu-Gruppe liegen keine erwähnenswerten Arbeiten aus den letzten zehn Jahren vor.

14. O-Tanganyika: Der Zaramu-Luguru-Block der Bantu

Stamm	Zahl der Stammes-angehörigen	Distrikt		Quellen vor 1954
Kaguru (einschl. *Kinongo*)	63 000	Mpwapwa Kilosa Kisarawe	Z-T ZO-T O-T	↑
Luguru (einschl. *Kami, Ponda, Phangara, Ghaemo, Mgera*)	180 000 [1]	Morogoro	O-T	M. Klamroth, 1910/11
Doe	8 000	Bagamoyo	O-T	R. P. Scheerder und
Kutu (einschl. *Gunga, Lelengwe, Nghamba*)	18 000	Morogoro	O-T	R.P. Tastevin, 1950
Kwere	34 000	Morogoro Bagamoyo	O-T O-T	
Zaramu (einschl. *Mhadze, Nyagatwa*)	174 000	Kisarawe Bagamoyo	O-T O-T	↓

[1] Angabe aus dem Jahre 1957.

Kaguru

T. O. Beidelman, Professor der Ethnologie an der Harvard University, dürfte der Forscher sein, der sich in den letzten Jahren mit dieser Gegend Tanganyikas am intensivsten befaßte. Mit einem Stipendium der Ford-Stiftung, das ihm über die Universität Illinois gewährt wurde, führte T. O. Beidelman 1957—1958 Feldforschung im Distrikt Kilosa unter den Kaguru und den Baraguyu zusammen mit E. H. Winter durch. (Betr. die Arbeiten von T. O. Beidelman über die Baraguyu, s. Kap. C. II. 6: Die Masai-Gruppe der südlichen Nilo-Hamiten.)

Seine Untersuchung bildete einen Teil des Projektes der Ford-Stiftung „Study of Cultural Regularities", das unter der Leitung von J. Steward stand. Die zweite Feldforschung führte T. O. Beidelman 1962—1963 in diesem Gebiet durch. Er veröffentlichte bereits eine ganze Reihe gut fundierter Aufsätze, in denen er u. a. über verschiedene Aspekte der mündlichen Überlieferungen, Riten, religiösen Vorstellungen der Kaguru mit der Genauigkeit des Ethnologen berichtet. Darüber hinaus versucht er, auf soziologische und sozialpsychologische Fragestellungen eine Antwort zu finden (1961 a, 1961 b, 1961 c, 1961 d, 1962 a, 1963, 1963 a, 1963 b, 1963 c, 1963 d, 1963 e, 1963 f).

E. H. Winter, der mit T. O. Beidelman die Feldforschung 1957—1958 in Kilosa durchführte, ist vor allem wegen seiner Studien über die Amba (Kap. C. I. 6: Die westlichen Stämme der Zwischenseen-Bantu in Uganda) bekannt.

Luguru

Auch mit dem benachbarten Stamm der Luguru befaßte sich T. O. Beidelman (1960) in einer Diskussion mit U. R. Ehrenfels über die Klanorganisation („descent groups"). Über die Luguru gibt es ferner die gemeinsamen Studien von R. Young und H. A. Fosbrooke (1960, 1960 a), die für Wirtschafts- und Sozialforscher von aktuellem Interesse sein dürften. Die Autoren analysieren die landwirtschaftlichen Maßnahmen im Luguru-Land, die z. T. in Unkenntnis der örtlichen Verhältnisse eingeführt worden waren und zu erheblichen Spannungen zwischen der Bevölkerung und den Behörden führten. P. C. Duff (1961) schrieb einen Kommentar zum Buch von R. Young und H. A. Fosbrooke (1960).

J. B. Christensen von der Universität von Wayne State sollte 1963 eine Arbeit über die kulturellen Veränderungen bei den Luguru veröffentlichen.

Doe, Kutu, Kwere, Zaramu

Über die anderen Stämme des Zaramu-Luguru-Blockes liegen nur einzelne ethnologische Aufsätze aus den letzten Jahren vor: V. Reynolds (1958) schrieb über den als „joking relationship" bezeichneten Typ der rituellen Freundschaft bei den Zaramu (und den Nyamwezi), R. H. Gower (1958) über die Kutu, E. A. Bojarski (1958) über die Doe und J. L. Brain (1962) über die Kwere.

15. NO-Tanganyika: Der Zigua-Block der Bantu

Stamm	Zahl der Stammes-angehörigen	Distrikt		Quellen vor 1954
Zigua (einschl. *Ruvu*)	112 000	Morogoro	O-T	
		Bagamoyo	O-T	
		Handeni	NO-T	
		Pangani	NO-T	
Ngulu	46 000	Handeni	NO-T	O. Baumann, 1891
		Morogoro	O-T	
Sambaa	152 000	Lushoto	NO-T	
		Tanga	NO-T	
Bondei	30 000	Tanga	NO-T	
		Pangani	NO-T	

Diese Stämme wurden in den letzten zehn Jahren kaum weiter untersucht. Die Arbeiten, die vorliegen, behandeln entweder ganz spezielle ethnologische Fragen oder geben eine summarische Auskunft über einzelne Stämme, wie die Aufsätze von V. L. GROTTANELLI (1953), P. S. MNTAMBO (1953) und A. MOCHIWA (1954), über den Zigua-Stamm; Aufsätze von F. D. NTEMO (1956) über die Ngulu; A. BYAMUNGO (Ms. 1960) über die Landwirtschaft der Ngulu, W. O. HESS (1957) über die Bondei; ABDALLAH BIN HEMEDI BIN ALI L. (1957/1958) über die Kilindi; H. A. FOSBROOKE (1955 c, 1956) über die Sambaa.

Hervorzuheben ist die Forschungsarbeit des bekannten Ethnologen H. CORY (1956, 1962) über Initiationsriten bei den Sambaa, Zigua, Ngulu (und PARE — Kap. C. I. 16: Die Kilimandscharo-Gruppe der NO-Bantu) sowie der Versuch von E. V. WINANS, Professor an der Universität von Kalifornien, die traditionelle politische Organisation der Sambaa zu erfassen (1957; Konf. Ber. EAISR 1957 a, 1962). E. V. WINANS scheint der einzige zu sein, der in den letzten Jahren Sozialforschung in diesem Gebiet unternahm. 1964 hatte E. V. WINANS im Rahmen des Goldschmidt-Projektes das vom Zigua-Block südwestlich gelegene Gebiet des Hehe-Stammes zu untersuchen (Kap. C. I. 10: Der Hehe-Bena-Sangu-Vungu-Block der Bantu).

16. NO-Tanganyika und SO-Kenya: Die Kilimandscharo-Gruppe der NO-Bantu

Stamm	Zahl der Stammes- angehörigen	Distrikt		Quellen vor 1954
Chaga [1] (einschl. Ngasa [2])	237 000	Moshi	N-T	E. KOTZ, 1922
Teita	57 000	Teita	SO-T	B. GUTMANN, 1909,
Pare	99 000	Pare	NO-T	1926, 1932/1938
Gweno	14 000	Pare	NO-T	

[1] Wir haben uns für die in dem wissenschaftlichen Schrifttum heute übliche Schreibweise „Chaga" entschieden. In der früheren deutschen ethnologischen Literatur ist vor allem die Variante „Dschagga" bekannt.

[2] Die Ngasa werden im Kap. C. II. 6. behandelt.

Chaga

Die Chaga sind eines der fortschrittlichsten Völker Ostafrikas. Der unter dem Stichwort „sozialer Wandel" bekannte Entwicklungsprozeß hat bei den Chaga viel früher als bei anderen Stämmen Ostafrikas begonnen. Auf der Grundlage ihrer Traditionen assimilierten sie frühzeitig und in durchaus harmonischen Formen Elemente „westlicher" Kultur. Ihre geschichtlichen Überlieferungen, traditionellen Sitten, Riten, soziale Organisation, herkömmliches Erziehungssystem, landwirtschaftliche Erzeugungsmethoden stehen seit der Jahrhundertwende im Blickfeld des ethnologischen Interesses: Es sei besonders auf die Studien des deutschen Ethnologen B. GUTMANN hingewiesen, die sich über 30 Jahre erstrecken.

Die Reihe der reinen ethnologischen Arbeiten über die Chaga setzt sich bis heute fort (L. VAJDA, 1953, 1955, 1957; H. A. FOSBROOKE, 1954; 1954 d; F. B. STEINER, 1954; H. v. SICARD, 1959; M. A. MDEE, 1961; T. L. MA-REALLE, 1963). Von S. J. NTIRO erschien 1953 eine Beschreibung der Chaga-Traditionen in Kiswahili. Ein umfassendes Werk von K. M. STAHL wurde vor kurzem über die Geschichte des Chaga-Volkes veröffentlicht (1963). In der Bibliothek der Universität Makerere (Kampala, Uganda) befindet sich ein maschinegeschriebenes Manuskript, das I. KAPLAN 1956 über Geschichte und Sitten der Chaga verfaßte. I. KAPLAN, Universität Chicago, führte 1953—1954 mit einem Stipendium des American Social Science Research Council Feldforschung unter den Chaga durch.

Über die rein historisch-ethnologischen Arbeiten hinaus sind folgende Studien der letzten Jahre über die Chaga zu verzeichnen: Aufsätze von G. N. SHANN über die Bildungsfortschritte der Chaga (1954, 1956); W. RUSCH über die Entwicklung der Besitzverhältnisse (1963); die Arbeiten von P. H. JOHNSTON (1953), J. G. LIEBENOW 195., 1956 a, 1958) und M. v. CLEMM (1963, 1963 a) über Entwicklungstendenzen der sozialen und politischen Organisation der Chaga-Gesellschaft. J. G. LIEBENOW unter-suchte bisher die Probleme der örtlichen Verwaltung und traditioneller politischer Führung bei drei Stämmen, den Chaga, Sukuma (Kap. C. I. 8) und Turu (Kap. C. I. 1). M. v. CLEMM von der Universität Oxford führte in den letzten Jahren mit Hilfe eines Stipendiums der Ford-Stiftung inten-sive Feldforschung bei den Chaga durch. Sein Ziel war u. a., die Entwick-lung ihrer politischen Organisation seit der deutschen Kolonialzeit in Zu-sammenhang mit der traditionellen Autoritäts- und Verwandtschaftsstruk-tur sowie mit dem wirtschaftlichen Wandel zu erforschen. Mehrere Wirt-schafts- und Sozialforscher (z. B. M. PAULUS, P. TRAPPE) befaßten sich mit dem Genossenschaftswesen bei den Chaga. Untersuchungen über das Genos-senschaftswesen dieses Gebiets können für Fragen der wirtschaftlichen Ent-wicklung in Ostafrika besonders aufschlußreich sein (Kap. D. VI. 5).

Teita

Mit den Teita befaßten sich in den letzten Jahren vom ethnologischen Standpunkt aus A. H. J. PRINS (1952: „Ethn. Survey Afr.: E. C. Afr.", no 3, 97—134; 1955) und S. J. FEINHANDLER. S. J. FEINHANDLER von der Harvard University führte Feldforschung unter den Teita über ihre Vor-stellungen in bezug auf Krankheiten und Magie durch.

Das amerikanische Ehepaar GRACE und ALFRED HARRIS begann vor über zehn Jahren seine ethnologischen Studien über die Teita (Konf. Ber.

EAISR, 1951, 1951 a). Sie waren seinerzeit am Projekt des EAISR für die Untersuchung afrikanischen Führertums (African Leadership Project) beteiligt. Bei den Teita untersuchten sie jedoch auch andere Probleme. GRACE HARRIS (1952, 1957) schrieb u. a. über den Besessenheitskult bei den Teita. 1953 berichtete sie an die East African Royal Commission über die Einflüsse der modernen Wirtschaft auf die Teita.

Pare, Gweno

Über die Pare und die mit ihnen eng verwandten Gweno liegen einzelne ethnologische Aufsätze (1956: H. CORY; 1959: A. E. HAARER; L. HOLY) und zwei UNESCO-Informationen über Erwachsenenbildung in diesem Gebiet („Community Development...", 1955/1956) vor.

17. S- und Z-Kenya: Die Kenya-Gruppe der NO-Bantu

Stamm	Zahl der Stammesangehörigen	Distrikt		Quellen vor 1954
Kikuyu	1 010 000	Machakos	S-K	
Kikuyu i. e. S.:		Naivasha	Z-K	
		Thika	Z-K	
		Kiambu	Z-K	
		Nyeri	Z-K	
		Fort Hall	Z-K	
		Nakuru	WZ-K	G. LINDBLOM, 1920
				C. W. HOBLEY, 1924
Ndia	67 000	Embu	Z-K	G. ST. J. ORDE BROWNE,
Kichugu	43 000	Embu	Z-K	1925
				C. CAGNOLO, 1933
Kamba	663 000	Kilosa	ZO-K	J. KENYATTA, 1938
		Kitui	SZ-K	
		Machakos	S-K	
Meru [1]	263 000	Meru	Z-K	
		Kitui	SZ-K	
Embu	66 000	Embu	Z-K	

[1] Vgl. auch Anhang II. 2.

Kikuyu
(vgl. auch Kap. D. I. 4.; D. II. 3.)

Die Kikuyu sind der größte Stamm von ganz Ostafrika. Die Zahl der Arbeiten, die über sie geschrieben wurden, vervielfachte sich in den Jahren 1953—1954 durch die Veröffentlichung von Aufsätzen und einigen umfassenden Studien über die Mau-Mau-Bewegung. Das Thema der Mau-Mau-Rebellion ist seitdem nie ganz unaktuell geworden (Bücher: L. S. B. LEAKEY,

1952, 1954; C. T. Stoneham, 1953; D. H. Rawcliffe, 1954; M. Slater, 1955; J. L. Brom, 1956; M. Gicaru, 1958; I. Henderson, 1958; F. D. Corfield, 1960; G. Delf, 1961; R. G. Gregory, 1962; J. M. Kariuki, 1963; Aufsätze: 1952: E. Cavicchi; 1953: B. Francolini, A. Rosenstiel; 1954: C. J. M. Alport, J. C. Carothers, M. Gluckman, P. Gourou, L. S. B. Leakey; 1960: A. Lantin; 1961: W. E. Mühlmann). Nur ein Teil der Autoren, die seinerzeit über die Mau-Mau-Bewegung schrieben, waren als Kenner der Kikuyu und deren Geschichte oder als erfahrene Ethnologen besonders qualifiziert, die Zusammenhänge sachgerecht darzustellen und wissenschaftlich zu analysieren. Die meisten Autoren fingen erst unter dem Eindruck der sensationellen Ereignisse an, sich mit den Kikuyu zu befassen.

Für den Stand der anthropologischen und soziologischen Erforschung des Kikuyu-Volkes dürfte die Behauptung von J. Middleton heute noch gelten: "The Kikuyu of Kenya are among the less known of the larger people of Africa even though there is more written about them than about most peoples." (Africa, Apr. 1961, p. 186.)

In der Literatur über die Kikuyu werden am häufigsten die Themen Religion und Riten — besonders die Initiationsriten —, Bodenrecht und Bodennutzung sowie die Gesellschaftsorganisation behandelt. Die beiden letzten Aspekte — Bodenrecht und Gesellschaftsstruktur — rückten durch die Mau-Mau-Ereignisse besonders in den Vordergrund des Interesses. Neben vereinzelten Aufsätzen über diese Themen müssen in erster Linie die Arbeiten von C. Cagnolo (1952, 1952 a, 1953, 1953 a) und von L. S. B. Leakey (1952, 1954, 1954 a, 1956) hervorgehoben werden. Sowohl C. Cagnolo als auch L. S. B. Leakey begannen ihre Studien über die Kikuyu bereits in den dreißiger Jahren. H. E. Lambert ist ebenfalls ein guter Kenner der Kikuyu (Bücher: 1950, 1956). Einige Autoren, die wegen ihrer Forschungsarbeit in anderen Gegenden Ostafrikas bekannt sind, behandelten die Kikuyu vergleichend mit anderen ostafrikanischen Stämmen (u. a.: J. Middleton, 1953, 1954; A. H. J. Prins, 1953; G. M. Wilson, 1962). Mary I. Shannon setzte sich in mehreren kurzen Aufsätzen mit aktuellen Problemen der Kikuyu-Gesellschaft auseinander (1954, 1955, 1955 a, 1955 b, 1957, 1957 a). Vereinzelte Aufsätze stammen u. a. von D. J. Penwill (Konf. Ber. EAISR 1952), T. F. C. Bewes (1953), E. Colpi (1953), R. S. B. Baker (1955), M. Gicaru (1958), E. M. Wiseman (1958) und A. J. F. Simmance (1959). Das berühmte Buch von J. Kenyatta über die Kikuyu — „Facing Mount Kenya" — wird seit 1938 immer wieder neu aufgelegt.

Jeanne Fisher unternahm 1950 eine Feldforschung über die Stellung der Kikuyu-Frau (Kap. D. VII. 3. b und d: Familie, Ehe, Frau). Ihre Aufgabenstellung wurde bald geändert, weil es sich zeigte, daß die Stellung der Frau nur in bezug auf eine Reihe von anderen Aspekten der Gesellschaft studiert werden konnte (Konf. Ber. EAISR, 1950; 195 .; Manuskriptbände in der Bibliothek des EAISR).

S. C. Saberwal von der Universität Cornell begann 1962 eine empirische Untersuchung über die Faktoren der sozialen Veränderungen der letzten 75 Jahre bei den Kikuyu. Gleichzeitig erforschte M. P. K. Sorrenson die sozialen und wirtschaftlichen Folgen der Landkonsolidierung im Kikuyuland. Die Arbeit von M. P. K. Sorrenson ist ein Teil des „Land consolidation project" des EAISR. Die Forschung von S. C. Saberwal ist mit demselben Projekt koordiniert und wird mit einem „foreign area" Stipendium finanziert. Über beide liegen vorläufig nur Teilergebnisse vor (S. C. Saberwal, 196.; M. P. K. Sorrenson, Konf. Ber. EAISR: 1963, 1963 a; Ms. 1964). Auch ein anderer Mitarbeiter des EAISR, G. Kershaw, war an diesem Projekt beteiligt.

M. Stanley, ein Psychologe aus Amerika, bezog in seine Forschung über die Bildung einer Eliteschicht auch Studenten aus Kikuyuland ein (Kap. D. VII. 2. c).

Kamba

Die Erforschung der mit den Kikuyu eng verwandten Stämme der Kamba und Meru wurde in den letzten zehn Jahren nicht besonders stark vorangetrieben. Über beide sind nur vereinzelte Arbeiten zu verzeichnen.

J. Boninger (1956), G. Parapini (1958), J. C. Nottingham (1959), T. O. Beidelman (1961 e), E. A. Nida (1962), F. C. Peng und E. A. Nida (1962) veröffentlichten kürzere Aufsätze über die Kamba. J. Middleton behandelt sie in seinem Buch (1953) zusammen mit den Kikuyu. Besonders interessant sind die Studien von W. Elkan (1958, 1958 a), einem Nationalökonomen von der London School of Economics, über das Herstellungs- und Handelssystem, das die Kamba für den marktgerechten Absatz ihrer für den Fremdenverkehr geschaffenen Holzschnitzereien entwickelt haben. Die Volkswirtin J. Cripps von der Universität Makerere untersuchte 1964 die Landwirtschaft der Kamba (und der Kipsigis) unter ökonomischen Gesichtspunkten.

Der Ethnologe S. J. Feinhandler von der Universität Harvard begann 1961 seine Feldforschung über die Einstellungen der Kamba zu Gesundheitsfragen und Krankheiten (über ein anderes Forschungsprojekt von ihm Kap. C. I. 16: Die Kilimandscharo-Gruppe der NO-Bantu — Teita). D. R. Jacobs reichte 1962 seine Dissertation über Initiationsriten der Kamba an der Universität New York ein. Weiterhin befaßte sich ein Mitglied des Goldschmidt-Teams (Kap. D. VII. 2. c), S. C. Oliver von der Universität Texas, mit den Kamba.

Meru, Embu

Vor einigen Jahren erschien ein erwähnenswertes Buch von B. Bernardi, der für seine Arbeiten über nilo-hamitische Stämme bekannt ist, über den rituellen Würdenträger der Meru, Mugwe genannt (1959).

R. Needham (1960) befaßte sich mit Einzelheiten desselben Themas. K. K. Sillitoe, ein für landwirtschaftliche Fragen zuständiger Regierungsbeamter, berichtete auf den EAISR-Konferenzen 1962 und 1963 über Probleme der Bodennutzung bei den Meru.

S. C. Saberwal untersuchte außer den Kikuyu auch einige Aspekte der Embu-Gesellschaft (Konf. Ber. EAISR, 1963). W. Keller (Mimeogr. 1962) verfaßte eine Arbeit über Ernährungsphysiologie in diesem Gebiet.

Für diese ganze, sehr wichtige Gruppe der NO-Bantu müßten empirische Untersuchungen vor allem zur Erfassung der traditionellen Gesellschaftsorganisation gefördert werden. Dies nicht nur, um rasch verschwindende Lebensformen für das wissenschaftliche Studium noch rechtzeitig festzuhalten und zu retten. Diese Gruppe mit dem größten Stamm Ostafrikas, den Kikuyu, in ihrer Mitte, ist eine wichtige Trägerin der ostafrikanischen Gesellschaft. Eine vertiefte Kenntnis ihrer Traditionen ist eine der Voraussetzungen jenes gesunden „Afrikanisierungsprozesses", nach dem existierende afrikanische Traditionen weiterentwickelt, gepflegt und an die neue Generation weitergegeben werden müssen. Unter diesem Aspekt verdienen jene — leider allzu sporadischen — Untersuchungen eine besondere Aufmerksamkeit, die auf ein organisches Weiterleben (manchmal sogar Wiederaufleben) der Stammestraditionen in der städtischen Umgebung schließen lassen.

18. Das Küstengebiet von Kenya und Tanganyika: Die küstennahe Gruppe der Bantu und die Swahili

Stamm	Zahl der Stammes- angehörigen	Distrikt		Quellen vor 1954
Nyika				
Duruma	60 000	Kwale	SO-K	
Rabai	7 500	Kilifi	SO-K	
Ribe	1 500	Kilifi	SO-K	
Kambe	3 000	Kilifi	SO-K	
Jibana	4 500	Kilifi	SO-K	
Chonyi	13 000	Kilifi	SO-K	
Kauma	4 500	Kilifi	SO-K	
Giryama	120 000	Kilifi	SO-K	
Digo	100 000	Kwale	SO-K	
		Mombasa [2]	SO-K	
		Tanga [3]	NO-T	C. Velten, 1903
Restgruppen	wahrsch.	Kwale	SO-K	C. H. Stigand, 1913
(Boni, Sanye	nicht über	Kilifi	SO-K	E. Werth, 1915
usw.)	2 000			G. Dale, 1920
				W. H. Ingrams, 1931
Segeju	15 000	Tanga [3]	NO-T	A. H. J. Prins
		Kwale	SO-K	(s. unten)
Pokomo (einschl.	17 000	Tana River	SO-K	
Korokoro)		Northern		
		Frontier	N-K	
Swahili [1] (einschl.	249 000	Lamu	O-K	
Shirazi und		Kilifi	SO-K	
Araber)		Mombasa [2]	SO-K	
		Kwale	SO-K	
		Tanga [3]	NO-T	
		Pangani	NO-T	
		Bagamoyo	O-T	
		Kisarawe [4]	O-T	
		Rufiji	O-T	
		Inseln (Sansibar,		
		Pemba, Tumbatu,		
		Mafia)		

[1] Vgl. auch Anhang II. 2.
[2] Mit der Stadt Mombasa.
[3] Mit der Stadt Tanga.
[4] Mit Dar es Salaam.

Dieses Gebiet zieht vor allem die Aufmerksamkeit der Historiker auf sich (Kap. D. I. 4, 5, 6: Siehe z. B. die politisch-historische Forschung von Sir J. M. Gray oder die Arbeiten von N. R. Bennett über das Eindringen

des Islams). Obwohl die ethnische Zusammensetzung des Küstengebietes viel-
fältig und sicher von großem anthropologischem und soziologischem Interesse ist, gibt es nur vereinzelte empirische Untersuchungen.

Abgesehen von den Forschern historischer Richtung, befaßte sich in den
letzten zehn Jahren der Ethnologe A. H. J. PRINS mit dem Küstengebiet
besonders intensiv. Er verfaßte die Bände über die küstennahe Gruppe der
Bantu (1952) und über die Kiswahili-sprachigen Völker der Küste und der
Inseln (1961) des „Ethnographic Survey of Africa: East Central Africa"
im Auftrage des International African Institute. Die Ergebnisse der ersteren
Arbeit wurden von D. WESTERMANN (1955) in deutscher Sprache zusammengefaßt. Weitere Aufsätze von A. H. J. PRINS sind teils rein ethnologisch
(Verwandtschaftsterminologie der Swahili, 1956, 1958; bäuerliche Lebens-
form in Lamu, 1959; über die Boni: 1960, 1963), teils historisch (1955 a,
1958 a, 1959 a).

Drei Forscher, G. E. T. WIJEYEWARDENE, L. P. GERLACH und R. E. S.
TANNER, führten in den letzten Jahren einige Untersuchungen unter soziologischen Gesichtspunkten im Küstengebiet durch.

G. E. T. WIJEYEWARDENE untersuchte außer ethnologischen Themen, wie
Verwandtschaftssystem und rituelle Handlungen (Konf. Ber. EAISR, 1959 a),
auch verwaltungstechnische und politische sowie soziale Veränderungen in
Swahili-Gemeinschaften (Konf. Ber. EAISR, 1958, 1959), Einstellungen zu
Gesundheitsfragen (1959 c) und reichte 1961 der Universität Cambridge
seine Dissertation über das soziologische Thema „Some aspects of village
solidarity in coastal communities" ein.

L. P. GERLACH, Lafayette College, USA, führte 1959—1960 eine empirische Forschung bei den zur Nyika-Gruppe gehörigen Digo und Duruma
über die Zusammenhänge zwischen der Tätigkeit der reisenden Händler
und den sozio-kulturellen Veränderungen (1962, 1963) durch. Von ihm
stammt auch der Beitrag über die Digo im Symposium des EAISR über
„Attitudes to health and disease" (1959) und ein Aufsatz über Zusammenhänge zwischen der Wirtschaftsform der Digo und dem Proteinmangel in
ihrer Ernährung (1961). Seine unveröffentlichte Dissertation (196. b) behandelt die soziale Organisation der Digo. Er wird demnächst eine Studie
über die Wirtschaft der Digo veröffentlichen. L. P. GERLACH schrieb auch
den Beitrag über die Nyika für die Neuausgabe der Encyclopaedia Britannica.

Auch der deutsche Sprachforscher E. DAMMANN beschäftigte sich wieder-
holt mit den Digo (1958, 1960, 1960 a). Er veröffentlichte außerdem münd-
liche Traditionen über die Geschichte der Segeju (1961 b). Über denselben
Stamm verfaßte H. A. FOSBROOKE (1960 a) eine kurze historische Mitteilung.
R. F. GRAY, Professor der Ethnologie und Soziologie an der Universität
Tulane, der sich hauptsächlich mit den Sonjo und Mbugwe befaßte (Kap.
C. I. 2: Der Shashi-Sonjo-Block der Bantu; Kap. C. I. 1: Die Bantu des ab-

flußlosen Gebietes) berichtete 1962 auf dem Jahrestreffen der AAA in Chicago über den ekstatischen Shetani-Kult, den er bei den Segeju beobachtet hatte.

Außer dem oben erwähnten Aufsatz von A. H. J. PRINS gibt es über die Boni weitere Aufsätze von ethnologischem Interesse von R. BATTAGLIA (1957) und V. L. GROTTANELLI (1957). V. L. GROTTANELLI gab die gründlichste Darstellung einer Swahili-Gruppe, der Bajuni (1955 a). Über die Bajuni gibt es außerdem einen Aufsatz von W. W. DESHLER (1953).

Über die Gruppe der küstennahen Bantu liegen einige vereinzelte Arbeiten vor. Über die Giryama wurden Aufsätze von DENNIS A. WALKER (1957) und D. S. NOBLE (1961) und eine kurze Abhandlung von R. G. NGALA in Kiswahili (1956) veröffentlicht. W. FRANK schrieb 1953 ein kleines Buch über den Ribe-Stamm, ebenfalls in Kiswahili. Über die Wanderungsgeschichte der ganzen Gruppe — die Nyika — verfaßte T. H. R. CASHMORE (1961) einen Aufsatz.

Der für seine Untersuchungen über die Sukuma bekannte R. E. S. TANNER (Kap. C. I. 8: Der Nyamwezi-Block der Bantu) widmete sich in den letzten Jahren dem Studium des Küstengebietes. Aufsätze von ihm erschienen über Landnutzung und über Bodenrecht (1958 a, 1960, 1961), islamische Gemeinschaften der Küste (Beziehungen zwischen Mann und Frau, 1962 a; Ehe, Konf. Ber. EAISR, 1962 a; 1964). P. H. GULLIVER (1956) verfaßte einen Aufsatz über die Einwohner von Tanga.

Über die Swahili und Araber der Küste existieren ferner einzelne Arbeiten von R. REUSCH (1953, 1954), G. W. HATCHELL (1954, 1961), MUHAMMAD SALEH ABDULLA FARSY (1956), J. ADAMSON (1957), H. N. CHITTICK (1959, 1963), G. MATHEW (1959), R. ALTSCHUL (1963).

Zwei Projekte des IFO-Institutes für Wirtschaftsforschung, München, liefen 1964/1965 im Gebiet von Tanga. Das eine wurde von einem Mitarbeiter der Afrika-Studienstelle, Diplomlandwirt H. PÖSSINGER, über die wirtschaftlichen Möglichkeiten und Grenzen des Sisalanbaus in Bauernbetrieben durchgeführt. Das andere Forschungsthema war die Organisation komplexer Rinderzucht- und Kokospalmen-Betriebe bei Tanga, die von S. GROENEVELD untersucht wurde. Beide Projekte wurden von der Fritz-Thyssen-Stiftung finanziert.

J. F. M. MIDDLETON (betr. sein Hauptwerk s. Kap. C. II. 1: Madi-Lugbara-Gruppe) ist der einzige, der in den letzten Jahren empirische Sozialforschung mit aktueller Thematik auf der Insel Sansibar begann. Über sein Buch „Land tenure in Zanzibar" (1961) schreibt P. LIENHARDT: ". . . Dr. Middleton's study is based on three months field work in the islands of Zanzibar and Pemba in 1958. His achievement in this short time fills one with admiration." (Africa, July 1963, p. 275.) J. F. M. MIDDLETON schrieb noch zwei Aufsätze über Sansibar, einen über Land und Siedlung (1960) und einen über Gesellschaft und Politik (1962). JANE CAMPBELL (1962) schrieb über die ethnische Zusammensetzung und Politik von Sansibar, R. H. W. PAKENHAM (1959) über ein ethnologisches Thema, J. BOWEN (1960) über Ausbildung der Mädchen und J. G. C. BLACKER (1962) über das Bevölkerungswachstum in Sansibar.

Obwohl sich die Forschungstätigkeit in den letzten zehn Jahren etwas intensivierte, muß zusammenfassend festgestellt werden, daß bisher kaum bedeutende empirische Untersuchungen mit einer soziologischen Fragestellung im Küstengebiet durchgeführt wurden. "Among the East African regions in which least research has been carried out is that of the Islamic peoples of Zanzibar and the coast — the Arabs, who have long been established there, and the 'Swahilis', whose culture represents an amalgam of African and Islamic elements. Research in such areas requires an unusual combination of skills — knowledge of sociological or social-anthropological techniques as well as of Islamic history and culture. Nevertheless it is hoped that studies in this region may begin in the near future." (Tätigkeitsbericht des EAISR, 1950—1955.) Diese vermutlich von A. I. RICHARDS, damals Leiterin des EAISR, geschriebenen Worte sind leider heute noch gültig. Die Islamisierung und die fortschreitende Verstädterung sind Erscheinungen, die unter soziologischen Gesichtspunkten erforscht werden müssen. Forschungsarbeiten über interethnische Beziehungen und ethnische Vorstellungen (= das Bild der Gruppe über sich selbst und über die „anderen" — s. Kap. D. II. 2) scheinen völlig zu fehlen. In diesem Gebiet, wo das enge Zusammenleben stark unterschiedlicher ethnischer Gruppen — besonders Afrikaner und Araber — nicht nur zu Schwierigkeiten, sondern bereits zu explosiven Spannungen und Tragödien geführt hat, sind solche Untersuchungen von größter Dringlichkeit.

II. Niloten, Nilo-Hamiten, Kuschiten und die nicht-klassifizierbaren Völker

Die Nilo-Hamiten oder Hamitoniloten Ostafrikas wurden bereits vor den fünfziger Jahren relativ gründlich erforscht. Unter den Forschungsarbeiten der letzten zehn Jahre, die wir anschließend besprechen, sind vor allem die Untersuchungen des Ehepaares GULLIVER über die Karamojong und die Turkana, von A. W. SOUTHALL über die Alur, von J. F. M. MIDDLETON über die Lugbara und die Arbeiten verschiedener Forscher über die Kavirondo-Niloten hervorzuheben.

Als allgemeine Werke über die Nilo-Hamiten sind die in der Reihe „Ethnographic Survey of Africa: East Central Africa" erschienenen Arbeiten von A. BUTT (1952), G. W. B. HUNTINGFORD (1953 a, 1953 b) und PAMELA und P. H. GULLIVER (1953), die Arbeiten von R. BOCCASSINO (1954, 1962) sowie ein Aufsatz von O. KÖHLER (1954/1955) über die Ausbreitung der Südniloten, Aufsätze über Systeme der Altersklassenorganisation in Ostafrika von A. H. JACOBS (1956) und von T. TAKAHASHI (1957) sowie ein Bericht von P. H. GULLIVER vor der Konferenz des EAISR (1958 a) zu erwähnen. Die Altersklassenorganisation ist eines der zentralen Themen bei der ethnologischen Erforschung von nilo-hamitischen Völkern. Von B. A. OGOT (1961) ist eine kritische Betrachtung der Arbeiten über die nilotischen Gottesvorstellungen.

Der Forscher, der sich mit der Gruppe der ostafrikanischen Niloten am intensivsten befaßte, scheint zweifelsohne der in Karamoja lebende italienische Missionar J. P. CRAZZOLARA zu sein. Er verfaßte eine beinahe 600-seitige Abhandlung über die Lwoo, die 1950—1954 erschien und für Spezialisten bestimmt war. Sie besteht aus drei Teilen; der erste behandelt die Wanderungen der Lwoo, der zweite ihre Traditionen und der dritte die Klans der Lwoo. Über die Wanderungen der Lwoo verfaßte J. P. CRAZZOLARA (1961) auch einen Aufsatz. E. THIRY (1963) schrieb einen kurzen Vermerk über dasselbe Thema. A. W. SOUTHALL (1957 a) erörterte das Problem der Lwoo-Gruppe in einem Referat vor der Konferenz des EAISR.

In diesem Kapitel werden auch jene ostafrikanischen Gruppen erwähnt, die sprachlich zu den vorwiegend in NO-Afrika heimischen Kuschiten („Ost-Hamiten") gehören (Kap. C. II. 7). Auch das wenige, was über die Erforschung der sprachlich isolierten kleinen Stämme des abflußlosen Gebiets zu sagen ist, wurde in diesen Teil eingebaut (Kap. C. II. 8).

1. NW-Uganda: Die Madi-Lugbara-Gruppe

Stamm	Zahl der Stammesangehörigen	Distrikt		Quellen vor 1954
Lugbara	183 000 [1]	West-Nile	NW-U	R. E. McConnell, 1925
Madi	63 000 [2]	West-Nile	NW-U	J. F. M. Middleton
		Acholi	N-U	(s. unten)

[1] Ohne die im Kongo lebenden Stammesteile.
[2] Ohne die im Sudan lebenden Stammesteile.

Lugbara

Von dem Italiener E. Ramponi abgesehen, der vor zwanzig bis fünfundzwanzig Jahren einige Aufsätze über die Lugbara schrieb, hat sich lange Zeit niemand mit diesem Stamm intensiv beschäftigt. Erst J. F. M. Middleton, Ethnologe von der Universität Oxford, begann, die Lugbara zu erforschen. Als Stipendiat der Goldsmith-Gesellschaft und des CSSRC führte er 1950 bis 1952 seine ersten Feldforschungen durch. Er kam 1953 mit einer Expedition, die von der Universität Oxford, der Royal Geographical Society und von der Alexander Allan Patch Memorial-Stiftung finanziert wurde, für drei Monate in den West-Nile-District zurück. An der Forschung nahmen außer ihm ein Geograph, ein Botaniker und ein Bodenchemiker teil.

J. F. M. Middleton verfaßte zahlreiche Aufsätze über die Lugbara. Neben den Aspekten, die mehr die ethnologische Forschung interessieren (Mythen und Trauertabus, 1955; Begriff der Hexerei, 1955 a; Yakan-Kult, 1958 b, 1963), stellte er allgemeine Betrachtungen über den Stamm (Konf. Ber. EAISR, 1950; Aufsatz zusammen mit D. J. Greenland über Land und Bevölkerung des West-Nile-Gebiets, 1954) an, prüfte das Leben und die Sitten des Stammes nach soziologischen Gesichtspunkten (1954 a, 1958, 1960 b, 1961 a) und erarbeitete politische Analysen (Rolle der Häuptlinge, 1956; Aufsatz in dem von ihm selbst und D. Tait herausgegebenen Buch „Tribes without Rulers" — 1958; Beitrag über die Lugbara in dem von A. I. Richards herausgegebenen Sammelwerk „East African Chiefs" — 1960).

Über sein 1960 erschienenes Buch über Religion, Riten und Autorität bei den Lugbara schreibt I. M. Lewis: „... The core of the book is a description and analysis of the ritual history of a representative Lugbara family cluster and 'minimal' lineage over a period of about twelve months ... This is a most interesting structural analysis of ritual and authority and one which naturally raises many questions of comparative interest. These, however, Dr. Middleton expressly leaves aside for the moment." (Africa, July 1961, p. 290.) J. F. M. Middleton schrieb über die Lugbara auch in dem von ihm und E. H. Winter über das Hexenwesen in Ostafrika veröffentlichten Buch (1963).

Madi

J. F. M. MIDDLETON, der die Lugbara erforschte, befaßte sich auch mit den Madi, die in demselben West-Nile-Gebiet leben und sudanischen Ursprungs sind (Politische Organisation der Madi, 1955 a).

2. NW-, N- und SO-Uganda: Die Luo-Gruppe der Niloten

Stamm	Zahl der Stammes- angehörigen	Distrikt		Quellen vor 1954
Alur	81 000 [1]	West-Nile	NW-U	H. H. JOHNSTON, 1902
Acholi	209 000	Acholi	N-U	J. H. DRIBERG, 1923
Lango [2]	265 000	Lango	Z-U	A. W. SOUTHALL (s. unten)
Padhola	73 000	Bukedi	SO-U	

[1] Ohne die im Kongo lebenden Stammesteile.

[2] Die in Uganda nördlich vom Kyoga-See wohnenden Lango oder Omiru sind zwar verwandt, aber nicht identisch mit den Lango im Süden der Republik Sudan.

Alur

A. W. SOUTHALL (vgl. Fußnote S. 11) von der Universität Cambridge und von der London School of Economics führte 1949—1951 eine seiner ersten Feldforschungen im Alurland durch. Seine Arbeit war mit einem englischen Colonial-Research-Stipendium finanziert. Er hatte eine monographisch-ethnologische Erhebung unter den bis dahin fast unbekannten Alur zu machen und zugleich ihr politisches System zu erforschen sowie das Phänomen der Wanderarbeit und die Pflege und Erziehung der Kinder in dieser Gesellschaft zu beschreiben. A. W. SOUTHALL referierte über die Alur vor verschiedenen EAISR-Konferenzen (Alur i. a. 1950; Verwaltungsprobleme in Alurland, 1953; örtliche Politik bei den Alur, 1963). In einer Reihe von Aufsätzen legte A. W. SOUTHALL die verschiedenen Aspekte der Alur-Gesellschaft dar. Er schrieb u. a. über das Problem der Wanderungen (in dem von A. I. RICHARDS 1954 herausgegebenen Buch „Economic development and tribal change") sowie über Alur-Traditionen (1954 a, 1958 a), Mord und Selbstmord bei den Alur (1960). Seine vergleichende Analyse des belgischen und englischen Verwaltungssystems in Alurland, das teils zu Uganda, teils zum Kongo gehört, dürfte für Praktiker der Entwicklungshilfe von besonderem Interesse sein (1954 b). Das Buch über die Alur-Gesellschaft ist eine Abhandlung über das soziale System dieses Volkes (1956). J. F. M. MIDDLETON meint in seiner Rezension, daß die verschiedenen Teile des Buches unterschiedlichen Wert haben, daß es aber im ganzen einen bedeutenden Fortschritt in der Theorie über politische Systeme darstellt (Africa, Oktober 1957). A. W. SOUTHALL lieferte das Material über die Alur für den Aufsatz von A. I. RICHARDS in dem von ihr 1960 herausgegebenen Buch „East African Chiefs". (Betr. das Werk von A. W. SOUTHALL vgl. auch Kap. D. VII. 1. a: Die Untersuchungen in Kampala und Jinja.)

Über die Alur gibt es noch eine kurze kulturhistorische Mitteilung von M. MOSES (1953). Ferner werden die Alur in dem Buch von L. P. MAIR „Primitive Government" (1962) unter den Beispielen für nicht-zentralisierte politische Systeme behandelt.

Acholi

Die Arbeiten eines der bekanntesten Erforscher der Acholi, des Italieners R. BOCCASSINO, reichen von der Mitte der dreißiger Jahre bis zur Gegenwart. In die Periode der letzten zehn Jahre fallen folgende Aufsätze: Eine Fallstudie über eine Versöhnungszeremonie zweier Familien (1955), traditionelle Rache (1956), Sünde und Sühne nach den Sitten der Acholi (1958), Blutrache, Riten und Kriegskannibalismus (1962 a) und die religiöse und soziale Wiedergutmachung des Mordes (1963) bei den Acholi.

F. K. GIRLING von den Universitäten Oxford und Cambridge führte 1949—1951 mit einem Stipendium des CSSRC Feldforschung unter den Acholi durch. Er veröffentlichte 1960 ein Buch über diesen Stamm. P. HIRSCH von der Northwestern University, USA, führte 1954—1956 als Stipendiatin der Ford-Stiftung eine Studie über die Stellung der Frau bei den Acholi durch.

Weitere Arbeiten der letzten Jahre über die Acholi behandeln das Bodenrecht (D. O. OCHENG, 1955), den Zusammenhang zwischen Land und Führertum (R. M. BERE, 1955), Stammesgeschichte und Führertum (L. OKECH, 1953), Geschichte der ersten Reisenden (J. V. WILD, 1954) und eines Aufstandes in Acholi (A. B. ADIMOLA, 1954). Außerdem sind noch einige Arbeiten rein ethnologischen Inhalts zu verzeichnen, wie über Danksagungszeremonien bei der Ernte (I. R. MENZIES, 1954), die Klans (R. S. ANYWAR, 1954) und über Volkserzählungen und religiöse Vorstellungen (P. ORYEMA und M. J. WRIGHT, 1960; J. p' B. OKOT, Konf. Ber. EAISR, 1962, 1963).

A. B. ADIMOLA (s. oben) verfaßte außerdem eine geographische Übersicht über Acholi (1956).

Lango

Über die Lango oder Omiru, die in den zwanziger Jahren von J. H. DRIBERG gründlich erforscht wurden, gibt es in den letzten zehn Jahren nur vereinzelte Arbeiten. M. J. WRIGHT analysierte ihre Volkserzählungen und mündlichen Traditionen (1958, 1959, 1960). Auch J. G. HUDDLE (1957) behandelte eine Lango-Tradition. C. KIHANGIRE (1958) und J. p' B. OKOT (1963) schrieben über Fragen der Lango-Religion.

J. P. Crazzolara, der bekannte Forscher der Süd-Lwo-Gruppe [1] der
Nilo-Hamiten, behandelt in einem Aufsatz von 1960 neben den ebenfalls
zur Süd-Lwo-Gruppe gehörigen Labwoor und Nyakwai auch die Lango-
Omiru.

Padhola

Über die anderen Stämme der in Uganda lebenden Süd-Lwo ist außer
den stammesgeschichtlichen Darstellungen von J. P. Crazzolara nur eine
neuere Arbeit von A. W. Southall über die Padhola zu verzeichnen (Konf.
Ber. EAISR, 1957).

3. W-Kenya und N-Tanganyika: Die Kavirondo-Niloten der Süd-Lwo-Gruppe [1]

Stamm	Zahl der Stammes-angehörigen	Distrikt		Quellen vor 1954
Luo (bzw. *Jaulo,*	757 000	Kericho	W-K	J. Roscoe, 1915
Gaya, Haya oder		Central Nyanza	W-K	
Kavirondo-Niloten)	53 000	South Nyanza	N-T	
		North Mara	N-T	
		Musoma	N-T	

[1] Die Kavirondo-Niloten werden auch als Luo oder Jaluo oder Gaya oder
Haya bezeichnet. Der am häufigsten gebrauchte Name ist „Luo", obwohl er die
Gefahr der Verwechslung mit dem Namen der ganzen Lwo- oder Lwoo-Gruppe
mit sich bringt. Der Alternativname „Haya" ist wiederum nicht mit dem gleich-
namigen Bantu-Stamm westlich vom Viktoriasee zu verwechseln.

Mehrere Forscher, der Soziologe-Ethnologe G. M. Wilson, die Psychologen L. W. Doob und später R. Le Vine, die Ethnologen W. L. Sytek und
M. G. Whisson, der Wirtschaftshistoriker H. Fearn sowie J. Lonsdale
führten empirische Untersuchungen unter den Jaluo des Nyanza-Gebietes
durch. G. M. Wilson von der Universität Toronto und London School of
Economics, damals Soziologe im Dienste der Regierung von Kenya, unternahm 1954—1955 eine Feldforschung im Nyanza-Gebiet. Er erstattete Bericht an die Regierung über die Verhältnisse in den Dörfern des Elgon-
Nyanza-Distriktes, über Luo-Familien und sonstige Ergebnisse seiner Untersuchungen. Seine zum größten Teil unveröffentlichten Berichte sind im Re-
gierungsarchiv in Nairobi zu lesen. Von G. M. Wilson erschien außerdem
1961 ein Buch über Gewohnheitsrecht, besonders in bezug auf die Ehe bei
den Jaluo. A. W. Southall — wenn er auch in seiner Buchbesprechung
(Africa, Jan., 1963) auf einige Ungenauigkeiten des Buches hinweist — hält

[1] S. Fußnote Kap. C. II. 3.

diese Arbeit von G. M. WILSON für einen wertvollen Beitrag, der sowohl für Praktiker als auch für Wissenschaftler von großem Interesse sein dürfte. Im Auftrag der Agency for International Development führte 1962 das Institut für Markt- und Sozialforschung, Marco Surveys Ltd. (Kap. B. I. 4), das G. M. WILSON selbst ins Leben gerufen hat und leitet, eine Umfrage unter 700 Familien des Elgon-Nyanza-Distriktes durch. Das Ziel der Untersuchung war, die sozialen und wirtschaftlichen Veränderungen sowie die Einstellungen zu den Entwicklungstendenzen festzustellen. Der umfangreiche Bericht liegt nur in wenigen Exemplaren vervielfältigt vor.

Der Psychologe L. W. DOOB von der Universität Yale unternahm 1954 bis 1955 mit einem Stipendium der Carnegie-Foundation eine vergleichende Studie über die Akkulturation der Ganda und der Luo. Er verarbeitete seine Ergebnisse in dem 1960 veröffentlichten Buch „Becoming more civilized. A psychological exploration". Der andere Psychologe, R. LE VINE, der sich vor allem mit den Gusii befaßte (Kap. C. I. 3: Der Suba-Kuria-Gusii-Block der Bantu), zog in seinem Aufsatz über Hexenwesen (1962) eine Parallele zwischen den Gusii, Kipsigis und den Luo.

W. L. SYTEK von der Universität Chicago führte eine Untersuchung über die Anpassung der Sippen und Familienorganisation an moderne Verhältnisse bei den Jaluo durch. Mit diesem Thema hatten sich u. a. auch A. W. SOUTHALL (1952) sowie S. MALO (1953) befaßt. W. L. SYTEK begann im Oktober 1963 seine Feldforschung, für die ein Jahr vorgesehen war, mit Mitteln seiner Universität und des ARU.

Von M. G. WHISSON liegen einige unveröffentlichte Aufsätze über den Glauben der Luo an übernatürliche Kräfte und die Bedeutung dieser Vorstellungen für die soziale Kontrolle (Konf. Ber. EAISR, 1962 a) sowie über Wanderungen der Luo (Konf. Ber. EAISR, 1962) vor. M. G. WHISSON war Mitarbeiter des EAISR. Die von ihm durchgeführte Forschungsaufgabe, die von November 1960 bis September 1962 dauerte, wurde ursprünglich als eine „sozialökonomische Studie über die Luo-Kirchen im Nyanza-Gebiet" beschrieben. Das Christian Council of Kenya und das EAISR finanzierten die Arbeit gemeinsam.

Der Wirtschaftshistoriker H. FEARN führte seine Untersuchungen 1954 bis 1956 im Nyanza-Gebiet durch. Von ihm stammt ein Aufsatz über eingeborene Händler (Konf. Ber. EAISR, 1955) und ein Buch (1960) über soziologische Aspekte der wirtschaftlichen Entwicklung der letzten 50 Jahre im Nyanza-Gebiet (Kap. C. I. 4: Die Luyia oder Kavirondo-Bantu).

J. LONSDALE hielt 1963 ein Referat über die Luo als Steuerzahler (Konf. Ber. EAISR, 1963). C. J. MARTIN berichtete 1956 in einer offiziellen Veröffentlichung über eine wirtschaftliche Untersuchung in den Distrikten South Nyanza und Kericho. Außerdem sind die Aufsätze von O. S. KNOWLES über moderne Anwendungen des Gewohnheitsrechtes in der Schlichtung von Ehestreitigkeiten bei den Luo, Kisii und Kuria (1956), von P. Mboya über die Geschichte der örtlichen Regierung im Südnyanza-Gebiet (1959), von R. B. Dakeyne über Siedlungsformen im Zentral-Nyanza-Gebiet (1960) und von R. E. Wainwright über Haushaltsunterricht für Frauengruppen im Nyanza-Gebiet (1963) zu erwähnen.

4. O-Uganda und NW-Kenya: Die Zentralen Nilo-Hamiten

Stamm	Zahl der Stammesangehörigen	Distrikt		Quellen vor 1954
Teso (einschl. *Elgumi)*	508 000	Elgon Nyanza Bukedi Teso	W-K SO-U ZO-U	↑
Kuman	56 000	Teso Lango	ZO-U Z-U	H. H. Johnston, 1902 J. Roscoe, 1915 P. H. Gulliver
Karamojong	55 000	Karamoja	NO-U	(s. unten) J. C. D. Lawrance
Jie	18 000 [1]	Karamoja	NO-U	(s. unten)
Dodoth	20 000	Karamoja	NO-U	
Turkana	77 000	Turkana	NW-K	↓

[1] Ohne die im Sudan lebenden Stammesteile.

Teso

Unter den Zentral-Nilo-Hamiten — eine von der westlichen Zivilisation wenig berührte Gruppe — sind die Teso noch relativ am fortschrittlichsten. Mit den Teso befaßten sich in den letzten Jahren u. a. J. H. Dean, J. C. D. Lawrance, P. und P. H. Gulliver.

J. H. Dean, ein Geograph vom Hunter College, New York, untersuchte 1950—1952 mit einem Fulbright-Stipendium das Problem der Bodennutzung in Teso (und in Buganda). Er verfaßte 1954 seine Dissertation über dieses Thema. Kurz darauf führte auch P. N. Wilson eine landwirtschaftliche Untersuchung in Teso, Erony, durch (1956: Artikel zusammen mit J. M. Watson; 1958).

In den letzten Jahren dürfte J. C. D. Lawrance am intensivsten über die Teso gearbeitet haben. Nach einem längeren Aufsatz über die Geschichte der Teso (1955) erschien sein Buch über die Teso — fünfzig Jahre Wandel in einem nilo-hamitischen Stamm von Uganda (1957). M. J. Wright schreibt, dieses Werk "... will long remain both the students' reference book and the administrators's vade mecum for the Iteso". Er bezeichnet es als die erste maßgebende Geschichte der Teso (Africa, Jan. 1958).

Abgesehen von dem Kapitel über die Teso (S. 14—27) im Buch von Pamela und P. H. Gulliver über die Zentral-Nilo-Hamiten („Ethnographic Survey of Africa: East Central Africa", Part 7, 1953), gibt es noch eine kurze ethnographische Mitteilung von P. H. GULLIVER (1956 a) über die Teso (und die Karamojong-Gruppe) sowie vereinzelte Aufsätze bzw. ethnologische Mitteilungen von K. LUDGER (Regenmacher in Teso, 1954), B. M. KAGOLO (Stammesnamen und Gebräuche, 1955), G. D. OMERIKOL (Weisheit der Teso, 1957), O. G. GRIFFITH (Aufsatz über die Teso in der Reihe „Background to Uganda", 1958), R. L. E. DRESCHFIELD (Bericht der Untersuchungskommission über den Distriktrat in Teso, 1958) und K. ARROWSMITH (Teso, 1961).

Kumam

Über die mit den Teso sehr nahe verwandten Kumam verfaßte J. VAN VELSEN 1958 zwei Aufsätze. Beide Arbeiten behandeln die wirtschaftlichen Aspekte der Eheschließung und des Familienlebens in diesem Stamm (Konf. Ber. EAISR; Uganda Society Paper).

Karamojong (einschl. Jie oder Jiye und Dodes oder Dodoth)

Die Karamojong sind — ähnlich wie die Masai — ein relativ wenig erforschter Stamm, obwohl sie wegen ihrer Eigenart die Aufmerksamkeit der meisten Ostafrika-Reisenden auf sich ziehen und durch ihr Verhalten den örtlichen Behörden und der Regierung immer wieder Schwierigkeiten bereiten.

Außer P. H. GULLIVER, der sich vor allem mit der Untergruppe Jie (und mit den Turkana) befaßte (s. unten), führten das Ehepaar DYSON-HUDSON und W. W. DESHLER von der Universität Maryland Feldforschung unter den Karamojong durch. NEVILLE DYSON-HUDSON (1959) und V. R. DYSON-HUDSON (1961) machten 1957—1958 eine anthropogeographische Untersuchung in Karamoja. Sie waren während ihrer Forschungsarbeit mit dem EAISR assoziiert. Der Geograph W. W. DESHLER führte 1952—1954 seine ersten Feldforschungen in Karamoja mit einem Fulbright-Stipendium durch. Auf Grund dieser Untersuchungen verfaßte er 1957 seine Dissertation über Siedlungsformen der Dodos, einer Untergruppe der Karamojong. Karamoja wurde auch in seine neueren Forschungsarbeiten, die 1962—1963 über verschiedene Teile Ostafrikas gingen, mit einbezogen. Der vorläufige Arbeitstitel seiner neueren Forschung hieß „Formen der landwirtschaftlichen Produktion unter den größeren Stämmen Ostafrikas". Von W. W. DESHLER stammt noch eine kurze Mitteilung über Verteilung und Typen der Rinderherden in Ostafrika (1963).

D. CLARK veröffentlichte einige kurze ethnologische Mitteilungen über rituelle Zeremonien der Karamojong (1952, 1952 a, 1953). Ebenfalls kurze Aufsätze von ethnologischem Interesse schrieben J. C. D. LAWRANCE (1953), A. J. DOCHETRY (1957) und J. P. BARBER (1962) über die Karamojong. In dem Buch von L. MAIR „Primitive Government" (1962) wird

u. a. das politische System der Karamojong analysiert. Auch in der Reihe „Background to Uganda" sind einige Seiten über die Karamojong erschienen („The Karamojong", 1958).

P. H. GULLIVER, der 1950—1952 und später zusammen mit seiner Frau PAMELA u. a. die Jie erforschte und 1952 den berühmt gewordenen Aufsatz „The Karamojong cluster" schrieb, behandelte in mehreren anderen Arbeiten die Karamojong zusammen mit anderen Stämmen der Gruppe (u. a.: 1953 b, 1956 a). Auch sein Buch über die Jie und die Turkana — „The Family Herds" (1955 b) — trägt zum Verständnis der Karamojong bei. In dem Buch von PAMELA und P. H. GULLIVER über die Zentral-Nilo-Hamiten („Ethnographic Survey of Africa: East Central Africa", Part 7, 1953) werden die Karamojong zusammen mit den Jie und Dodos behandelt (S. 28—52).

Über die Jie verfaßte P. H. GULLIVER (s. Turkana in diesem Kapitel) einige Artikel (Ehe, 1953; Organisation der Altersklassen, 1953 a; Landwirtschaft, 1954). In seiner berühmt gewordenen vergleichenden Studie „The Family Herds" (1955 b) legte er seine Ergebnisse und Erkenntnisse über diesen Stamm dar.

Turkana

Der Ethnologe und Soziologe P. H. GULLIVER von der Universität Nottingham begann seine Untersuchungen unter den Turkana mit einem CSSRC-Stipendium 1950—1952. Er berichtete 1950 vor der Konferenz des EAISR über seine ersten Ergebnisse. Er führte seine Untersuchungen zusammen mit seiner Frau durch. Die Ergebnisse ihrer Forschungsarbeit sind in den drei Büchern „A preliminary survey of the Turkana" (1951), „The Central Nilo-Hamites" (1953, Turkana: S. 53—866) und „The Family Herds: A study of two pastoral tribes in East Africa, the Jie and Turkana" (1955 b) enthalten. Von P. H. GULLIVER stammt auch eine ethnologische Mitteilung über die Turkana und die Arusha (1958). Die wissenschaftliche Leistung des Ehepaares GULLIVER ist auch wegen der schwierigen Umstände, unter denen sie ihre Feldforschungen durchführen mußten, besonders beachtenswert. Das Ehepaar GULLIVER ist ferner durch seine Arbeiten über die Jie, Karamojong (s. oben in diesem Kapitel), Arusha (Kap. C. II. 6: Die Masai-Gruppe der südlichen Nilo-Hamiten), Nyakyusa (Kap. C. I. 9: Die Bantu des Nyasa-Rukwa-Gebietes) und Ngoni (Kap. C. I. 12: Die Bantu des Rovuma-Rufiji-Gebietes) bekannt.

Über die Turkana gibt es noch einen historischen Aufsatz von R. O. COLLINS (1961) und die Besprechung ihres politischen Systems in dem Buch „Primitive Government" (1962) von LUCY MAIR.

Außer einem Aufsatz von J. P. CRAZZOLARA (Labwoor und Nyakwai, 1960) liegen über die restlichen Stämme der Zentral-Nilo-Hamiten kaum Arbeiten neueren Datums vor.

5. O-Uganda, W-Kenya und N-Tanganyika: Die Nandi-Gruppe der südlichen Nilo-Hamiten

Stamm	Zahl der Stammes-angehörigen	Distrikt		Quellen vor 1954
a) **Nandi-Abteilung**				
Nandi (einschl. *Terik*)	117 000	Elgeyo- Marakwet Nandi	W-K W-K	
Kipsigis	160 000	Naivasha Nakuru Narok	Z-K WZ-K SW-K	
Sebei	24 000	Bugisu	SO-U	
b) **Suk-Abteilung**				
Pokot (einschl. *Marakwet* und *Endo*)	63 000	Karamoja Baringo Karasuk West Suk Transnzoia	NO-U W-K W-K W-K W-K	A. C. HOLLIS, 1909 M. WEISS, 1910
c) **Dorobo-Abteilung**				W. H. BEECH, 1911
Dorobo	5 000	Nakuru Nandi Baringo Narok Kajiado Masai Elgeyo- Marakwet Laikipia Naivasha Nanyuki Uasin Gishu	WZ-K W-K W-K SW-K S-K NO-T W-K Z-K Z-K Z-K W-K	G. W. B. HUNTING- FORD, 1929, 1942 (s. auch unten) P. BERGER, 1938
d) **Tatog-Abteilung**				
Tatog (Haupt-gruppe: *Barabaig*)	20 000	Musoma Shinyanga Nzega Mbulu Singida	N-T N-T ZN-T NZ-T Z-T	

Nandi-Gruppe i. a. und der Stamm Nandi

G. W. B. HUNTINGFORD, der schon in den dreißiger Jahren begann, sich mit den Nilo-Hamiten von Ostafrika zu befassen, gehört bereits zu den Klassikern der ethnologischen Literatur. Zwei Arbeiten von ihm über die Nandi fallen noch in die letzten zehn Jahre, das Buch über die soziale Kontrolle bei den Nandi (1953) und das Buch über die südlichen Nilo-

Hamiten („Ethnographic Survey of Africa: East Central Africa", Part 8, 1953 b), das auch ein Kapitel über die Nandi enthält.

J. M. WEATHERBY, der in erster Linie die Sebei (s. unten) erforschte, hielt 1963 ein Referat vor einer EAISR-Konferenz über Nandi-sprechende Gruppen. In diesem Vortrag bringt er völlig neue Ansichten über die ethnischen Verhältnisse innerhalb des hamito-nilotischen Blocks.

Von G. S. SNELL liegt eine Abhandlung des Gewohnheitsrechtes der Nandi (1954) vor. G. W. B. HUNTINGFORD, der die Rezension zu diesem Buch (Africa, Apr. 1955, p. 205) schrieb, findet die Zusammenfassung der Gesetze der Nandi im zweiten Teil des Werkes recht nützlich, hält jedoch die Darstellung des sozialen und historischen Hintergrundes für etwas ungenau.

Kipsigis

A. H. J. PRINS (betr. sein Hauptwerk s. Kap. C. I. 18: Die küstennahe Gruppe der Bantu und die Swahili) verfaßte seine Dissertation 1953 über Systeme in der Organisation von Altersklassen in Ostafrika. Dort behandelt er neben den Galla und den Kikuyu auch die Kipsigis. ABOU-ZEID äußert sich folgendermaßen über diese Arbeit von A. H. J. PRINS: "...The book is full of inadequately supported statements. ... However, Mr. Prins's book should be regarded as a brave attack on the difficult and ambiguous problems of age-set system..." (Africa, July 1954, p. 279.)

J. W. PILGRIM arbeitete 1959—1960 über die Kipsigis mit einem Stipendium der Goldsmith-Stiftung und der zusätzlichen Unterstützung der „Colonial Development and Welfare" Organisation. Er berichtete vor einer Konferenz des EAISR über Landbesitz und Landeigentum bei den Kipsigis (1959).

1963—1964 führte die Studentin J. CRIPPS von der Universität Makerere die Feldforschung für eine vergleichende ökonomische Untersuchung über die Landwirtschaft der Kipsigis und der Kamba durch.

Es sind noch eine kurze Mitteilung von C. W. BARWELL (1956) über den Wandel in der Wirtschaft der Kipsigis, der Aufsatz von R. A. MANNERS (1961) über ihre Märkte und der Aufsatz von R. LE VINE (1962) über Hexenwesen und zweite Ehefrau bei den Kipsigis (Gusii und Luo) zu verzeichnen (betr. das Hauptwerk von R. A. LE VINE s. Kap. C. I. 3: Der Suba-Kuria-Gusii-Block der Bantu). Außerdem schrieb D. CREATON einen Roman über die Kipsigis (1960). 1961 wurde ein älteres Buch von I. Q. ORCHARDSON über die Kipsigis in gekürzter und zum Teil veränderter Fassung von A. T. MATSON neu herausgegeben.

Sebei

Unter den Sebei führte W. GOLDSCHMIDT von der Universität California 1953—1954 seine erste Feldforschung durch. Er konzipierte 1961 ein anspruchsvolles Forschungsprojekt, in dem unter seiner Leitung vier Stämme zu vergleichend-analytischen Zwecken untersucht werden sollten (Kap. D. VII. 2 c: „Akkulturation").

Von J. M. WEATHERBY existieren mehrere Aufsätze ethnologischen und historischen Inhalts über die Sebei (Beitrag über die Sebei am Symposium des EAISR „Attitudes to health and disease among some East African tribes", 1959; Stammeskriege, 1962; Sebei-Weissager, 1963 a). Weiterhin gibt es eine ethnologische Mitteilung von J. P. BARBER über die Sebei (Beschneidung der Mädchen, 1961).

Pokot (oder Suk)

Der Soziologe H. K. SCHNEIDER von der Northwestern University, USA, erhielt 1951 ein Fulbright-Stipendium, um Feldforschung unter den Pokot durchzuführen. Er reichte 1953 eine Dissertation über die Rolle der Viehhaltung in der traditionellen Wirtschaft der Pokot ein. Über dasselbe Thema verfaßte er 1957 einen Aufsatz. H. K. SCHNEIDER schrieb auch den Beitrag über die Pokot für das Sammelwerk „Continuity and Change in African Cultures", das 1958 von W. R. BASCOM und M. J. HERSKOVITS herausgegeben wurde. Außerdem gibt es von ihm eine kurze ethnologische Mitteilung über die visuelle Kunst (1956) und einen Aufsatz über das ethische System (1956 a) bei den Pokot.

1961 soll F. P. CONANT eine Feldforschung unter den Pokot im Rahmen des Goldschmidt-Projektes (Kap. D. VII. 2 c: „Akkulturation") begonnen haben.

J. PERISTIANY schrieb Aufsätze über das System der Altersklassen (1951), das Rechtssystem und die soziale Struktur (1954) bei den Pokot. Von A. J. DOCHERTY stammt ein Aufsatz (1957), in dem die Suk (= Pokot) zusammen mit den Karamojong besprochen werden. J. BRASNETT (1958) veröffentlichte eine zusammenfassende Schilderung des Karasuk-Gebietes.

Dorobo

G. W. B. HUNTINGFORD scheint auch unter den neuen Forschern der einzige zu sein, der sich in den letzten zehn Jahren mit den Dorobo näher befaßt hat. Außer in seinem Buch über die südlichen Nilo-Hamiten („Ethnographic Survey of Africa: East Central Africa", Part 8, 1953) behandelt er die Dorobo u. a. in Aufsätzen über soziale Institutionen (1951), über politische Organisationen (1954) und über das Wirtschaftsleben der Dorobo (1955).

Tatog (Hauptgruppe: Barabaig)

G. M. WILSON und G. KLIMA führten in den fünfziger Jahren Feldforschung unter den Barabaig durch. Der Ethnologe und Soziologe G. M. WILSON von der Universität Toronto, Canada, und der London School of Economics führte 1951—1952 seine ersten Forschungen unter den Barabaig mit einem CSSRC-Stipendium durch. Anlaß des ihm erteilten Forschungsauftrages waren die damals von einigen Barabaig begangenen Ritualmorde. Die Untersuchung sollte eine monographisch-ethnographische Beschreibung des Stammes ergeben, um der Regierung von Tanganyika zu einem besseren Verständnis der Vorkommnisse zu verhelfen. Über seine Ergebnisse verfaßte G. M. Wilson einen Bericht an die Regierung. Dieser Bericht wurde leider nicht veröffentlicht. G. Mc. L. Wilson [1] schrieb mehrere Aufsätze über die Tatog — die Stammesgruppe, zu der u. a. die Barabaig gehören (1952, 1953).

G. Klima führte 1955—1956 und 1958—1959 Feldforschung unter den Barabaig durch. Er verfaßte 1963 einen Konferenzbeitrag für die an der Universität von California, Riverside, gehaltene Tagung der Southwestern Anthropological Association. Sein Aufsatz, der die Beziehungen zwischen den Geschlechtern bei den Barabaig behandelte, wurde 1964 veröffentlicht.

6. SW- und N-Kenya, NO- und Z-Tanganyika: Die Masai-Gruppe der südlichen Nilo-Hamiten

Stamm	Zahl der Stammes- angehörigen	Distrikt		Quellen vor 1954
Masai				
Aikipiak		Naivasha	Z-K	
Wuasin Kishu		Nakuru	WZ-K	
Kinopop	67 000	Uasin Gishu	W-K	
Kaputie		Narok	SW-K	
Loitai		Kajiado	S-K	
Kisonko	56 000	Moshi	N-T	
		Handeni	NO-T	
		Masai	NO-T	
		Kondoa	Z-T	O. Baumann, 1894
Arusha (am Meru- Berg)	52 000	Arusha	N-T	A. C. Hollis, 1905 M. Merker, 1910
Samburu	20 000	Laikipia	Z-K	M. Weiss, 1910 H. A. Fosbrooke,
		Northern		1948
		Frontier	N-K	s. auch unten)
Baraguyu (oder Kwafi oder Kwavi)	15 000 [1]	Pare	NO-T	
		Handeni	NO-T	
		Bagamoyo	O-T	
		Kilosa	ZO-T	
		Dodoma	Z-T	
		Kondoa	Z-T	
		Iringa	ZS-T	
		Mpwapwa	Z-T	
Ngasa (vgl. Chaga – Kap. C. I. 16.)		Moshi	N-T	

[1] Angabe aus dem Jahr 1957.

---

[1] G. Mc. L. Wilson ist mit G. M. Wilson identisch. Um eine Verwechslung mit Monica Wilson und anderen zu vermeiden, hat er eine Zeitlang die erste Form der Initialen gebraucht.

Masai

Über die vielerwähnten Masai, die selbst heute noch nicht seßhaft sind, sondern ihre Wanderbewegungen zwischen Kenya und Tanganyika vollziehen, weiß die Ethnologie verhältnismäßig wenig. Auch in den letzten zehn Jahren wurde die Masai-Forschung nicht viel intensiver als zuvor betrieben.

In erster Linie ist das Forschungsprojekt von A. H. JACOBS von der Universität von Chicago zu verzeichnen. Er erhielt ein Stipendium der Ford-Stiftung für 1958—1959, um die Organisation der Altersklassen der Masai zu erforschen. A. H. JACOBS berichtete über seine ersten Ergebnisse vor Konferenzen des EAISR (1957, 1958) und verfaßte Arbeiten über die Altersklassenorganisation und politische Organisation in Ostafrika bzw. bei den Masai (1956, 196.) sowie über ihre politische und wirtschaftliche Entwicklung (1961).

Auch B. BERNARDI (1954) und H. A. FOSBROOKE (1956 b) befaßten sich mit dem Problem der Masai-Altersklassen. Von H. A. FOSBROOKE stammen noch einige andere Aufsätze soziologischen, ethnologischen und historischen Inhalts über die Masai (Artikel vor 1954 und: 1955 c, 1956, 1960 a).

H. A. FOSBROOKE war zuerst Verwaltungsbeamter der Kolonialregierung, dann wurde er als Soziologe im Staatsdienst ernannt. Er untersuchte außer den Masai noch eine ganze Reihe von anderen Stämmen in Zentral-, Nord- und Ost-Tanganyika (Kap. C. I. 18: Die küstennahe Gruppe der Bantu und die Swahili; C. I. 15: Der Zigua-Block der Bantu; C. I. 16: Die Kilimandscharo-Gruppe der NO-Bantu; C. I. 1: Die Bantu des abflußlosen Gebietes; C. I. 2: Der Shashi-Sonjo-Block der Bantu; C. II. 8: Die nicht klassifizierbaren Stämme).

Ein Buch über die Masai wurde von O. KOENIG (1956) und je eine kurze Mitteilung von R. E. RAPLEY (1960), G. LAMONT (1960/1) und Lord C. HAMILTON (1963) geschrieben. In dem früheren Buch von H. FIELD (1953) über ethnische Gruppen in Faiyum, Sinai, Sudan und Kenya sind auch die Masai behandelt (S. 248—334, 342—352).

Arusha [1]

Der für seine Forschung über die zentralen Nilo-Hamiten bekannte P. G. GULLIVER legte 1957 der EAISR-Konferenz einen kurzen Aufsatz über die Beziehungen zwischen Masai und Arusha vor. Nachdem er sich zusammen mit seiner Frau PAMELA GULLIVER große Verdienste in der Erforschung der Zentral-Nilo-Hamiten erworben hat, wandte sich P. H. GULLIVER in den letzten Jahren dem Studium der Arusha zu. Die Ergebnisse

---

[1] Die Arusha waren ursprünglich ein Bantuvolk. Sie haben sich im Laufe der Zeit den Masai dermaßen angeglichen, daß sie heute als eine spezielle Gruppe von Masai betrachtet werden können.

seiner Untersuchungen sind bereits in mehreren Aufsätzen mit den Fingern zählen bei den Arusha und den Turkana, 1958; Bevölkerungsdichte, 1960 a; schwurgerichtliches Verfahren, 1961 a; die Entwicklung des Handels bei den Arusha, 1962) und in einem Buch über soziale Kontrolle (1963) veröffentlicht.

Samburu

Über den anderen, mit den Masai eng verwandten, aber an der nördlichen Grenze von Kenya lebenden Stamm, die Samburu — auch El-Molo oder Rendile genannt —, kennen wir die Aufsätze von M. DALTON (1951/2, 1954/5), P. ADRIONE (1958) und J. HENDERSON (1958). P. SPENCER führte um 1959 mit einem CSSRC- und einem William-Wyse-Stipendium Feldforschung unter den Samburu durch. Auf der Konferenz des EAISR 1959 berichtete er über die Religion der Samburu. Er schrieb auch den Beitrag über die Samburu für das Symposium des EAISR über „Attitudes to health and disease among some East African tribes" (1959). Von E. L. MARGETTS (1960) stammt ein medizinischer Aufsatz über einen rituellen Gebrauch bei den Samburu.

Die Masai-Gruppe wird in dem Buch von G. W. B. HUNTINGFORD über die südlichen Nilo-Hamiten („Ethnographic Survey of Africa: East Central Africa", Part 7, 1953, S. 103—126) behandelt.

Baraguyu

T. O. BEIDELMAN, Professor der Ethnologie an der Universität Harvard, der besonders für seine Arbeiten unter den Kaguru bekannt ist (Kap. C. I. 14: Der Zaramu-Luguru-Block der Bantu), erforschte auch die Baraguyu, die in räumlicher Nähe der Kaguru angesiedelt sind. Er führte seine von der Universität Illinois und der Ford-Stiftung geförderten Feldforschungen unter den Baraguyu 1957—1958 und 1962—1963 durch. Laut der 1961 formulierten Aufgabenstellung hatte er die sozialen, wirtschaftlichen und politischen Grundlagen der interethnischen Beziehungen bei den Baraguyu zu untersuchen. Die bisher veröffentlichten Artikel von T. O. BEIDELMAN über die Baraguyu enthalten nur einen Teil seiner Forschungsergebnisse. Er verfaßte einen allgemeinen Aufsatz über die Baraguyu (1960 a), eine ethnologische Mitteilung über Haustypen und die Wirtschaft der Baraguyu (1961) und veröffentlichte eine demographische Karte des Baraguyu-Gebietes (1962).

Ngasa

Die Ngasa sind eine ganz kleine nilo-hamitische Gruppe inmitten des Chaga-Volkes im Kilimandscharo-Gebiet. Sie wurden erst von H. A. FOSBROOKE entdeckt, der sie in einer kurzen ethnologischen Mitteilung beschrieb (1954 c).

7. N-Kenya: Kuschitische (osthamitische) Völker

Stamm	Zahl der Stammesangehörigen	Distrikt		Quellen vor 1954
Galla (einschl. *Sakuye, Gabra* und andere Vasallen-Stämme)	30 000 [1]	Northern Frontier Kilifi Tana River	N-K SO-K SO-K	
Somali	56 000 [1]	Northern Frontier	N-K	

[1] Nur die in Kenya lebenden Stammesteile.

Die in Kenya wohnenden südlichen Galla-Gruppen sind weitgehend unerforscht, so daß man gezwungen ist, zur allgemeinen Orientierung die Literatur heranzuziehen, die sich mit den außerhalb Kenyas wohnenden nördlichen Galla befaßt (vgl. z. B. E. HABERLAND, 1963).

Über die in Kenya wohnenden Gruppen dieser Stämme sind auch während der letzten Jahre nur recht wenige Arbeiten zu verzeichnen. I. M. LEWIS, der im übrigen die Somali erforschte (1955, 1955 a, 1956, 1958), schrieb einen Aufsatz über den Northern Frontier Distrikt (1963). G. W. B. HUNTINGFORD, der sich den nördlichen und südlichen Nilo-Hamiten in Kenya widmet, veröffentlichte 1955 ein Buch über die Galla von Äthiopien. A. H. J. PRINS verglich in seiner 1953 verfaßten Dissertation die Organisation der Altersklassen der Galla mit derjenigen der Kipsigis und der Kikuyu (Kap. C. II. 5: Die Nandi-Gruppe der südlichen Nilo-Hamiten).

P. T. W. BAXTER von den Universitäten Oxford und Cambridge führte 1951—1953 mit einem CSSRC-Stipendium Feldforschung unter den Boran-Galla durch. Er verfaßte 1954 eine Arbeit über die soziale Organisation der Boran.

Die Untersuchung der in Kenya wohnenden südlichen Galla-Gruppen erscheint als eine der dringlichsten Aufgaben der Sozialforschung in Ostafrika.

8. NZ-Tanganyika: Die nicht klassifizierbaren (sprachlich isoliert stehenden) Stämme
(Iraqw-Gorowa-Alawa-Burungi-Block)

Stamm	Zahl der Stammesangehörigen	Distrikt		Quellen vor 1954
Hadza (oder Kindiga oder Tindiga)	unter 1 000	Masiva Mbulu	N-T NZ-T	O. BAUMANN, 1894
Iraqw	103 000	Mbulu	NZ-T	O. RECHE, 1914
Gorowa	18 000	Mbulu	NZ-T	O. DEMPWOLFF, 1916

Die Stämme, die wir in diesem „Block" zusammenfassen, sind weder Bantu noch Niloten oder Hamiten. Sie sind zahlenmäßig alle kleinere Völker und stellen eine ethnologische Kuriosität inmitten Ostafrikas dar. Der vielleicht interessanteste dieser Stämme, die Hadza, zählt nur ein paar Hundert Menschen. Über die Hadza oder Hadzapi (auch Kindiga oder Tindiga genannt), die heute noch ein Jäger- und Sammlervolk sind, arbeitet L. Kohl-Larsen seit den dreißiger Jahren. Von ihm stammen drei Bücher (1956, 1956 a, 1958 a), die sich vor allem mit den Stammessagen und Volks-erzählungen der Tindiga befassen. H. A. Fosbrooke widmete ihnen 1956 einen kurzen Aufsatz. Später führte J. C. Woodburn Feldforschung unter den Hadza durch (Konf. Ber. EAISR, 1958; Beitrag zum EAISR-Symposium 1959 „Attitudes to health and disease among some East African tribes"; 1962). In dem Buch von L. P. Mair „Primitive Government" (1962) wird u. a. auch das politische Führungssystem der Hadza behandelt.

Über die Iraqw konnten wir nur Arbeiten von E. H. Winter (betr. sein Hauptwerk s. Kap. C. I. 6: Die westlichen Stämme der Zwischenseen-Bantu — Amba) und je einen Aufsatz von H. A. Fosbrooke und A. C. Allison finden. E. H. Winter führte 1954—1955 Feldforschung unter den Iraqw durch. Er beschrieb die politische Organisation und das Boden-recht (1955 a) und verfaßte einen Aufsatz über den Viehhandel bei den Iraqw. H. A. Fosbrooke behandelte diesen Stamm in einer Artikelreihe über traditionelle Verteidigungssysteme (1953 a). Der auch in ethno-histori-scher Hinsicht interessante Aufsatz von A. C. Allison (1954) legt die Ergebnisse von vergleichenden anthropologischen Untersuchungen über Blut-gruppen bei ostafrikanischen Stämmen — Hima, Iraqw und Tswa — dar. Außerdem bezieht sich ein Aufsatz von H. A. Fosbrooke (1958 a) über jährliche Fruchtbarkeitsfeste auf die Wasi, eine Untergruppe der Iraqw.

1956 schloß R. F. Gray seine Untersuchungen über die Gorowa ab.

III. Die nicht-afrikanischen Minderheiten
(vgl. auch Kap. D. II. 2.)

1. Araber

Die Araber sind die älteste Minderheit Ostafrikas und zugleich die-jenige nicht-afrikanische ethnische Gruppe, die mit den Afrikanern sowohl biologisch als auch sprachlich und kulturell relativ stark verschmolzen ist. Die meisten Arbeiten über die Araber sind historisch bzw. kulturhistorisch. Größtenteils fallen die Untersuchungen über die Araber mit der Erfor-schung der Islamisierung und des Küstengebietes von Kenya und Tan-ganyika zusammen (vgl. Kap. D. I.: Geschichte; und Kap. C. I. 18: Das Küstengebiet).

Hier sei auf einige Aufsätze von R. E. S. TANNER (1962 a, 1962 d, 1964), G. E. T. WIJEYEWARDENE (1958, 1959 b), H. N. CHITTICK (1963) und auf die Arbeiten von A. J. H. PRINS (1961) in der Reihe „Ethnographic Survey of Africa: East Central Africa" und von SALAH EL-DIN EL AQQAD (196.) hingewiesen. Alle diese Arbeiten enthalten Angaben über die arabische Minderheit. Das Buch von J. BAULIN (1962) über die Rolle der Araber in Afrika ist eine politische Studie über die Beziehungen zwischen dem arabischen Nord-Afrika und den übrigen Teilen des Kontinents. Untersuchungen über die Beziehungen, die ethnischen Vorstellungen und Einstellungen zwischen Arabern und anderen Gruppen, mit denen sie in Ostafrika zusammenleben, scheinen völlig zu fehlen.

2. Inder

Bis zur Mitte der fünfziger Jahre gab es kaum empirische Untersuchungen über die in Ostafrika lebenden Inder. Die Inder wohnen hauptsächlich in den Städten, halten den größten Teil des Handels und des Geldverkehrs in der Hand und waren in den freien und auch anderen Berufen bisher viel stärker vertreten als die Afrikaner oder die Weißen. Sie bilden bekanntlich in sich geschlossene Gemeinschaften, in denen die Traditionen der Herkunftsheimat gepflegt und von Generation zu Generation weitergegeben werden. Das Studium dieser Gemeinschaften ist sowohl wegen ihrer inneren soziologischen Struktur, Religion und Gebräuche als auch wegen ihrer Beziehungen zur Umwelt von großem Interesse. Sie bilden eines der aktuellsten Probleme Ostafrikas. Die Änderungen in ihrer Stellung werden nicht ohne Einfluß auf die Entwicklung der Wirtschaft bleiben.

Abgesehen von vereinzelten Aufsätzen von C. J. MARTIN (1953 a), D. K. SHARDA (1955), L. DIGGS (1956), D. F. POCOCK (1957), J. G. C. BLACKER (1959), R. W. STEEL (1962) begann das intensivere Studium der indischen Gemeinschaften um 1955. H. S. MORRIS, Mitarbeiter von A. W. SOUTHALL und P. C. W. GUTKIND (vgl. Kap. D. VII. 1 a), die damals eine umfassende soziologische Untersuchung über die afrikanische Bevölkerung von Kampala durchführten, untersuchte zur gleichen Zeit die indische Bevölkerung in Kampala. Artikel von ihm sind in verschiedenen Zeitschriften (1956, 1957, 1957 a, 1958) und in Konferenzberichten des EAISR (1953) erschienen.

Zur Zeit (1964) sind mehrere Forscher mit dem Problem der Inder beschäftigt. Der Soziologe indischer Abstammung, R. H. DESAI (Konf. Ber. EAISR, 1963) untersucht im Rahmen des EAISR „Urbanisation project" die soziologische und Verwandtschaftsstruktur indischen Unternehmertums in Kampala. Ein anderer Soziologe, ebenfalls indischer Herkunft, B. DAHYA, der seit 1961 Jugendprobleme in Kampala untersucht, beschäftigt sich auch mit der indischen Gemeinschaft (Konf. Ber. EAISR, 1963, 1963 a).

A. BHARATI (1963) von der Universität Syracuse, USA, der politische Fragen in Ostafrika untersucht, befaßt sich u. a. ebenfalls mit dem Problem der Inder. M. G. PURSINGER von der Universität von Minnesota bereitet für 1966 ein Buch über die Geschichte der Inder im Küstengebiet Ostafrikas vor. Zu erwähnen ist ferner die Veröffentlichung von G. DELF „Asians in East Africa" (1963), während das Buch von L. W. HOLLINGSWORTH „The Asians of East Africa" (1960) eher allgemeine Daten und Auskünfte enthält. Die Arbeiten von M. F. HILL (1950, 1960) über den Bau der Eisenbahnen in Ostafrika stellen zugleich die Einwanderungsgeschichte der Inder in Ostafrika dar. Auch das Werk von C. KONDAPI (1951) gibt Aufschlüsse über die Inder in Ostafrika. Aus Anlaß der Unabhängigkeit von Kenya 1963 erschien ein Buch mit dem Titel „The Kenya Indian Congress", in dem der Beitrag der indischen Minderheit zur Entwicklung der Nation dargelegt wird.

Gemessen an der Wichtigkeit und Dringlichkeit der mit der indischen Minderheit verbundenen Probleme sollten viel mehr empirische Untersuchungen unternommen werden, besonders solche, die auf die Zusammenhänge zwischen soziologischen, sozialpsychologischen (insbes. ethnische Spannungen) und wirtschaftlichen Fakten gerichtet sind.

3. Weiße

Noch spärlicher als die Untersuchungen über die Inder oder Araber sind die Untersuchungen über die weiße Minderheit Ostafrikas. Was in dem Tätigkeitsbericht 1950—1955 des EAISR über dieses Problem geschrieben wurde, gilt leider auch noch 10 Jahre später mit unverändertem Wortlaut. Man kann nur hinzufügen, daß solche Untersuchungen heute von noch größerem wissenschaftlichem und praktischem Interesse wären: "The position of the European community also requires investigation since there is little systematic knowledge of their social and economic role in East Africa and of their ties with their countries of origin. Although the European community was included in the social survey of Jinja township, no systematic research in this field has as yet been carried out" („EAISR, 1950—1955", p. 6).

CYRIL und RHONA SOFER (vgl. Kap. D. VII. 1. a.) berichteten vor einer Konferenz des EAISR (1950) über die Europäer in Jinja und beschrieben diese weiße Minderheit in ihrem Buch „Jinja transformed" (1955). D. P. PETTERSON schrieb 1951 seine Dissertation über Siedlungsformen der Weißen in Ostafrika und verfaßte eine Arbeit über die europäische Bevölkerung in Kenya und Nyasaland (1957/58). Auch R. E. S. TANNER schrieb einen längeren Aufsatz über die in Tanganyika lebenden Europäer (Konf. Ber. EAISR, 1962). Er gewann sein Material größtenteils aus der Befragung von Schlüsselpersonen. In einem gewissen Sinne gehören auch die Arbeiten von E. Weigt (1955) und Salah El-Din El Aqqad (196 .) über Europäer in Ostafrika zu dieser Reihe von Untersuchungen sowie ein Aufsatz von R. W. Steel (1962) über die nicht-afrikanische Bevölkerung von S. G. Weeks (Konf. Ber. EAISR, 1963 a) über Minderheiten in einer Schule.

Die Situation der weißen Siedler, ihre Haltungen (u. a.: J. F. Lipscomb, 1955, 1955 a; E. Huxley, 1960, 1960 a) sowie die z. T. verbitterten Einstellungen gegen sie (P. J. D. Evans, 1956; M. Gicaru, 1958) kommen in der umfangreichen Literatur über die Mau-Mau-Bewegung zum Ausdruck (vgl. auch Kap. C. I. 17; D. I. 4; D. II. 3). Für die Beziehungen und Einstellungen zwischen Weißen und Afrikanern ist auch die Polemik zwischen der Schriftstellerin E. Huxley und der Historikerin M. Perham sehr aufschlußreich, die 1944 das erste Mal veröffentlicht wurde. Über die weißen Siedler in Afrika verfaßten L. H. Gann und P. Duignan (1962) eine gemeinsame Arbeit.

Nach der Feststellung, daß in den letzten zehn Jahren kaum ein Sozialforscher sich mit der europäischen Minderheit befaßte, muß an das Buch von B. Thurnwald und seiner Frau Hilde erinnert werden, das 1935 unter dem Titel „Black and White in East Africa. The fabric of a new civilization, a study in social contact and adaption of life in East Africa" in englischer Sprache erschien.

D. Der Stand der Forschung:
Überblick nach Themenkreisen [1]

I. Geschichte

Fast alle Arbeiten auf dem Gebiet der ethnologischen, soziologischen, politischen und wirtschaftlichen Forschung in Ostafrika müßten in einem gewissen Sinne auch historische Arbeiten sein. Es gibt weder soziale oder ethnische Gebilde noch einzelne Probleme, deren heutiger Stand ohne Kenntnis der geschichtlichen Zusammenhänge verständlich gemacht werden könnte.

Die besten monographisch-ethnologischen Arbeiten über einzelne Stämme oder Völkergruppen sind unter weitgehender Berücksichtigung des historischen Hintergrundes geschrieben. Die politischen Untersuchungen sind ebenfalls zwangsläufig geschichtlich angelegt, und dasselbe gilt für einen großen Teil aller anderen Untersuchungen, die hier besprochen werden. In diesem Kapitel soll nur auf einige spezifisch geschichtliche Forschungsthemen und Arbeiten hingewiesen werden, die in anderen Kapiteln nicht oder nicht ausdrücklich erwähnt werden.

1. Geschichte Ostafrikas

Einige Historiker haben sich in den vergangenen Jahren speziell mit Ostafrika befaßt, wie z. B. N. R. BENNETT, K. INGHAM und R. OLIVER. N. R. BENNETT von der Universität Boston untersuchte verschiedene geschichtliche Fragen in Sansibar und Tanganyika. Er schrieb ein Buch mit dem Titel „Studies in East African History" (196.). Auch K. INGHAM (1962), der seine Geschichtsforschung vor allem über Buganda und Lango betrieb, verfaßte „A History of East Africa". Eine kurze Zusammenfassung der Geschichte Ostafrikas stammt von Z. MARSH und G. W. KINGSNORTH (1957). Die Untersuchungen von R. OLIVER konzentrierten sich ebenfalls vor allem auf Uganda. Zusammen mit G. MATHEW gab er 1963 eine „History

---

[1] Die bibliographischen Daten, auf die in diesem Kapitel hingewiesen wird, sind in der Bibliographie Nr. 1 enthalten. Beim Kapitel D. VIII. muß auch die Bibliographie Nr. 2 zusätzlich konsultiert werden.

of East Africa" heraus, das vielleicht bisher beste und vollständigste Werk dieser Art. In diesem Werk sind historische Beiträge von S. J. K. Baker, Sonja Cole, J. Flint, G. S. P. Freeman-Grenville, Sir J. Gray, G. W. B. Huntingford, M. de Kiewiet Hemphill, D. A. Low, G. Mathew, R. Oliver und A. Smith enthalten. Das Buch von R. Reusch (1954), das ebenfalls den Titel „History of East Africa" trägt, behandelt nur die Geschichte der Swahili-Gruppe.

Zu den historischen Arbeiten gehört auch das zusammenfassende Sammelwerk von G. P. Murdock (1959) über Afrika.

Mehrere Forscher haben sich mit der deutschen (O. F. Raum, 196 .; A. R. W. Crosse-Upcott, 1960; R. F. Eberlie, 1960; W. O. Henderson, 1962) und englischen (Sir Ph. E. Mitchell, 1954; M. Perham, 1956, 1960; R. Robinson und J. Galagher, 1961; R. G. Gregory, 1962) kolonialen Vergangenheit in Ostafrika befaßt. Auch R. Coupland (1956) verdanken wir ein Werk über die Kolonialgeschichte in Ostafrika. Das Tagebuch von Lord Lugard (1959, herausgegeben von M. Perham) ist für den Erforscher der britischen Kolonialgeschichte besonders wertvoll. H. P. Porter von der Universität Miami führt zur Zeit (1964) eine Untersuchung über die Rolle Englands in den Jahren 1885—1894 in Ostafrika durch. Der politische Wissenschaftler C. Leys von der Universität Makerere arbeitet an einer historischen Analyse der politischen Kräfte in Ostafrika. R. W. Beachey (Konf. Ber. EAISR, 1959; 1962) schrieb über den ostafrikanischen Waffenhandel im 19. Jahrhundert. Mit der Militärgeschichte Ost- und Zentralafrikas befaßte sich H. Moyse-Bartlett (1956). Über frühere Geschichte haben u. a. S. Cole (1954, 1958, 1963), W. W. Bishop (et al.: 1959) und B. Davidson (1961) gearbeitet.

Vergleicht man die Geschichtsforschung länderweise, so wird klar, daß die meisten Arbeiten einerseits über Sansibar und die Küste und andererseits über die historischen Königreiche von Uganda geschrieben worden sind, während über Kenya und Tanganyika in den letzten Jahren kaum eine Geschichtsschreibung im engeren Sinne existiert.

2. Entdeckungsgeschichte

Über die Entdeckungsgeschichte Ostafrikas wurde auch in den letzten Jahren geschrieben (u. a. E. R. Vere-Hodge und P. Collister, 1956; „Burton and Speke Centenary Number", TNR, 1957; D. L. Busk, 1957; G. Seaver, 1957; C. G. Richards (ed.), 1960; C. Richards and J. Place, 1960; A. Moorehead, 1960).

3. Christliche Kirchen

Neuerdings sind einige umfassende Werke über Missionsgeschichte und die Situation der christlichen Kirchen in Uganda erschienen. J. V. Taylor

(1958) schrieb über die Verbreitung der anglikanischen Kirche in Buganda. H. P. GALE verfaßte 1959 ein Buch über die Geschichte der Mill-Hill-Väter in Uganda. Auch das Buch von Soeur MARIE-ANDRÉ DU SACRÉ-COEUR „Uganda, terre de Martyrs" (1963) gehört zu dieser Reihe. Pater F. B. WEL-BOURN (1961), der lange in Uganda lebte und zuletzt der evangelische Geistliche am Makerere College war, erforschte die Situation einiger un-abhängiger christlicher Kirchen unter den Ganda und den Kikuyu auf Grund von Dokumentationen und Befragungen. J. POULTON (1961) schrieb über die Kirche von Uganda, und A. SMITH (1963) verfaßte einen Aufsatz über den Beitrag der Missionen zur Volksbildung bis 1914.

4. Geschichte Kenyas

Abgesehen von den historischen Betrachtungen der Mau-Mau-Bewegung, die eigentlich keine Landesgeschichte, sondern mehr die Geschichte der Kikuyu darstellen (vgl. Kap. C. I. 17: Die Kenya-Gruppe der NO-Bantu), liegen nur vereinzelte Arbeiten über Kenya vor (u. a. R. PANKHURST, 1954; Sir J. M. GRAY, 1957; G. SOLLY, 1957; H. FEARN, 1958). Über die Ge-schichte einzelner Gebiete bzw. Stämme in Kenya schrieben u. a. V. L. GROT-TANELLI (1955 — Shungwaya) und E. DAMMANN (1960/61 — Digo).

5. Geschichte Tanganyikas

Über die Geschichte von Tanganyika liegen keine umfassenden Arbeiten, nur Aufsätze über einzelne Themen, wie z. B. von H. A. FOSBROOKE, vor. Er befaßte sich u. a. auch mit einigen prähistorischen Fragen (1954 e, 1955 a, 1955 b). Ferner veröffentlichte er die Autobiographie von Justin Lemenye, eine hervorragende Gestalt aus der deutschen Kolonialzeit (1955/56). N. R. BENNETT (1960) schrieb einen Aufsatz über Kapitän Storms in Tan-ganyika. K. BÜTTNER (1959) verfaßte über die Anfänge der deutschen Kolonialzeit eine Broschüre aus kommunistischer Sicht. F. F. MÜLLER (1959) veröffentlichte eine umfassende Arbeit über die deutsche Kolonialeroberung 1884—1890.

Über die Geschichte einzelner Stämme in Tanganyika schrieben u. a. V. L. GROTTANELLI (1953 — Zigua), P. S. MNTAMBO (1953 — Zigua), R. REUSCH (1954[1] — Swahili), M. E. MNYAMPALA (1954 — Gogo), P. O. MORS (1955 — Bahinda; 1957 — Haya), G. W. HATCHELL (1957 — Uke-rewe), Sir J. M. GRAY (1958 — Zigua/Swahili), G. S. P. FREEMAN-GREN-VILLE (1960, 1962, 1962 a — Küste) und K. M. STAHL (1964 — Chaga). M. G. PURSINGER von der Universität Minnesota untersucht die Geschichte der Ost-Inder an der Küste.

---

[1] Dieses Buch von R. REUSCH behandelt trotz des allgemeinen Titels — „History of East Africa" — nur die Swahili.

6. Geschichte Sansibars

Sir J. M. GRAY veröffentlichte 1962 eine Geschichte Sansibars. Außerdem verfaßte er einen Aufsatz über örtliche Traditionen in Sansibar (1959). Außer Sir J. M. GRAY befaßte sich noch N. R. BENNETT von der Universität Boston mit der Geschichte Sansibars und der Küste. Er hatte ursprünglich die Verbreitung des Islams im späten 19. Jahrhundert und Anfang des 20. Jahrhunderts zu untersuchen. Von ihm erschienen Arbeiten über die Amerikaner in Sansibar (1959, 1961) und über „W. H. Hathorne: Merchant and Consul in Zanzibar" (1963). Weitere geschichtliche Arbeiten über Sansibar stammen von L. W. HOLLINGSWORTH (1953), R. H. CROFTON (1953) und G. HAMILTON (1957).

7. Geschichte Ugandas

Über Uganda gibt es allgemeine geschichtliche Arbeiten (u. a. K. INGHAM, 1958), Arbeiten zur kolonial-politischen Vergangenheit (D. A. LOW, Konf. Ber. EAISR 1954, 1956 a, 1958 ALI IBRAHIM ABDOU, 1958, 1958 a; O. FURLEY, Konf. Ber. EAISR 1959; E. R. VERE-HODGE, 1960), Wirtschaftsgeschichte (C. C. WRIGLEY, Ms. 1953 a, 1959; C. EHRLICH, 1954, 1955, 1957, 196.; P. POWESLAND und W. ELKAN, 1957) und Wanderungsbewegung (P. POWESLAND, 1954). Ein Aufsatz von M. POSNANSKY (1963) ist der historischen Geographie von Uganda gewidmet.

Die Ganda und ihr Königreich wurden von mehreren Historikern eingehend erforscht. R. OLIVER (1954, 1954 a, 1959 a) verglich u. a. die geschichtlichen Überlieferungen der Ganda mit denen der Nyoro, Nkole und Konjo (1955). J. A. ROWE von der Universität Wisconsin, Stipendiat der Ford-Stiftung (Konf. Ber. EAISR, 1963), untersuchte die politische Führung Bugandas um die Jahrhundertwende. Ein anderer Historiker, D. A. LOW, schrieb über die Religionsfrage um die Jahrhundertwende in Buganda (1957), das Buganda-Parlament (1959) und zusammen mit R. C. PRATT (1960) über die Geschichte Bugandas 1900—1955. Auch K. INGHAM (1956) befaßte sich mit der Geschichte dieses Gebietes. Der Wirtschaftshistoriker C. C. WRIGLEY beschäftigte sich (1957, 1959 a, 1959/60) nicht nur mit der Wirtschaftsgeschichte, sondern auch mit anderen historischen Problemen Bugandas. Auch C. EHRLICH (u. a.: 1956) verfaßte Aufsätze über die Wirtschaftsgebiete von Buganda.

Über die Geschichte der Nkole hat wohl H. F. MORRIS am meisten gearbeitet (1956, 1957, 1962, 1964). Auch von R. OLIVER (1959) gibt es einen geschichtlichen Aufsatz über Ankole. Über die Bachwezi, eine legendäre Volksschicht, die in den Traditionen der Nyoro und der Nkole vorkommt, schrieben u. a. R. OLIVER (1953), E. C. LANNING (1958) und C. C. WRIGLEY (1958). Der Historiker K. INGHAM untersuchte u. a. die Geschichte der Lango (1953, 1955, Konf. Ber. EAISR, 1955 a, 1957). H. F. MORRIS befaßte sich mit der Geschichte des alten Königreiches Mpororo (1955); J. C. D. LAW-

RANCE (1955) schrieb über die Geschichte der Teso und J. M. WEATHERBY über alte Stammeskämpfe am Mount Elgon (1962).

II. Politik

(Lokale und zentrale Verwaltung, Innenpolitik, Parteien, ethnische Probleme, Probleme der ostafrikanischen Föderation, Außenpolitik)

Die politische Forschung hat einerseits Berührungspunkte mit der ethnologischen Forschung — Untersuchungen über politische Systeme, Führertum, Autorität und politische Institutionen einzelner Völker. Andererseits ist sie ein Teil der Geschichtsforschung. Da es nicht möglich ist, aktuelle politische Erscheinungen ohne Berücksichtigung der Vergangenheit zu analysieren, ist jede politische Forschung zugleich eine geschichtliche. Dies gilt auch für die Arbeiten, die den Nationalismus in ostafrikanischen Staaten oder die Möglichkeit einer Föderation untersuchen (Kap. D. II. 1, 2). Dieses letzte Thema — ostafrikanische Föderation — wird wiederum nicht nur unter politischen, sondern auch unter institutionellen, juristischen (Kap. D. III.) und wirtschaftlichen Gesichtspunkten (Kap. D. VI. 7) erforscht.

In den letzten Jahren wurde eine große Anzahl vor allem amerikanischer Arbeiten über die neueren politischen Entwicklungen in Afrika veröffentlicht. Darunter sind politische Analysen einzelner Autoren (G. M. CARTER, 1960; J. S. COLEMAN, 1960; T. R. ADAM, 1962; M. F. PERHAM, 1962), Sammelwerke (W. J. M. MACKENZIE und K. ROBINSON, 1960; J. DUFFY und R. A. MANNERS, 1961), Sonderausgaben von Fachzeitschriften („International Affairs", 1960; „Current History", 1961, 1961 a) und Arbeiten über spezielle politische Fragen (CH. BOWLES, 1956 — Afrika und Amerika; T. FILESI, 1958 — Kommunismus und Nationalismus in Afrika; J. BAULIN, 1962 — Arabisches Nord-Afrika und Afrika südlich der Sahara), zu verzeichnen. Die meisten dieser Werke geben teilweise Aufschluß auch über Ostafrika.

Ein deutscher Autor, F. ANSPRENGER (1962), verfaßte eine „politische Länderkunde" Afrikas.

1. Föderation und Politik auf ostafrikanischer Ebene

J. S. NYE von der Universität Harvard, Stipendiat der Ford-Stiftung, untersuchte 1962—1963 die Faktoren politischer und wirtschaftlicher Integration und Desintegration in Ostafrika. 1963 berichtete er vor der Konferenz des EAISR über Einstellungen von Studenten der Universität Makerere zur Föderation und vor einer Konferenz über die Ostafrikanische Föderation, die im November 1963 in Kampala gehalten wurde, über die Möglichkeiten einer ostafrikanischen Zusammenarbeit.

A. L. SEGAL von der Universität von California, Berkeley, untersucht zur Zeit (1964) die Tendenzen zur Vereinigung in Ostafrika (Konf. Ber.

EAISR 1964), und T. M. Franck von der Universität New York beschäftigte sich zur gleichen Zeit ebenfalls mit den politischen Kräften, die in Zentral- und Ostafrika die Assoziierung fördern. Über die ostafrikanische Föderation gibt es ferner die Arbeiten von A. Bharati (et. al.: 1962), C. G. Rosberg jr. und A. L. Segal (1963), R. Rotberg (Konf. Ber. EAISR, 1963), D. S. Rothchild (Konf. Ber. EAISR, 1963) sowie das gemeinsame Forschungsprojekt des Wirtschaftswissenschaftlers P. Robson vom Royal College Nairobi und C. Leys, Professor der politischen Wissenschaften an der Universität Makerere, Kampala. C. Leys untersucht außerdem die Geschichte der politischen Kräfte in Ostafrika.

Auch die Forschung von Jane Banfield von der London School of Economics, die 1962—1964 mit einem Commonwealth-Stipendium die Geschichte der von der EACSO abgelösten East African High Commission zwischen 1948 und 1961, ihre Struktur und Funktion untersuchte, berührt das Problem der ostafrikanischen Föderation (Konf. Ber. EAISR, 1963; Konf. Ber. Conf. on Federation, Kampala, 1963 a). Ihre Dissertation über dieses Thema sollte 1965 abgeschlossen werden.

Weitere Arbeiten über politische Fragen auf ostafrikanischer Ebene stammen von R. C. Pratt (1961 a) von der Universität Toronto, J. G. Liebenow (1961 b) und D. H. Johns von der Universität Chicago (Konf. Ber. EAISR, 1963). N. N. Miller von der Universität Indiana untersuchte Anfang der sechziger Jahre die politische Führungsschicht in Ostafrika.

Über den Aufbau und die Funktion der Verwaltung in Ostafrika sind das Werk von Lord W. M. H. Hailey (1956), die Arbeiten von E. Bustin (1958, 1959) und der besonders interessante Aufsatz von A. W. Southall (1954 b) über belgische und britische Verwaltung in Alurland hervorzuheben. Hier seien ferner erwähnt die politischen Aufsätze von A. H. Jacobs (1956), Lucy P. Mair (1958) und B. T. G. Chidzero (1960) sowie die großen Sammelwerke über traditionelle afrikanische politische Systeme: „Tribes without Rulers" (1958), herausgegeben von J. Middleton und D. Tait; „East African Chiefs" (1960), herausgegeben von A. I. Richards [1]; „African political Systems" (1963), herausgegeben von M. Fortes und E. E. Evans-Pritchard und das Buch von L. P. Mair „Primitive Government" (1962) [2]. Außerdem hatten drei Konferenzen des EAISR — Dez. 1950, Juli 1951, Jan. 1952 — die eingeborenen politischen Systeme zum Thema.

---

[1] "... the editor and her contributors are to be congratulated on the compilation of a valuable comparative study, certain of a welcome from those concerned both with practical and theoretical problems in Africa." (Buchbesprechung von W. H. Whiteley, Africa, Jan. 1961, p. 86.)

[2] "An important work, a model of clear exposition, conciseness and cogency. But a minor criticism: most of her illustrations are drawn from one area. A subtitle such as 'With special reference to East Africa' would have indicated this." (Buchbesprechung von P. Kaberry, Africa, Oct. 1962.)

Zwei durch das Institut Marco Surveys Ltd. durchgeführte Umfragen (1960, 1963) beziehen sich auf Einstellungen zur Föderation unter der ostafrikanischen Bevölkerung.

Die Arbeiten von R. E. WRAITH (1959) und L. P. MAIR (1961 a) über die politisch-soziale Struktur Ostafrikas bzw. über die Wege der Demokratie in Ostafrika richten sich speziell an den afrikanischen Leser.

2. Die komplexe Gesellschaft Ostafrikas

(Probleme der interethnischen Beziehungen und ethnischen Vorurteile; „Multiracialism" und Nationalismus; Detribalisierung und Tribalismus. — Vgl. auch Kap. C. III. 1, 2, 3; D. II. 3, 4, 5; VII. 1.)

Die Modernisierung der Landwirtschaft, die Entwicklung der Wirtschaft überhaupt, die Verstädterung und vor allem die mit der Unabhängigkeit der ostafrikanischen Staaten beginnende neue Innenpolitik und das sich aufbauende afrikanische Selbstbewußtsein sind Faktoren, die sowohl auf die Beziehungen innerhalb der aus Hunderten von ethnischen Gruppen bestehenden afrikanischen Gesellschaft als auch auf die Beziehungen der Afrikaner zu den ethnischen Minderheiten (Arabern, Indern und Europäern) stark einwirken.

Gemessen an der Wichtigkeit der neuen Probleme, die diese komplexe Gesellschaft Ostafrikas zu bewältigen hat, sind die vorhandenen Untersuchungen über interethnische Fragen sowie auch über Detribalisierung, die Auflösung der Gruppen und die soziologischen und sozialpsychologischen Probleme neuer Gruppenbildungen unzureichend. Obwohl viele Autoren auf diese Probleme stoßen und sie neben ihrem Hauptanliegen mitbehandeln, sind es nur recht wenige Forscher, die die interethnischen Beziehungen als Hauptthema ihrer Untersuchungen wählen.

Über Beziehungen zwischen afrikanischen Stämmen hat u. a. T. O. BEIDELMAN (1961 a — Ukaguru, Tanganyika) geschrieben. Er erforscht zur Zeit (1964) in demselben Gebiet die Beziehungen unter Baraguyu-Stämmen. Bei den Untersuchungen des Ehepaares CYRIL und RHONA SOFER in Jinja standen die Probleme der interethnischen Beziehungen besonders stark im Vordergrund. C. SOFER verfaßte seine Dissertation für die Universität London über das Thema „Race Relations in an East African Township" (195.). Er behandelte in einem Aufsatz (1954) das spezielle Problem von ethnisch gemischten Arbeitsgruppen. Auch das Buch „Jinja Transformed" (1955), in dem CYRIL und RHONA SOFER die Ergebnisse ihrer Forschungen in Jinja zusammenfaßten, gibt wertvolle Hinweise auf die Beziehungen zwischen Afrikanern, Indern und Europäern in Jinja. V. G. PONS kritisiert in seiner Buchbesprechung erstens, daß die Autoren relevante Aspekte der inneren Struktur dieser Gruppen vernachlässigen, und zweitens, daß ihr Material zum größten Teil nur einen örtlich begrenzten Aussagewert hat. Trotz dieser Kritik vermerkt er ausdrücklich: "The report makes a useful contribution to the scanty literature on race relations and urbanization in East Africa..." (Africa, Apr. 57, p. 198).

P. W. GUTKIND, der zusammen mit A. W. SOUTHALL Untersuchungen in Kampala durchführte, verfaßte u. a. einen Aufsatz über Einstellungen zum „multiracialism" (1957 a).

R. C. PRATT von der Universität Oxford und der Fakultät der politischen Wissenschaften der Universität Makerere befaßte sich mit dem ganzen Themenkreis „multiracialism" (1960), Tribalismus und Nationalismus (1960 a, 1961). Auch E. V. WINANS (1960) schrieb einen Aufsatz über „tribalism" und B. T. G. CHIDZERO (1960) über Nationalismus in Ostafrika.

G. E. T. WIJEYEWARDENE, der örtliche Verwaltungsprobleme und politische Fragen in Gemeinschaften des Küstengebietes studierte, behandelte in einigen Aufsätzen das Problem der sozialen Gruppierungen (1958) und des „multiracialism" (1959 b). P. H. GULLIVER (1956) schrieb über in das Tanga-Gebiet eingewanderte Afrikaner. JANE CAMPBELL (1962) verfaßte einen Aufsatz über „multiracialism" und Politik in Sansibar. J. J. WHITE (1962) beschrieb eine ethnisch gemischte Lehranstalt in Nairobi. P. FORDHAM und H. V. WILTSHIRE (1963) testeten ethnische Vorurteile in einer Schule für Erwachsene in Nairobi.

In der Reihe der offiziellen Veröffentlichungen von Ostafrika erschien 1957 eine Arbeit von M. J. B. MOLOHAN über Detribalisierung in Tanganyika. M. J. B. MOLOHAN war Mitglied des Ausschusses, der diese Probleme in Tanganyika untersuchte und der Verwaltung bzw. der Kolonialregierung Empfehlungen für ihre Lösung gab. A. K. DATTA (1956) verfaßte seine Dissertation über Probleme der Regierung in der komplexen Gesellschaft Tanganyikas.

Von E. WEIGT (1954) stammt ein Aufsatz, in dem er die ethnische Vielfalt Ostafrikas darstellt. Auch M. THOMPSON (1951) schrieb über ethnische Beziehungen in Kenya. R. N. ISMALIGOVA (1958, 1960) berichtete über ethnische Probleme in Kenya aus sowjetischer Sicht. Von L. W. DOOB (1962), Psychologe von der Yale University, der Fragen der Akkulturation in Kenya und Uganda untersuchte, stammt eine Arbeit über den Übergang vom Tribalismus zum Nationalismus.

Die Spannungen zwischen Weißen und Afrikanern wurden in der Literatur über die Mau-Mau-Bewegung vielfach behandelt (vgl. Kap. C. I. 17). Über die Beziehungen zwischen den verschiedenen Bevölkerungsgruppen in Afrika schrieben u. a. A. CAMPBELL (1954), N. JABAVU (1960), B. MALINOWSKI (1961), A. H. RICHMOND (1961) und L. H. GANN und P. DUIGNAN (1962).

In bezug auf ethnische Einstellungen sind einige Umfragen des Instituts für Markt- und Sozialforschung Marco Surveys Ltd. besonders interessant.

Das Institut befragte im Rahmen seines laufenden Programms „Public Opinion Polling" (P.O.P.) 1200 Personen in Kenya hinsichtlich ihren Einstellungen zu verschiedenen Stammesgruppen (1961 e). In einer anderen P.O.P.-Umfrage wurden an 1600 Personen in Kenya, Tanganyika und Uganda u. a. Fragen über eingewanderte ethnische Gruppen gerichtet (1962 a).

3. Politik in Kenya
(vgl. auch Kap. C. I. 17.; D. I. 4.)

In den politischen Untersuchungen über Kenya spielt das Interesse für die Mau-Mau-Bewegung eine bedeutende Rolle. R. G. GREGORY von der Universität California, Los Angeles, veröffentlichte 1962 ein Buch über die englische Kolonialpolitik in Ostafrika, in dem er sich auch mit dem Problem der Mau-Mau auseinandersetzt. Seine Arbeit wurde von dem Historiker G. BENNETT ziemlich scharf kritisiert (Rezension in Africa: July 63, p. 275). Auch die Arbeiten von R. N. ISMAGILOVA (1956, 1960) über Kenya können als politische Studien betrachtet werden, da die Autorin die von ihr gesammelten Daten über die koloniale Vergangenheit und Gegenwart aus sowjet-ideologischer Sicht verarbeitet und interpretiert. Dasselbe gilt für den Aufsatz von D. K. PONOMAREV (1960).

Einzelne Aufsätze über die örtliche Verwaltung bzw. Regierung in Kenya stammen u. a. von K. COWLEY (Konf. Ber. EAISR, 1952), M. N. EVANS (1955), M. D. W. JEFFREYS (1955), J. H. MOWER (1956), R. T. BROWN (1960), G. E. T. WIJEYEWARDENE (Konf. Ber. EAISR, 1959), S. K. KARIMI (Konf. Ber. EAISR, 1961), B. A. OGOT (1963).

Politischen Inhalts sind auch die Arbeiten von M. THOMPSON (1951), D. H. RAWCLIFFE (1954), Lord E. W. M. ALTRINCHAM (1955), J. F. LIPSCOMB (1955, 1955 a), M. KOINANGE (1955), M. SLATER (1955), P. J. D. EVANS (1956), E. HUXLEY und M. PERHAM (1956), T. MBOYA (1956, 1963), J. HENDERSON (1958), C. G. ROSBERG JR. (1958), P. MBOYA (1959), G. F. ENGHOLM (1960), E. HUXLEY (1960, 1960 a), S. WOOD (1960), G. DELF (1961), D. SAVAGE (1961 a), R. A. MANNERS (1962), A. HANNIGAN (Konf. Ber. EAISR, 1964), I. M. LEWIS (1963), A. MELAMID (1963), J. C. NOTTINGHAM (1963), J. C. NOTTINGHAM und C. SANGER (1964), M. PERHAM (1963), Sir P. RENISON (1963) über Kenya. Auch diese Arbeiten setzen sich zum Teil mit den Problemen der britischen Kolonialverwaltung, denen der weißen Siedler und der Mau-Mau-Bewegung auseinander.

Der Historiker G. BENNETT hat zusammen mit C. G. ROSBERG ein Buch über die Wahl Kenyattas herausgegeben (1961). G. BENNETT besuchte 1960 Kenya, um die Wahlen selbst zu beobachten. Von G. BENNETT erschien 1957 ein Aufsatz über politische Organisation in Kenya und 1963 eine politische Geschichte Kenyas.

H. H. Werlin von der Universität California, Berkeley, führte eine Untersuchung über Politik in den Städten, besonders in Nairobi, durch (Konf. Ber. EAISR, 1964).

M. E. Doro vom Connecticut College, USA, arbeitete mit einem Stipendium der Ford-Stiftung über das historisch-politische Thema: „Political role of the African elected members of the Kenya legislative council 1944 to 1961."

Audrey Wipper von der Universität California, Berkeley, untersuchte die freiwilligen Assoziationen und die neuen Probleme des Führertums in Kenya. Sie wird die Ergebnisse 1965 in Form einer soziologischen Dissertation ihrer Universität vorlegen. A. Wipper arbeitete mit finanzieller Unterstützung des Canada Council und der Woodrow-Wilson-Stiftung.

Das Institut von G. M. Wilson, Marco Surveys Ltd., führte im Rahmen seines Public Opinion Polling-Programmes eine ganze Reihe von Umfragen in Kenya durch, die für die politische Forschung von großem Interesse sein dürften: Wahlvoraussagen (1960 a, 1961), Einstellungen zur Verfassung und anderen politischen wie ethnischen Problemen (1961 a, 1961 b, 1961 c, 1961 d, 1961 e, 1962).

4. Politik in Tanganyika und Sansibar

Tanganyika scheint in den letzten zwei bis drei Jahren ein beliebtes Feld für die politische Forschung geworden zu sein. Die meisten Untersuchungen werden von Amerikanern durchgeführt. Zwei Fragestellungen stehen im Vordergrund: 1. Wie funktioniert ein nicht-diktatorischer Staat in einem politischen Ein-Partei-System? 2. Welches sind die politischen Probleme einer aus verschiedenen ethnischen Gruppen zusammengewürfelten Gesellschaft?

U. a. führten folgende Forscher 1962—1963 politische Forschung in Tanganyika durch: M. F. Lofchie von der Universität California, Berkeley, untersuchte die TANU sowie die Beziehungen zwischen freiwilligen Assoziationen und Parteien. Die Arbeit wurde durch ein Stipendium der Ford-Stiftung finanziert. H. Klickman vom Haverford College arbeitete mit einem Stipendium der Ford-Stiftung über die nationalistische Ideologie und die Entwicklung der TANU. E. E. Seaton von der Universität von Southern California beschäftigte sich ebenfalls mit der Entwicklung des Nationalismus in Tanganyika. P. R. Gould von der Syracuse University bearbeitete das Forschungsthema „Areal spread of political decisions in Tanganyika". H. W. Stephens vom Texas Technological College untersuchte die soziale Mobilisierung und die politische Entwicklung in Tanganyika. J. R. Crutcher von der Universität Notre Dame und dem US Department of State arbeitete über die Wandlung des religiös-politischen Symbolismus in Tanganyika. G. A. Maguire, Universität Harvard, erforschte die politische Geschichte der Sukuma in der Periode von 1947 bis 1963.

Das Problem der ethnischen Zusammensetzung Tanganyikas, des soge-nannten „multi-racialism" sowie die Detribalisierung wurde bereits vor der Unabhängigkeit von verschiedenen Autoren unter politischen Aspekten be-handelt: A. K. DATTA (1956), M. J. B. MOLOHAN (1957), V. J. KACMAN (1959), R. C. PRATT (1960). Weitere Arbeiten über politische Fragen Tan-ganyikas verfaßten H. CORY (1960), B. T. G. CHIDZERO (1961), J. K. NYERERE (Buch o. J., 1961, 1962), K. M. STAHL (1961), D. SAVAGE (1961 a), M. L. BATES (1962), A. S. REYNER (1962), G. BENNETT (1962 — Geschichte der TANU), J. C. TAYLOR (1963), F. J. GLYNN (1963), R. A. AUSTEN (Konf. Ber. EAISR, 1963 a).

M. GRINER schrieb 1957 ihre Dissertation über die Verwaltungsprobleme in der Entwicklung der autonomen Regierung in Tanganyika. S. MUSTAFA (1962), TANU-Mitglied und Parlamentsabgeordnete, legte die Vorgänge dar, die zur Unabhängigkeit Tanganyikas führten. W. J. WARRELL-BOWRING (1963) schrieb einen Aufsatz über die Neuorganisation der Verwaltung in Tanganyika.

Das Buch von R. A. YOUNG und H. FOSBROOKE „Smoke in the hills" (1960 a) befaßt sich mit politischen Spannungen im Morogoro-Distrikt. Eine weitere Reihe von Forschern befaßte sich mit Fragen der örtlichen Politik: C. C. HARRIS (Konf. Ber. EAISR, 1952 — Bukoba), W. H. WHITE-LEY (1954 — Makua), E. H. WINTER (Konf. Ber. EAISR, 1955 a — Iraqw), J. G. LIEBENOW (1956, 1956 a, 1959, 1960 — Sukuma; 1958 — Chaga; 1961, 1961 a — Nyaturu), K. E. SHADBOLT (1961), G. E. T. WIJEYEWARDENE (Ms. 1961 — Swahili), R. E. S. TANNER (Konf. Ber. EAISR, 1962 b, 1962 c — Lake Region), M. J. SWARTZ (Konf. Ber. EAISR, 1963 — Bena), R. A. AUSTEN (Konf. Ber. EAISR, 1963 — Bukoba). Das von A. I. RICHARDS herausgegebene Buch „East African chiefs" (1960) enthält noch weitere Auf-sätze über die politische Struktur einiger Stämme in Tanganyika.

Abgesehen von den eher ethnologisch-historischen Arbeiten (vgl. Kap. C. I. 18: Das Küstengebiet; Kap. D. I. 6: Die Geschichte Sansibars) über Sansi-bar, sind noch Aufsätze von J. F. M. MIDDLETON (1962) über Gesellschaft und Politik in Sansibar und von JANE CAMPBELL (1962) vom African-American Institute, Washington, über „multiracialism" und Politik in Sansibar zu verzeichnen. M. F. LOFCHIE von der Universität von California, Berkeley, Stipendiat der Ford-Stiftung, untersuchte 1963/64 die politischen Par-teien in Sansibar (Konf. Ber. EAISR, 1963 a, 1963).

5. Politik in Uganda

Die Tatsache, daß das EAISR in seinem anfänglichen Rahmenprogramm der vergleichenden Forschung in afrikanischer Soziologie — besonders der

Untersuchung eingeborener politischer Systeme und des Führertums — große Wichtigkeit zuschrieb, wirkte sich merklich auf die Untersuchungen in Uganda aus, die in den letzten zehn Jahren durchgeführt wurden.

In jeder gründlicheren monographischen Untersuchung einzelner Völker in Uganda befaßte man sich eingehend mit deren traditionellem politischem System und zum Teil auch mit den speziellen Problemen, denen die moderne lokale und zentrale Verwaltung begegnet, wenn sie dem betreffenden System gegenübergestellt wird. Einige Forscher haben sich überwiegend auf die Untersuchung des politischen Systems bzw. des Führertums einzelner Stämme konzentriert. So wurden das politische System und die Verwaltungsprobleme in Buganda (A. I. RICHARDS, Konf. Ber. EAISR, 1951 a, 1952, 1960 b; A. B. MUKWAYA, Konf. Ber. EAISR, 1952; M. SOUTHWOLD, 1960; A. D. ROBERTS, 1962; L. A. FALLERS, 1963) in Busoga (L. A. FALLERS, Konf. Ber. EAISR, 1951 a, 1952, 1953, 1955, 1955 a, 1956, 1959, 1960 a; A. I. RICHARDS, Konf. Ber. EAISR, 1952; A. B. MUKWAYA, Konf. Ber. EAISR, 1952), im Alurland (A. W. SOUTHALL, Konf. Ber. EAISR, 1953, 1963; 1954 b, 1956), bei den Lugbara (J. F. M. MIDDLETON, 1956, 1958, 1958 a, 1960 a, 1960 c), bei den Madi (J. F. M. MIDDLETON, 1955 a), bei den Bwamba (E. H. WINTER, Konf. Ber. EAISR, 1951, 1952; 1958) und bei den Kiga (P. T. W. BAXTER, 1960) erforscht.

Zum Teil gaben dieselben Autoren, die einzelne Stämme monographisch-ethnologisch untersuchten, Sammelwerke über politische Fragen (J. F. M. MIDDLETON und D. TAIT: Tribes without Rulers — 1958; A. I. RICHARDS: East African Chiefs — 1960) heraus oder verfaßten Arbeiten über Aspekte örtlicher und nationaler Politik in Uganda (L. A. FALLERS, 1961 a; A. I. RICHARDS, 1955 a, 1962; P. W. GUTKIND, 1957).

Andere Forscher, die sich politischen Fragen Ugandas in den letzten Jahren widmeten, sind u. a.: D. E. APTER, F. G. BURKE, E. BUSTIN, R. O. BYRD, R. W. CAMERON, W. DIEZ, G. ENGHOLM, W. G. FLEMING, C. H. W. HOWE, H. INGRAMS, W. S. KAJUBI, J. C. D. LAWRANCE, D. A. LOW, R. C. PRATT, D. SAVAGE, W. P. TAMUKEDDE, A. N. TUCKER, C. A. G. WALLIS.

W. DIEZ, von der Universität Rochester, studierte 1952—1953 die Verfassungsgeschichte von Buganda und Bunyoro.

F. G. BURKE von der Universität Princeton untersuchte die örtliche Regierung in Uganda unter besonderer Berücksichtigung der Assimilierung demokratischer Vorgänge und Werte (Konf. Ber. EAISR, 1956, 1963; 1958 a, 1958 b, 1964).

D. E. APTER, ebenfalls von der Universität Princeton, untersuchte 1955 mit einem Stipendium der Ford-Stiftung das System der Zentralregierung. Von ihm stammen einige Aufsätze (Konf. Ber. EAISR, 1956, 1959, 1960) und das Buch „The Political Kingdom in Uganda" (1961). Darüber schreibt L. MAIR: "The factual part is an account of the internal and external relations of the kingdom of Buganda from the time of the Uganda Agreement to the present day. ... 'Kiganda' protest movements and various attempts by the Protectorate Government to modernize Buganda. Dr. Apter's account of the kaleidoscope of Ganda und Uganda political parties is detailed and fascinating." (Africa, July, 62.)

C. H. W. Howe von der Universität Boston führte 1957—1960 mit einem Stipendium der Ford-Stiftung eine Untersuchung über die Relevanz von Wertvorstellungen für das politische Verhalten in Uganda (Konf. Ber. EAISR, 1958) durch.

Der Historiker D. A. Low, Universität Oxford, untersuchte 1954 u. a. die Geschichte der Kontakte zwischen Ganda und Europäern vor 1900 und andere politische Fragen (Konf. Ber. EAISR, 1954, 1956 a, 1958; 1956, 1963, 1963 a; Buch zusammen mit R. C. Pratt, 1960).

R. C. Pratt, Universität Oxford, schrieb u. a. über Nationalismus in Uganda (1960 a, 1961). W. G. Fleming, Northwestern University, führte 1963—1964 eine Untersuchung über die Distriktsorganisation in Uganda durch.

J. C. D. Lawrance schrieb u. a. einen Aufsatz über die örtliche Regierung in Uganda (1956). Von G. F. Engholm (Konf. Ber. EAISR, 1959) und R. O. Byrd (1963) vom North Park College stammen Aufsätze über Wahlen in Uganda. C. A. G. Wallis (1953) berichtete über eine offizielle Untersuchung der örtlichen Selbstverwaltung, und A. N. Tucker von der School of Oriental and African Studies untersuchte 1954 die Möglichkeit einer Vereinheitlichung der Verwaltung in Ankole und Kigezi.

Weitere Arbeiten stammen von C. Legum (1954), R. W. Cameron (1955), R. L. E. Dreschfield (1958), Vorsitzender einer Untersuchungskommission in Teso, und von H. Ingrams (1960). Auch Coralea Bryant von der London School of Economics untersuchte Verwaltungsprobleme in Uganda. (Für die Politik in Buganda — Königreich der Ganda — vgl. auch Kap. C. I. 5: Die östliche Gruppe der Zwischenseen-Bantu.) Ferner ist die Broschüre „Uganda becomes independent" (1962) zu erwähnen.

III. Rechtsfragen

(Gewohnheitsrecht, nationale Gesetzgebung, juristische Probleme der wirtschaftlichen und sozialen Entwicklung)

Das Gewohnheitsrecht, besonders in bezug auf Ehe und Familie sowie Landnutzung, Eigentum und Erbschaft, werden in jeder monographisch-ethnologischen Beschreibung eines Stammes zusammen mit der sozialen und politischen Struktur, den Institutionen, rituellen Gewohnheiten usw. als einer der wesentlichen Aspekte der Gesellschaft behandelt. Es gibt jedoch einige Werke, die sich speziell mit Fragen des Gewohnheitsrechts bei einzelnen Völkern befassen. Auch in solchen Arbeiten wird das Gewohnheitsrecht zwangsläufig im Zusammenhang mit der ganzen Gesellschaftsorganisation verstanden und dargestellt (vgl. J. HUPPERTZ, 1951 — Masai; D. J. PENWILL, 1951 — Kamba; H. CORY, 1953 — Sukuma; F. B. STEINER, 1954 — Chaga; G. S. SNELL, 1954 — Nandi; L. A. FALLERS, 1956 a — Soga; G. M. WILSON, 1961 — Luo; J. S. S. ROWLANDS, 1962 — Kenya).

Die Ethnologin M. E. READ von der Universität Minnesota führte 1963/64 eine einjährige Untersuchung über die Entwicklung des Gewohnheitsrechtes in Sukumaland durch. Ihre Arbeit wurde mit einem „Foreign Area"-Stipendium finanziert.

Die meisten juristischen Arbeiten der letzten Jahre bewegen sich um die aktuell gewordenen Themen des Eherechtes, die Rechte der Frau und das Bodenrecht. Was die Ehe angeht (vgl. Kap. D. VII. 3: u. a. W. BROWN; M. L. PERLMAN; A. PHILLIPS), so ist hier das oft gleichzeitige Vorhandensein dreier verschiedener Rechtskriterien — Gewohnheitsrecht, Kirchen- und Staatsrecht — für die juristische Forschung besonders interessant. Das Problem des Eherechts wird sogar in der Öffentlichkeit in Ostafrika als dringliches Problem diskutiert. J. S. READ von der School of Oriental and African Studies, Dozent am University College Dar es Salaam, befaßte sich in den letzten Jahren mit der Erforschung des Eherechtes und der Rechtssituation der Frau in Ostafrika.

Der andere Problemkomplex, das Bodenrecht (vgl. Kap. D. VI. 2: Bodenrecht und Landnutzung), reicht einerseits in den Bereich der Ethnologie, andererseits interessiert er die Wirtschaftsforscher und die Entwicklungsplaner (vgl. u. a. A. B. MUKWAYA, Konf. Ber. EAISR, 1953 a; 1953 — Buganda; E. S. HAYDON, 1960 — Buganda; R. E. S. TANNER, 1960 — Küste; F. D. HOMAN, 1963 — Kenya; H. FLIEDNER, Konf. Ber. EAISR, 1963; 1965 — Kenya).

Die Ethnologin E. HOPKINS von der Columbia University erforschte 1961—1963 mit einem Stipendium des „Social Science Research Council" das Problem des Übergangs vom Gewohnheitsrecht zum kolonialen Rechtssystem in Uganda. Sie berichtete vor einer Konferenz des EAISR über die strafrechtliche Praxis in Ankole (1962). Auch L. E. KERCHER von der Western Michigan University führt zur Zeit (1964) eine Untersuchung unter dem vorläufigen Arbeitstitel „Study of Crime and Delinquency in East and Central African Territories" durch. E. COTRAN (1963) schrieb einen längeren Aufsatz über die in Kenya gemäß Gewohnheitsrecht verfolgten Verbrechen. Mit der Anwendung des Strafrechtes in Kenya befaßt sich außerdem ein Aufsatz von J. R. M. TENNENT (1961).

Juristische Fragen sind auch mit der Verwaltung, mit innenpolitischen Problemen und mit der Verwirklichung der ostafrikanischen Föderation verbunden (vgl. Kap. D. II: Politik).

Die Fragestellung der neueren juristischen Forschung in Ostafrika — gleichgültig mit welchen Rechtsbereichen sie sich befaßt — richtet sich in erster Linie auf das Problem des Übergangs vom Gewohnheitsrecht zur nationalen bzw. übernationalen Gesetzgebung, auf das gleichzeitige Vorhandensein verschiedener Rechtsnormen, auf die Umformung des Rechtssystems und die Anwendung der geltenden Gesetze. R. W. C. Brown von der Universität Yale begann 1954 eine zweijährige Forschung über die Beziehungen zwischen Gewohnheitsrecht und englischen Institutionen. Von F. G. Burke (1958) stammen Aufsätze über die Anwendung des englischen „committee system" in den örtlichen Gerichtshöfen in Uganda. E. Cotran schrieb nicht nur über Fragen des Strafrechtes in Kenya (s. oben), sondern er untersuchte auch die Entwicklungstendenzen des Rechtssystems in Tanganyika (1962 a), Uganda (1962) und die Möglichkeiten, das Rechtssystem in Ostafrika (1963 a) zu vereinheitlichen. Ein Aufsatz von J. F. de S. Lewis-Barned geht ebenfalls auf die Integrierung von Rechtssystemen (1963) ein. J. P. McAuslan (1964) vom University College Dar es Salaam war mit einer Untersuchung der Rechtsnormen in Ostafrika beschäftigt.

Das Wesen des Gewohnheitsrechtes in Afrika, die Beziehungen zwischen örtlicher Gesetzgebung und dem von den Engländern eingeführten Rechtssystem (T. O. Elias, 1956, 1962; A. N. Allott, 1962), die Verbindungen zwischen islamischem Recht und dem afrikanischen Gewohnheitsrecht (J. N. D. Anderson, 1954) sind Themen, die den Ostafrikaforscher auch dann interessieren dürften, wenn sie im Hinblick auf andere Teile Afrikas behandelt werden. Über Rechtsprobleme in Afrika wurden bereits mehrere Konferenzen abgehalten („The future of customary law in Africa", 1956; „African conference on the rule of law", Lagos 1961).

IV. Demographie

(Bevölkerungsstruktur, -wachstum und -bewegungen)

Die statistischen Angaben über die Bevölkerung von Ostafrika sind zum Teil veraltet und zum Teil immer noch recht unvollständig. Die Informationen können aus den offiziellen Veröffentlichungen über Volkszählungen, aus sonstigen Statistiken (z. B. „Tribes of East Africa", 1951) sowie aus internationalen Veröffentlichungen der UNECA und der UNESCO und wenigen zusätzlichen Arbeiten entnommen werden (u. a. C. J. Martin, 1953, 1953 b — über die Bevölkerung von Tanganyika; 1953 c — Schätzungen über Altersstruktur, Fruchtbarkeit und Bevölkerungszuwachs in Britisch-Ostafrika). Hierzu gehören auch die Arbeiten über ethnographische Struktur, geographische Verteilung der Stämme (z. B. J. E. Goldthorpe, 1955 a; J. E. Goldthorpe und F. B. Wilson, 1960; G. T. Trewartha, 1957; P. H. Gulliver, 1959; S. J. K. Baker, 1963 a). Mehrere Forscher, hauptsächlich Ethnologen und Soziologen, führten demographische Untersuchungen über Fruchtbarkeit, Kindersterblichkeit, Bevölkerungswachstum und Bevölkerungsschwankungen als Folge der Wanderungen in einzelnen Gebieten durch. Eine umfassende demographische Arbeit von K. M. BARBOUR und R. M. PROTHERO (1962) befaßt sich mit ganz Afrika.

1. Fruchtbarkeit — Bevölkerungswachstum

Vor über zehn Jahren schlug F. LORIMER (1961), International Population Union, American University Washington, vor, daß die beiden Ethnologinnen A. I. RICHARDS und P. REINING (1952), die bereits Feldforschungen in Buganda und Buhaya durchführten, dort den demographischen Trend und die sozialen Faktoren untersuchen sollten, die die Fruchtbarkeit beeinflussen. "... He was interested in the study of population trends and in social factors affecting fertility such as age at marriage, taboos during lactation, cultural emphasis on fertility and practices such as infanticide, abortion or the use of contraceptives." (Tätigkeitsbericht des EAISR, 1950 bis 1953). Die Ergebnisse dieser Forschung erschienen in der Veröffentlichung der UNESCO „Culture and Human Fertility" (1952). J. M. FORTT (MS. 195., 1954) von der Universität London wurde 1951—1953 vom Social Science Department der UNESCO beauftragt, die Bevölkerungsschwankungen und die geographischen Faktoren der Einwanderung in Buganda zu untersuchen sowie eine Bevölkerungskarte von Buganda herzustellen. R. E. S. TANNER untersuchte Fragen der Fruchtbarkeit im Distrikt Mwanza (1956 c) sowie die Bevölkerungsschwankungen 1955—1959 im Distrikt von Musoma (1961) und schrieb zusammen mit D. F. ROBERTS über demographische Fragen von NO-Tanganyika (1959). A. M. M. NHONOLI (1954) verfaßte einen Aufsatz über die Kindersterblichkeit in ländlichen Gegenden von Unyamwezi. J. G. C. BLACKER veröffentlichte 1962 einen Aufsatz über Bevölkerungswachstum und unterschiedliche Fruchtbarkeit im Protektorat von Sansibar. Er befaßte sich auch mit der indischen Bevölkerung Tanganyikas (1959). Auch C. J. MARTIN (s. oben) führte demographische Studien über die indische Bevölkerung Ostafrikas durch (1953 a).

2. Geschichtliche Wanderungen

Völkerwanderungen in Ostafrika, die in früheren Zeiten stattfanden, werden hauptsächlich in der ethnologischen Literatur behandelt. Besonders die Wanderungen der Lwo haben die Ethnologen auch in den letzten zehn Jahren beschäftigt (u. a. J. P. CRAZZOLARA, 1950—54; 1961; M. G. WHISSON, Konf. Ber. EAISR, 1962; E. THIRY, 1963). D. WESTERMANN (1955) schrieb u. a. über die Südwanderungen ostafrikanischer Küsten-Bantustämme.

3. Flüchtlinge

(vgl. auch Kap. D. VI. 1.)

Die aktuellen Ursachen der Wanderungen von sonst seßhaften Völkern sind entweder politischer oder wirtschaftlicher Natur. So gibt es in Uganda und Tanganyika den seit Jahren anhaltenden Strom der politischen Flüchtlinge aus Rwanda und Burundi. RACHEL YELD, Mitarbeiterin des EAISR, untersuchte zuletzt das Problem der Neuansiedlung dieser Flüchtlinge in Uganda und Tanganyika. Ihre Arbeit wurde von der Ford-Stiftung finanziert. Auch D. G. R. BELSHAW (1963 b) schrieb über dieses Thema.

4. Wanderarbeit

(vgl. auch Kap. D. VI. 3. c, 12; VII. 1.)

In den Bevölkerungsbewegungen aus Arbeitsgründen können zwei Typen unterschieden werden. Entweder handelt es sich um Gruppen von Arbeitsuchenden, die in kleineren oder größeren Zeitabständen in ihren Heimatort zurückkehren, um ihre Rolle in der dortigen Gesellschaft immer wieder aufzunehmen und ihren Status weiterzupflegen, oder es sind Arbeitsuchende, die zugleich eine neue Heimat suchen. Diese zweite Kategorie fällt oft mit den politischen Flüchtlingen zusammen. Zwischen den zwei extremen Typen — den Pendelarbeitern und den Einwanderern aus fernen Gebieten — gibt es viele Übergangsvarianten.

In dem von A. I. RICHARDS herausgegebenen Buch „Economic Development and Tribal Change: A study of Immigrant labour in Buganda" (1954) erörtern mehrere Forscher — A. I. RICHARDS selbst, P. G. POWESLAND, J. M. FORTT, A. W. SOUTHALL und A. B. MUKWAYA — die mit der Einwanderung verbundenen wirtschaftlichen und sozialen Probleme sowohl im Ursprungsland als auch im neuen Ansiedlungsgebiet.

Einen wertvollen Beitrag zum Problem der Wanderarbeit lieferte u. a. P. H. GULLIVER mit seinen Untersuchungen in Südtanganyika (1955 a, 1957 b). Er schrieb ferner einen kurzen Aufsatz über Motive der Wanderarbeit (1960). Auch die Forschungsarbeit von CYRIL und RHONA SOFER in Jinja bezog sich zum Teil auf demographische Fragen und die Einwanderung von Arbeitskräften in die Stadt (vgl. Kap. D. VII. 1.).

S. ILLINGWORTH (Konf. Ber. EAISR, 1963, 1963 a) befaßte sich mit ähnlichen Problemen in Busoga, nämlich mit Neusiedlungen und Einwanderern aus Kenya. Der Ethnologe R. W. MOODY, der die Samia untersuchte, berichtete vor einer Konferenz des EAISR ebenfalls über Wanderarbeit (1962). L. A. FALLERS und W. ELKAN verfaßten gemeinsam einen Beitrag über Wanderarbeit für das von W. MOORE und A. FELDMANN herausgegebene Sammelwerk „Commitment of the Labour Force in Newly

Industrialized Areas" (1960). W. ELKAN schrieb 1959 einen Aufsatz über Wanderarbeit in Afrika.

Schließlich seien noch die Arbeit von H. R. G. HURST (1959) über Möglichkeiten der Wanderarbeit in Tanganyika 1926—1959 und der auch für Ostafrika aufschlußreiche Aufsatz von C. J. MITCHELL (1959) über die Ursachen der Wanderarbeit erwähnt.

V. Gesundheitswesen und Ernährung

1. Traditionelle Einstellungen

Überall, aber ganz besonders in Ostafrika, hängt die Volksgesundheit nicht nur von den vorhandenen wirtschaftlichen Möglichkeiten und von geeigneten Maßnahmen im medizinisch-hygienischen Bereich ab. Kulturelle Überlieferungen und sozialpsychologische Faktoren spielen in der Durchführbarkeit solcher Maßnahmen eine entscheidende Rolle.

Die Tabus gegenüber einzelnen Nahrungsmitteln, die von Stamm zu Stamm bzw. von Klan zu Klan variieren und zum Teil nach der Auflösung der alten sozialen Ordnung in Form von Vorurteilen weiterleben, beschränken die Ernährungsmöglichkeiten und sind u. a. für den Proteinmangel mit verantwortlich. Die weit verbreitete Kinderkrankheit Kwashiorkor [1] sowie viele andere Krankheiten werden mehr durch Tabus, Vorurteile und falsche Einstellungen als unmittelbar durch Armut verursacht.

Selbst wenn moderne Heilmittel und ärztliche Betreuung zur Verfügung stehen, kann ihr Erfolg durch die Vorurteile der Bevölkerung zunichte gemacht werden. Für die moderne Entwicklung ist es z. B. typisch, daß halb- oder nicht-gebildete Afrikaner eine Gesundheitsstation zur Behandlung aufsuchen und gleichzeitig die Ratschläge eines Medizinmannes befolgen, und zwar auf Grund ihrer allgemeinen Vorstellung, daß eine Krankheit um so schneller verschwindet, je mehr man gegen sie tut. Die Tatsache, daß ein großer Teil der Afrikaner noch kein Verständnis bzw. keinen Sinn für die Dosierung von Mengen und für Dosierungen in der Zeit entwickelt hat, läßt die Selbstanwendung von modernen Arzneien regelmäßig scheitern. Aus demselben Grunde führen die wertvollen Spenden von Milchpulver als Nahrung für Kleinkinder oft zu einem totalen Mißerfolg.

Dies sind nur einige Beispiele; es ist keineswegs eine erschöpfende Liste derjenigen Probleme innerhalb des medizinisch-hygienischen Bereiches, die mit den Mitteln der Sozialforschung und unter Mitwirkung von Ethnologen untersucht werden sollten. Trotz der Wichtigkeit und Dringlichkeit dieser

---

[1] Es gibt keine genauen Statistiken über die Häufigkeit des Kwashiorkor. Einige Ärzte schätzen aber, daß z. B. in Uganda ungefähr 70% aller Kinder zwischen dem 2. und 3. Lebensjahr daran erkranken.

Problematik werden nur wenige Untersuchungen über diese Fragen durchgeführt.

2. Gesundheit, Krankheit, Heilmethoden

Ende 1959 hielt das EAISR ein eintägiges Symposium von Ethnologen ab, auf dem die Einstellungen von Afrikanern zu Gesundheit und Krankheiten erörtert wurden („Attitudes to health and disease among some East African tribes"). Die Teilnehmer führten zu jener Zeit ethnographisch-monographische Feldforschung in verschiedenen Stammesgebieten Ostafrikas durch. Auf diesem Symposium referierte M. SOUTHWOLD über die Ganda, E. H. PERLMAN über die Toro, J. M. WEATHERBY über die Sebei, R. G. ABRAHAMS über die Nyamwezi, L. P. GERLACH über die Digo, K. SOMMERFELT über die Konjo, G. E. T. WIJEYEWARDENE über die Küstenbevölkerung, J. C. WOODBURN über die Hadza und P. SPENCER über die Samburu.

R. E. S. TANNER (1955) bespricht in einem Aufsatz den Besessenheits-kult in der Heilpraxis der Sukuma. Hinweise über traditionelle Heilmethoden innerhalb der Stämme gibt es in fast allen ethnologisch-monographischen Arbeiten.

S. J. FEINHANDLER, Ethnologe von der Universität Harvard und Stipendiat der Ford-Stiftung, dürfte einer der wenigen Forscher sein, in deren Forschungsprojekt die Einstellungen zu Krankheiten als zentrales Problem formuliert wurden. S. J. FEINHANDLER untersucht zur Zeit (1964) die Taita in Kenya. Der vorläufige Titel seiner Arbeit lautet: „Concepts of mental and physical illness, magic and the supernatural".

Über die aktuellen soziologischen Probleme des Gesundheitswesens liegen relativ wenige Arbeiten vor. D. G. CONACHER (1957) schrieb über Aufklärung hinsichtlich Gesundheitsfragen in Ostafrika. N. THREADGOLD und H. WELBOURN verfaßten 1957 eine Arbeit über Gesundheit in der Familie. H. WELBOURN (1954) schrieb über die gesundheitliche Gefährdung der Ganda-Säuglinge, von J. F. BROCK und M. AUTRET (1952) und von H. C. TROWELL (1957) erschienen Arbeiten über die Zusammenhänge zwischen Nahrungsmitteln, Protein und Kwashiorkor. Ferner sind die Artikel von A. M. M. NHONOLI (1954 — Kindersterblichkeit in Unyamwezi), B. P. B. ELLIS (1961 — Aussätzige in Lango) sowie die Arbeiten der Psychiater E. L. MARGETTS (1960, 1960 a) und C. G. F. SMARTT (1956, 1959, 1960) zu erwähnen.

3. Ernährung und Nahrungsmittel

(vgl. auch Kap. D. VI. 3. b.)

In diesem Themenbereich gibt es rein ethnologische Arbeiten (D. N. McMASTER — 1962 a), Aufsätze über traditionelle Ernährungsformen und Ernährungsprobleme einzelner Stämme (u. a. R. E. S. TANNER, 1956 b —

Sukuma; P. O. Mors, 1958 — Bahaya; A. R. W. Crosse-Upcott, 1958 — Ngindo; I. H. E. Rutishauser, 1962 — Baganda), Untersuchungen über die Erzeugung und Verteilung von Nahrungsmitteln, die in das Gebiet der Wirtschaft und Landwirtschaft übergehen, physiologische Studien über Ernährungsfragen und soziologische Untersuchungen über die Ursachen der mangelhaften Ernährung bzw. der Unterernährung. Wie bereits erwähnt, ist die letztere Untersuchungsart recht selten.

D. G. R. Belshaw (1963 a) und F. B. Wilson (1963 a) schrieben über die Probleme der Nahrungsmittelproduktion. B. F. Johnston (1964) von der Universität Stanford untersuchte die Verteilung und die relative Wichtigkeit der Hauptnahrungsmittel für die Ernährung in verschiedenen Teilen Ostafrikas.

C. H. Brooke (1963) vom Portland State College arbeitete ebenfalls über die Verteilung von Nahrungsmitteln sowie über die Ursachen und Folgen von Hungersnöten in Tanganyika.

Einige Mitarbeiter des Max-Planck-Institutes für Ernährungsphysiologie, Dortmund, u. a. W. Keller (MS 1962) und Poeplau führten unter der Leitung von H. Kraut ernährungsphysiologische Untersuchungen in Tanganyika durch.

Aufsätze über mangelhafte Ernährung wurden von Ann P. Farmer (1960), L. P. Gerlach (1961 — Digo) und J. R. K. Robson (1962 — Songea Distrikt) verfaßt. Besonders wichtig ist das von A. Burgess und R. F. A. Dean 1962 herausgegebene Buch „Malnutrition and Food Habits", das auch ein Kapitel über unzureichende Ernährung in Uganda enthält und Empfehlungen für dringende interdisziplinäre Forschungen über Ernährungsfragen in Ostafrika an Soziologen und Mediziner richtet. Das Buch ist der Bericht über eine internationale und interdisziplinäre Konferenz der World Federation for Mental Health.

VI. Die wirtschaftliche Entwicklung

1. Siedlungsformen

(vgl. auch Kap. D. IV. 3., 4.)

Die Frage der Siedlungsform ist mit zwei weiteren Problemkreisen eng verbunden: einerseits mit der Landnutzung und dem Bodenrecht, andererseits mit den landwirtschaftlichen Produktionssystemen. Die Arbeiten über Siedlungsformen sind zum Teil Beschreibungen von Neusiedlungen für Flüchtlinge oder für sonstige Gruppen, die entweder von sich aus oder im Rahmen von „Detribalisierungs"- und „Villagisation"-Programmen ihren Wohnort wechseln. Zum Teil werden auch die Probleme der Wiederansiedlung von Arbeitslosen aus den Städten beschrieben.

Die Forscher, die eine monographisch-ethnologische Untersuchung in einem Gebiet durchführen, beschreiben in der Regel auch die neueren und älteren Siedlungsformen (M. L. PERLMAN, 1959 — Toro; J. F. M. MIDDLETON, 1960, 1961 — Sansibar; S. ILLINGWORTH, 1963 a — Soga).

Der verstorbene Direktor des EAISR, D. J. STENNING, bat im April 1963 die Ethnologen im Feld, V. ADAM (Singida), H. J. BASEHART, T. O. BEIDELMAN (Lugendo), A. HARWOOD (Mbeya), CH. NOBLE (Mwanza), G. PARK (Njombe), A. REDMAYNE (Iringa), P. RIGBY (Dodoma), M. SLATER (Mbeya), M. J. SWARTZ (Njombe), R. E. S. TANNER (Mombasa), R. W. WILLIS (Sumbawanga) und E. R. YELD (Ngara), einen Bericht über die soziologischen Faktoren zu schreiben, die in der von ihnen zur Zeit untersuchten Gegend der Durchführung des „Villagisation"-Planes hinderlich bzw. förderlich sein könnten. Damals entwarf die Regierung von Tanganyika die Richtlinien für dieses Programm. Die Antworten der Forscher auf diese Anfrage liegen zum Teil in Manuskripten im EAISR vor.

R. F. LORD (196 .) schrieb über ein Siedlungsprogramm und B. KAPLAN (1961) über Neusiedlung und landwirtschaftliche Entwicklung in Tanganyika. R. ALTSCHUL (1963) verfaßte seine Dissertation für die Universität von Illinois über die Siedlungsformen an der Tanganyika-Küste. Seit 1963 läuft ein Projekt der University of Syracuse, in dessen Rahmen Wirtschaftler, Soziologen, Ethnologen und politische Wissenschaftler die „Villagisation"-Programme in Tanganyika erforschen sollen.

Über Siedlungsformen im Zentralnyanzagebiet schrieb R. B. DAKEYNE (1960). Auch D. M. ETHERINGTON (1963) vom Centre for Economic Research Royal College, Nairobi, verfaßte einen Aufsatz über Neusiedlungen in Kenya.

Einige Geographen widmeten sich den Siedlungsformen als Hauptforschungsthema. W. W. DESHLER von der Maryland University, der 1952 bis 1954 seine ersten Untersuchungen in Uganda begann, verfaßte 1957 seine Dissertation über die Siedlungsformen der Dodos. Er schrieb auch einen Artikel über die Beziehungen zwischen Siedlungsform und Problemen der Viehzucht (1960).

A. E. LARIMORE (1958) beschrieb die Siedlungsformen in Busoga im Zusammenhang mit der politischen Kontrolle und der Wirtschaftsentwicklung.

Der Agrarökonom D. G. R. BELSHAW von der Universität Makerere, der eine Reihe von Untersuchungen leitet, schrieb u. a. Aufsätze über die Geschichte der Neusiedlungen in Uganda in den letzten zwanzig Jahren (1963) und von Neusiedlungen in Uganda für Flüchtlinge aus Rwanda (1963 b) sowie über Siedlungsprogramme und Landverteilung in den „White Highlands" von Kenya (1964 b). In Zusammenarbeit mit der Fakultät für Sozialwissenschaften führt D. G. R. BELSHAW zur Zeit eine Untersuchung über die wirtschaftlichen Aspekte der Programme für Neusiedlung in Uganda durch.

S. A. Bridger (1962, 1963) verfaßte zwei Aufsätze über die Planung von Siedlungsprogrammen. M. P. K. Sorrenson schrieb seine Dissertation (1962) über Bodenrecht und Siedlungsformen in Ostafrika.

2. Bodenrecht und Landnutzung

(vgl. auch Kap. D. III.)

Über die Formen des traditionellen Bodenrechtes bzw. des Landbesitzes und der Landnutzung berichten mehr oder weniger alle Forscher, die in einem Stammesgebiet eine monographisch-ethnologische Untersuchung durchführten. Das Thema rückte schon in den ersten Jahren der Tätigkeit des EAISR besonders für die Zwischenseen-Bantu in den Vordergrund: "Comparative studies of land tenure ... have grown naturally out of the political and economic studies since one of the major determinants of political and economic structure of the inter-lacustrine Bantu is their system of land holding" (Tätigkeitsbericht des EAISR, 1950—1953).

Arbeiten über Bodenrecht und Landnutzung bei den Zwischenseen-Bantu in Uganda wurden u. a. von folgenden Forschern verfaßt: R. W. Moody (Konf. Ber. EAISR, 1962 a — Samia), A. B. Mukwaya (1953; Konf. Ber. EAISR, 1953 a — Ganda), M. Southwold (1956 a; Konf. Ber. EAISR, 1959 a — Ganda), M. L. Perlman (Konf. Ber. EAISR, 1962 — Toro), D. J. Stenning (Konf. Ber. EAISR, 1958 — Nkole), P. C. Reining (1962 — Haya), A. C. A. Wright (MS 1952 — Sukuma), D. W. Malcolm (1953 — Sukuma), R. E. S. Tanner (1955 a — Sukuma).

Der Geograph J. H. Dean vom Hunter College untersuchte 1950 bis 1952 als Fulbright-Stipendiat das Problem der Landnutzung in Buganda und Teso und verfaßte 1954 seine Dissertation über dieses Thema. Ein anderer Geograph, H. W. West (Konf. Ber. EAISR, 1964), untersucht zur Zeit das Mailo-System des Bodenrechtes in Buganda. Auch das Buch von E. S. Haydon (1960), das L. P. Mair in ihrer Rezension (Africa, Jan. 1962) vom ethnologischen Standpunkt aus eher negativ beurteilt, befaßt sich mit dem Bodenrecht in Buganda sowie mit den damit verbundenen juristischen Fragen. Von D. O. Ocheng (1955) stammt ein Artikel über Bodenrecht in Acholi. J. C. D. Lawrance, der die Teso und Karamojong untersuchte, schrieb u. a. auch einen Aufsatz über die Erteilung von Landtiteln in Uganda (1960). A. S. McDonald (1963) verfaßte einen Aufsatz über Landnutzung in Uganda.

Über Fragen des Bodenrechtes und der Bodennutzung in Tanganyika liegen u. a. folgende Arbeiten vor: E. B. Dobson (1954), J. F. Spry (1956), A. A. Oldaker (1957), R. A. Young und H. A. Fosbrooke (1960 — Luguru), P. C. Duff (1961 — Luguru), E. H. Winter (1955 a — Iraqw), P. H. Gulliver (1958 b — Nyakyusa), J. F. M. Middleton (1960, 1961 — Sansibar), R. E. S. Tanner (1958 a, 1960 — Küste).

D. von Rotenhan, Diplom-Landwirt, untersuchte 1962—1963 im Auftrag des IFO-Instituts, München, die Organisation der Bodennutzung im Sukumaland. Seine Forschungen wurden von der Fritz-Thyssen-Stiftung finanziert. (Betr. weiterer Projekte des IFO-Instituts im Bereich der landwirtschaftlichen Forschung s. Kap. D. VI. 3, 4.)

Die Frage des Bodenrechtes in Kenya, besonders bei den Kikuyu, hat wegen der damit zusammenhängenden politischen Spannungen und Gewalttätigkeiten der Mau-Mau-Bewegung das Interesse der Forscher stark auf sich gezogen.

K. K. Sillitoe, Soziologe und früherer Beamter der Kolonialregierung für landwirtschaftliche Fragen, untersuchte 1961—1964 die sozialen und wirtschaftlichen Folgen der Landkonsolidierung im Distrikt Nyeri (Konf. Ber. EAISR, 1962, 1962 a, 1963). Der Ethnologe M. P. K. Sorrenson führte 1962—1964 eine Untersuchung mit demselben Thema im Distrikt Kiambu durch (Konf. Ber. EAISR, 1963, 1963 a; 1962; MS 1964). G. Kershaw hatte die gleiche Aufgabe ebenfalls für den Distrikt Kiambu. Alle drei arbeiteten im Rahmen des Projektes „Land Consolidation", das einen Teil des ARU-Programmes im EAISR darstellt. H. Fliedner untersuchte 1963 im Auftrag des IFO-Institutes und mit finanzieller Unterstützung der Fritz-Thyssen-Stiftung die wirtschaftlichen und sozialen Folgen von Maßnahmen zur Bodenrechtsreform in Kenya. Weitere Arbeiten über Bodenrecht bzw. Landnutzung in Kenya wurden verfaßt von L. P. Mair (1960), H. W. J. Sonius (1960), F. D. Homan (1963), H. E. Lambert (1950, 1956 — Kikuyu), J. Fisher (195. — Kikuyu), M. L. Kilson jr. (1955 — Kikuyu), R. G. Wilson (1956 — Kikuyu), M. Shannon (1957 — Kikuyu).

J. W. Pilgrim führte 1959—1960 als Goldsmith-Stipendiat eine Untersuchung unter den Kipsigis durch und berichtete vor einer Konferenz des EAISR ausführlich über die Frage des Landbesitzes bei diesem Stamm (1959).

B. E. Thomas von der Universität California, Los Angeles, untersuchte 1957—1958 mit finanzieller Unterstützung der Ford-Stiftung Geschichte und gegenwärtigen Stand des Transportsystems in Kenya und seine Beziehungen zum Wachstum der Städte und zur Bodennutzung. Ein Buch über seine Ergebnisse sollte 1964 erscheinen.

Hinsichtlich der Probleme der Bodennutzung bzw. des Bodenbesitzes weisen wir ferner auf eine Arbeit von P. H. Gulliver (1961) und auf die Konferenz über Bodenrecht in Ost- und Zentralafrika hin („Report of the conference on African land tenure in East and Central Africa" — 1956).

3. Landwirtschaft

Wie die landwirtschaftliche Produktion zu modernisieren und auf Marktproduktion umzustellen ist, ist eine der Fragen, auf die sich die

Wirtschaftsforschung im Dienste der Entwicklungshilfe besonders konzentriert. Dieser Themenkreis berührt einerseits das Gebiet der Ethnologie, der Soziologie und der Sozialpsychologie, andererseits die reine Agrarforschung [1], die Nationalökonomie und Finanzfragen.

Die Erforschung der ökonomischen Probleme der Landwirtschaft und der Rentabilität der Produktionsmethoden ist in Ostafrika relativ neu. Die beiden Forschungsstellen, die sich mit diesen Fragen am intensivsten befassen, scheinen die landwirtschaftliche Fakultät der Universität Makerere, Kampala, und die Afrika-Studienstelle des IFO-Instituts, München, zu sein.

Die landwirtschaftliche Fakultät von Makerere konnte vor zwei bis drei Jahren ihr Forschungsprogramm über ökonomische Probleme der Landwirtschaft beginnen. Dabei ist die ständige und enge Zusammenarbeit mit der Sozialwissenschaftlichen Fakultät Makerere und dem EAISR sowie mit Regierungsstellen gewährleistet. Die Forscher, die in diesem Programm arbeiten, sind: D. G. R. BELSHAW, J. H. CLEAVE, R. H. CLOUGH, J. CRIPPS, A. S. McDONALD, B. F. JOHNSTON, P. MAHADEVAN, L. NYAKAANA, T. M. OTHIENO, H. D. PATEL, F. B. WILSON, M. YOSHIDA.

Die Afrika-Studienstelle des IFO-Institutes für Wirtschaftsforschung, München, die Anfang 1963 ein ausgedehntes Forschungsprogramm in Ostafrika startete, führt zur Zeit eine Reihe von Untersuchungen über Fragen der Landwirtschaft durch. Die beauftragten Wissenschaftler sind meistens Agrarökonomen, Diplom-Landwirte oder Nationalökonomen. Die Projekte werden häufig interdisziplinär, d. h. unter Mitwirkung von Ethnologen bzw. Soziologen durchgeführt (s. E. BAUM, K. FRIEDRICH, A. VON GAGERN, S. GROENEVELD, H. JÜRGENS, H. D. LUDWIG, N. NEWIGER, H. PÖSSINGER, E. RADDATZ, O. F. RAUM, D. VON ROTENHAN, H. RUTHENBERG, K. SCHÄDLER, W. SCHEFFLER). Alle diese Forschungsvorhaben werden von der Fritz-Thyssen-Stiftung finanziert, von Wissenschaftlern an deutschen Universitäten oder von der Afrika-Studienstelle selbst wissenschaftlich betreut.

a) Traditionelle Formen der Landwirtschaft

Unter den Arbeiten, die sich speziell mit traditionellen landwirtschaftlichen Methoden befassen, ist der von D. BIEBUYCK 1960 herausgegebene Bericht „African agrarian systems" zu erwähnen, der auch Beiträge über Ostafrika enthält. Auch ein Aufsatz von D. G. R. BELSHAW (1964) befaßt sich mit Systemen der afrikanischen Landwirtschaft. In dem von J. K. MATHESON und E. W. BOVILL 1950 herausgegebenen Werk „East African agri-

---

[1] In den folgenden Betrachtungen lassen wir die rein naturwissenschaftliche Agrarforschung außer acht. Solche Arbeiten wurden auch in unseren Bibliographien nicht erfaßt.

culture" werden sowohl die modernen wie die herkömmlichen Produktionsmethoden dargestellt.

W. W. DESHLER, Geograph von der Maryland University, untersucht
zur Zeit die Formen der landwirtschaftlichen Produktion unter den größeren
Stämmen Ostafrikas. P. H. GULLIVER (1954) schrieb über die Landwirtschaft bei den Jie, A. BYAMUNGU (MS 1960) über die Landwirtschaft der
Nguu, L. VAJDA über kulturelle Typen und Hackbau in Ostafrika (1957)
und A. R. W. CROSSE-UPCOTT (1956, 1958) über die Ngindo.

Zur Geschichte der landwirtschaftlichen Entwicklung gibt es die Arbeiten
von C. C. WRIGLEY (1959), G. B. MASEFIELD (1962) über Uganda und die
Veröffentlichung vom Landwirtschaftsministerium „African land development in Kenya 1946—1962" (1962). Auch die laufende Forschung von
J. R. MORIS von der Northwestern University über „Cultural ecology of
the Rift Valley Highlands" ist eine historische Arbeit.

b) Subsistenz- und Marktproduktion

Innerhalb der einzelnen landwirtschaftlichen Produktionszweige wurden
vor allem die mit dem Anbau von Eigenverbrauchsprodukten (food crop)
sowie von Baumwolle, Sisal und Kaffee (cash crop) zusammenhängenden
ökonomischen Probleme erforscht.

Nahrungsmittel (food crop) (vgl. auch D. V. 3). B. F. JOHNSTON von
der Universität Stanford untersuchte Anfang der sechziger Jahre den Vertrieb und die unterschiedliche Bedeutung der Hauptnahrungsmittel sowie
Ernährungsgewohnheiten und Hungersnöte in den verschiedenen Gebieten.
Auch D. G. R. BELSHAW (1963 a) befaßte sich mit Fragen der landwirtschaftlichen Produktion für den Eigenverbrauch. F. B. WILSON (1963 a)
berichtete über dasselbe Problem vor dem National Seminar for Uganda
on Food and Nutrition Planning, und D. N. MCMASTER (1962) verfaßte
eine Arbeit über die Geographie der Subsistenzproduktion von Uganda.

Baumwolle. C. EHRLICH (Konf. Ber. EAISR, 1957) von den Universitäten London und Makerere führte 1954 Forschung über die Geschichte
der Baumwolle in Uganda und die Absatzmöglichkeiten für Baumwolle
durch. S. KAJUBI (1954) schrieb seine Dissertation über die Einführung der
Baumwolle in Uganda. D. E. B. KIBUKAMUSOKE (1962) befaßte sich mit
dem Einfluß der Kaffeeproduktion auf die Baumwollproduktion in Buganda. J. HARMSWORTH (1962, 1962 a, 1963), Ethnologin und Soziologin,
untersuchte 1961—1963 die sozialen Faktoren, die sich auf die landwirtschaftliche Produktion, besonders die der Baumwolle, in Buganda, Busoga
und Teso hemmend auswirken. Ein Artikel von D. A. LURY (1963) behandelt z. T. ebenfalls den Anbau von Baumwolle in Uganda und die damit
verbundenen volkswirtschaftlichen Fragen. D. G. R. BELSHAW leitet zur
Zeit im Auftrag des Landwirtschaftsministeriums von Uganda eine Unter-

suchung über die wirtschaftlichen Aspekte der Baumwollproduktion einschließlich der Reaktion der Bauern auf neue Versuche.

1954 ist die offizielle Veröffentlichung „The cotton industry — Questions and answers" über die Baumwollproduktion in Tanganyika erschienen. D. von Rotenhan (1965) untersuchte die Organisation der Bodennutzung in Sukumaland und speziell die Baumwolle. Seine Arbeit ist ein Projekt des IFO-Instituts, finanziert von der Fritz-Thyssen-Stiftung.

T. J. Kennedy berichtete vor einer Konferenz des EAISR (1964) über die wirtschaftliche Motivation der Baumwollproduktion bei afrikanischen Bauern in Kenya. H. Fearn (1956) schrieb einen Aufsatz über die Baumwollproduktion im Nyanza-Gebiet. C. A. Wild (1963) berichtete über Maßnahmen zur Förderung der Baumwollproduktion in Kenya.

Sisal. D. G. R. Belshaw (1964 c) verfaßte auch einen Aufsatz über Fragen der Sisalproduktion. Außerdem laufen zwei Forschungsprojekte von H. D. Patel von der Universität Makerere über den Absatz von Sisal und von H. Pössinger vom IFO-Institut in München über Möglichkeiten und Grenzen des Bauernsisals in Ostafrika. Die Untersuchung von H. Pössinger betrifft hauptsächlich das Verhältnis der großbetrieblichen Plantagenproduktion zur Bauernproduktion. C. W. Guillebaud (1958) schrieb über die wirtschaftlichen Probleme der Sisalindustrie in Tanganyika.

Kaffee, Tabak, Zucker, Mais. E. S. Munger (1952) beschrieb den herkömmlichen Kaffeeanbau bei den Chaga. Über die Bedeutung der Kaffee-Produktion für die Wirtschaft von Kenya verfaßte N. Mubarak (1963) seine Dissertation. D. E. B. Kibukamusoke (1962) berichtete über die Auswirkungen der Kaffee-Produktion auf die Baumwollproduktion in Buganda, und D. A. Lury schrieb (1963) ebenfalls über die Baumwoll- und Kaffee-Produktion sowie Finanzierungsprobleme in Uganda. Ein Aufsatz von J. Olouch (1960) behandelt den Kaffee-Export aus Ostafrika. Auch das Werk von J. W. F. Rowe (1963) „The World's Coffee" behandelt u. a. die mit der Kaffee-Produktion zusammenhängenden ökonomischen und politischen Probleme ostafrikanischer Länder.

W. Scheffler und A. von Gagern untersuchen gemeinsam im Auftrag des IFO-Institutes die Organisation der bäuerlichen Tabakerzeugung in Zentral-Tanganyika. C. R. Frank (Konf. Ber. EAISR, 1964) befaßt sich mit Fragen der Produktion und des Absatzes von Zucker in Ostafrika. Von M. P. Miracle (1959) erschien ein Aufsatz über Maisproduktion.

c) Landwirtschaftliche Arbeit und Ausbildung
(vgl. auch Kap. D. VI. 12.)

Von E. S. Clayton (1960) stammt ein Aufsatz über Einsatz von Arbeitskräften und Planung in der Landwirtschaft in Kenya. L. A. Fallers (1961) verfaßte einen theoretischen Aufsatz über die Frage, inwiefern der

Begriff „Bauer" auf Afrikaner in der Landwirtschaft zutrifft. J. Price, Centre for Economic Research, Royal College, Nairobi, untersuchte 1964 die Motive und die Rentabilität landwirtschaftlicher Arbeit. B. F. Strange (1963) schrieb einen kurzen Aufsatz über die Frau in der Landwirtschaft in Kenya.

Die Forschung von J. Harmsworth (1962, 1962 a, 1963) ist u. a. für das Verständnis der Einstellung von Afrikanern zur Verkaufsproduktion und daher zur Arbeit in der modernen Landwirtschaft recht aufschlußreich. Mit der Aus- und Weiterbildung in landwirtschaftlichen Produktions- und Arbeitsmethoden haben sich D. R. Brewin (1961), W. L. Jenkins (1963) und F. B. Wilson (1962, 1963), Dekan der Fakultät für Landwirtschaft an der Universität Makerere, befaßt. R. H. Clough von der Universität Makerere untersuchte den Bedarf an landwirtschaftlichen Technikern in Ostafrika.

d) Modernisierung der Landwirtschaft

Eine ganze Reihe von Forschern beschäftigt sich mit den wirtschaftlichen Aspekten der herkömmlichen Landwirtschaft und den Möglichkeiten, ihre Rentabilität zu erhöhen bzw. sie zu modernisieren (E. S. Clayton, 1963 — Kenya; T. M. Othieno, 196. — Bukedi; R. F. Lord, 1964 — Nachingwea; P. R. Morgan, 1959 — Rufiji; C. C. Wrigley, Konf. Ber. EAISR, 1953 — Buganda, MS 1953 a — Uganda; J. L. Joy, 1960 — Uganda; R. J. Reaburn, 1959).

e) Landwirtschaftliche Entwicklungspolitik

Über landwirtschaftliche Entwicklungspolitik in Tanganyika verfaßte H. Ruthenberg (1964, 1964 a) ein Buch, das in der Reihe „Afrika-Studien" des IFO-Instituts, München, in englischer Sprache erschien. Es enthält u. a. eine ausführliche Bibliographie. H. Wilbrandt und H. Ruthenberg erstatteten außerdem 1961 einen Bericht über die landwirtschaftliche Situation Tanganyikas. Weitere Arbeiten von H. Ruthenberg (1962, 1963, 1964, 1964 a) befassen sich mit der landwirtschaftlichen Entwicklung Tanganyikas.

Die Probleme der Agrarverfassung (K. E. Ringer, 1952) und der landwirtschaftlichen Entwicklung in Tanganyika werden laufend untersucht (N. R. Fuggles-Couchman, 1960; S. A. Granville, 1961; B. Kaplan, 1961; W. W. Wilcox, 1961; K. Schädler, 1966).

R. J. M. Swynnerton (1959) schrieb über die Landwirtschaft, E. J. Huxley (1960) über landwirtschaftliche Reformen und E. S. Clayton (1960) über Farmplanung in Kenya.

D. G. R. Belshaw gab zusammen mit J. H. Cleave den Bericht einer Konferenz über die wirtschaftliche Erforschung der bäuerlichen Landwirtschaft in Ostafrika heraus (1964). Weitere Arbeiten von D. G. R. BELSHAW befassen sich mit Investitionen in der Landwirtschaft (1962) und mit landwirtschaftlicher Produktion und Handel in Ostafrika (1964 a). D. G. R. BELSHAW beabsichtigte, 1965 zusammen mit B. F. JOHNSTON ein Buch über landwirtschaftliche Entwicklungspolitik in Ostafrika herauszugeben. E. MARCUS (1959) schrieb einen Aufsatz über Entwicklungsprobleme der Landwirtschaft in Ostafrika. Auch H. WILBRANDT (1962) verfaßte eine Arbeit über die Rolle der Landwirtschaft in der wirtschaftlichen Entwicklung Ostafrikas.

Zwei japanische Agrarökonomen begannen 1963 Absatzfragen landwirtschaftlicher Produkte (Y. Z. KYESIMIRA) bzw. die Geschichte dieses Absatzes in Ostafrika (M. YOSHIDA, Institute of Asian Economic Affairs, Tokio) zu untersuchen.

Schließlich ist noch die kurze Mitteilung „Report on the agricultural extension development center for East-, Central- and Southern Africa" (1963) zu erwähnen. Das Werk von J. PHILLIPS (1959) über landwirtschaftliche Entwicklung südlich der Sahara dürfte auch für Ostafrika aufschlußreich sein.

4. Viehzucht, Fleisch- und Milchproduktion

Die Viehhaltung wird einerseits zusammen mit dem Problem des Brautpreises, andererseits unter dem Gesichtspunkt der modernen Wirtschaftsentwicklung untersucht. Die Rolle der Viehhaltung in den herkömmlichen Wirtschaftsformen wird in älteren wie in neueren Arbeiten erörtert (z. B. O. MORS, 1954 — Haya; H. K. SCHNEIDER, 1953, 1957 — Pokot; J. VAN VELSEN, 1958, Konf. Ber. EAISR, 1958 a — Kumam).

Acht laufende Projekte der Afrika-Studienstelle des IFO-Instituts, die alle mit der finanziellen Unterstützung der Fritz-Thyssen-Stiftung durchgeführt wurden, bezogen sich 1964 auf Möglichkeiten und Probleme der modernen Viehhaltung in Ostafrika. K. H. FRIEDRICH und H. JÜRGENS untersuchten die Organisation der Bodennutzung und Viehhaltung im Kaffee-Anbaugebiet bei Bukoba, S. GROENEVELD befaßte sich mit der Organisation der Rinder-Kokospalmen-Betriebe bei Tanga, H. D. LUDWIG mit der Organisation der Bodennutzung und Viehhaltung auf Ukara im Viktoriasee. N. NEWIGER untersuchte 1965 die gesellschaftlichen Formen der Rinderhaltung und des Ackerbaus in Ostafrika und E. RADDATZ die Organisation von Bauernbetrieben mit Milchviehhaltung in Kenya. E. BAUM befaßte sich mit der Organisation von Betrieb und Haushalt im Kilombero-Tal. H. KLEMM untersuchte die Märkte für Fleisch und Milch (1965) und K. MEYN die Fleischproduktion in den Trockengebieten Ostafrikas.

Es seien noch das Buch des Holländers A. A. TROUWBORST (1956) und zwei Aufsätze von W. W. DESHLER (1960, 1963) über Viehhaltung in

Ostafrika sowie der Aufsatz von P. MAHADEVAN und D. J. PARSONS (1964) über Viehhaltung in Uganda erwähnt.

5. Genossenschaften

In Ländern, die im Begriff stehen, ihre Wirtschaft auf Verkaufsproduktion umzustellen, ist die Bildung bzw. Weiterentwicklung von Genossenschaften ein wesentlicher wirtschaftsfördernder Faktor. Die modernen Genossenschaften können oft aus traditionellen Formen der Zusammenarbeit spontan erwachsen bzw. weiterentwickelt werden.

Die Erforschung des Genossenschaftswesens konzentrierte sich in den letzten Jahren vor allem auf Tanganyika, da hier die Entwicklung am weitesten fortgeschritten ist. P. BOMANI schrieb 1956 einen Aufsatz über Baumwollgenossenschaften in der Seeprovinz Tanganyikas. H. FEARN (1960) von der Universität Cambridge untersuchte 1954—1956 die wirtschaftliche Entwicklung des Nyanzagebietes und befaßte sich auch mit den dortigen genossenschaftlichen Bewegungen. H. W. DYER (MS 1960) verfaßte einen Artikel über die Situation der Genossenschaftsbewegung in Tanganyika. Auch J. O. W. SCHEEL (1960) schrieb über die Rolle des afrikanischen Genossenschaftswesens in der Wirtschaft Tanganyikas. Von H. D. SIEMER (MS 1963) stammt ein Aufsatz über die Aufgaben des Genossenschaftswesens in der künftigen Entwicklung Tanganyikas. Ferner schrieben A. MHALIGA (1958), K. E. L. MUSHI (1961) und T. R. SADLEIR (1961) über die Möglichkeiten der Genossenschaften in Tanganyika. P. TRAPPE von der Universität Bern befaßte sich mit den Genossenschaften der Chaga. Die ILO legte 1961/62 der Regierung von Tanganyika einen Bericht über die Möglichkeiten, industrielle Genossenschaften zu entwickeln, vor.

W. J. WARREN von der Katholischen Universität Washington schloß 1964 seine Untersuchung über Genossenschaften und wirtschaftliche Aspekte des Kulturwandels unter den Sukuma von Tanganyika ab. F. A. KUNZ von der Fakultät für politische Wissenschaften der Universität McGill untersucht zur Zeit (1964) die Genossenschaften in Tanganyika auf ihre politischen Auswirkungen hin. Seine Arbeit wird mit einem Foreign Area Fellowship finanziert.

M. PAULUS, Volkswirtin von der Universität Köln, schrieb ihre Diplomarbeit über Aufbauprobleme der Genossenschaften in Tanganyika; sie beendete 1965 ihre Dissertation über die Rolle der Genossenschaften in der wirtschaftlichen Entwicklung Ostafrikas (Tanganyika und Uganda). Diese Arbeit wurde im Auftrag der Afrika-Studienstelle des IFO-Institutes und mit finanzieller Unterstützung durch die Fritz-Thyssen-Stiftung durchgeführt.

NJUGUNA WA GAKUO (1960) verfaßte seine Dissertation über das Genossenschaftswesen in Kenya und dessen Bedeutung für die wirtschaftliche Entwicklung des Landes. Ferner schrieben E. HOYT (1951), R. CAVE (1961) und H. Spaull (1961) über Fragen des Genossenschaftswesens in Ostafrika. M. Dia (1962) verfaßte eine Arbeit über das Genossenschaftswesen in Afrika. Die Studie von S. Gorst (1959) befaßt sich mit den genossenschaftlichen Organisationen in den britischen Kolonien.

6. Die Wirtschaft in einzelnen Stammesgebieten

Es gibt eine relativ große Anzahl von Arbeiten, die die Wirtschaft einzelner Stämme entweder historisch beschreiben oder auch in ihrer heutigen Struktur zeigen.

C. Ehrlich (1956) versuchte eine geschichtliche Rekonstruktion der Wirtschaft von Buganda. Auch C. C. Wrigley (1957) skizzierte die Wirtschaftsgeschichte dieses Gebiets. H. Fearn (1960) befaßte sich mit der wirtschaftlichen Entwicklung der Provinz Nyanza seit der Jahrhundertwende. Er beschrieb u. a. die Reaktionen der Afrikaner auf die Einführung fortschrittlicher Techniken und landwirtschaftlicher Entwicklungsmaßnahmen überhaupt. Das Institut für Markt- und Sozialforschung Marco Surveys Ltd. führte 1962 eine Umfrage im Elgon-Nyanza-Gebiet durch, um Daten über die dortige wirtschaftliche Entwicklung zu sammeln. G. Wagner (1956) schrieb über das Wirtschaftsleben der Kavirondo-Bantu. Über das Wirtschaftsleben anderer Stämme berichten auch A. und G. Harris (1953 — unveröffentlichter Bericht an die Royal Commission über die Teita), G. W. B. Huntingford (1955 — Dorobo), E. H. Winter (1955 — Bwamba), L. P. Gerlach (1961, 196. — Digo), G. C. und M. B. Lang (1962 — Sukuma), H. K. Schneider (1953 — Pokot; 196. — Turu).

Eine Arbeit von T. K. Hopkins von der Columbia University über die Sozialstruktur traditioneller Wirtschaftssysteme war für 1964 vorgesehen. Das Projekt von Goldschmidt (vgl. Kap. D. VII. 2. c: „Akkulturation"), in dem Untersuchungen über die kulturellen und wirtschaftlichen Unterschiede innerhalb von vier verschiedenen Stämmen und systematische Vergleiche über die Beziehungen zwischen sozio-kulturellem Verhalten und wirtschaftlichen Lebensformen geplant wurden, dürfte zur Frage der traditionellen Wirtschaftsformen aufschlußreiche Ergebnisse liefern.

Zu erwähnen sind weiter die offiziellen Veröffentlichungen über die Distrikte South Nyanza und Kericho (C. J. Martin, 1956) und über Morogoro und Bagamoyo („Village economic surveys", 1961—1962, 1963). Der österreichische Wirtschaftsgeograph H. Berger (1958, 1959, 1961, 1962) führte Untersuchungen im Elgon-Gebiet und in anderen Teilen Ostafrikas durch.

7. Planung der wirtschaftlichen Entwicklung Ostafrikas

Ein ganzes Forschungsprogramm des EAISR, das 1963 gestartete und von der Rockefeller-Stiftung finanzierte EDRP (Economic Development

Research Project), befaßt sich mit Problemen der Wirtschaftsplanung in Ostafrika. Das Programm sollte von sechs bis acht Wirtschaftswissenschaftlern in individuellen Forschungsaufgaben durchgeführt werden, die unter der wissenschaftlichen Kontrolle des Leiters der Wirtschaftsforschung, P. G. Clark, standen und ein zusammenhängendes Ganzes bilden sollten: "... the individual studies are defined essentially in terms of functions or sectors, i. e. development plans, industrial structure, trade, transportation, agricultural exports, monetary policy, fiscal policy, education. ... In general the studies are designed as policy analyses, which focus on present conditions, alternative courses of action, and prospective future developments. Close liaison has been maintained with officials concerned with economic planning and politics in the three East African Governments." (EAISR Annual Report, 30. 4. 1964, p. 2.) Im Rahmen dieses Programmes arbeiteten P. G. Clark (1963, 1963 a, Konf. Ber. EAISR, 1964; zusammen mit C. R. Frank, 1964; zusammen mit Y. Kyesimira, 1964) über das Problem der Koordinierung von Entwicklungsplänen in Ostafrika, B. van Arkadie (1963, 1963 a, 1964, 1964 a, Konf. Ber. EAISR, 1964 b) über Struktur und Wachstum der ostafrikanischen Wirtschaft, C. R. Frank (1963, 1964, Konf. Ber. EAISR, 1964 a) über Koordinierung der Entwicklung des Transportes in Ostafrika, P. Ndegwa (Konf. Ber. EAISR, 1964, 1964 a) über Möglichkeiten des Handels mit regionalen und übernationalen Märkten, Y. Kyesimira (zusammen mit P. G. Clark, 1964) über landwirtschaftliche Produktion und Möglichkeiten des Handels, G. Lomoro (1964) über Devisenbedarf für die Entwicklung. Mit der wirtschaftlichen Entwicklungsplanung eng verbundene Projekte sind ferner die Untersuchungen von D. P. Ghai (1963) von der wirtschaftswissenschaftlichen Fakultät der Universität Makerere über Steuern und Finanzpolitik in Ostafrika sowie die Untersuchungen von E. R. Radó (zusammen mit R. Jolly, Konf. Ber. EAISR, 1964), ebenfalls von der wirtschaftswissenschaftlichen Fakultät der Universität Makerere, über Probleme der Ausbildung und der Arbeitskräfte in Uganda.

Mitglieder des Centre for Economic Research des Royal College, Nairobi, haben zum Teil dieselben Forschungsinteressen wie ihre Kollegen in Kampala, mit denen sie in engem Kontakt stehen. P. Robson (1963, 1963 a, 1963 b, 196 ., 196 . a) untersucht Finanz- und Investitionsprobleme im Hinblick auf bestehende regionale und nationale Unterschiede und auf die Möglichkeit einer gesamt-ostafrikanischen Entwicklung. J. Knowles (1964) analysiert die sozialen und wirtschaftlichen Indikatoren der Entwicklung in den drei Ländern. J. Salt (196 ., 196 . a) untersucht ebenfalls die wirtschaftliche Entwicklungsplanung sowie Probleme der britischen Entwicklungshilfe.

Vier laufende Projekte der Afrika-Studienstelle des IFO-Instituts für Wirtschaftsforschung, München, befassen sich mit der wirtschaftlichen Entwicklung in Ostafrika, ihren Möglichkeiten und ihrer Planung: F. Goll

(1965) untersuchte die von Israel geleistete Entwicklungshilfe speziell in Ostafrika, R. GÜSTEN (1965) befaßt sich mit der Problematik wirtschaftlicher Zusammenschlüsse in Ostafrika, O. RAUM u. a. (1965) untersuchen die Entwicklungsmöglichkeiten im Kilombero-Tal (Tanganyika), und R. VENTE (1965) studiert die Methoden und Ergebnisse der Wirtschaftsplanung in Ostafrika.

Einige der oben erwähnten Autoren und andere haben Arbeiten über die wirtschaftliche Entwicklung bzw. Wirtschaftsstruktur einzelner Länder Ostafrikas verfaßt. Über Kenya schrieben u. a. H. FEARN (1958), M. W. FORRESTER (1962) vom Bryn Maws College, M. D. WILLIAM (1962) und B. VAN ARKADIE (Konf. Ber. EAISR, 1964 b). Über Ugandas wirtschaftliche Entwicklung liegen u. a. die Arbeiten von W. ELKAN (1960, 1961, 1961 a), D. G. R. BELSHAW (u. a. 1962, 1962 a), C. EHRLICH (1954, 196., 1963; zusammen mit D. WALKER, 1959) und A. M. O'CONNOR (1963) vor sowie eine Veröffentlichung der UN: „Report on the world social situation. Planning for social and economic development in Uganda" (1962). M. L. BATES (1955), J. BÖLTS (1961), E. VASEY (1962) schrieben über die Entwicklung in Tanganyika. A. WOOD, ein britischer Journalist, verfaßte 1950 die Geschichte des damals viel diskutierten Erdnuß-Experiments in Tanganyika.

Es seien hier noch die Arbeiten von E. E. HOYT über den Wirtschaftssinn der Ostafrikaner (1952) und über soziale und kulturelle Aspekte der technischen Entwicklung (1956), O. F. RAUM (1961) über den Afrikaner in der modernen Wirtschaft, T. A. KENNEDY (1956), K. ALBRECHT (1961) und W. TREITZ (1961) über die Wirtschaftsentwicklung Ostafrikas, der Bericht des Economist Intelligence Unit „The economy of East Africa" (1955) über die wirtschaftlichen Entwicklungstendenzen sowie die drei Länderberichte des International Bank of Reconstruction and Development („The Economic Development of Kenya", 1962; „— Tanganyika", 1961; „— Uganda", 1962) erwähnt. Auch allgemeine Länderberichte aus der Kolonialzeit (u. a.: „Report 1953—1955"; „Report on Uganda 1946—1960"; „Report on Zanzibar 1959—1960") sowie zahlreiche andere offizielle Veröffentlichungen geben Aufschluß über die wirtschaftliche Lage und die Entwicklungstendenzen (vgl. auch Kap. D. VI. 7.) in Ostafrika. Außerdem sind auch in Arbeiten über die wirtschaftliche Entwicklung Afrikas (z. B.: A. W. HANGE, 1958; A. HAZLEWOOD, 1961) Hinweise auf Ostafrika enthalten.

R. APTHORPE, Professor der Soziologie an der Universität von Ibadan, Nigerien, wurde Anfang 1964 von der ILO beauftragt, die wichtigsten sozialen und wirtschaftlichen Veränderungen in den ländlichen Gegenden von Kenya, Tanganyika und Uganda zu untersuchen. Seine Ergebnisse sollen den wirtschaftlichen Entwicklungsplänen dienen.

Mit der Finanzierung von Entwicklungsmaßnahmen befassen sich u. a. D. G. R. Belshaw (1962), D. A. Lury (1963) und P. Robson (1963). W. G. Friedmann (et al.: 1962) untersucht die öffentliche internationale Entwicklungsfinanzierung in Ostafrika.

8. Kapitalbildung, Einkommen, öffentliche Finanzen und Steuern

Mit Fragen der Kapitalbildung, Devisenproblemen und öffentlichen Finanzen haben sich, wie z. T. andernorts erwähnt, u. a. J. H. Boeke (1962), P. R. Browning (1954), P. G. Clark und Y. Z. Kyesimira (1964), D. G. M. Dosser (1957), T. A. Kennedy (1959, 1959 a), G. Lomoro (Mimeogr. 1964), E. S. Mason (196.), D. C. Mead (1963), W. T. Newlyn and D. C. Rowan (1954), H. W. Ord (1959, 1959 a, 1962), A. T. Peacock and D. G. M. Dosser (1958), P. Robson (1963, 1963 a), R. C. Tress (1961) und B. van Arkadie (Mimeogr. 1964) befaßt. Hier ist auch die Broschüre „Uganda: The background to investment" (1962) zu erwähnen.

H. L. Engberg von der Universität New York untersucht zur Zeit die Einrichtung einer Zentralbank für Ostafrika.

Auch ein Projekt des IFO-Instituts gehört zu dieser Reihe der mit der Entwicklungsplanung direkt verbundenen Untersuchungen, nämlich die Arbeit von L. Schnittger über Steuersysteme und Steuerpolitik als Mittel der wirtschaftlichen Entwicklung in Ostafrika. Die Ergebnisse dieser Untersuchung, die von der Fritz-Thyssen-Stiftung finanziert wurde, werden Anfang 1965 vorliegen.

Über steuerliche Einnahmequellen in Ostafrika arbeitet zur Zeit auch D. P. Ghai (1963). Vereinzelte Aufsätze über Steuerfragen haben u. a. D. Walker (Konf. Ber. EAISR, 1957, Uganda), W. Elkan (Konf. Ber. EAISR, 1957 — Uganda), J. D. Nyhart (Konf. Ber. EAISR, 1959), P. J. Gill (1962) und J. Lonsdale (Konf. Ber. EAISR, 1963 — Kavirondo) verfaßt. Auch eine gemeinsame Arbeit von C. Ehrlich und D. Walker (1959) über Stabilisierungspolitik in Uganda gibt Aufschluß über Steuerfragen.

In dem Buch von U. K. Hicks (1961) ist ein umfassendes Kapitel den Beziehungen zwischen Besteuerung und der Entwicklung von Selbstverwaltungskörperschaften in Ostafrika gewidmet. Weiterhin gab der Ausschuß für Steuerfragen 1957 einen Bericht heraus („Report of the East African Commission of Inquiry on Income Tax 1956—1957").

Es liegen einige wenige Untersuchungen über Einkommen und Verbrauch vor. Das Buch von F. C. Wright (1955) über Afrikaner als Verbraucher in Nyasaland und Tanganyika beruht auf einer Erhebung von 1952—1953. P. M. Deane zollte dem Buch nur teilweise Anerkennung: "... some interesting material on the character of the distributive industry of East and Central Africa. The book is generally unsystematic, largely inconclusive, it is also narrow in scope. In sum, it is not a definitive study of African consumers or of the distributive industry in Tanganyika and Nyasaland, but a series of observations on the part played by shops in the economy of this area..." (Africa, Apr. 56).

Von C. J. MARTIN (1959) stammt eine offizielle Veröffentlichung über das Volkseinkommen in Kenya 1954—1958.

Die oben erwähnte Arbeit von M. W. FORRESTER (1962) beruht auf der Befragung von 700 afrikanischen Lohnempfängern in Nairobi und befaßt sich hauptsächlich mit Fragen des Einkommens und der Spartätigkeit.

Der Nationalökonom S. NYANZI von der Universität Makerere begann im Januar 1964 eine zweijährige Forschung über Formen des Verbrauchs bei steigendem Einkommen in Kampala. Außerdem liegen die andernorts erwähnten statistischen Berichte über Einkommen und Konsum von ungelernten Arbeitern in Fort Portal (1960) sowie in anderen Städten Ugandas (Gulu, Mbale) und in Sansibar (1963) vor („The pattern of income, expenditure and consumption of unskilled workers").

9. Transport und Verkehr

Es gibt einige untereinander nicht koordinierte Einzeluntersuchungen über Fragen des Verkehrs bzw. des Transportwesens in Ostafrika. Im Auftrag der East African Railways and Harbours und gestützt auf deren Archivmaterial verfaßte M. F. HILL (1950, 1960) die Geschichte der Eisenbahnen in Kenya, Tanganyika und Uganda. Die amerikanische Geographin I. S. VAN DONGEN (1954) von der Universität Chicago beschrieb das Britische Transportsystem in Ostafrika. B. E. THOMAS von der Universität Kalifornien, Los Angeles, untersuchte 1957—1958 die Entwicklung des Verkehrs und die Wechselwirkungen der Verstädterung und Landnutzung. E. K. HAWKINS (1962) schrieb über die Möglichkeiten des Straßenverkehrs in Uganda. Der Nationalökonom A. HAZLEWOOD befaßte sich 1961 mit der Tarifstruktur der ostafrikanischen Eisenbahnen und Häfen. J. W. KING (1964) von der Universität Oklahoma schloß 1963 seine Forschung über den Transport auf dem Nil in Uganda ab.

C. R. FRANK hat, wie erwähnt, als Forschungsthema „Die integrierte Entwicklung des Transportwesens in Ostafrika". Seine Arbeit bildet einen Teil des EDRP und war für die Periode April 1963 — März 1965 vorgesehen.

E. W. SOJA von der Syracuse University sollte 1964 seine Forschung über die Entwicklung des Transportwesens in Kenya abschließen. Marco Surveys Ltd. hat 1959 eine Umfrage durchgeführt, um die Form der Verkehrsströme in Mombasa festzustellen. Die Untersuchung sollte klären, ob das System des öffentlichen Transportes der Städteplanung gerecht wird.

10. Handel und afrikanisches Unternehmertum

Ein Teil der wirtschaftswissenschaftlichen Untersuchungen, die auf Entwicklungsmöglichkeiten in Ostafrika abzielen, befaßt sich mit dem interterritorialen und internationalen Handel wie auch mit dem Vertrieb und Absatz der verschiedenen Produkte. Solche Handelsuntersuchungen überschneiden sich zum Teil mit Überlegungen zur Schaffung eines gemeinsamen Marktes und einer ostafrikanischen Föderation. Sie berühren auch das Problem des Genossenschaftswesens, da ein Teil des Handels — besonders in Tanganyika — durch Genossenschaften abgewickelt wird.

Eine Arbeit von D. G. R. BELSHAW (1964 a) trägt den Titel „Agricultural production and trade in the East African Common Market". Auch die politische und wirtschaftliche Untersuchung von J. S. NYE (1963, Konf. Ber. EAISR, 1963 a) ist auf den ostafrikanischen gemeinsamen Markt bezogen. P. NDEGWA schrieb Aufsätze über den interterritorialen Handel in Ostafrika (Konf. Ber. EAISR, 1964) und über besondere Handelsabkommen unter Entwicklungsländern (1964 a), P. G. CLARK und C. R. FRANK verfaßten einen Aufsatz über die Zusammenhänge zwischen Entwicklungsphasen und international abgestimmter Handelspolitik (1964). Über den Absatz von Verkaufsprodukten schrieb u. a. A. MARTIN (1963). Y. Z. KYESIMIRA untersuchte den Handel und Absatz landwirtschaftlicher Produkte, M. YOSHIDA befaßte sich mit deren Geschichte, und H. D. PATEL untersuchte den Absatz von Sisal.

Weitere Arbeiten befassen sich mit dem lokalen Handel in einzelnen städtischen oder ländlichen Gegenden. Der Ethnologe A. B. MUKWAYA (1954, 1960) beschäftigte sich mit dem Markt in Kampala. Von W. ELKAN liegen Untersuchungen über den Handel mit Holzschnitzereien der Kamba (1958, 1958 a) vor. H. FEARN, der die wirtschaftliche Entwicklung im Nyanza-Gebiet untersuchte, berichtete 1955 vor einer Konferenz des EAISR über die dortigen afrikanischen Händler. Ein Buch von V. C. R. FORD über den Handel um den Viktoria-See erschien 1955. R. A. MANNERS (1961) schrieb über Märkte bei den Kipsigis. P. C. GARLICK (1960) verfaßte einen Aufsatz über die offizielle Förderung afrikanischen Unternehmertums in Ostafrika. Das Institut für Markt- und Sozialforschung Marco Surveys Ltd. (1960 b) führte eine Studie über afrikanische Händler im Distrikt Fort Hall durch. Die Untersuchung erfaßte ungefähr 10% aller Händler in diesem Distrikt. Eine Stichprobe von analogen Handelsunternehmen wurde zu Vergleichszwecken auch in Nairobi durchgeführt. Der bekannt gewordene Aufsatz von L. P. GERLACH (1962, 1963) über Digo-Händler auf Fahrrädern wurde von ihm zuerst der Jahresversammlung der AAA in Chicago vorgelegt. P. H. GULLIVER beschrieb 1962 die Entwicklung des Handels bei den Arusha.

Zwei laufende Forschungsprojekte sind hier noch hervorzuheben: J. KAMAU, Mitglied des Centre for Economic Research des Royal College von

Nairobi, untersucht Ursprung und Ausmaß des afrikanischen Unternehmertums in Kenya. H. KAINZBAUER begann eine Untersuchung der Struktur und Entwicklung des Handels in Tanganyika im Auftrag des IFO-Instituts, München.

Ferner sei auf die Arbeit von D. H. READER „A survey of categories of economic activities among the peoples of Africa" (1964), die im Auftrag des South African National Institute for Personal Research zusammengestellt wurde, und auf das von P. BOHANNAN und G. DALTON 1962 herausgegebene Sammelwerk „Markets in Africa" hingewiesen. Beide dürften auch für Forscher in Ostafrika nützlich sein.

11. Industrialisierung und Handwerk

Untersuchungen über Möglichkeiten und Probleme der Industrialisierung befinden sich erst im Anfangsstadium. Abgesehen von vereinzelten kürzeren Aufsätzen (E. M. HYDE-CLARKE, 1960; N. C. POLLOCK, 1960) kennen wir nur die Arbeiten von P. G. CLARK (1963) und B. VAN ARKADIE (1964 a) im Rahmen des Forschungsprogramms für Wirtschaftsentwicklung am EAISR.

Die wirtschaftliche Bedeutung des Handwerks ist eines der bisher wenig untersuchten Themen. K. SCHÄDLER sollte 1965 diese Frage in Tanganyika im Auftrag des IFO-Instituts, München, untersuchen. Sein Forschungsbericht wird voraussichtlich 1966 fertiggestellt.

Der Bericht der ILO „Report to the Government of Tanganyika on the possibilities of developing industrial co-operatives" (1961/62) behandelt auch Handwerksbetriebe, wie Töpfer, Schneider usw.

12. Arbeitskräftepotential — Arbeiter
(vgl. auch Kap. D. IV. 4.; VI. 3. c; VII. 1.)

Dieser Themenkreis überdeckt sich zum Teil mit dem der Wanderungen und der Wanderarbeit, die wir im Kapitel D. IV. 4. behandelt haben.

P. G. POWESLAND und W. ELKAN (1957) beschrieben die wirtschaftliche Geschichte Ugandas als Funktion der Wirtschaftspolitik und des Arbeitskräftepotentials. W. ELKAN verfaßte einen längeren Aufsatz über Fabrikarbeit (1956) und ein Buch über Arbeiter in der Stadt (1960). Er schrieb auch seine Dissertation (1956 b) über Arbeiterprobleme in städtischen Verhältnissen in Uganda. C. SOFER, der zusammen mit seiner Frau RHONA Untersuchungen in Jinja durchführte, verfaßte einen Aufsatz über Arbeitergruppen in Jinja (1954). R. GRILLO, Ethnologe von der Universität Cambridge, untersucht zur Zeit die soziale Struktur der Beschäftigten der Eisenbahnen in Kampala. Das Forschungsprojekt von E. RADÓ und R. JOLLY befaßt sich mit Fragen der Wirtschaftlichkeit bei der Ausbildung von Arbeitskräften in Ostafrika. Auch einige statistische Berichte über Einkommen und Verbrauch von ungelernten Arbeitern in verschiedenen Städten (Fort Portal, Gulu, Mbale, Sansibar usw.) wurden in den letzten Jahren veröffentlicht („The pattern of income, expenditure and consumption of unskilled workers"). W. S. Kajubi (1960) verfaßte einen Aufsatz über Personalprobleme in öffentlichen und privaten Institutionen in Uganda.

Es fehlen vergleichende Untersuchungen über das Arbeitsverhalten, über gruppendynamische und sozialpsychologische Faktoren der Leistungsfähigkeit an modernen Arbeitsplätzen. Die Ergebnisse von L. E. Cortis (1962) über Bantu und europäische Arbeiter dürften nur beschränkt auf Ostafrika zutreffen.

Es sind noch zwei offizielle Veröffentlichungen zu erwähnen, eine über Arbeitsbedingungen im Hafen von Sansibar (Sir Jan. Parkin, 1959) und die andere über Arbeitslosigkeit in Kenya (A. G. Dalgleish, 1960).

Zwei russische Autoren, R. N. Ismaligova (1958) und V. J. Kacman (1959), analysierten die Situation der Arbeiterklassen in Kenya bzw. in Tanganyika aus kommunistischer Sicht.

13. Gewerkschaften

W. H. Friedland untersuchte 1963 die Entwicklung der Gewerkschaften in Tanganyika, ihre Abweichungen vom ursprünglichen Modell und ihre Anpassung an die örtlichen Verhältnisse (1963). Von ihm stammt noch ein früherer Artikel (1961) über die Arbeiterbewegung in Tanganyika. R. D. Scott untersucht im Rahmen des EDRP die Organisation der Gewerkschaften in Uganda. Seine zweijährige Forschung sollte im Juli 1965 abgeschlossen werden.

D. Savage schrieb über die Gewerkschaften in Kenya und Tanganyika (1961 a) und legte der Konferenz des EAISR (1963) einen historischen Aufsatz über die Arbeiterbewegung in Kenya vor.

VII. Die soziale Entwicklung

Es wird im allgemeinen angenommen, daß die soziale Entwicklung Afrikas in den letzten Jahrzehnten durch die Modernisierung der Landwirtschaft, die zunehmende Verstädterung und die Entwicklung industrieller Produktionsweisen stark beeinflußt wurde. Mit den Auswirkungen westlicher Errungenschaften auf die einheimischen Kulturen Afrikas, mit dem „sozialen Wandel", dem „Kulturkonflikt" und dem Phänomen der sogenannten „Akkulturation" in Afrika befassen sich zahlreiche Werke (u. a.: M. Gluckman, 1956; „Social Implications...", 1956; F. P. Foster, 1961; M. Herskovits, 1962; G. Hunter, 1962). Offizielle Länderberichte (u. a.:

„Report 1953—1955"; „Report on Uganda 1946—1960"; „Report on Zanzibar 1959—1960") sowie Veröffentlichungen internationaler Organisationen, wie der UNESCO oder der UNECA (z. B. „Inquiry into...", 1960), geben Aufschluß über die soziale Entwicklung in Ostafrika.

1. Die Erforschung der Städte

In Kampala wurden weitaus die meisten städtischen Untersuchungen der letzten zehn Jahre durchgeführt (vgl. u. a. die Forschungsprojekte von A. W. SOUTHALL, P. C. W. GUTKIND, W. ELKAN, B. DAHYA, D. J. PARKIN, A. H. SCAFF), eine Tatsache, die in erster Linie mit der räumlichen Nähe des EAISR zusammenhängen dürfte. Man kann die Erklärung auch darin finden, daß Kampala wegen seiner ethnischen Zusammensetzung, seines politischen und sozialen Lebens sowie seiner wirtschaftlichen Entwicklung den am meisten interessierenden städtischen Raum darstellt, während Nairobi bis vor kurzem eine „weiße" Stadt war und in Dar es Salaam erst in den letzten Jahren die moderne Entwicklungsphase beginnt. Gegenüber den sechs und mehr größeren Forschungsprojekten über Kampala konnten für Nairobi nur die Arbeiten von J. CARLEBACH und für Dar es Salaam die Untersuchung von J. A. K. LESLIE festgestellt werden. Abgesehen von den drei Hauptstädten gibt es noch Untersuchungen für Jinja (C. und R. SOFER), Mombasa (G. M. WILSON, Marco Surveys Ltd.) und Mwanza (A. VAN DE SANDE). Es ist auffallend, daß über die übrigen Städte nur vereinzelte Aufsätze vorliegen (z. B.: R. G. ABRAHAMS, 1961 — Kahama).

Die in Ostafrika relativ neue städtische Situation stellt in fast allen Lebensbereichen besondere Probleme. Dementsprechend führten Forscher aus verschiedenen Fachrichtungen ihre Untersuchungen, besonders in Kampala, aber auch in Nairobi und Dar es Salaam durch. So gibt es psycho-pädagogische und sozialpsychologische Untersuchungen in städtischen Schulen bzw. über Schüler in den Städten (vgl. Kap. D. VII. 2. a: Schulen, Erwachsenenbildung, Eignungstests — u. a.: F. KAMOGA, H. C. A. SOMERSET, S. G. WEEKS), juristische Forschung (vgl. Kap. D. III. Rechtsfragen — u. a.: Untersuchungen von J. S. READ über den juristischen Status der Frau in Kampala und Nairobi), Wirtschaftsforschung (vgl. Kap. D. VI.: Die wirtschaftliche Entwicklung — u. a.: Projekt von S. NYANZI — Budget Survey in Kampala), politische Forschung (vgl. Kap. D. II.: Politik — u. a.: Untersuchungen von H. H. WERLIN in Nairobi), sozialpsychologische Untersuchungen über interethnische Probleme (vgl. Kap. C. III. 2.: Inder — u. a.: B. DAHYA, H. S. MORRIS) und medizinische Fragen der Verstädterung (vgl. Kap. D. V. 2.: Gesundheit, Krankheit, Heilmethoden; u. a.: N. D. ORAM — 1954, Uganda; Kap. D. V. 3.: Ernährung und Nahrungsmittel).

J. B. WHITTOW (196.) verfaßte eine Arbeit über Städte in Ostafrika und im Kongo unter geographischen Gesichtspunkten.

a) Die Untersuchungen in Kampala und Jinja

Als Mitarbeiter des EAISR führten A. W. Southall (vgl. Fußnote S. 11) von der Universität Cambridge und der London School of Economics und P. C. W. Gutkind von der Universität von Chicago 1953 ein groß-angelegtes Forschungsprojekt in Kampala bzw. seinen Außenvierteln durch. H. S. Morris befaßte sich im Rahmen dieses Projektes mit der asiatischen Minderheit Kampalas (vgl. Kap. C. III. 2.: Inder). Das Projekt wurde von der Regierung von Uganda gefördert und teilweise auch finanziert. Die Ergebnisse sind hauptsächlich in dem gemeinsam verfaßten Buch von A. W. Southall und P. C. W. Gutkind („Townsmen in the making" — 1957) niedergelegt sowie in anderen Arbeiten von A. W. Southall (Konf. Ber. EAISR, 1953 a, 1957 b, 1958, Paper for International African Seminar 1959, 1961) und P. C. W. Gutkind (MS 1954, 1955, 1955 a, 1956, 1958, 1960, 1961, 1962, 1962 a, 1962 b, 1963, 1963 a).

Die United Nations Urban Planning Mission startete zehn Jahre nach der Untersuchung von A. W. Southall und P. C. W. Gutkind ein unter vielen Aspekten vergleichbares Forschungsprojekt in Kampala. Der Leiter des Projektes, A. H. Scaff, Psychologe vom Pomona College, Clarement, California, berichtete vor der letzten EAISR-Konferenz (1964) über seine Zwischenergebnisse. Die Mission gab 1964 ihre umfassenden Empfehlungen für die Stadtplanung in vervielfältigter Form heraus („Recommendations for Urban Development in Kampala and Mengo").

Der Nationalökonom W. Elkan von der London School of Economics erhielt für 1953—1954 ein Stipendium des Colonial Economic Research Committee, um Probleme des Arbeitsmarktes in Kampala zu untersuchen. Seine Ergebnisse sind auch für das Verständnis der sozialen Situation von Kampala aufschlußreich (Konf. Ber. EAISR, 1955, 1956; 1956 b, 1956 c, 1957 a, 1960).

Der Soziologe B. Dahya war 1961—1963 mit einem von der UNICEF finanzierten und von der Regierung von Uganda geförderten Projekt — Untersuchung der Situation der Jugend in Kampala — beauftragt. Er berichtete vor Konferenzen des EAISR über seine Zwischenergebnisse (1962, 1963, 1963 a).

Eine der neuesten soziologischen Untersuchungen in Kampala ist die von D. J. Parkin von der Universität London. Mit Hilfe eines Commonwealth-Stipendiums führte er 1962—1964 seine Feldforschung über die Sozialstruktur einer ethnisch gemischten Siedlung in Kampala durch und berichtete vor zwei EAISR-Konferenzen über seine Arbeit (1963, 1963 a). Über Kampala sind noch die Arbeiten von E. S. Munger (1951), N. D. Oram (1954) und P. H. Temple (1963) zu verzeichnen.

Das Ehepaar C. und R. Sofer führte 1950—1952 eine Untersuchung in Jinja durch, in der es versuchte, alle wesentlichen Aspekte der städtischen

Sozialstruktur, — interethnische Beziehungen, Arbeitsorganisation, Familienleben usw. — zu erfassen (C. SOFER, 195 ., 1954; R. SOFER, 195 .; C. und R. SOFER, Konf. Ber. EAISR, 1950, 1950 a, 1953). Zu ihrem Buch „Jinja transformed — A social survey of a multi-racial township" (1955) schreibt V. G. PONS u. a.: "The authors conducted three separate census-type surveys one on each of the principal racial groups. ... 'On this score the report makes a useful contribution to the scanty literature on race relations and urbanization in East Africa ...'. However ... open to criticism at several levels: they neglect some significant aspects of the internal structure of each group; secondly much of the material has very limited local interest; thirdly failure to reproduce field schedules." (Africa, Apr. 57, p. 198.)

Über Jinja verfaßten auch P. C. W. GUTKIND und W. ELKAN gemeinsam einen Aufsatz, der nur als Manuskript vorliegt. Über Projekte der Städteplanung in Uganda 1915 bis 1955 schrieb H. KENDALL (1955) eine kurze Arbeit.

b) Die Untersuchungen in Nairobi und Mombasa

J. CARLEBACH untersuchte 1961 im Auftrag der Child Welfare Society von Kenya das Problem der Prostitution unter Jugendlichen in Nairobi. J. F. M. MIDDLETON setzt an der Arbeit von J. CARLEBACH (1962) vor allem aus, daß dieser es unterließ, Parallelen zu den Untersuchungen von A. W. SOUTHALL und P. C. W. GUTKIND zu ziehen, und daß er das Phänomen der Prostitution nur in der Stadt, ohne Vergleiche mit dem Land, untersucht. J. F. M. MIDDLETON schreibt weiterhin: "The survey suffers from some obvious defects, which were not easily to be overcome. — None the less, there is much valuable information in the report. There is some case material which describes the unstable home background of the girls, including the frequent absence of the father and the mother's engagement in prostitution. There is also material on poor educational and nutritional standards, as well as on appalling venereal disease situation in Nairobi's slums." (Africa, Apr. 1963.)

Vereinzelte Aufsätze über Nairobi bzw. städtische Probleme in Kenya gibt es von T. ASKWITH (1950), R. W. WALMSLEY (1957), J. M. GOLDS (1961) und J. J. WHITE (1962). Das Institut für Markt- und Sozialforschung Marco Surveys Ltd. führte 1962—1963 eine Umfrage in Nairobi über Nutzung der Massenkommunikationsmittel durch die afrikanische Bevölkerung durch.

G. M. WILSON, Leiter von Marco Surveys Ltd., schrieb den Aufsatz über Mombasa in dem von A. W. SOUTHALL herausgegebenen Werk „Social Change in Modern Africa" (1960). G. M. WILSON entnahm einen Teil seines Materials aus Untersuchungen, die sein Institut in Mombasa durchgeführt hatte.

c) *Die Untersuchungen in Dar es Salaam und Mwanza*

Von J. A. K. Leslie erschien 1963 ein Buch über Dar es Salaam, das auf Untersuchungen von 1956—1957 und zum Teil 1959 beruht. Das Ziel der von der Kolonialregierung veranlaßten Untersuchung war, mehr Daten und objektive Informationen über Dar es Salaam zu sammeln und allen denen zugänglich zu machen, die an der Verbesserung der Lebensbedingungen in dieser Stadt arbeiteten. Die Herausgeber des Buches stellen es dem Leser mit folgenden Worten vor: "The population of Dar has more than doubled in the last ten years. The author writes of an African population which is diverse, unstable, over-crowded, under-employed, and of many of the social usages which go with these conditions. While the survey was soundly based statistically, and was carried out by means of scheduled questions, the author has not let his method prove an embarrassment to his style, which is vigorous and anecdotal." Über Dar es Salaam arbeitete auch der Geograph H. J. de Blij (1963) von der Michigan State University.

A. van de Sande, ein holländischer Soziologe, führte im Rahmen des Forschungsprogramms des Nyegezi-Instituts (vgl. Kap. C. I. 8.: Der Nyamwezi-Block der Bantu) eine Untersuchung in Mwanza durch. Die Feldarbeit hierzu wurde 1964 abgeschlossen.

Zusammenfassend kann die Schlußfolgerung gezogen werden, daß die soziologische Erforschung der größeren Städte in Ostafrika, mit Ausnahme von Kampala, immer noch mangelhaft ist, während die Probleme der mittleren und kleineren Städte überhaupt noch nicht untersucht wurden.

Hier sei noch auf das von D. Forde im Auftrag der UNESCO herausgegebene Sammelwerk über Industrialisierung und Verstädterung südlich der Sahara (1956) und auf einen Aufsatz von V. G. Pons (Konf. Ber. EAISR, 1957) hingewiesen.

2. Psychologische und sozialpsychologische Forschung

(Probleme der Schulen, der Erwachsenenbildung, der akademischen Ausbildung, Elite-Studien, „Akkulturation")

Wenn auch diese Forschungsthemen — Ausbildungsfragen, Untersuchung der Elite und Akkulturation — vom Gegenstand und den Methoden her nicht notgedrungen zusammengehören, wurden sie doch in der Forschungspraxis der letzten zehn Jahre in Ostafrika stark miteinander verquickt. Die Mehrzahl der Psychologen, die in Ostafrika Untersuchungen durchführten, hatten als bevorzugtes Thema Fragen der Ausbildung und als häufiges Untersuchungsfeld Schulen oder sonstige Ausbildungsstätten.

Umgekehrt gilt dieselbe Feststellung, daß nämlich ein großer Teil der Forschung über Fragen der Ausbildung von Psychologen geleistet wird. Die wenigen Elite-Studien wurden in Ostafrika fast ausschließlich bei Studenten — besonders an der Universität Makerere — durchgeführt. Somit fällt die bisherige Untersuchung der höheren Bildung de facto mit der Erforschung der afrikanischen Elite zusammen. Auch das Problem der „Akkulturation" wurde bisher überwiegend von Psychologen und Sozialpsychologen untersucht.

a) Schulen, Erwachsenenbildung, Eignungstests

Im Rahmen des 1962 gestarteten Uganda Education Project, das vom Kultusministerium von Uganda gefördert, vom EAISR durchgeführt und von der Ford-Stiftung finanziert wird, waren 1964 sechs Forscher tätig: J. SILVEY, Psychologe (Konf. Ber. EAISR, 1963, 1963 a, 1963 b), arbeitete über Eichung von Intelligenztests und Eignungsuntersuchungen für die Auswahl von Schülern für Mittelschulen in Buganda. S. G. WEEKS, Psychologe und Pädagoge von der Harvard University (Konf. Ber. EAISR, 1963, 1963 a, 1963 b, 1963 c), führte ebenfalls Untersuchungen in Mittelschulen in Kampala durch. Sein Ziel war, die soziale Umwelt der Schüler zu erforschen. Das Psychologen-Ehepaar B. und H. C. A. SOMERSET aus Neuseeland führte Untersuchungen bei Schulentlassenen durch (Konf. Ber. EAISR, 1964). B. A. PHIPPS und seine Frau P. E. PHIPPS, beide Soziologen, arbeiteten ebenfalls am Uganda Education Project. B. A. PHIPPS (Konf. Ber. EAISR, 1963) untersuchte den Lehrerberuf in Uganda und P. E. PHIPPS (Konf. Ber. EAISR, 1963) die Lesegewohnheiten in englischer Sprache.

R. JOLLY (Konf. Ber. EAISR, 1964; mit E. RADÓ, 1964), Mitarbeiter des EAISR, und E. RADÓ von der Universität Makerere, beide Nationalökonomen, untersuchten im Rahmen dieses Projektes die Rentabilität der Ausbildungsinvestitionen, d. h. die wirtschaftliche Seite der Bildungspolitik (Ausbildung von Arbeitskräften).

Auch ein anderer Mitarbeiter des EAISR, der Soziologe F. K. KAMOGA aus Buganda, untersuchte Probleme der Schulen in Buganda, die Verluste an Lehrkräften durch das Umsatteln der Lehrer auf andere Berufe, den frühzeitigen Abgang der Schüler, besonders bei Kindern von getrennt lebenden Eltern, die Zukunft der schulentlassenen Kinder (Konf. Ber. EAISR, 1963, 1963 a, 1964). Vor drei Jahren beschäftigte sich A. J. MALECHE mit ähnlichen Problemen in den Volksschulen des West-Nile-Gebietes (Konf. Ber. EAISR, 1960, 1962).

In Zusammenhang mit dem TEA — d. h. Teacher for East Africa — Programm werden Erfolgskontrollen in Form von soziologischen bzw. sozialpsychologischen Untersuchungen durchgeführt. In diesem Forschungsprogramm ging die Soziologin F. B. NELSON von der Universität Columbia auf ethnozentrische und sonstige für die Aufgabe eines Lehrers aus fremder Kultur relevante Einstellungen bei den TEA-Lehrern (Konf. Ber. EAISR, 1963, 1964) ein. Auch G. D. MORGAN (1964) berichtete vor einer EAISR-

Konferenz über diese Untersuchungen. Dieses Forschungsprogramm stellt den noch sehr seltenen Fall dar, daß in einer Entwicklungsmaßnahme eine soziologische Erfolgskontrolle von vornherein mit eingeplant wurde und mit ihr parallel läuft. J. STOUT (Konf. Ber. EAISR, 1963) berichtete über das Funktionieren einer anderen amerikanischen Ausbildungsmaßnahme, nämlich über die „T-Gruppen" für Erwachsenenbildung.

Über Probleme der Ausbildung und den Unterricht in landwirtschaftlichen Fragen schrieben u. a. J. OLOUCH (1961), F. B. WILSON (1962, 1963), W. L. JENKINS (1963) und über Unterricht in Gesundheitsfragen D. G. CONACHER (1957). Weitere Arbeiten in bezug auf Schulen und Bildung in Ostafrika stammen von A. G. BLOOD (1954), G. N. SHANN (1954, 1956 — Chaga), W. D. GREGG (1961), J. J. WHITE (1962), A. SMITH (1963), G. HUNTER (1963). G. HUNTER schrieb 1958 über Erwachsenenbildung in Kenya. Der Russe D. K. PONOMAREV (1960) verfaßte einen Aufsatz über den „Englischen Imperialismus und die Ausbildung der Völker von Kenya".

Außerdem seien die offiziellen Veröffentlichungen über Ausbildung erwähnt (u. a. „Higher Education in East Africa", 1958; Bericht des „Committees on the Integration of Education", 1960 — Vorsitzender W. W. LEWIS-JONES), die UNESCO-Veröffentlichungen über „Fundamental and Adult Education" sowie die Dissertation von C. KUMALO (1959) von der Universität Boston über ideologische und institutionelle Faktoren, die in den Diskussionen über Ausbildung von Afrikanern mitspielen. Von A. D. ROBERTS (1961) erschien ein Aufsatz über die Zukunft der höheren Ausbildung in Ostafrika. P. E. FORDHAM (196.) vom College of Social Studies, Kikuyu, Kenya, untersucht zur Zeit die britische Tradition im Ausbildungssystem Ostafrikas.

R. J. MASON (1959) beschrieb die britische Ausbildungspolitik in den afrikanischen Schulen und Universitäten. Das 1962 von H. KITCHEN herausgegebene Sammelwerk ist ein Versuch, alle vorhandenen Daten über das Schulwesen und die Ausbildung in Afrika in einem Band zusammenzufassen und systematisch darzustellen.

Eine gekürzte Neuausgabe des in den zwanziger Jahren erschienenen Berichts der amerikanischen „Phelps-Stakes Commission" über Ausbildung in Ostafrika erschien 1962.

Den Untersuchungen in den Schulen stehen die Arbeiten über Eichung von Testmethoden und über Eignungsprüfungen sehr nahe (J. McFIE, 1954; M. GEBER, 1958, 1958 a, 1958 b; zusammen mit R. F. A. DEAN, 1957, 1958; L. E. CORTIS, 1962; J. H. B. VANT, 1963).

b) Höhere Ausbildung und Elite

Wie bereits erwähnt, fallen die Untersuchungen über Makerere-Studenten zum größten Teil mit der Erforschung der afrikanischen Elite-Schicht zusammen. J. E. GOLDTHORPE, der vor allem durch sein Buch „Outlines of East African Society" (1958) bekannt ist, befaßte sich mit dem Problem der Elite-Schicht besonders intensiv (Konf. Ber. EAISR, 1954, 1962; 1955, 1956, 1961; zusammen mit M. MACPHERSON, 1958). Er erforschte die Elite-Probleme an ehemaligen und noch studierenden Makerere-Studenten, versuchte jedoch, sie im sozialen Rahmen der ostafrikanischen Gesellschaft zu sehen. Besonders wichtig ist seine Analyse über soziale Schichten und Ausbildung in Ostafrika.

M. STANLEY, Psychologe vom Wagner College (Konf. Ber. EAISR, 1960, 1961), führte 1960—1961 mit finanzieller Unterstützung des amerikanischen National Institute of Mental Health eine sozialpsychologische Untersuchung bei Makerere-Studenten durch. Sein Ziel war, die Einflüsse von verschiedenen Faktoren — ethnischer Ursprung, Familiengeschichte, Religion und westliche Ausbildung — auf das Wertsystem und die Einstellungen der Studenten zu prüfen. Seine Arbeit sollte einen Beitrag zur Theorie der Elite-Bildung in Gebieten mit sich schnell verändernder Sozialstruktur liefern.

Ein anderer Psychologe, A. J. LAIRD (Konf. Ber. EAISR, 1952, 1954) von der Universität Edinburgh, ging mit ähnlicher Methode und ähnlichem Ziel vor. Er untersuchte das Wertsystem und die Einstellungen von drei Gruppen von Makerere-Studenten aus verschiedenen Stämmen. Im Rahmen des Forschungsprogrammes des EAISR nahm A. J. LAIRD auch die Eichung von projektiven Tests vor.

N. N. MILLER von der Universität Indiana, politischer Wissenschaftler, führt eine Untersuchung über die letzten Generationen der politischen Elite in Ostafrika durch. J. E. GOLDTHORPE weist in seinem Aufsatz „The present position of elite studies" (Konf. Ber. EAISR, 1962) auf die großen Lücken der Elite-Forschung hin. Er erinnert jedoch daran, daß die Lücken der Forschung mehr die soziale Oberschicht außerhalb der Stammesgebiete betreffen: "... where anthropologists have found substantial elites among the tribes they have been studying, they have faithfully reported on them; this is most of all true of the Ganda, of course, but one has only to read the other contributions to 'East African Chiefs' besides AUDREY RICHARDS' own — BEATTIE on the Nyoro, LA FONTAINE on the Gisu, BAXTER on the Kiga, LIEBENOW on the Sukuma, for example — to be able to absolve the anthropologists who have worked here of any tendency to neglect the 'new people' — ba odiru in Lugbara, according to MIDDLETON, — where they have impinged on their field of attention."

Hier muß auch auf den Bericht der INCIDI-Tagung „Staff Problems ..." (1961) hingewiesen werden, auf der die Frage der neuen afrikanischen Oberschichten eingehend erörtert wurde.

c) „Akkulturation"

Andere psychologische Forschungsvorhaben hatten als Ziel, das Phänomen der sogenannten „Akkulturation"[1] in Ostafrika zu untersuchen. L. W. Doob, Psychologe und Professor an der Universität von Yale, unternahm 1954—1955 mit Finanzierung der Carnegie Corporation eine vergleichende Untersuchung der Akkulturation unter den Ganda und den Luo. Die Ergebnisse seiner Forschung sind in seinem 1960 veröffentlichten Buch „Becoming more civilized" dargelegt. In einem Aufsatz von 1958 gibt L. W. Doob einen sehr guten Überblick über den damaligen Stand der psychologischen, soziologischen, kultur-anthropologischen und tiefenpsychologischen Versuche, um die Mentalität der „anderen" — Volkscharakter, „Modalpersönlichkeit" usw. — zu definieren und zu erfassen.

Auch das Psychologenehepaar Mary D. und L. H. Ainsworth von der Universität Toronto und London, die an dem Programm des EAISR „Leadership scheme" mitwirkten, war in erster Linie an Fragen der Akkulturation interessiert (L. H. Ainsworth, 1959; zusammen mit Mary D., 1962). R. Mukherjee (1956) gab seinem Buch über Uganda den Untertitel: „A study in acculturation". Der Musikwissenschaftler K. P. Wachsmann (1961) verfaßte einen Aufsatz über Kriterien für die Akkulturation.

M. H. Segall, Professor der Psychologie an der Universität Iowa, führte 1959—1960 mit Finanzierung der Ford-Stiftung psychologische Untersuchungen unter den Nkole durch. Er versuchte, den Grad des „europäischen Verhaltens" zu erfassen und mit Faktoren in den Lebensgeschichten der einzelnen in Beziehung zu setzen (Konf. Ber. EAISR, 1959).

Auch W. W. Lambert von der Universität Cornell führte psychologische Forschung in Ostafrika durch. Sein Projekt umfaßte fünf weitere Kulturkreise — Indien, Okinawa, Mexiko, Neu-England, Philippinen — und hatte als Ziel, den Sozialisierungsprozeß, die Erziehungsmethoden, das Verhalten und die Reaktionen des Kindes in den sechs Kulturen zu erfassen, monographisch darzustellen und schließlich systematisch zu vergleichen. W. W. Lambert beabsichtigt, eine „Ethnographie des Sozialisierungsprozesses" über jede der untersuchten Kulturen herauszugeben.

Alle diese Arbeiten — vor allem die von L. W. Doob, M. H. Segall und W. W. Lambert — verdienen besondere Anerkennung, weil sie versuchen, systematische Vergleiche anzustellen, was in den soziologischen Untersuchungen in Ostafrika sonst selten geschieht.

---

[1] Dieser Begriff deckt eigentlich das in der Kulturgeschichte schon immer bekannte Phänomen der wechselseitigen Assimilierungen, wenn mehrere Kulturen in engeren Kontakt kommen. Der spezielle Sinn des Begriffes „Akkulturation" ist dadurch gegeben, daß sie von der Sozialpsychologie geprägt wurde und meistens von Psychologen und Sozialpsychologen erforscht wird, während der Ethnologe dasselbe Phänomen nicht isoliert untersucht, sondern im Rahmen aller anderen laufenden Veränderungen sieht.

In den meisten Untersuchungen über Probleme der wirtschaftlichen und sozialen Entwicklung wird stillschweigend oder ausdrücklich die Frage gestellt, welche Widerstände gegen die Entwicklung bestehen bzw. welche Tendenzen sie begünstigen. V. JUNOD von der Universität Makerere wählte diese psychologische bzw. sozialpsychologische Fragestellung als Hauptthema ihrer Untersuchung „Resistance to and acceptance of change". Ihre Ergebnisse sollen 1966 in Form einer Dissertation vorliegen.

Hier sei auch auf das umfassende Projekt von W. GOLDSCHMIDT hingewiesen, das zum Teil ebenfalls Fragen der Akkulturation klären will. Das Projekt wurde folgendermaßen beschrieben:

"A co-ordinated analytical study of the relation between ecology and social and cultural patterns has been initiated in East Africa under the direction of Prof. WALTER GOLDSCHMIDT of the University of California, Los Angeles. The research involves a detailed investigation of the internal variation within four separate tribes, each of which occupies a territory with diverse geographical character, and in each of which there is one sector predominantly engaged in pastoralism and another sector engaged in the cultivation of crops. — An ethnographer will be resident among each of the people studied . . .

In addition to standard ethnographic investigations among both the pastoral and farming sectors of the respective tribes, the ethnographer will collect demographic and economic data from a sample of the population in each area.

Information on the landscape, on the environmental potential, and on land use will be obtained from all four tribes by Dr. PHILIP W. PORTER, Assistant Prof. of Geography at the University of Minnesota.

Social attitudes, and psychological orientation will be studied by Dr. ROBERT B. EDGERTON, Research Assistant of the Institute of Neuropsychiatry, University of California, Los Angeles, who is administering a battery of questionnaires and tests to samples of each population.

The purpose of the study is to examine the cultural adjustments to the underlying economic mode in each of the tribes, and to determine whether certain expected shifts in social life consistently take place. The programm stems from the theoretical consideration of the relation between socio-cultural behaviour and economic life-modes, and the broader problems of cultural evolution, as developed by the Director of the Project in his recent book 'Man's Way, a Preface to the Understanding of Human Society' (British edition: 'Understanding Human Society', Routledge and Kegan Paul). The research is supported by grants from the National Science Foundation and the National Institute of Mental Health, both agencies of the United States Government. Field work began during the summer of 1961 and will continue until the autumn of 1962" (Africa, Jan. 1962, p. 73).

130

Im Rahmen dieses Projektes untersuchten E. V. WINANS von der Universität California, Riverside, erster wissenschaftlicher Assistent des Projektes, die Hehe; F. P. CONANT, von der Universität Massachusetts, die Suk (= Pokot oder Pakot); S. C. OLIVER, von der Universität Texas, die Kamba; W. GOLDSCHMIDT, der Leiter des Projektes, die Sebei. Über die Ergebnisse dieser Untersuchungen lagen Arbeiten von E. V. WINANS (1963, 1964) vor.

3. Verwandtschaft, Familie, Ehe

a) Stammestraditionen

Ehe, Familie und Verwandtschaft zusammen mit der Organisation des Führertums sind für das Verständnis von afrikanischen Stämmen die wichtigsten Institutionen. Der bekannte englische Ethnologe C. MITCHELL behauptet, daß das Thema „Ehe" unter den Erforschern afrikanischer Völker in den letzten Jahren zunehmend populär geworden ist (Africa, Oct. 1963, p. 370).

Mit dem Ehe-, Familien- und Verwandtschaftssystem müssen sich praktisch alle Forscher befassen, die monographisch-ethnologische Untersuchungen in Ostafrika durchführen. So findet man dieses Thema in jeder ethnologischen Beschreibung von Stämmen und in dem Werk jedes Ethnologen, der einzelne oder mehrere Stämme gründlich erforscht hat: Vgl. u. a. P. H. GULLIVER (1953 — Jie), R. E. S. TANNER (1955 c, 1955 d — Sukuma), MUHAMMAD SALEH ABDULLA FARSY (1956 — Swahili), E. H. WINTER (1956 — Bwamba), M. M. EDEL (1957 — Chiga), P. J. A. RIGBY (Konf. Ber. EAISR, 1963 — Mbuya), M. R. JELLICOE (1963 — Sukuma), P. KALANDA (Konf. Ber. EAISR, 1964 — Ganda).

Weiterhin steht eine Reihe von ethnologisch relevanten Erscheinungen in Zusammenhang mit der Ehe bzw. mit der Frau. Zum Beispiel betreffen manche Besessenkeitskulte speziell die Frauen (G. HARRIS — 1957); Aspekte des Hexenwesens und manche magische Praktiken sind mit Ehesitten und der Stellung der Frau engstens verbunden (R. G. ABRAHAMS, Konf. Ber. EAISR, 1958 a; R. LE VINE, 1962; R. WISE, 1962), und die Sitten und Vorstellungen in bezug auf Sexualleben, Schwangerschaft und Geburt sind nicht nur innerhalb der monographischen Beschreibung eines Volkes aufschlußreich, sondern auch für das Verständnis der Situation und sozialen Rolle der Frau innerhalb der Gesellschaft relevant (R. E. S. TANNER, 1955 d — Sukuma; M. S. G. MOLLER, 1958 — Bahaya; E. DAMMANN, 1960/61 a — Digo; G. KLIMA, 1964 — Barabaig; M. B. NSIMBI, 1956 a — Ganda).

Hier seien noch die vom ethnologischen Standpunkt aus wichtigen Werke über die afrikanische Ehe bzw. Verwandtschaftssysteme von A. R. RADCLIFFE-BROWN und D. FORDE (1960), A. PHILLIPS (1953) und von R. F.

GRAY und P. H. GULLIVER (1964) erwähnt. Die letztere Arbeit befaßt sich mit der Rolle des Eigentums im afrikanischen Verwandtschaftssystem.

b) Die modernen Probleme: Brautpreis, Stabilität der Ehe

In Zusammenhang mit der Ehe sind in den letzten Jahrzehnten bestimmte wirtschaftliche, soziale und juristische Probleme aktuell geworden. Unter dem wirtschaftlichen Aspekt interessieren u. a. die Untersuchungen über die heutige Funktion des Brautpreises sowie die Gründe und wirtschaftlichen Folgen seiner inflatorischen Tendenz (u. a.: R. F. GRAY, 1960 — Sonjo; J. VAN VELSEN, Konf. Ber. EAISR, 1958 a — Kumam; T. TAKAHASHI, 1960; G. K. PARK, Konf. Ber. EAISR, 1962, 1963 — Kinga).

Im Forschungsprogramm des EAISR wurden von Anfang an Untersuchungen über die Stabilität der Ehe, die Typen von Eheschließungen und die Situation der Frau im Rahmen der vergleichenden Forschung in afrikanischer Soziologie (Comparative research in African Sociology) vorgesehen. J. FISHER (vgl. unten, Kap. D. VII. 3. d.) von der Universität Cambridge war die erste, die eine solche Untersuchung seinerzeit unternahm. Sie erhielt 1950—1952 ein CSSRC-Stipendium, um die Stellung der Frau unter den Kikuyu zu erforschen. Dieses Untersuchungsthema war bereits 1949 von I. SCHAPERA empfohlen worden.

M. L. PERLMAN, dessen Forschungsthema auf die Stabilität der Ehe und der Familie beschränkt war, mußte sich zuerst mit der sozialen und wirtschaftlichen Struktur des von ihm untersuchten Stammes eingehend befassen (Konf. Ber. EAISR, 1959 über Siedlungsformen, und 1962 über Bodenrecht bei den Toro). M. L. PERLMAN hat als Mitarbeiter des EAISR seine Feldforschung mit einem CSSRC-Stipendium 1959—1961 durchgeführt. Er berichtete über seine Ergebnisse vor mehreren Konferenzen des EAISR (1959, 1960, 1962, 1962 a) und in einer Konferenz des Uganda Council of Women über „The Situation of Women in Relation to the Marriage Laws" (1960 b). M. L. PERLMAN verfaßte 1963 seine Dissertation unter dem Titel „Toro Marriage". Die Hauptfragestellung seiner Untersuchung war die Stabilität bzw. Unstabilität der Ehebündnisse unter den Toro heute und deren ethno-historische Hintergründe.

Das Phänomen der Stabilität bzw. Unstabilität der Ehe interessiert die Forscher sowohl als Symptom sozialer Umstrukturierungen als auch in ihren weiteren Auswirkungen (Folgen für die Kindererziehung, das Bevölkerungswachstum, die Beziehungen zwischen den Geschlechtern, die Situation der Frau, Prostitution usw.). Das Problem der Unstabilität der Ehen, die in den Städten besonders akut ist, wird von allen Forschern behandelt, die soziologische Fragen der Städte untersuchen (vgl. u. a. A. W. SOUTHALL und P. C. W. GUTKIND, 1957; A. W. SOUTHALL, 1958, 1961; C. und R. SOFER, Konf. Ber. EAISR, 1950 a). mit dem Problem der Stabilität der Ehe hat sich auch L. A. FALLERS eingehend befaßt (Konf. Ber. EAISR, 1956 b, 1957 a). In der Forschungsaufgabe von A. W. SOUTHALL und P. GUTKIND „Kampala African Survey" wurden u. a. die Themen Stellung der Frau in der Stadt, Frauenerwerbstätigkeit und die Stabilität der Ehe expressis verbis gestellt.

Wegen der Zusammenhänge zwischen Stabilität der Ehe und anderen sozialen Erscheinungen, wie Verwahrlosung von Kindern und Jugendlichen, Prostitution usw., sind die Untersuchungen von J. CARLEBACH in Nairobi über Prostitution von Jugendlichen (1962) und von F. K. KAMOGA über den Einfluß der Ehescheidung der Eltern auf den Schulbesuch und die Leistungen der Kinder (Konf. Ber. EAISR, 1963) besonders hervorzuheben. J. CARLEBACH führte seine Feldforschung 1961 in Nairobi durch und wurde vom EAISR sowie von der Child Welfare Society of Kenya unterstützt. F. K. KAMOGA ist ebenfalls ein soziologischer Mitarbeiter des EAISR. Die Psychologin MARY D. AINSWORTH von der Universität Toronto führte 1954 bis 1955 Feldforschung über die Folgen der frühzeitigen Entwöhnung von Säuglingen durch, ein mit der Stabilität der Ehe ebenfalls eng verbundenes Problem.

Zusammenhänge bestehen auch zwischen der Fruchtbarkeit der Frau und der Ehestabilität bzw. Eheform (R. E. S. TANNER, Sukuma, 1956 c). Auch die Untersuchungen über die Fruchtbarkeit der Frau in Buganda und Buhaya, durchgeführt von A. I. RICHARDS und P. REINING im Auftrag von F. LORIMER, UNESCO (1952), zielten auf die Klärung des soziologischen Hintergrundes ab.

In diesem Zusammenhang ist ein offizieller Untersuchungsbericht „Report of a Survey of Problems of Child Welfare in Kenya" (1961) besonders hervorzuheben, an dem G. M. WILSON mitgearbeitet hat. Er war Mitglied der mit der Untersuchung beauftragten Kommission und verfaßte den zweiten Teil des Berichtes, in dem der soziale Hintergrund des Problems dargestellt wird.

c) Rechtsfragen der Ehe
(vgl. auch Kap. D. III.)

Die Frage nach der Stabilität der Ehe ist u. a. mit juristischen Problemen verbunden — Gewohnheitsrecht, kirchliche Normen und nationale Gesetzgebung.

Was die juristische Seite angeht, so sind hier u. a. die Arbeiten von A. PHILLIPS (1959 — Ostafrika), O. S. KNOWLES (1956 — Luo, Kisii, Kuria), G. M. WILSON (1961 — Luo), C. JUFFERMANS (1957 — Uganda), W. BROWN (1960 — Uganda), H. F. MORRIS (1960 — Uganda) und die vom Uganda Council of Women 1960 einberufene Konferenz über „The Situation of Women in Relation to the Marriage Laws" zu erwähnen.

J. S. Read von der School of Oriental and African Studies, 1964 Professor an der juristischen Fakultät des University College Dar es Salaam, arbeitet an einer umfassenden Untersuchung über die juristische Stellung der Frau in Ostafrika.

Sowohl die Gebräuche in bezug auf die Ehe und Familie als auch die juristische Stellung der Frau sind unter den islamisierten Volksgruppen grundsätzlich anders als bei der übrigen ostafrikanischen Bevölkerung (vgl. u. a. J. N. D. Anderson, 1957; R. E. S. Tanner, 1962 a, 1962 d, 1964).

Von eher ethnologischem Interesse wird die Mitteilung von A. J. F. Simmance über die Adoption von Kindern unter den Kikuyu (1959) sein.

d) Stellung der Frau

Über die Frau in Ostafrika, ihre Stellung und Rolle sowie über Familiensysteme gibt es eine Reihe von weiteren Veröffentlichungen: ethnologische Arbeiten über mutterrechtliche Bantuvölker, wie zum Beispiel der Aufsatz von V. L. Grottanelli über die Süd- und Zentralbantus (1955 a) oder die ethnologische Mitteilung von A. Bundschuh (1957) über Sippe und Familie bei den Bantu; die Untersuchungen von U. R. Ehrenfels über die mutterrechtlichen Makonde (Kap. C. I. 12: Die Bantu des Rovuma-Rufiji-Gebietes), der Aufsatz von J. Collard über die Vorstellungen der Bantu über die Frau (1956), von A. W. Southall über Keuschheit in Afrika (1960 a).

Andere allgemeine Arbeiten sind das in der Reihe „Frauen fremder Völker" herausgegebene Buch von A. Muthesius über die Afrikanerin (1959), das u. a. die Situation der Frauen in Ostafrika beschreibt, der kurze Aufsatz von B. Dobson (1954) über die Stellung der ostafrikanischen Frau, der Beitrag von E. S. Nyendwoha (1958) über die Frau in Uganda auf der INCIDI-Konferenz „Women's Role in the Development of Tropic and Sub-Tropic Countries" und ein Aufsatz von Soeur Marie-André du Sacré-Coeur (1956), in dem sie u. a. den Fortschritt der Frauen in Uganda bespricht.

Wir lassen hier die zahlreichen kürzeren Aufsätze unerwähnt, die in der Zeitschrift „African Women" über alle möglichen Probleme im Hinblick auf die Frau in Ostafrika in den letzten Jahren erschienen sind [1]. Es handelt sich dabei meistens um Mitteilungen von Praktikern der Sozialarbeit, der Verwaltung usw., die die Situation in Ostafrika aus eigener Erfahrung kennen, weniger um Berichte über wissenschaftliche Forschungsergebnisse.

Weiter seien noch die Untersuchungen von zwei Ethnologinnen, von J. Fisher (vgl. Kap. D. VII. 3 b) und von P. Hirsch, erwähnt.

---

[1] Die Zeitschrift hat seit Dezember 1963 ihren Namen in „Women Today" geändert.

J. Fisher, die 1950—1952 eine Untersuchung über die Stellung der Frau bei den Kikuyu durchführte, konnte ihre Arbeit nicht auf das Thema „Frau" beschränken. Die Arbeit erweiterte sich allmählich zu einer monographischen Studie der ganzen Kikuyu-Gesellschaft. "Her project ... inevitably widened and became a study of the position of the Kikuyu women in relation to: a) the structure of the family, extended family, lineage and clan, b) marriage institutions, c) political and legal institutions, d) domestic economy and food-stuffs, e) agricultural practices and marketing, f) child rearing and training" (EAISR Report 1950—1953).

Von J. Fisher haben wir einen kurzen Konferenzbericht über die Kikuyufamilie (1950), unveröffentlichte Berichte an die Regierung von Kenya über Bodenrecht und Frauenarbeit bei den Kikuyu und Manuskripte über ihre sonstigen Untersuchungsergebnisse (Bibliothek EAISR). Das Beispiel ihrer Arbeit zeigt, wie schwierig es ist, das Problem „Frau" von den anderen Aspekten der Gesellschaft zu isolieren und als eigenständiges Forschungsthema zu formulieren. Dies wird ganz und gar unmöglich, wenn es sich um einen relativ unerforschten Stamm handelt. Ist der soziale Rahmen, die Struktur der Gesellschaft, in der sich die Frau befindet, nicht bekannt, so ist es nicht möglich, mit der Erforschung ihrer Situation und Rolle anzufangen.

P. Hirsch von der Northwestern University, USA, erhielt für 1954 bis 1956 ein Stipendium der Ford-Stiftung, um die Situation der Frau in Acholi zu untersuchen.

Schließlich soll hier über ein eigenes Projekt berichtet werden, das unter dem vorläufigen Arbeitstitel „Die Stellung und Rolle der Frau in der sozialen und wirtschaftlichen Entwicklung Ostafrikas" 1965—1966 von H. Harlander und A. v. Molnos durchgeführt wird. Nach einem vorangehenden Studium der demographisch-statistischen, wirtschaftlichen, juristischen und ethnologischen Literatur wird die Feldforschung an sechs Stichproben in ländlichen und städtischen Gegenden um den Viktoria-See, in Buganda, Sukumaland und Gusii-County, durchgeführt. Die Zielsetzung der Untersuchung ist, festzustellen, welchen direkten und indirekten Beitrag die Afrikanerin in der Wirtschaftsentwicklung leistet und welche Faktoren — traditionelle und moderne Einflüsse — ihre Mitwirkung fördern bzw. behindern.

Vermutlich wird sich das Leben der Frau — außerhalb und in der Familie — mit der fortschreitenden Auflösung der Stämme, mit der Einführung von neuen Produktionsmethoden, Siedlungsformen und Wirtschaftszweigen sowie durch die Verstädterung in Ostafrika in einer noch radikaleren Weise verändern, als das des Mannes. Stimmt diese Annahme, so werden die Ergebnisse dieser Studie über die Entwicklungstendenzen in der Stellung und Rolle der Frau auch zur Klärung von einigen weiteren Fragen der sozialen und wirtschaftlichen Entwicklung beitragen.

e) Ausbildung, Berufschancen, Erwerbstätigkeit und Rolle der Frau außerhalb der Familie

Innerhalb dieses Themenkreises wurden in den letzten Jahren vor allem die Schulbildung für Mädchen und die Erwachsenenbildung für Mädchen und Frauen in zahlreichen kürzeren Aufsätzen erörtert. Die Verfasser berichten meistens über den Fortschritt der pädagogischen Arbeit und weisen auf die Notwendigkeit weiterer Maßnahmen hin. Nur ein kleiner Teil der Autoren stützt seine Aussagen auf wissenschaftliche Forschungsarbeiten (z. B. M. SHANNON, 1954 — Kikuyu; A. J. MALECHE, Konf. Ber. EAISR, 1962 — West-Nile-Gebiet; M. R. JELLICOE, 1963 — Turu; W. ELKAN, 1956 c — Uganda). Die meisten von ihnen — freiwillige Helfer, Sozialarbeiter, Lehrer oder Verwalter — kennen die Probleme aus eigener praktischer Erfahrung.

Über die weibliche Schulbildung liegen kurze Aufsätze vor für Kenya („Progress in Kenya", 1954; M. JANISCH, 1955), Tanganyika („Girl's education in Tanganyika", 1954; „African schoolgirls in Tanganyika", 1957), Sansibar („Women in Zanzibar", 1955; J. BOWEN, 1960) und Uganda (M. SAUNDERS, 1954, 1957; L. COHEN, 1955). A. J. MALECHE, Soziologe, der 1959—1960 im West-Nile-Gebiet das Problem des frühzeitigen Abganges von Volksschülern untersuchte, schrieb über die soziologischen und psychologischen Faktoren, die für die Frauenbildung in Uganda förderlich bzw. hinderlich sind (Konf. Ber. EAISR, 1961).

Der in den Titeln vieler Aufsätze vorkommende Name „Women's club" bezeichnet einen bestimmten Typ von Ausbildungsstätten für erwachsene Frauen und Mädchen und nicht rein gesellige Zusammenschlüsse. In den Frauenklubs werden Vorträge — meistens mit praktischen Vorführungen verbunden — über Fragen der gesunden Ernährung, über Kochen, Kinderpflege, Haushalt, Nähen, sonstige Handarbeit und Landwirtschaft sowie Sprachunterricht und Unterricht über Grundkenntnisse in verschiedenen Fächern, wie z. B. Geographie, erteilt. Die Veranstalter dieser Erwachsenenbildung sind offizielle und freiwillige Organisationen — wie z. B. das Ministerium für Community Development, religiöse Institutionen oder Frauenvereine. Die Initiative für die Einrichtung von Klubs geht meistens von den veranstaltenden Organisationen selbst oder aber von örtlichen Frauengruppen aus.

M. SHANNON, die sich mit verschiedenen Problemen der Kikuyu befaßte, schrieb u. a. kurze Mitteilungen über solche Frauenklubs in Kikuyu-Dörfern (1955 a, 1955 b). Von R. E. WAINWRIGHT stammt ebenfalls eine Mitteilung über Frauenklubs im Zentral-Nyanza-Distrikt von Kenya (1953). Über Frauenklubs in Uganda schrieben M. E. SENKATUKA (1955) und C. HASTIE (1962).

Das sehr wichtige Problem der weiblichen Berufs- oder Fachausbildung sowie die damit verbundenen Berufschancen für Mädchen und verheiratete

Frauen wurden sehr wenig untersucht. Außer der Arbeit des Nationalökonomen W. ELKAN, der 1953—1954 mit einem Stipendium des Colonial Economic Research Committee Probleme des Arbeitsmarktes in Kampala untersuchte, gibt es kaum eine Forschung in dieser Richtung. Seine Aufsätze über die weibliche Erwerbstätigkeit (Konf. Ber. EAISR, 1955; 1956 c, 1957 a) sind für das Verständnis des Problems, zumindest unter den Verhältnissen vor zehn Jahren, recht aufschlußreich.

Erwähnt seien noch einige Arbeiten über die technische Ausbildung von Frauen („Women's technical education in Uganda", 1955; M. SAUNDERS, 1957 — Uganda), über Unterricht in landwirtschaftlichen Fragen (B. F. STRANGE, 1963) und Berufschancen für Akademikerinnen (A. M. BURNET, 1958).

In bezug auf Fragen der Erwachsenenbildung für Frauen sind die von der Soziologin M. R. JELLICOE 1960 im Singida-Distrikt gesammelten Erfahrungen besonders wertvoll. M. R. JELLICOE arbeitete einige Jahre als Community Development Officer in Tanganyika.

Weitere Arbeiten über Frauenausbildung sind besonders in der Zeitschrift „African Women" (bzw. seit Dezember 1963 „Women Today") zu finden (u. a. „Women's education in East Africa", 1955; „Social work in Tanganyika", 1956; E. RICKETTS, 1960; J. BELL, 1962).

Die Rolle der gebildeten Frauen außerhalb der Familie im nationalen bzw. internationalen Leben wird in Aufsätzen von H. M. NEATBY (1954) und der bekannten Politikerin von Uganda, PUMLA E. KISOSONKOLE (1961), behandelt.

VIII. Allgemeine Werke über Ostafrika

(unter Berücksichtigung einiger Quellen vor 1954 — Bibliographie Nr. 2)

Zahlreiche Werke geben einen allgemeinen Überblick über Ostafrika. So das von A. GORDON-BROWN herausgegebene Jahrbuch „Führer von Ostafrika", das 1910 erstmals erschienen ist; das vom britischen Colonial Office 1950 erstmals herausgegebene Werk „Introducing East Africa"; das in den „Ländermonographien der Bundesanstalt für Außenhandelsinformation" erschienene Heft „West- und Ostafrika" (1953) oder das Buch von M. MACMILLAN (1955). Von G. M. HICKMAN und W. H. G. DICKINS (1960) erschien ebenfalls ein Werk über Ostafrika. Zu der Reihe der allgemeinen Bücher über Ostafrika gehören verschiedene Sammelwerke, wie das von F. S. JOELSON (1958) über Rhodesien und Ostafrika, oder das von J. F. M. MIDDLETON und E. H. WINTER (1963) über Hexenwesen in Ostafrika.

J. E. GOLDTHORPE schrieb 1958 auf Grund seiner Vorlesungen an der Universität Makerere das Buch „Outlines of East African Society". J. E. GOLDTHORPE und F. B. WILSON (1960) verfaßten eine sehr nützliche Broschüre mit ethnischen Karten von Ostafrika und Listen ostafrikanischer Stämme. Ethnische Karten Ostafrikas mit Kommentar veröffentlichte auch G. T. Trewartha (1957).

Außerdem gibt es zahlreiche Aufsätze, die Ostafrika allein oder zusammen mit anderen Teilen Afrikas betreffen (E. Weigt, 1954; H. A. Fosbrooke, 1959; F. Parker, 1962; L. S. Kenworthy, 1962; M. G. Marwick, 1963).

Unter den älteren Werken über Ostafrika sind vor allem die von F. Stuhlmann (1894, 1909), R. Thurnwald (1935) und G. W. B. Huntingford / C. R. V. Bell (1950) zu erwähnen. F. Stuhlmann (1910) schrieb auch über Handwerk und Industrie in Ostafrika. Vor fünfundzwanzig Jahren verfaßte D. W. Goodfellow (1939) ein Buch über das Wirtschaftsleben der Bantu in Süd- und Ostafrika.

In den älteren und neueren Handbüchern der Ethnologie oder in speziellen ethnologischen Arbeiten über Afrika sind jeweils wichtige Teile über Ostafrika zu finden, z. B. bei H. Schnee (1920), L. Frobenius (1929, 1933), C. G. Seligman (1930), E. Torday (1930), H. Baumann — R. Thurnwald — D. Westermann (1940), H. A. Bernatzik (1947), D. Westermann (1952), R. Biasutti (1954), W. Hirschberg (1954), „African native Tribes" (1956), A. A. Trouwborst et al. (1962) oder E. Dammann (1963). In der Neuausgabe der „Völkerkunde von Afrika", herausgegeben von H. Baumann (1965), wird u. a. die Arbeit von L. Vajda über „Äquatorial-Ostafrika" erscheinen.

Eine Übersicht über die Bantu-Völker [1] Ostafrikas geben die Bände des „Ethnographic Survey of Africa: East Central Africa", die überwiegend in der von uns gesichteten Periode der letzten zehn Jahre erschienen sind (M. Tew, 1950; A. H. J. Prins, 1952, 1961; J. F. M. Middleton, 1953; J. S. La Fontaine, 1959; M. C. Fallers, 1960; B. K. Taylor, 1962). A. H. J. Prins schrieb über die geographische Verteilung der NO-Bantu (1955 b) und über ihr Urheimat (1955 a), L. Holy (1957, 1958) über die Eisengewinnung bei den ostafrikanischen Bantu. Von M. Posnansky (1961) stammt ein kurzer Aufsatz über die Genese der Bantu, in dem er die ostafrikanischen Bantu weitgehend berücksichtigt.

Einige Autoren versuchten, die Mentalität der Bantu-Völker zu erfassen. W. C. Willoughby schrieb 1928 über die Seele der Bantu. Eine Arbeit von Vater P. Tempels über Bantu-Philosophie erschien 1956 in deutscher Sprache. M. Vetö (1962) verfaßte einen Artikel über die Auffassung des Bösen bei den O-Bantu. Von O. F. Raum (1956) gibt es eine Broschüre über den Umgang mit Bantu. J. C. Carothers (1953) versuchte auf Grund seiner medizinischen Erfahrungen in Kenya und vergleichender Analysen

---

[1] Betr. allgemeine Werke über die Nicht-Bantu-Völker Ostafrikas s. auch Kap. C. II. (Einleitung).

eine „Ethnopsychiatrie" der Afrikaner zu entwerfen. Auch der Literat E. Mphalele (1962) versuchte die afrikanische Mentalität bzw. Persönlichkeit zu erfassen und das Bild des „Schwarzen" zu skizzieren, so wie er sich selbst sieht und von anderen gesehen wird.

Ferner liegen allgemeine Werke über die einzelnen Länder Ostafrikas vor, so über *Kenya* (E. Huxley, 1935; T. G. Askwith, 195.; G. Wagner, 1947; M. Koinange, 1955; H. Mackay, 1955; R. N. Ismagilova, 1956; A. I. Richards, 1958; E. Weigt, 1958; G. M. Wilson, 1959; M. Perham, 1963), über *Tanganyika* (H. Meyer, 1912/13; B. Ankermann, 1929; P. Berger, 1947; T. Ohm, 1953; H. A. Fosbrooke, 1958 b; J. P. Moffett, ed. 1958; J. Sackur, 1958; P. H. Gulliver, 1959; J. O. W. Scheel, 1959; J. Zwernemann, 1961; V. J. Kacman, 1963), über *Sansibar* (F. D. Ommanney, 1955; P. A. Lienhardt, Konf. Ber. EAISR, 1958; J. O. W. Scheel, 1959; R. Hughes, 1961; „Report on Zanzibar", 1963), über *Uganda* (H. B. Thomas und R. Scott, 1935; G. Wagner, 1947; M. Trowell und K. P. Wachsmann, 1953; M. Trowell, 1957; J. P. Crazzolara, 1957; „Report on Uganda 1946—1960", 1961; E. C. Lanning, 1961, 1962; Y. V. Lukonin, 1963; V. F. Baryshnikov, 1963).

Zahlreiche Veröffentlichungen und vervielfältigte Broschüren, besonders der UNESCO und der UNECA, über Entwicklungsländer behandeln u. a. auch soziale und wirtschaftliche Probleme in Ostafrika.

Umfassende neuere Gesamtdarstellungen des afrikanischen Erdteils — wie W. M. H. Hailey (1957), Meyers Handbuch über Afrika (1962) oder das monumentale Werk des italienischen Geographen E. Migliorini (1955) — dürften auch für Ostafrikaforscher nützlich sein. Unter den vielen anderen Gesamtdarstellungen Afrikas seien nur noch die von G. H. T. Kimble (1960), S. und Phoebe Ottenberg (1960), W. Fitzgerald (1961) und J. C. Hatch (1962) erwähnt.

E. Probleme der Forschung:
Methoden und Methodenexperimente [1]

I. Arbeiten über den Stand und Probleme der Forschung in Ostafrika

Kurz nach dem Kriege erschienen einige Aufsätze, die die Mängel der ethnologischen und soziologischen Forschung in Ostafrika aufzeigten. J. P. MOFFETT (1945) wies in seinem Artikel darauf hin, daß, solange man die Partner, die Afrikaner, nicht besser kennt, der in der Kolonialpolitik angekündigte Übergang vom „Trusteeship" zum „Partnership" ein bloßer Namenswechsel bleiben wird.

Er schlug vor, Ethnologen bzw. Soziologen in den Dienst der Kolonialverwaltung einzustellen und auch Afrikaner als Ethnologen auszubilden. "I have tried to show that there is a lack of understanding of the people we are called upon to administer and that this lack cannot be made up without expert assistance . . . of the social anthropologists." — schreibt J. P. MOFFETT. Sein erster Rat wurde befolgt, und die später eingesetzten „Government anthropologists" (s. Kap. B. I. 5. a) erwiesen gute Dienste. Das von J. P. MOFFETT erwähnte Beispiel von J. KENYATTA, der in England Schüler von B. MALINOWSKI gewesen war, bleibt bis heute noch eine Ausnahme innerhalb der ostafrikanischen Elite, die im allgemeinen geringes Interesse für das ethnologische oder soziologische Studium zeigt.

Die Berichte von I. SCHAPERA (1949) und W. H. STANNER (1949) über den Stand der Sozialforschung in Kenya bzw. in Uganda und Tanganyika enthielten Listen von vorrangig zu untersuchenden Fragen, ethnischen Gruppen und Gebieten. Ihre Hinweise haben sich auf die spätere Forschungsplanung besonders des EAISR (Kap. B. I. 1.) stark ausgewirkt. Die von I. SCHAPERA einfach und klar formulierten allgemeinen Richtlinien für die Forschung können heute noch gelten: "Three types of anthropological investigations are required . . . Ethnological: provision of new or additional information about people of whose culture nothing or little is known; theoretical: collection of data specially required by the anthropologists in

---

[1] Die bibliographischen Daten, auf die in diesem Kapitel hingewiesen wird, sind in der Bibliographie Nr. 3 enthalten.

order to advance the comparative study of human societies; practical: provide data for the work of Government or others concerned in promoting Native development and welfare." Auch die von I. SCHAPERA bzw. von W. H. STANNER aufgestellten Forschungsthemen sind immer noch in vielen Punkten aktuell.

A. I. RICHARDS (1953, 1953 a, 1954, 1961), Direktorin des EAISR nach 1950, berichtete in mehreren Aufsätzen über die Tätigkeit und Forschungspläne des Instituts. Sie beschrieb auch Vergangenheit und Stand der Sozialforschung in Ostafrika und legte ihre Gedanken über die Beziehungen zwischen Wissenschaft und Praxis nieder. Auch J. H. M. BEATTIE (1956), der Ostafrika ebenfalls aus eigenen Forschungserfahrungen kennt, verfaßte einen ausführlichen Bericht über den Stand der Forschung in Ostafrika. Wie A. I. RICHARDS warnt auch J. H. M. BEATTIE davor, die ethnologische Grundlagenforschung zugunsten anderer dringlicher erscheinenden Fragestellungen zu vernachläsigen. "Though certain specific sociological problems such as the structure of the Asian and Islamic communities and the investigation of social life and conditions in African towns, can be seen to possess high priority from both theoretical and practical viewpoints, it may well be concluded that the most pressing need continues to be the provision of up-to-date and adequate information of a basically ethnographic kind."

Die International Union of Anthropological and Ethnological Sciences veröffentlichte 1958 eine kurze Mitteilung über die noch nicht ausreichend bekannten ostafrikanischen Stämme. H. BAUMANN (1959) schrieb eine Mitteilung über den Stand der Kenntnis afrikanischer Völker südlich der Sahara. Daraus sind die noch vorhandenen Lücken der ethnologischen Forschung auch in Ostafrika zu ersehen [1].

Über Probleme der Wirtschaftsforschung bzw. zu untersuchende wirtschaftliche Fragen verfaßte C. C. WRIGLEY (1954) einen Konferenzbericht und E. A. G. ROBINSON (1955) eine offizielle Veröffentlichung. B. E. WARD (1958) faßte sämtliche wissenschaftlichen Arbeiten über interethnische Beziehungen in Ostafrika zusammen. J. TUBIANA (1961) schrieb über die Ethnologie in Ostafrika. J. E. GOLDTHORPE (1962) berichtete über den Stand der Elite-Studien in Ostafrika, und A. G. J. CRYNS (1962) verdanken wir eine Übersicht über die psychologische interkulturelle Intelligenzforschung in Afrika südlich der Sahara.

Weitere Berichte und Aufsätze beziehen sich auf die wissenschaftliche Forschung in Ostafrika i. a. und ihre Organisation und Finanzierung (E. V.

---

[1] Die Aufgabe des „International Committee on Urgent Anthropological and Ethnological Research", 1958 mit Sitz in Wien gegründet, in dessen Bulletin beide Mitteilungen erschienen, wurde mit folgenden Worten umrissen: „This Committee seeks to promote research into racial groups, tribes, cultures, and languages, where there is a particularly urgent need to save data which might otherwise be irretrievably lost."

WORTHINGTON, 1956; „Report of the Commission on the Most Suitable Structure for the Management, Direction and Financing of Research on East African Basis", 1961; „Conference on International support for Research in East Africa", 1964; D. ODHIAMBO et al., 1964).

Marco Surveys Ltd. führte 1964 im Auftrag der „East African Academy" eine Untersuchung über die wissenschaftlichen Institutionen und Forschungsstätten in Ostafrika durch.

Über den Stand der Sozialforschung in Ostafrika gibt auch das Research Handbook of Africa der African Studies Association teilweise Auskunft sowie das von R. LYSTAD (196 .) herausgegebene Werk „Social research in Africa".

II. Arbeiten über Wesen, Theorien, Methoden und Anwendungen der „social anthropology" bzw. der Ethnologie [1]

Die Methodenfragen dieser Wissenschaften sind von der grundsätzlichen Frage ihrer jeweiligen Richtung und Ziele nicht zu trennen. Die Wissenschaft, die sich mit der Erforschung menschlicher Gesellschaften befaßt, ist so mannigfaltig, daß sie nicht als eine Einheit gesehen wird. Die englisch-amerikanische „social anthropology" und „cultural anthropology" sowie die Ethnologie im deutschsprachigen Kulturbereich haben ungefähr denselben Gegenstand. Sie befassen sich vornehmlich mit schriftlosen Völkern und Kulturen. Ihre Betrachtungsweisen und Methoden sind aber so unterschiedlich, daß es streng genommen nicht zulässig wäre, „social anthropology" oder „cultural anthropology" als die englische Übersetzung der deutschen Ethnologie zu gebrauchen und viceversa. Die Bedeutung des englischen Wortes „ethnology" deckt sich wiederum weder mit der „social anthropolgy" noch mit dem deutschen Begriff der Ethnologie. Schließlich bezeichnet das Wort Anthropologie in der deutschen Wissenschaft ein völlig anderes — im wesentlichen biologisches — Fach, das mit der „social anthropolgy" nichts gemeinsam hat.

Die moderne Soziologie, die sich überwiegend mit der Struktur und Aspekten komplexer industrialisierter Gesellschaften befaßt, hat in Deutschland, wo sie eine der jüngsten Wissenschaften darstellt, viel weniger Berührungspunkte mit der Ethnologie als zum Beispiel mit der Psychologie oder den Wirtschaftswissenschaften. Der amerikanischen „social anthropology", in der die Einheit zwischen Ethnologie und Soziologie am ehesten verwirklicht ist, wird vorgeworfen, daß sie die Gesellschaft ohne geschichtliche Tiefe verstehen will und daß sie zu sehr im Dienste der unmittelbaren Praxis steht. Ferner existieren auch innerhalb jeder dieser Wissenschaften — der Ethnologie, der „social anthropology" — in Europa und Amerika

---

[1] Vgl. auch Kap. B. I., 1; II. 2, 3.

mehrere Richtungen. In Anbetracht der mannigfaltigen und gegensätzlichen theoretischen Grundlagen und Gesichtspunkte, auf deren Existenz hier nur hingewiesen werden soll, ist es klar, daß eine ganze Literatur von wissenschaftstheoretischen Diskussionen innerhalb und zwischen diesen Disziplinen existiert.

Über Wesen, Geschichte, Theorie und Probleme der „social anthropology" schrieben u. a. A. R. RADCLIFFE BROWN (1935, 1936, 1940, 1952 a), M. WILSON (1948), M. J. HERSKOVITS (1950), R. PIDDINGTON (1950), E. E. EVANS-PRITCHARD (1950, 1951), S. F. NADEL (1951, 1957), A. L. KROEBER (1952), M. FORTES (1953), S. TAX (1953), F. FIRTH (1955), G. BALANDIER (1958 a), J. H. M. BEATTIE (1959, 1964), R. H. LOWIE (1959), K. BUSIA (1960), V. L. GROTTANELLI (1960), R. HEINE-GELDERN (1960), R. MUKHERJEE (1960), S. A. TOKAREV (1960), C. LÉVI-STRAUSS (1961), A. I. RICHARDS (1961), W. SCHEIDT (1961), C. C. REINING (1962). Auch über die britische „social anthropology" im speziellen wurden zahlreiche Arbeiten verfaßt (s. u. a.: R. FIRTH, 1951, 1960; G. P. MURDOCK, 1951; A. R. RADCLIFFE BROWN, 1952; M. FORTES, 1953 a; J. H. M. BEATTIE, 1955; P. ALEXANDRE, 1959, 1959 a, 1959 b; D. G. MACRAE, 1959; J. A. BARNES, 1960; C. LISON TOLOSANA, 1960; M. GLUCKMAN, 1961).

Die Arbeiten von R. L. BEALS (1960) und G. WELTFISH (1962) beschäftigen sich mit den amerikanischen Richtungen der „social anthropology" (s. auch Kap. B. II. 2.).

Mit der Ethnologie historischer Richtung und den Beziehungen zwischen Geschichtsforschung und zeitgenössischer Gesellschaftsforschung befassen sich u. a. J. HAEKEL (1956), K. R. POPPER (1957), G. BALANDIER (1963), G. BALANDIER et CH. MORAZÉ (1958), M. J. HERSKOVITS (1960), C. LÉVI-STRAUSS (1960), V. LAJOS (1961), R. GOLL (1962), I. SCHAPERA (1962), M. G. SMITH (1962), P. A. SOROKIM (1962). Die Beziehungen zwischen Ethnologie und Philosophie (W. HOERNLÉ, 1940), aber vor allem zwischen Ethnologie und Soziologie, die gewünschte Einheit dieser Disziplinen sind weitere, viel erörterte Fragen (s. u. a.: J. J. MAQUET, 1949; R. THURNWALD, 1955; A. R. RADCLIFFE BROWN, 1923; P. MERCIER, 1951, 1960; E. BREITINGER, J. HAEKEL und R. PITTIONI, 1960; G. GJESSING, 1962; J. STOETZEL, 1963).

Die Praxis der Kolonialverwaltung hat recht früh ihre Forderungen an die britische „social anthropology" gestellt. Durch den von Lord LUGARD festgelegten und unter dem Namen „indirect rule" bekannten neuen Kurs der Kolonialpolitik wurde das völkerkundliche Wissen für die Aufgaben der Verwaltung plötzlich unentbehrlich. Dieser „Druck der Praxis" war der deutschen Ethnologie bis vor wenigen Jahren unbekannt. Die Auseinandersetzungen der britischen „social anthropology" mit der Praxis sind bereits über dreißig Jahre alt (s. u. a.: B. MALINOWSKI und Sir P. MITCHELL, 1929/30; G. WILSON, 1940; Lord HAILEY, 1944; A. I. RICHARDS, 1944; J. M. MOFFETT und H. A. FOSBROOKE, 1952; D. E. APTER, 1954; H. G.

BARNETT, 1956; M. J. HERSKOVITS, 1959; J. O. BUSWELL, 1961; D. J. STEN-
NING, 1963; F. X. SUTTON, 1963; A. W. SOUTHALL, 1964).

Auch in der französischen, belgischen und portugiesischen Ethnologie
und Soziologie werden die Anwendungen der Wissenschaft an die neuen
Forderungen der Praxis in Afrika besprochen (s. u. a.: B. HOLAS, 1954;
R. CLÉMENS, 1960; D. MARTINS, 1960; A. F. C. WALLACE, 1960; J. DU-
VIGNAUD, 1963)[1]. Beiträge von G. BALANDIER, P. H. GULLIVER, P. C. W.
GUTKIND und L. P. MAIR sind in der von H. MINER herausgegebenen Auf-
satzsammlung „Social Science in action in Sub-Saharan Africa" (1960)
enthalten.

Die Aufsätze von W. E. MÜHLMANN (1960), R. F. BEHREND (1961),
W. RUDOLPH (1961), R. SCHOTT (1961), H. BAUMANN (1962) und A. LOM-
MEL (1963) zeigen die verschiedensten Auffassungen über die Beziehungen
zwischen der deutschsprachigen Ethnologie und der sogenannten Entwicklungsländerforschung.

Innerhalb der modernen Soziologie und Sozialpsychologie, besonders
in Amerika, entwickelte sich seit einigen Jahrzehnten eine ganze Forschungs-
richtung über ethnische Kontakte und Vorstellungen. Sie beschäftigt sich
sowohl mit der Theorie der Phänomene, die aus Kulturkontakten entstehen
— „sozialer Wandel", ethnische Vorurteile und Einstellungen — als auch
mit den Problemen der Feldforschung in verschiedenen Kulturen (s. u. a.:
J. W. BENNET, 1948; E. E. und N. MACCOBY, 1954; R. ROMMETVEIT und
J. ISRAEL, 1954; J. W. M. WHITING, 1954; S. SCHACHTER et al., 1954;
R. BOGUSLAW, 1955; H. KUMATA und W. SCHRAMM, 1956; K. F. SCHUESSLER
und H. DRIVER, 1956; STOODLEY und H. BARTLETT, 1959; R. A. LE VINE,
1961; P. HEINTZ, 1962 und D. T. CAMPBELL). Mehrere Forscher aus diesem
soziologischen und sozialpsychologischen Zweig wählten Afrika für ihr
Untersuchungsfeld und schlugen damit eine Brücke zur ethnologischen
Forschung.

III. Methoden, Methodenexperimente und Techniken
der Feldforschung

Die Arbeiten in der Ethnologie und „social anthropology" befassen
sich nur recht selten mit Techniken und Problemen der Feldforschung. Unter
dem Begriff Methode versteht man in der Ethnologie viel eher die historische Quellenkritik und die vergleichende Analyse vorhandener Daten
(s. u. a.: F. GRAEBNER, 1911; F. BOAS, 1920; W. E. MÜHLMANN, 1938;
J. BERNARD, 1945; A. R. RADCLIFFE BROWN, 1951; I. SCHAPERA, 1953;
A. KOEBBEN, 1956; M. GRIAULE, 1957; A. R. RADCLIFFE BROWN, 1958).

---

[1] Vgl. auch Kap. B. II. 4.

144

Probleme der Feldforschung werden eher in der Form von praktischen Ratschlägen und allgemeinen Richtlinien für noch unerfahrene Feldforscher oder gar für Laien erörtert und dargelegt (s. u. a.: S. R. STEINMETZ, 1906; D. WESTERMANN und R. THURNWALD, 1948; W. A. SMALLEY, 1960).

Für das Verständnis der Methoden der ethnographisch-ethnologischen Feldarbeit sind die einfachen Beschreibungen des Vorgehens einzelner Forscher im Feld am nützlichsten (s. u. a. im EAISR-Tätigkeitsbericht 1950 bis 1953 die Beschreibung der Untersuchung von L. A. FALLERS in Busoga).

L. P. MAIR gab 1938 ein Sammelwerk unter dem Titel „Methods of Study of Culture Contact in Africa" heraus, in dem u. a. M. FORTES und B. MALINOWSKI schrieben. G. WAGNER (1942) berichtete über quantitative Verfahren in der völkerkundlichen Feldforschung. Häufiger sind Methodenarbeiten für bestimmte Problemkreise zu finden. So liegen u. a. Methodenbesprechungen vor in bezug auf die Erforschung des Gewohnheitsrechts (R. DE Z. HALL, 1938; L. DE SOUSBERGHE, 1955; J. POIRIER, 1963), der Ehe (A. T. CULWICK, 1935; J. A. BARNES, 1949; L. HARRIES, 1950; P. MERCIER, 1959), der Städteforschung (A. W. SOUTHALL, 1953, 1954; V. G. PONS, 1957; P. H. CHOMBART DE LAUWE, 1960; J. C. MITCHELL, 1960), Politik (D. E. APTER, 1956), der medizinischen Forschung (CH. WILCOCKS, 1962).

Die Ausarbeitung von Erhebungsmethoden kommt viel mehr von der Seite der Psychologen, Sozialpsychologen und Demographen. Mit psychologischen Methodenfragen in Afrika haben sich unter vielen anderen S. BIESHEUVEL (1954, 1957, 1957 a, 1958, 1958 a), L. W. DOOB (1957/58), G. JAHODA (1957, 1961), A. OMBREDANE (1957), P. VERHAEGEN und J. L. LAROCHE (1957), A. G. J. CRYNS (1962), A. DIOP (1962), J. C. DE RIDDER (1961) und D. H. READER (1963) befaßt. Das Thema „Methodological Problems in the Psychological Study of Indigenous Black Population of Africa" wurde von einer Gruppe führender Psychologen im 15. Internationalen Kongreß für Psychologie, 1957, behandelt (s. S. BIESHEUVEL, G. JAHODA, A. OMBREDANE etc.). Grundsätzlich kann gesagt werden, daß jeder Psychologe, der Untersuchungen in Afrika durchführte, sich auch mit Methodenfragen auseinandersetzte. Die methodischen Erfahrungen von Psychologen sind oft in ihren Berichten mit enthalten (vgl. die von Psychologen durchgeführten Untersuchungen im Kap. D. VII. 2).

Von der Sozialpsychologie her kommen viele Arbeiten, die sich mit Einstellungsforschung bzw. mit ihren Anwendungen in Afrika befassen (s. u. a. L. L. THURSTONE and J. CHAVE, 1951; S. BIESHEUVEL, 1954, 1957, 1958; H. C. J. DUIJKER, 1955; L. L. THURSTONE, 1959). Die Zeitschrift „Public Opinion Quarterly" gab 1958 ein Sonderheft unter dem Titel „Attitude Research in Modernising Areas" heraus. Auch ein Teil der Arbeiten über Techniken von Meinungsbefragungen dürfte die Afrikaforschung interessieren (s. u. a.: W. B. BIRMINGHAM and G. JAHODA, 1953; M. G. MARWICK, 1956; W. LANGSCHMIDT, 1958; G. THEODORE, 1958;

J. Lambert, 196 .). Das Sonderheft des International Social Science Journal der UNESCO „Opinion Surveys in Developing Countries" (1963) enthält nur einen Aufsatz über Afrika (M. Hoffmann — West-Afrika).

Mit der Problematik demographischer Erhebungen in Entwicklungsländern und speziell in Afrika befassen sich ebenfalls viele Veröffentlichungen (s. u. a.: M. de Lestrange, 1951; L. Massé, 1956, 1956 a; G. Theodore and R. Blanc, 1956; R. Blanc, 1958; „Proceedings of the World Population Conference", 1954; E. Naraghi, 1960; „Problems in African Demography", 1960).

Unter verschiedenen Gesichtspunkten dürften noch folgende Arbeiten für die Lösung von Methodenfragen nützlich sein: R. N. Adams and J. J. Preiss (1960), J. A. Barnes (1963), G. M. Culwick (1954), M. Fortes, R. W. Steel and P. Ady (1947), J. M. Harvey (1961), S. P. Hayes (1959), S. Kuznets (1958), W. E. Moore (1958, 1963), E. S. Munger (1961), P. Neurath (1960), S. Ngcobo (1954), H. P. Phillips (1959), D. J. Stenning (1956), J. M. Stycos (1955), A. C. A. Wright (1953), Hsin-Pao Yang (1960). Mehrere Veröffentlichungen der INSEE in Paris wurden für Befrager in Entwicklungsländern geschrieben und enthalten methodische Hinweise.

Das EAISR hielt 1950 und 1953 Arbeitskonferenzen über Methodenfragen der Feldarbeit ab. Auf der Konferenz 1950 berichteten L. A. Fallers, J. Fisher, R. H. Gulliver, J. F. M. Middleton, A. I. Richards, C. und R. Sofer, A. W. Southall, B. K. Taylor, E. H. Winter und W. H. Whiteley über ihre Feldarbeit in verschiedenen Stammesgebieten bzw. in Kampala und Jinja. Vor der Konferenz 1953 berichteten u. a. E. H. Winter über Lebensgeschichten als Mittel der ethnologischen Forschung und P. Reining über Erhebungstechniken ihrer Untersuchung in Bukoba. Die Ethnologin P. Reining war eine der wenigen, die der Aufforderung des EAISR Folge geleistet und Methodenexperimente in ihre Untersuchung eingebaut hatte. A. I. Richards schilderte mit folgenden Worten die Notwendigkeit von Methodenexperimenten innerhalb des Programmes des EAISR: "From the first it was clear that experiments in research methods specially suited to African conditions were an important part of the duty of a local Research Institute. The steady accumulation of experience on research methods in one Institute builds up not only knowledge, but also an experimental attitude of mind. To a far greater extent than do the records of the successes of failures of isolated investigators who come out to spend some months or years in the country." (EAISR-Report, 1950—1953.)

Die Mitarbeiter des EAISR haben ihr Vorgehen im Feld verfeinert und immer wieder quantitative Methoden besonders in der Stichprobenbildung zur klassischen Methode der ethnographisch-ethnologischen Feldforschung hinzugefügt. In der Sozialforschung in Ostafrika wurden die

146

Methodenprobleme — nicht zuletzt durch Kontakt mit Forschern aus anderen Disziplinen wie der Nationalökonomie oder Psychologie — bewußter. Die Methodenexperimente und die Sammlung aufeinander aufbauender methodischer Erfahrungen konnten aber bis heute noch nicht systematisch durchgeführt werden.

Bibliographie Nr. 1

Liste der über Kenya, Tanganyika-Sansibar und Uganda 1954—1963 (z. T. 1950—1964) im Bereich der Sozialforschung, Wirtschaftsforschung und verwandter Gebiete verfaßten Arbeiten.

Anhang zu den Kapiteln C und D.

ABDALLAH, BIN HEMEDI BIN ALI LIAJJEMI:
1957   — Habari za Wakilindi. J. E. Afr. Swahili Committee, 27, 13—63.
1958   — idem, 28, 57—58.

ABDOU, ALI IBRAHIM:
1958   — How did England Occupy Uganda (Arabic). Nahdatu Ifriquiah, Aug.
1958 a — International Rivalry in the Upper Nile from 1880—1906. Ph. D. (Arabic), Anglo-Egyptian Bookshop, Cairo.

ABDUL, KARIM BIN JAMALIDDINI, tr. W. H. WHITELEY:
1957   — Utenzi wa vita vya Maji-Maji (Maji-Maji rebellion). Historical introduction by Margaret Bates. J. E. Afr. Swahili Committee, June (supply). Pp. 72.

ABRAHAMS, R. G.:
1958   — Arrival in Nyamwezi. Conf. Paper EAISR. Pp. 8.
1958 a — Aspects of Nyamwezi Witch Belief. Conf. Paper EAISR. Pp. 10.
1959   — Nyamwezi. "Attitudes to health and disease among some E. Afr. tribes." EAISR Symposium.
1961   — Kahama Township, Western Province, Tanganyika. "Social Change in Modern Africa", ed. by A. W. Southall, 242—253.

ADAM, T. R.:
1962   — Government and politics in Africa, south of the Sahara. "Stud. in
(rev. ed.)   Polit. Sci.", Random House, New York. Pp. 185.

ADAM, V.:
1961   — Preliminary Report on Field Work in Isanzu. Conf. Paper EAISR. Pp. 11.
1962   — Social Composition of Isanzu Villages. Conf. Paper EAISR. Pp. 12.
1963   — Migrant Labour in Isanzu. Conf. Paper EAISR. Pp. 19.
1963 a — Rainmaking Ceremonies in Isanzu. Conf. Paper EAISR. Pp. 23.

ADAMSON, J.:
1951/52 — Headdresses (of Kenya witch-doctors and dancers). E. Afr. Annu., 54—55.
1957   — Kaya und Grabfiguren der Küstenbantu in Kenya. Paideuma, 6, 5, Aug., 251—256.

ADIMOLA, A. B.:
1954 — The Lamogi rebellion 1911—1912. UJ, 18, 2, Sept., 166—177.
1956 — Lobo Acoli (geographical survey of Acoli District). E. Afr. Lit. Bur., Kampala.

ADRIONE, P.:
1958 — El-Molo. Miss. Consolata, Sept., 7—11.

AFRICAN CENSUS . . .
1963 — African census report 1957. Govt. Printer, Dar es Salaam.

AFRICAN CONFERENCE . . .
1961 — African conference on the rule of law, Lagos, 1961. A report on the proceedings. Internat. Commission of Jurists, Geneva. Pp. 181.

AFRICAN LAND . . .
1962 — African land development in Kenya, 1946—1962. Ministry of Agriculture, Nairobi, Pp. 312.

AFRICAN NATIVE . . .
1956 — African native tribes (Rules for the classification of works on African ethnology in the Strange Collection of Africana with an index of tribal names and their variants). Public Library, Johannesburg. Pp. 142.

AFRICAN SCHOOLGIRLS . . .
1957 — African schoolgirls in Tanganyika. Afr. Women, v. 2, no. 2, 31—34.

AINSWORTH, L. H.:
1959 — Rigidity, stress and acculturation (Uganda). J. Soc. Psychol., Johannesburg, 49, 131—136.

. . . and MARY D.:
1962 — Acculturation in East Africa. J. Soc. Psychol., Johannesburg, Aug., 391—432.

AKENA, N.:
1959 — Lango religion. UJ, 23, 2, Sept. 188—190.

ALBRECHT, K.:
1961 — Entwicklungsprobleme in Ostafrika. Unsere Wirtsch.

ALLISON, A. C. et al.:
1954 — Further observations on blood groups in East African tribes (Hima, Iraqw, Tswa). J. Roy. Anthrop. Inst., 84, 1/2, Jan.—Dec., 158—162.

ALLOTT, A. N. (ed.):
1962 — Judicial and legal systems in Africa. Butterworth, London. Pp. 226.

ALPORT, C. J. M.:
1954 — Kenya's answer to the Mau-Mau challenge. Afr. Aff., 53, 241—247.

ALTRINCHAM, LORD E. W. M.:
1955 — Kenya's opportunity: memories, hopes, and ideas. Faber and Faber, London. Pp. 308.

ALTSCHUL, R.:
1963 — Settlement Patterns of the Northeast Coast of Tanganyika. Ph. D. Univ. Illinois.

ANDERSON, J. N. D.:
1954 — Islamic law in Africa. With a foreword by Lord Hailey. HMSO, London. Pp. 409.
1957 — Muslim marriages and the courts in East Africa. J. Afr. Law, London, 1, 1, spring, 14—22.

ANSPRENGER, F.:
1962 — Afrika — eine politische Länderkunde. „Zur Politik und Zeitgeschichte", H. 8—9, Colloquium Verl., Berlin. S. 127.

ANYWAR, REUBEN S.:
1954 — Acoli ki ker megi (Acholi and their clans). Eagle Press, Nairobi, Pp. 224.

APTER, D. E.:
1956 — Some problems of comparative political analysis in Africa. Conf. Paper EAISR. Pp. 5.
1959 — Some problems of local government in Uganda. J. Afr. Adm. 11, 1, Jan. 27—37.
1960 — The role of traditionalism in the political modernization of Ghana and Uganda. Wld Polit., 13, 1, Oct., 45—68.
1961 — The Political Kingdom in Uganda. A study in Bureaucratic Nationalism. London, Pp. 498.

AQQAD, SALAH EL-DIN EL:
196 . — Arabs and Europeans in East Africa (Arabic).

ARROWSMITH, K.:
1961 — Fifty years in Teso. Corona, 13, 5, May, 177—180.

ASKWITH, T. G.:
1950 — Tribalism in Nairobi. Corona, 2, 292—295.
195 . — Progress through self-help: principles and practice in community development (Kenya). Eagle Press for E. Afr. Lit. Bur., Nairobi, Pp. 34.

ATTITUDES TO . . .
1959 — Attitudes to health and disease among some East African tribes (Digo, Ganda, Hadza, Konjo, Nyamwezi, Samburu, Sebei, Swahili Coast, Toro). One-day Symposium held at the EAISR, Kampala, Dec.

AUSTEN, R. A.:
1963 — Political Generations in Bukoba: 1890—1939. Conf. Paper EAISR. Pp. 16.
1963 a — Study of Indirect Rule in a Tanganyika Province. Conf. Paper EAISR. Pp. 14.

AUTRET, M.:
(1952) — s.: BROCK, J. F. and AUTRET, M.

BABIHA, J. K.:
1958 — The Bayaga clan of western Uganda (Toro, Nyoro etc.). UJ, 22, 2, Sept., 123—130.

BACKGROUND TO . . .
1956 — Background to Bugisu (In the series: "Background to Uganda"). Inf. Dept., 153, May, Pp. 4.

BAKER, E. C.:
1952 — Tribal calendars (Musoma District). TNR, 33, July, 30—33.

BAKER, R. S. B.:
1955 — Kabongo: the story of a Kikuyu chief. George Ronald, Oxford, Pp. 127.

BAKER, S. J. K.:
1954 — Bunyoro: a regional appreciation. UJ, 18, 2, Sept., 101—112.
1956 — Buganda: a geographical appraisal. Trans. Papers Inst. Brit. Geogr., 171—179.
1958 — The geographical background of western Uganda. UJ, 22, 1, Mar., 1—10.

| 1963 | — The East African Environment. "History of E. Afr.", ed. by R. Oliver and G. Mathew, v. 1, 1—22. |

1963 a — The population geography of East Africa. E. Afr. Geogr. Rev., 1, Apr., 1—6.

BANFIELD, J.:

1963 a — The Structure of the East African Common Services Organization (EACSO). Conf. Paper EAISR. Pp. 7.

1963 — The structure and administration of the E. Afr. High Commission and the EACSO. U. of E. Afr. Conf. on Federation, Kampala, Nov.

BARBER, J. P.:

1961 — Female Circumcision among the Sebei. UJ, v. 25, no. 1, Mar., 94—98.

1962 — The Karamoja District of Uganda: a pastoral people under colonial rule. J. Afr. Hist., 3, 1, 111—124.

BARBOUR, K. M., and PROTHERO, R. M.:

1962 — Essays on African Population. Praeger, New York. Pp. 336.

BARWELL, C. W.:

1956 — A note on some changes in the economy of the Kipsigis tribe. J. Afr. Adm., 8, 2, Apr., 95—101.

BARYSHNIKOV, V. F.:

1963 — Uganda na novom puti (Uganda on a new course). Nar. Azii Afr., 5, 55—64.

BASCOM, W. R., and HERSKOVITS, M. J. (eds.):

1959 — Continuity and Change in African Cultures. Univ. Chicago Press. Pp. 309.

BATES, M. L.:

1955 — Tanganyika: The Development of a Trust Territory. Int. Organiz., Feb.

1957 — Introduction to Utenzi wa Vita vya Maji-Maji. Supplement to J. E. Afr. Swahili Committee, no. 26, June.

1962 — A survey of recent political developments in Tanganyika. "Afr. One-Party States", ed. by Gwendolen M. Carter, Cornell Univ. Press.

BATTAGLIA, R.:

1957 — I Bon di Hola Wagu nell' Oltregiuba. Ann. Later., 21, 322—346.

BAULIN, J.:

1962 — The Arab role in Africa. Penguin Books, Baltimore. Pp. 143.

BAUM, E.:

1965 — Die Organisation von Betrieb und Haushalt bei den Kaffee-Bananen-Milch-Bauern am Kilimanscharo. „Afrika-Studien", IFO-Inst. f. Wirtsch.-Forsch., Afrika-Studienstelle, München.

BAUMANN, O., ed. FREEMAN-GRENVILLE, G. S. P.:

1957 — Mafia Island (from translation in Mafia District Book). TNR, 46, Jan., 1—24.

BAXTER, P. T. W.:

1954 — Social Organization of the Boran of N. Kenya. CSSRC (mimeogr.).

1960 — The Kiga. "E. Afr. Chiefs", ed. by A. I. Richards, 278—310.

BEACHEY, R. W.:

1959 — The Arms Trade in East Africa in the late Nineteenth Century. Conf. Paper EAISR. Pp. 27.

1962 — The Arms Trade in East Africa in the late Nineteenth Century. J. Afr. Hist., 451—467.

Beattie, J. H. M.:
1953   — The Kibanja system of land tenure in Bunyoro. Conf. Paper EAISR. Pp. 11.
1954   — The Kibanja system of land tenure in Bunyoro. J. Afr. Adm., 6, 1, Jan., 18—28.
1954 a   — A further note on the Kibanja system of land tenure in Bunyoro. J. Afr. Adm., 6, 4, Oct., 178—185.
1957   — Informal judicial activity in Bunyoro. J. Afr. Adm., 9, 4, Oct., 188—195.
1957 a   — Initiation into the Cwezi spirit possession cult in Bunyoro. Afr. Stud., 16, 3, 150—161.
1957 b   — Nyoro Kinship. Africa, Oct., 317—340.
1957 c   — Nyoro personal names. UJ, 21, 1, Mar., 99—106.
1958   — Nyoro marriage and affinity. Africa, 28, 1, Jan., 1—22.
1958 a   — The blood pact in Bunyoro. Afr. Stud., 17, 4, 198—203.
1959   — Neighbourliness in Bunyoro. Man, 59, 112, May, 83—84.
1959 a   — Rituals of Nyoro Kingship. Africa, 29, 2, Apr., 134—145.
1960   — Bunyoro, an African Kingdom. Holt, New York. Pp. 86.
1960 a   — Bunyoro through the looking glass. J. Afr. Adm., 12, 2, Apr., 85—94.
1960 b   — On the Nyoro concept of mahano. Afr. Stud., 19, 3, 145—150.
1960 c   — The Nyoro. "E. Afr. Chiefs", ed. by A. I. Richards, 98—126.
1961   — Democratization in Bunyoro: the impact of democratic institutions and values on a traditional African Kingdom. Civilisations, 11, 1, 8—18.
1963   — A note on the connexion between spirit mediumship and hunting in Bunyoro, with special reference to possession by animal ghosts. Man, 63, 241, Dec., 188—189.
1964   — The story of Mariya and Yozefu: A case study from Bunyoro. Africa, Apr., 105—115.

Beidelman, T. O.:
1960   — A note on Luguru descent groups (Comment on Ehrenfels, with his rejoinder). Anthropos, 55, 5/6, 882—885.
1960 a   — The Baraguyu. TNR, 55, Sept., 245—278, bibl.
1961   — A note on Baraguyu house-types and Baraguyu economy. TNR, 56, Mar., 56—66,
1961 a   — Beer drinking and cattle theft in Ukaguru: Intertribal relations in a Tanganyika Chiefdom. Amer. Anthrop. v. 63, June.
1961 b   — Hyena and Rabbit: A Kaguru representation of matrilineal relations. Africa, Jan., 61—74.
1961 c   — Kaguru justice and the concept of legal fictions. J. Afr. Law, 5, 1, spring, 5—20.
1961 d   — Right and left hand among the Kaguru: A note on symbolic classification. Africa, July, 250—257.
1961 e   — Some notes on the Kamba in Kilosa District. TNR, 57, Sept., 181—194.
1962   — A demographic map of the Baraguyu. TNR, 58/59, 8—9.
1962 a   — Ironworking in Ukaguru. TNR, 58/59, 288—289.
1963   — A Kaguru version of the sons of Noah: a study in the inculcation of the idea of racial superiority. Cah. Et. Afr., 3, 12, 474—490.
1963 a   — Further adventures of Hyena and Rabbit: the folktale as a sociological model. Africa, Jan., 54—69.

152

1963 b   — Kaguru omens: an East African people's concepts of the unusual, unnatural and supernormal. Anthrop. Quart., 36, 2, 43—59.

1963 c   — Kaguru time reckoning: an aspect of the cosmology of an East African people. S. W. J. Anthrop., 19, 1, 9—20.

1963 d   — Some Kaguru riddles. Man, 63, 195, Oct., 158—160.

1963 e   — The blood convenant and the concept of blood in Ukaguru. Africa, Oct., 321—342.

1963 f   — Three Kaguru tales: some examples of the literature of an East African tribe. Afr. u. Übersee, 46, 3, May, 218—229.

BELL, J.:

1962   — Further education for the women of Uganda. Afr. Women, 4, 4, June, 73—77.

BELSHAW, D. G. R.:

1962   — Public Investment in Agriculture and the Economic Development of Uganda. E. Afr. Econ. Rev., v. 9, no. 2, Dec., 69—94.

1962 a   — The Economic Development of Uganda: a Review. E. Afr. Econ. Rev., v. 9, no. 2, Dec., 158—161.

1963   — An Outline of Resettlement Policy in Uganda 1945—1963. Conf. Paper EAISR. Pp. 19.

1963 a   — Food crop production in African agriculture. A geographical case study and its implications. E. Afr. Geogr. Rev., no. 1, Apr., 52—56.

1963 b   — Resettlement schemes for Rwanda refugees in Uganda. E. Afr. Geogr. Rev., no. 1, Apr., 46—48.

1964   — African agrarian systems: a review. J. Modern Afr. Stud., v. 2.

1964 a   — Agricultural production and trade in the East African Common Market. "Economics of E. Afr. Production", ed. by P. Robson, O.U.P.

1964 b   — Settlement Schemes and the Partition of the "White Highlands" of Kenya. E. Afr. Geogr. Rev.

1964 c   — Sisal: a review. UJ, v. 28, 1, Mar.

. . . and CLEAVE, J. H. (eds.):

1964   — The Economic Investigation of African Peasant Agriculture (Proceedings of a Conf. held at the Fac. of Agric., Makerere). Oxford Univ. Press and Uganda Dept. of Agriculture.

. . . and JOHNSTON, B. F. (eds.):

1965   — Agricultural Development Policies in East Africa. Stanford Univ. Press.

BENNET-CLARK, M. A.:

1957   — A mask from the Makonde tribe in the British Museum. Man, 57, 117, July, 97—98.

BENNETT, G.:

1957   — The development of political organizations in Kenya. Polit. Stud., 10, 2, June, 113—130.

1962   — An outline history of TANU (Tanganyika African National Union). Makerere J., 7, 15—32, bibl.

1963   — Kenya: a political history — the colonial period. Oxford Univ. Press, London, Students Library, 1.

. . . and ROSBERG, C. G.:

1961   — The Kenyatta election: 1960—1961. Oxford Univ. Press for Inst. of Commonwealth Stud., London, Pp. 230.

BENNETT, N. R.:
1959   — Americans in Zanzibar: 1825—1845. Essex Inst. Hist. Coll., v. 95.
196 .   — Studies in East African History. Boston Univ. Press. Pp. 93.
1960   — Captain Storms in Tanganyika: 1882—1885. TNR, no. 54.
1961   — Americans in Zanzibar: 1845—1865. Essex Inst. Hist. Coll., v. 97.
1961 a — Tanga, Tanganyika, Lake Tanganyika. Encyclopedia Amer.
1963   — William H. Hathorne: Merchant and Consul in Zanzibar. Essex
          Inst. Hist. Coll., v. 99.

BERE, R. M.:
1955   — Land and chieftainship among the Acholi. UJ, 19, 1, Mar., 49—56.

BERGER, H.:
1958   — Reisen und Untersuchungen in Ostafrika. Mitt. Österr. Geogr. Ges.
1959   — Das Elgongebirge im ostafrikanischen Hochland. Geogr. Jahresber.
          aus Österreich, 1957—1958, Wien.
1961   — Probleme der Bevölkerung und Wirtschaft im ostafrikanischen
          Hochland. Geogr. Rdsch.
1962   — Tanganyika, Bevölkerungs- und wirtschaftsgeographische Übersicht
          eines Entwicklungslandes. Mitt. Österr. Geogr. Ges., 104, 1/2.

BERGER, R.:
1963   — Oral Traditions in Karagwe. Conf. Paper EAISR. Pp. 7.

BERNARDI, B.:
1954   — The age-system of the Masai. Ann. Later., 18, 257—318.
1959   — The Mugwe, a failing prophet: a study of a religious and public
          dignitary of the Meru of Kenya. Oxford Univ. Press for Int. Afr.
          Inst., London, Pp. 211.

BEWES, T. F. C.:
1953   — Kikuyu religion — old and new. Afr. Aff., 52, 208, July, 202—210.

BHARATI, A.:
1963   — Culture Change and Stagnation Among the Indians in East Africa.
          "E. Afr. Development", ed. by the Syracuse Univ. Press.
... et al.:
1962   — Emergent, independent East Africa and East African Federation.
          Syracuse Univ. Press.

BIASUTTI, R. (ed.):
1954   — Le Razze e i Popoli della Terra. Unione Tipografico-Editrice
          Torinese. Pp. 2500 (v. 4).

BIEBUYCK, D. (ed.):
1963   — African agrarian systems: Studies presented and discussed at the
          second Int. Afr. Seminar, Lovanium University, Léopoldville, Jan.
          1960. Oxford Univ. Press for Int. Afr. Inst., London, Pp. 407.

BISHOP, W. W. et al.:
1959   — Discovering Africa's past. A series of lectures given during the
          third Conf. of Curators of E. and C. Afr. Museums, March 1959.
          Occ. Papers no. 4, Uganda Museum, Kampala. Pp. 40.

BLACKER, J. G. C.:
1959   — Fertility Trends of the Asian Population of Tanganyika. Popul.
          Stud., v. 13, no. 1, July.
1962   — Population growth and differential fertility in Zanzibar Protector-
          ate. Popul. Stud., v. 15, no. 3, Mar., 258—266.

BLIJ, H. J. DE:
        — s.: DE BLIJ, H. J.

BLOOD, A. G. (ed.):
1954   — The Fortunate Few. Education in East and Central Africa. Univ. Mission to C. Afr.

BOCCASSINO, R.:
1954   — I nilotici settentrionali. "Le Razze e i Popoli della Terra", ed. R. Biasutti, v. 3, 383—414.
1955   — Descrizione della cerimonia di riconciliazione fra due famiglie Acioli parenti, divise da un omicidio commesso involontariamente da un ragazzo. Afrikanistische Studien, ed. J. Lukas, 157—163.
1956   — La vendetta del lacen e la sua espulsione secondo gli Acioli dell'Uganda. „Die Wiener Schule der Völkerkunde", ed. J. Haekel, Wien.
1958   — Il kwong, il kir e l'espiazione di questi (tomo kir) secondo gli Acioli dell' Uganda. Ann. Later., 22, 286—317.
1962   — Contributo allo studio dell' ergologia delle popolazioni nilotiche e nilo-camitiche. Città del Vaticano.
1962 a — La vendetta del sangue praticata dagli Acioli dell' Uganda: riti e cannibalismo guerreschi. Anthropos, 57, 3/6, 357—373.
1963   — Die religiöse und soziale Wiedergutmachung des Mordes bei den Atscholi in Uganda. Sonderdruck aus Festschrift Paul J. Schebesta, St. Gabriel Verl., Wien-Mödling, 193—199.

BOEKE, J. H.:
1962   — Le développement du capitalisme en Indonésie et en Ouganda. „Transformations sociales et développement économique", UNESCO, 96—106.

BOHANNAN, P.:
1960   — African Homicide and Suicide (ed. by P. B.). Univ. Press, Princeton. Pp. XIX 270.
... and DALTON, G.:
1962   — Markets in Africa (ed. by P. B. and G. D.). NW. Univ. Press, Evanston. Pp. 762.

BOJARSKI, E. A.:
1958   — The last of the cannibals in Tanganyika. TNR, 51, Dec., 227—231.

BÖLTS, J.:
1961   — Bericht einer Studienreise nach Ägypten, Somalia, Lybien und Tanganyika (im Auftrag der FAO).

BOMANI, P.:
1956   — Baumwollgenossenschaften in der Seeprovinz Tanganyikas. Internat. Genoss. Rdsch., Bd. 49, Nr. 2, Febr.

BONINGER, J.:
1956   — New ways of living for the Kamba tribesmen. Community Develop. Bull., 7, 2, Mar., 28—30.

BOVILL, E. W.:
(1950) — s.: MATHESON, J. K. and BOVILL, E. W. (eds.).

BOWEN, J.:
1960   — The education of girls in Zanzibar. Oversea Educ., 32, 2, July, 74—82.

BOWLES, CH.:
1956   — Africa's challenge to America. Univ. of California Press, Berkeley. Pp. 134.

BRAIN, J. L.:
1962   — The Kwere of the Eastern Province. TNR, 58/59, 231—241.

BRANTSCHEN, A.:
1953 — Die ethnographische Literatur über den Ulanga-Distrikt. Acta Trop., 10, 2, 150—185, bibl.

BRASNETT, J.:
1958 — The Karasuk Problem. UJ, 22, 2, Sept., 113—122, map.

BREWIN, D. R.:
1961 — Teaching the Tanganyika agriculturist. Corona, v. 13.

BRIDGER, S. A.:
1962 — Planning land settlement schemes (Tanganyika). UNECA/FAO Agric. Econ. Bull. Afr., no. 1.
1963 — Planning land settlement schemes (with special reference to East Africa). Community Develop. Bull., 14, 3, June, 92—98.

BROCK, J. F., and AUTRET, M.:
1952 — Kwashiorkor in Africa. WHO monogr. ser. no. 8, Geneva. Pp. 78.

BROM, J. L.:
1956 — Mau-Mau. Amiot-Dumont, Paris. Pp. 200.

BROOKE, C. H.:
1963 — A geographical study of famines and acute shortages of food in Tanganyika. Portland State College.

BROWN, G. G.:
1959 — Some problems of culture contact (Hehe and Samoa). Pract. Anthrop., 6, 3, May—June, 103—109.

BROWN, J. C.:
1956 — The Ghost Dance of the Dakota Sioux and Mau Mau of the Kikuyu: a comparative study of colonial administration. Ph. D., Oregon, USA.

BROWN, R. T.:
1960 — Local government in the African areas of Kenya. J. Afr. Adm., 12, 3, July, 147—149.

BROWN, W.:
1960 — Status of Uganda women in relation to marriage laws. Afr. Women, 4, 1, Dec., 1—4.

BROWNING, P. R.:
1954 — Banking and Money in East Africa. E. Afr. Econ. Rev., July.

BUNDSCHUH, A.:
1957 — Sippe und Familie bei den Bantu. Z. Miss. u. Religionswiss., 41. Jg., 4, 311—313.

BURGESS, A., and DEAN, R. F. A. (eds.):
1962 — Malnutrition and Food Habits. Report of an Internat. and Inter-professional Conf. organized by the World Federation for Mental Health, London, and held during 1960, World Mental Health Year in Cuernavaca, Mexico. Tavistock Publ., London. Pp. 210.

BURKE, F. G.:
1956 — Some implications of the applications of the English committee system to local government. Conf. Paper EAISR. Pp. 8.
1957 — The New Role of the Chief with Special Reference to the Jopadhola. Conf. Paper EAISR. Pp. 11.
1958 — The Application of the English Committee System to Local Court in Uganda. J. Afr. Adm.
1958 a — The development of local government in Uganda: a comparative approach (parts I—II). Ph. D., Princeton, USA. Pp. 632.

1958 b   — The new role of the chief in Uganda. J. Afr. Adm., 10, 3, July, 153—160.

1963   — While other countries aim to reach the Moon, we must aim to reach the village. Conf. Paper EAISR. Pp. 13.

1964   — Local government and politics in Uganda. Syracuse.

BURNET, A. M.:
1958   — Women at Makerere. Afr. Women, v. 2, no. 4, 78—81.

BURTON and ...
1957   — Burton and Speke Centenary Number. TNR, 49, 219—318.

BUSK, D. L.:
1957   — The fountain of the sun: unfinished journeys in Ethiopia and the Ruwenzori. Parrish, London. Pp. 240.

BUSTIN, E.:
1958   — La décentralisation administrative et l'évolution des structures politiques en Afrique orientale anglaise. Collection Sc. Fac. Droit, Univ. Liège.

1959   — L'Africanisation des cadres administratifs de l'Ouganda. Civilisations, v. 9, no. 2.

BUTT, A.:
1952   — The Nilotes of the Anglo-Egyptian Sudan and Uganda. "Ethn. Survey Afr.: E. C. Afr.", 4, Int. Afr. Inst., London. Pp. 198, bibl.

BÜTTNER, K.:
1959   — Die Anfänge der deutschen Kolonialpolitik in Ostafrika. Akademie-Verl., Berlin. Pp. 115.

BYAMUNGU, A.:
1960   — An appraisal of the general agriculture of the Nguu. Handeni, MS.

BYRD, R. O.:
1963   — Characteristics of Candidates for Elections in a Country Approaching Independence: The Case of Uganda. Midwest J. Polit. Sci., Febr.

CAGNOLO, C.:
1952   — Kikuyu tales. Afr. Stud., 11, 1, Mar., 1—15.
1952 a   — idem, 3, Sept., 122—135.
1953   — idem, 12, 1, Mar., 10—21.
1953 a   — idem, 3, Sept., 122—131.

CAMERON, R. W.:
1955   — Kingdom of Uganda. Cornhill Magaz., Spring.

CAMPBELL, A.:
1954   — The heart of Africa. Knopf, New York. Pp. 487.

CAMPBELL, J.:
1962   — Multiracialism and politics in Zanzibar. Polit. Sci. Quart., Mar., v. 77, 72—87.

CARLEBACH, J.:
196 .   — The Position of women in Kenya. UN Econ. Soc. Council Doc. E/CN. 14/URB/9.

1962   — Juvenile prostitutes in Nairobi. "E. Afr. Stud.", no. 16, EAISR, Kampala. Pp. 50.

CARNELL, W. J.:
1955   — Four Gogo folk tales. TNR, 40, Sept., 30—42.
1955 a   — Sympathetic magic among the Gogo of Mpwapwa District. TNR, 39, June, 25—38.

CAROTHERS, J. C.:

1953 — The African mind in health and disease; a study in ethnopsychiatry. WHO, Geneva. Pp. 177, diagr. bibl. (173—177).

1954 — The psychology of Mau Mau. Govt. Printer, Nairobi. Pp. 35.

CARTER, G. M.:

1960 — Independence for Africa. Praeger, New York. Pp. 172, bibl.

1962 — African One-Party States. (ed. by G. M. C.) Cornell Univ. Press, Ithaca, New York. Pp. 501.

CASHMORE, T. H. R.:

1961 — A note on the chronology of the Wanyika of the Kenya coast. TNR, 57, Sept., 153—172.

CAVE, R.:

1961 — Co-operative Development and Outlook in East and Central Africa. Consumer Res. Inst. San Francisco State Coll., no. 1.

CAVICCHI, E.:

1952 — La Mau-Mau. Miss. Consolata, 54, 198—208.

CHIDZERO, B. T. G.:

1960 — African nationalism in East and Central Africa. Int. Aff., 36, 4, Oct., 464—475.

1961 — Tanganyika and international trusteeship. Oxford Univ. Press for Roy. Inst. Int. Aff., London. Pp. X, 286, bibl.

CHITTICK, H. N.:

1959 — Notes on Kilwa. TNR, 53, Oct., 179—203, map.

1963 — Kilwa and the Arab settlement of the East African coast. J. Afr. Hist., 4, 2, 179—190.

CLARK, D.:

1952 — Memorial service for an ox in Karamoja. UJ, 16, 1, Mar., 69—71.

1952 a — A Karamojong Wedding. UJ, v. 16, no. 2, Sept., 176—177.

1953 — Death and burial ceremonies among the Karamojong. UJ, 17, 1, Mar. 75—76.

CLARK, P. G.:

1963 — Next steps for Industrialization in East Africa (mimeogr.), EAISR, Kampala, EDRP 12, 4. 12., MS.

1963 a — Toward more comprehensive planning in East Africa. E. Afr. Econ., Rev., Dec.

1964 — Co-ordination of development plans in East Africa. Conf. Paper EAISR. Pp. 22.

... and FRANK, C. R.:

1964 — Stages of development and internationally agreed trade policies (mimeogr.), EAISR, Kampala, EDRP 20, 19. 2.

... and KYESIMIRA, Y. Z.:

1964 — Compensatory Financing for Export Fluctuation (mimeogr.), EAISR, Kampala, EDRP 23, 6. 3.

CLAYTON, E. S.:

1960 — Labour Use and Farm Planning in Kenya. Empire J. Exper. Agric., no. 110.

1963 — Economic planning in peasant agriculture: a study of the optimal use of agricultural resources by peasant farmers in Kenya. Wye College, Univ. London, Dept. Agric., Econ., Ashford, Kent. Pp. IX 69, map.

CLEAVE, J. H.:
(1964)   — s.: BELSHAW, D. G. R., and CLEAVE, J. H. (eds.).

CLEMM, M. VON:
1963   — Agriculture and Sentiment on Kilimanjaro. Econ. Botany.
1963 a   — The Political and Economic Development of the Chagga: A Case Study in Social Change. Ph. D., Oxford Univ.

CLOUGH, R. H.:
196.   — The Short-run Demand for Agricultural Technicians in East Africa. Makerere, Fac. Agric., EAISR, Kampala.

COHEN, L.:
1955   — Women's Advancing Status in Uganda. Increase in Secondary Education. Times Brit. Colon. Rev., Mar., 8.

COLE, S.:
1954   — The prehistory of East Africa. Penguin Books, Harmondsworth, Middlesex. Pp. 301.
1958   — Early man in East Africa. Macmillan, London, Pp. 104.
1963   — The stone age of East Africa. "History of E. Afr.", ed. by R. Oliver and G. Mathew, v. 1, 23—57.

COLEMAN, J. S.:
1960   — Politics of sub-Saharan Africa. "The politics of the developing areas", ed. by G. A. Almond and J. S. Coleman, Princeton Univ. Press, Princeton, N. J., 247—368.

COLLARD, J.:
1956   — La femme dans la sensibilité bantoue. Synthèses, 11ᵉ ann., no. 121, 288—291.

COLLINS, R. O.:
1961   — The Turkana patrol, 1918. UJ, 25, 1, Mar., 16—33.

COLLISTER, P.:
(1956)   — s.: VERE-HODGE, E. R., and COLLISTER, P.

COLPI, E.:
1953   — Credenze religiose e moralità Kikuyu. Filosofia, Torino.

COMMITTEE ON ...
1960   — Committee on the Integration of Education. Report. W. W. Lewis-Jones, chairman. Offic. Publ. Brit. E. Afr. Pp. 30.

COMMUNITY DEVELOPMENT ...
1955   — Community development in the Pare District of Tanganyika, 1950—1954. "Fundam. and Adult Educ.", UNESCO, 7, 4, Oct., 160—167.
1956   — idem, 8, 1, Jan., 31—35.

CONACHER, D. G.:
1957   — Health education and anthropology: A study in East Africa. Health Educ. J., 15, 2, May, 125—130.

CONNOR, R. M. B.:
1954   — Nyakyusa pagan religion. Int. Rev. Missions, 43, 170, Apr., 170 bis 172.

CORFIELD, F. D.:
1960   — Historical survey of the origins and growth of Mau Mau. HMSO, London. Pp. 321.

CORTIS, L. E.:
1962   — A comparative study in the attitudes of Bantu and European workers. Psychologia Africana, 9, 148—167.

CORY, H.:

1951 — The Ntemi. Traditional rites in connection with the burial, election, enthronement and magic powers of a Sukuma chief. Macmillan, London. Pp. 83.

1952 — The people of the Lake Victoria region. TNR, 33, July, 22—29.

1953 — Sukuma Law and Custom. Int. Afr. Inst., London. Pp. 194, map.

1953 a — Wall-paintings by snake charmers in Tanganyika. Faber, London. Pp. 99.

1954 — The Indigenous Political System of the Sukuma and Proposals for Political Reform. "E. Afr. Stud.", no. 2, Eagle Press for EAISR, Nairobi. Pp. VII 130.

1955 — The buswezi (secret society). Amer. Anthrop., 57, 5, Oct., 923—952.

1956 — African figurines: their ceremonial use in puberty rites in Tanganyika (Sambaa, Zigua, Nguu, Pare). Faber, London. Pp. 176.

1956 a — Buhaya and the African explorer (Extracts from a forthcoming book). TNR, 43, June, 20—27.

1960 — Reform of Tribal Political Institutions in Tanganyika. J. Afr. Adm., 12, 2, Apr.

1960 a — Religious beliefs and practices of the Sukuma-Nyamwezi tribal group. TNR, 54, Mar., 14—26.

1961 — Sumba birth figurines. J. Roy. Anthrop. Inst., 91, 1, Jan.—June, 67—76.

1962 — The Sambwa initiation rites for boys. TNR, 58/59, 274—282.

COTRAN, E.:

1962 — Recent changes in the Uganda legal system. J. Afr. Law, 6, 3, autumn, 210—216.

1962 a — Some recent developments in the Tanganyika judicial system. J. Afr. Law, 6, 1, spring, 19—28.

1963 — Report on the customary criminal offences in Kenya. Govt. Printer, Nairobi. Pp. 34.

1963 a — The unification of laws in East Africa. J. Modern Afr. Stud., 1, 2, 209—220.

COUPLAND, R.:

1956 — East Africa and its invaders. London. Pp. 592.

COWLEY, K.:

1952 — The Native Authority System in Kenya. Conf. Paper EAISR. Pp. 6.

CRAZZOLARA, J. P.:

1950/54 — The Lwoo. (Part 1.: Lwoo migrations; Part 2.: Lwoo traditions; Part 3.: Clans). Missioni Africane, Verona. Pp. 596.

1957 — Ursprungsbeziehungen der Zulu mit Uganda-Stämmen. Anthropos, 52.

1960 — Notes on the Lango-Omiru and on the Labwoor and Nyakwai. Anthropos, 55, 1/2, 174—214.

1961 — Lwoo migrations. UJ, 25, 2, Sept., 136—148.

CREATON, D.:

1960 — The winds of Change (a novel about the Kipsigis). Allen and Unwin, London. Pp. 224.

CRIPPS, J.:

196 . — An economic study of Kamba and Kipsigis agriculture. Fac. Agric. Makerere, EAISR.

CROFTON, R. H.:
1953　　　— Zanzibar affairs 1914—1933. Francis Edwards, London. Pp. XI, 164.

CROSSE-UPCOTT, A. R. W.:
195 .　　　— Labour migration in Liwale, Southern Province. (Mimeogr.).
1956　　　— Social aspects of Ngindo bee-keeping. J. Roy. Anthrop. Inst., 86, 2, July—Dec., 81—108, map.
1958　　　— Ngindo famine subsistence. TNR, 50, June, 1—20.
1959　　　— Male Circumcision among the Ngindo. J. Roy. Anthrop. Inst., v. 89, part II, 169—189.
1960　　　— The Origin of the Maji Maji Revolt. Man, v. 60.

CRUTCHER, J. R.:
196 .　　　— Research on sanctions of African rule in Tanganyika: the transformation of religious political symbolism. Ph. D., Univ. Notre Dame.

CURRENT . . .
1961　　　— Current History. Special issue: "Africa: A New Nationalism". Oct., v. 41, Philadelphia, 193—239.
1961 a　　— Current History. Special issue: "Changing Africa". Febr., v. 40, Philadelphia, 65—110.

DAHYA, B.:
1962　　　— The Nakasero XI — A Street Football Team. Conf. Paper. EAISR. Pp. 15.
1963　　　— The "Evil Eye" in an Asian Community in East Africa. Conf. Paper EAISR. Pp. 17.
1963 a　　— Some characteristics of Tribal Associations in Kampala. Conf. Paper EAISR. Pp. 10.

DAKEYNE, R. B.:
1960　　　— The pattern of settlement in Central Nyanza, Kenya. Austral. Geographer, 8, 4, 183—191, bibl.

DALGLEISH, A. G.:
1960　　　— Survey of unemployment (Kenya). Govt. Printer, Nairobi. Pp. 44, bibl., map.

DALTON, G.:
(1962)　　— s.: BOHANNAN, P., and DALTON, G.

DALTON, M.:
1951/52　　— The El-Molo: a dying tribe on the shores of Lake Rudolph. E. Afr. Annu., 45—47.
1954/55　　— Life with the Rendile. E. Afr. Annu., 89—97.

DAMMANN, E.:
1958　　　— Tiergeschichten der Digo. Mitt. Inst. Orientforsch., 6, 406—454.
1960/61　　— Ein Nachtrag zur Geschichte der Digo. Afr. u. Übersee, 44, 37—40.
1960/61 a　— Schwangerschaft, Geburt und Aufzucht der Kleinkinder bei den Digo. Afr. u. Übersee, 44, 93—109.
1961 b　　— Zur Überlieferung der Segedju. Beiträge zur Völkerforschung. Hans Damm zum 65. Geburtstag, u. Veröff. Mus. Völkerk., Leipzig.
1963　　　— Die Religionen Afrikas. „Die Religionen der Menschheit", Nr. 6, Stuttgart.

DANIELSON, E. R.:
1957　　　— Proverbs of the Waniramba people of East Africa. TNR, 47/48, June—Sept., 187—197.

| | 1961 | — A brief history of the Waniramba people up to the time of the German occupation, collected by Daudi Kidamala (translated by E. R. D.), TNR, 56, Mar., 67—78. |

DATTA, A. K.:
1956 — Tanganyika: A government in a plural society. Ph. D., Leiden. Pp. VII, 147.

DAVIDSON, B.:
1961 — Urzeit und Geschichte Afrikas. Rowohlt, Hamburg, Pp. 296.

DEAN, J. H.:
1954 — A land use study in the Uganda Protectorate. Ph. D., Clark, USA.

DEAN, R. F. A.:
(1957) — s.: GEBER, M., and DEAN, R. F. A.
(1958) — idem.
(1962) — s.: BURGESS, A., and DEAN, R. F. A. (eds.).

DE BLIJ, H. J.:
1963 — Dar es Salaam, Tanganyika: A study in Urban Geography. Northwestern Univ. Press, Evanston. Pp. 112.

DELF, G.:
1961 — Jomo Kenyatta: towards truth about "The Light of Kenya". V. Gollancz, London. Pp. 223.
1963 — Asians in East Africa. Oxford Univ. Press for Inst. Race Relations, London. Pp. 64, map.

DESAI, R. H.:
1963 — Leadership in an Asian Community. Conf. Paper EAISR. Pp. 8.

DESHLER, W. W.:
1953 — Life among the Bajun (The N. Kenya Coast). Geogr. Magaz., v. 25.
1957 — The Dodos country: a study of indigenous settlement in a semi-arid area of Uganda. Ph. D., Maryland, USA.
1960 — Livestock Trypanosomiasis and Human Settlement: Some Relationships observed in N. E. Uganda. Geogr. Rev., Oct.
1963 — Cattle in Africa: distribution, types, and problems. Geogr. Rev., 53, 1, Jan. 52—58.

DIA, M.:
1962 — Contribution à l'étude du movement coopératif en Afrique noire. Paris.

DIAS, A. J.:
1959 — Vida e arte do povo Maconde. Exposiçao ... Junta des Investigaçoes do Ultramar, Lisboa. Pp. 7.

DICKINS, W. H. G.:
(1960) — s.: HICKMAN, G. M., and DICKINS, W. H. G.

DIGGS, L.:
1956 — The Indian in East Africa. Crisis, 63 (4), Apr., 215—225.

DOBSON, B.:
1954 — Women's Place in East Africa. Corona, v. 6, no. 12, Dec., 454—457.

DOBSON, E. B.:
1954 — Comparative land tenure of ten Tanganyika tribes. J. Afr. Adm., 6, 2, Apr., 80—91.

DOCHERTY, A. J.:
1957 — The Karamojong and the Suk. UJ, 21, 1, Mar., 30—40.

DOOB, L. W.:
1958 — On the Nature of Uncivilized and Civilized People. J. Nervous Mental Disease, v. 126, no. 6, June, 513—522.

162

1960 — Becoming More Civilized. A Psychological Exploration. Yale Univ. Press, New Haven. Pp. 333.

1962 — From Tribalism to Nationalism in Africa. J. Int. Aff., v. 16, no. 2.

Dosser, D. G. M.:

1957 — Input-Output Analysis in an Underdeveloped Economy. Rev. Econ. Stud., no. 1.

(1958) — s.: Peacock, A. T., and Dosser, D. G. M.

Dreschfield, R. L. E. (Chairman):

1958 — Report of the commission of inquiry into the management of the Teso District Council. March. Pp. 31.

Duff, P. C.:

1961 — Note on "land and politics among the Luguru of Tanganyika". TNR, no. 56.

Duffy, J., and Manners, R. A. (eds.):

1961 — Africa speaks. Van Nostrand, Princeton, N. J. Pp. 223.

Duignan, P.:

(1962) — s.: Gann, L. H., and Duignan, P.:

Dyer, H. W.:

1960 — Report on the situation of the co-operative movement in Tanganyika. MS.

Dyson-Hudson, Neville:

1959 — The Present Position of the Karimojong. Colonial Office, London.

Dyson-Hudson, V. R.:

1961 — Ecological study of a pastoral tribe: the Karimojong of North-East Uganda. Sudan J. Vet. Sci. Anim. Husbandry, 2, 2, 176—179.

Eberlie, R. F.:

1960 — The German achievement in East Africa. TNR, 55, Sept., 181—214. bibl.

Edel, M. M.:

1957 — The Chiga of Western Uganda. Oxford Univ. Press for Int. Afr. Inst., London. Pp. 200.

Edgerton, R. B.:

(1963) — s.: Winans, E. V., and Edgerton, R. B.

Education in ...

1962 — Education in East Africa. Report prepared by the chairman of the African Education Commission, Thomas Jesse Jones. Abridged edition of the original report of 1925. Oxford Univ. Press, London. Pp. 213.

Ehrenfels, U. R.:

1962 — Im lichten Kontinent. Progress Verl., Darmstadt. Pp. 325.

1962 a — Mother-Right in East Africa. TNR.

Ehrlich, C.:

1954 — The Uganda Company — a Business History. Church Miss. Soc. Press, Kampala.

1955 — The Poverty in Uganda, 1893—1903. Conf. Paper EAISR. Pp. 6.

1956 — The economy of Buganda, 1893—1903. UJ, 20, 1, Mar., 17—26.

1957 — Cotton and the Uganda Economy 1903/1913. Conf. Paper EAISR. Pp. 18.

1959 — Some Social and Economic Implications of Paternalism in Uganda. Conf. Paper EAISR. Pp. 17.

196 .   — The Uganda Economics 1900—1945. Oxford History of E. Afr.,
             v. II, Oxford Univ. Press, London.
1963   — Some social and economic implications of paternalism in Uganda.
             J. Afr. Hist., 4, 2, 275—285.

... and WALKER, D.:
1959   — Stabilization Policies in Uganda. Kyklos, July.

ELIAS, T. O.:
1956   — The nature of African customary law. Univ. Press, Manchester.
             Pp. 318.
1962   — British colonial law: A comparative study of the interaction be-
             tween English and local laws in British dependences. Stevens, Lon-
             don. Pp. 323.

ELKAN, W.:
1955   — The Employment of Women in Uganda. Conf. Paper EAISR.
             Pp. 6.
1956   — An African labour force: Two case studies in East African factory
             employment. "E. Afr. Stud.", no. 7, EAISR, Kampala. Pp. 59.
1956 a   — Incentives in East Africa. Corona, 8, 12, 460—464.
1956 b   — Labour Problems in the Industrialisation of an African Society:
             A Study in Urban Industrial Employment in Uganda. Ph. D., Lon-
             don.
1956 c   — The Employment of Women in Uganda. Afr. Women, Dec., v. 2,
             no. 1, 6—9.
1957   — Regional Disparities of Income and Taxation in Uganda. Conf.
             Paper EAISR. Pp. 12.
1957 a   — The employment of women in Uganda. Bull. Inst. Interafr. Travail,
             v. 4, no. 4, 8—23.
(1957)   — s.: POWESLAND, P. G.; ed. ELKAN, W.
1958   — The East African trade in woodcarvings (Kamba). Africa, 28, 4,
             Oct., 314—323.
1958 a   — The Kamba Trade in Wood Carvings. Conf. Paper EAISR. Pp. 21.
1959   — Labour Migration in Africa. Amer. Econ. Rev., June.
(195 .)   — s.: GUTKIND, P. C. W., and ELKAN, W.
1960   — Migrants and Proletarians: Urban Labour in the Economic
             Development of Uganda. Oxford Univ. Press, London. Pp. 149,
             map.
(1960)   — s.: FALLERS, L., and ELKAN, W.
1961   — Die Wirtschaft Ugandas. Neues Afr., 3, 6, June, 238—241.
1961 a   — The Economic Development of Uganda. Oxford Univ. Press,
             London. Pp. 72.

ELLIS, B. P. B.:
1961   — Four surveys of leprosy in the Lango district of Uganda. Leprosy
             Rev., 32, 2, Apr., 103—107.

ELLIS, P. J. C.:
1957   — Ubungu in Chunya District. TNR 47/48, June—Sept., 201—202.

ENGHOLM, G. F.:
1956   — The Development of Procedure in Uganda's Legislative Council.
             Parliam. Aff., v. 9, no. 3.
1959   — Administrative Aspects of the 1958 Uganda Elections. Conf. Paper
             EAISR. Pp. 21.
1960   — African Elections in Kenya 1957. "Five Elections in Africa", ed.
             by W. J. M. Mackenzie and K. Robinson.

ENQUIRY INTO . . .
1960   — Enquiry into Community Development in Uganda. By V. L. Grif-
          fith, UNECA E/CN. 14/81, New York. Pp. 86.

ETHERINGTON, D. M.:
1963   — Land Resettlement in Kenya — Policy and Practice. E. Afr. Econ.,
          Rev., June.

EVANS, M. N.:
1955   — Local government in the African areas of Kenya. J. Afr. Adm., 7,
          3, July, 123—127.

EVANS, P. J. D.:
1956   — Law and disorder: Or, scenes of life in Kenya. Secker and War-
          burg, London. Pp. XII 296.

EVANS-PRITCHARD, E. E.:
1950   — Marriage Customs of the Luo in Kenya. Africa, v. 20, no. 2,
          132—142.

(1963)   — s.: FORTES, M., and EVANS-PRITCHARD, E. E.

FALLERS, L. A.:
1950   — Basoga Field Work. Conf. Paper EAISR. Pp. 4.
1951   — Clan and Lineage in Busoga. Conf. Paper EAISR. Pp. 5.
1951 a   — The Power System of Busoga. Conf. Paper EAISR. Pp. 5.
1952   — Village Chiefs in Busoga. Conf. Paper EAISR. Pp. 7.
1953   — Bantu bureaucracy: A study of role conflict and institutional
          change in the Soga political system. Ph. D. Thesis, Univ. Chicago.
          Pp. 194.
1955   — The Politics of Landholding in Busoga. Econ. Develop. Cult.
          Change, v. 3, no. 3, Apr., 260—270.
1955 a   — The predicament of the modern African chief: an instance from
          Uganda. Amer. Anthrop., 57, 2, Apr., 290—305.
1956   — Bantu Bureaucracy. A Study of Integration and Conflict in the
          Political Institutions of an East African People. W. Heffer, Cam-
          bridge. Pp. 283.
1956 a   — Changing customary law in Busoga District. J. Afr. Adm., 8, 3,
          July, 139—144.
1956 b   — Some determinants of marriage stability in Busoga. Conf. Paper
          EAISR. Pp. 13.
1957   — Social Class in Modern Buganda. Conf. Paper EAISR. Pp. 10.
1957 a   — Some Determinants of Marriage Stability in Busoga: A Reformula-
          tion of Gluckman's Hypothesis. Africa, 27, 2, Apr., 106—121.
1959   — Despotism, status culture and social mobility in an African king-
          dom. Comp. Stud. Soc. Hist., 2, 1, Oct., 11—32.
1960   — Homicide and Suicide in Busoga. "Afr. Homicide and Suicide", ed.
          by P. J. Bohannan, Princeton Univ. Press.
1960 a   — The Soga. "E. Afr. Chiefs", ed. by A. I. Richards, 78—97.
1961   — Are African cultivators to be called "peasants"? Curr. Anthrop.,
          2, 2, Apr., 108—110, map.
1961 a   — Ideology and culture in Uganda nationalism. Amer. Anthrop., 63,
          4, Aug., 677—686.
1963   — "The King's men" — Leadership and Status in Buganda on the Eve
          of Independence. (ed. by L. A. F.) Oxford Univ. Press for EAISR.
          Pp. 400.

... and ELKAN, W.:
1960 — Labor Mobility and Competing Status Systems. "Commitment of the Labor Force in Newly-Industrialized Areas", ed. by W. Moore and A. Feldmann.

FALLERS, M. C.:
1960 — The eastern lacustrine Bantu (Ganda and Soga). "Ethn. Survey Afr.: E. C. Afr.", 11, Int. Afr. Inst., London. Pp. 86, bibl., map.

FARMER, A. P.:
1960 — Malnutrition as an Ecological Problem. E. Afr. Med. J., v. 37, no. 5, May, 399—404.

FEARN, H.:
1955 — The Problems of the African Trader. Conf. Paper EAISR, Pp. 12.
1956 — Cotton Production in the Nyanza Province of Kenya. Empire Cotton Grow. Rev., v. 33.
1958 — The Gold Mining Era in Kenya Colony. Malayan J. Trop. Geogr., v. 11.
1960 — An African economy: A study of the economic development of the Nyanza Province of Kenya, 1903—1953. Oxford Univ. Press, London. Pp. 288, bibl.

FEINHANDLER, S. J.:
196 . — Concepts of mental and physical illness, magic, and the super-natural among the Taita of Kenya. Ph. D., Harvard Univ.

FELDMANN, A.:
(1960) — s.: MOORE, W., and FELDMANN, A.

FIELD, H.:
1953 — Contributions to the anthropology of the Faiyum, Sinai, Sudan, Kenya. Cambridge Univ. Press. Pp. 352, bibl.

FILESI, T.:
1958 — Comunismo e nazionalismo. Instituto Italiano per l'Africa, Roma. Pp. 368.

FINCH, F. G.:
1957 — Hambageu: some additional notes on the god of the Wasonjo. TNR, 47/48, June—Sept., 203—208.

FISHER, J.:
1950 — The Kikuyu Family. Conf. Paper EAISR. Pp. 2.
195 . — Report to the Government on Kikuyu land tenure, and on a work on Kikuyu women (unpublished).

FITZGERALD, W.:
1961 — Africa: A social, economic and political geography of its major
(9th ed.) regions (9th ed., rev. by W. C. Brice). Methuen, London — Dutton, New York. Pp. 511, bibl.

FLEMMING, Sir G. (Chairman):
1960 — Report of the commission on the public services of the East African territories and the East Africa High Commission. Govt. Printer, Entebbe. Pp. XII, 209.

FLIEDNER, H.:
1963 — Some Legal Aspects of Land Reform in Kenya. Conf. Paper EAISR. Pp. 10.
1965 — Bodenrechtsreformen in Kenia in ihren ökonomischen und sozialen Auswirkungen. „Afrika-Studien", IFO-Inst. f. Wirtsch.-Forsch., Afrika-Studienstelle, München.

FLINT, J.:
1963 — The Wider Background to Partition and Colonial Occupation. "Hist. of E. Afr.", ed. by R. Oliver and G. Mathew, v. 1, 352—390.

FORD, J.:
1953 — Tsetse fly in Ankole: a Hima song. UJ, 17, 2, Sept., 186—188.

FORD, V. C. R.:
1955 — The trade of Lake Victoria: A geographical study. "E. Afr. Stud.", no. 3, EAISR, Kampala. Pp. 66, map.

FORDE, D.:
1954 — African Worlds. Studies in the cosmological ideas and social values of african peoples (ed. by D. F.). London, New York, Toronto. Pp. 243.

1956 — Aspects sociaux de l'industrialisation et urbanisation en Afrique au Sud du Sahara. (ed. by D. F.). UNESCO, Paris.

(1960) — s.: RADCLIFFE-BROWN, A. R., and FORDE, D.

FORDHAM, P. E.:
196. — The English Tradition in East African Education. Adult Educ.

... and WILTSHIRE, H. V.:
1963 — Some tests of prejudice in an East African adult college (College of Social Studies, Kikuyu). Race, 5, 2, Oct., 70—77.

FORRESTER, M. W.:
1962 — Kenya Today: Social Prerequisites for Economic Development. Mouton and Co., Hague. Pp. 179.

FORTES, M. (ed.):
1962 — Marriage in tribal societies. Cambridge Univ. Press. Pp. VII 157, bibl.

... and EVANS-PRITCHARD, E. E.:
1963 — African political systems. Oxford Univ. Press. Pp. 302. (1st. ed.: 1940, 8th ed.: 1963.)

FORTT, J. M.:
195. — The distribution of African Population — native and immigrant — in Buganda: A geographical interpretation. MS, EAISR.

1954 — The Distribution of the Immigrant and Ganda Population within Buganda. "Econ. Develop. and Tribal Change", ed. by A. I. Richards.

FOSBROOKE, H. A.:
1953 — Hambageu, the god of the Wasonjo. TNR, 35, July, 38—42.

1953 a — The defensive measures of certain tribes in North-Eastern Tanganyika (Iraqw, Chaga, Mbugwe, Sonjo). TNR 35, 1—6.

1954 — idem, 36, 50—57.

1954 b — idem, 37, 115—129.

1955 — idem, 39, 1—11.

1954 c — A note on the Ngasa a curious ethnic relic. Afr. Stud., 13, 3/4. 153—154.

1954 d — Chagga forts and bolt holes. TNR, 37, July, 115—129.

1954 e — Further light on rock engravings in Northern Tanganyika. Man, 54.

1955 a — Early iron age sites in Tanganyika relative to traditional history. Congr. Panafr./III., 318—325.

1955 b — Prehistoric walls, rainponds and associated burials in Northern Tanganyika. Congr. Panafr./III, 326—335.

1955 c — The life of Justin (Lemenye). An African autobiography. (tr. from the Swahili). TNR 41, 31—57.

1956   — idem, 42, 19—30.
1956 a   — A stone age tribe in Tanganyika (Hadzapi or Kindiga). S. Afr.
            Archaeol. Bull, 11, 3—8.
1956 b   — The Masai age-group system as a guide to tribal chronology. Afr.
            Stud., 15, 4, 188—204.
1958   — A Rangi circumcision ceremony. TNR, 50, June, 30—38.
1958 a   — Blessing the year: a Wasi/Rangi ceremony. TNR 50, June, 21—29.
1958 b   — Tanganyika's population problem: an historical explanation. Hum.
            Probl. Brit. C. Afr., 23, June, 54—58.
1959   — Social security as a felt want in East and Central Africa. Bull.
            Inter-Afr. Labour Inst., 6, 3, May, 8—57, bibl.
1960   — Political Tensions among the Luguru of Tanganyika. Kegan, Lon-
            don.
1960 a   — The "Masai walls" of Moa. Walled towns of the Segeju. TNR,
            29—37.
(1960)   — s.: YOUNG, R. A., and FOSBROOKE, H. A.
(1960 a) — idem.
FOSTER, FATHER P.:
1961   — White to Move? A Portrait of East Africa Today. Eyre and Spottis-
            woode, London. Pp. 199.
FRANCOLINI, B.:
1953   — I Kikuyu e la setta Mau Mau. Riv. Etnogr., 6, 1/4, 1—12.
FRANK, C. R. (Jr.):
1963   — Production and distribution of sugar in East Africa. E. Afr. Econ.
            Rev., Dec.
1964   — Economic integration and possible savings in sugar transport costs
            in East Africa. EAISR, Kampala. EDRP 18.
1964 a   — The production and distribution of sugar in East Africa. Conf.
            Paper EAISR. Pp. 15.
(1964)   — s.: CLARK, P. G., and FRANK, C. R.
FRANK, W.:
1963   — Habari na desturi za Waribe (History and customs of the Ribe).
            Macmillan, London. Pp. 65.
FREEMAN-GRENVILLE, G. S. P.:
1960   — Historiography of the East African Coast. TNR, 55, Sept.,
            279—289.
1962   — The East African coast: select documents from the first to the
            earlier 19th century. Oxford Univ. Press, London. Pp. 314.
1962 a   — The medieval history of the coast of Tanganyika. Oxford Univ.
            Press, London. Pp. 238, bibl.
1963   — The Coast 1498—1840. "Hist. of E. Afr.", ed. by R. OLIVER and
            G. MATHEW, v. 1, 129—168.
1963 a   — The German Sphere, 1884—1898. "Hist. of E. Afr.", ed. by
            R. Oliver and G. Mathew, v. 1, 433—453.
FRIEDLAND, H.:
1961   — The Institutionalization of Labour Protest in Tanganyika and some
            resultant Problems. Sociologus, Neue Folge, 11, 2, 132—147.
196 .   — A study of trade union development in Tanganyika. Ph. D., Univ.
            California, Berkeley.
FRIEDMANN, W. G. et al.:
1962   — Public International Development Financing in East Africa: Kenya,
            Tanganyika, Uganda. Columbia Univ. Press.

FRIEDRICH, K. und JÜRGENS, H.:
1965   — Die Organisation der Bodennutzung und Viehhaltung im Kaffee-
            Anbaugebiet bei Bukoba. „Afrika-Studien", IFO-Inst. f. Wirtsch.-
            Forsch., Afrika-Studienstelle, München.
FUGGLES-COUCHMAN, N. R.:
1960   — Agricultural problems in Tanganyika. Corona, v. 12, no. 12.
FURLEY, O.:
1959   — The Sudanes Troops in Uganda: from Lugard's Enlistment to the
            Mutiny 1891—1897. Conf. Paper EAISR. Pp. 26.

GAGERN, A. v.:
(1966)   — s.: SCHEFFLER, W., and GAGERN, A. v.
GALE, H. P.:
1956   — Mutesa I — was he a god? The enigma of Kiganda paganism.
            UJ, 20, 1, Mar., 72—87.
1959   — Uganda and the Mill Hill Fathers. Macmillan, London. Pp. 334.
GALLAGHER, J.:
(1961)   — s.: ROBINSON, R., and GALLAGHER, J.
GANN, L. H., and DUIGNAN, P.:
1962   — White settlers in tropical Africa. Penguin Books, Baltimore. Pp. 169.
GARLAND, W.:
1965   — An ethnographic study of the social structure, law and politics of
            the Walkinga (to be published).
GARLICK, P. C.:
1960   — Government promotion of African business enterprise in East
            Africa. Econ. Bull., Ghana, 4, 4, Apr., 5—12.
GEBER, M.:
1958   — L'enfant africain occidentalisé et de niveau social supérieur en
            Uganda. Courr. Centre Int. Enfance, 8, 9, Oct., 517—523.
1958 a   — Tests de Gesell et de Terman-Merrill appliqués en Uganda.
            Enfance, 1, Jan.—Fev., 63—67.
1958 b   — The psycho-motor development of African children in the first
            year and the influence of maternal behaviour. J. Soc. Psychol. 47,
            185—195.
. . . and DEAN, R. F. A.:
1957   — Gesell tests on African children. Pediatrics 20, 1055—1065.
1958   — Psychomotor development in African children: The effects of social
            class and the need for improved tests. Bull. WHO 18, 471—476.
GEIGY, R, and HOELTKER, G.:
1951   — Mädchen-Initiationen im Ulanga-Distrikt von Tanganyika. Acta
            Trop., v. 8, no. 4, 289—344, carte.
GERLACH, L. P.:
1959   — Digo. "Attitudes to health and desease among some E. Afr. tribes",
            EAISR, Symposium.
196 .   — Essay on Digo Economy (to be published).
196 . a   — Nyika. Encyclopaedia Britannica.
196 . b   — The social Organization of the Digo of Kenya. Ph. D.
1961   — Economy and protein malnutrition among the Digo. Proc. Minne-
            sota Acad. Sci., 29, 1—13.
1962   — Traders on bicycles: A study of entrepreneurship and culture
            change among the Digo of Kenya. Paper Annual Meeting of the
            AAA, Chicago, Nov.

1963   — Traders on bicycle: A study of entrepreneurship and culture change among the Digo and Duruma of Kenya. Sociologus, 13, 1, 32—49.

GHAI, D. P.:

1963   — Territorial distribution of benefits and costs of the East African customs-union. U. of E. Afr., Conf. on Federation, Kampala, Nov.

GHILARDI, P.:

1955   — Religione e credenze degli Agekoyo. Ann Later., 19, 333—348.

1956   — La circoncisione o irùa presso i Ghekojo (= Kikuyu). Ann Later., 20, 15—27.

GICARU, M.:

1958   — Land of sunshine: scenes of life in Kenya before Mau Mau. Lawrence and Wishart, London. Pp. 175.

GILL, P. J.:

1962   — Future Taxation Policy in the independent East Africa. E. Afr. Econ. Rev., v. 9, no. 1.

GILL, R. W.:

1952   — The Problems of the Minor Chiefs. Conf. Paper EAISR. Pp. 4.

GIRLING, F. K.:

1960   — The Acholi of Uganda. "Colon. Res. Stud.", 30. HMSO, London. Pp. 238.

GIRLS' EDUCATION . . .

1954   — Girls' Education in Tanganyika. Afr. Women, Dec., v. 1, no. 1, 10—14.

GLUCKMAN, M.:

1954   — The Mau Mau rituals: tribal religion and witchcraft. Manchester Guardian, 19, Mar.

1956   — Custom and conflict in Africa. Free Press, Glencoe, Ill. Pp. 173.

GLYNN, F. J.:

1963   — Africanization and job analysis in Tanganyika. J. Loc. Adm. Overseas, 2, 3, July, 149—153.

GOLD, R. L.:

1964   — On screening candidates for the Teachers for East Africa programme. Conf. Paper EAISR. Pp. 16.

GOLDS, J. M.:

1961   — African urbanization in Kenya. J. Afr. Adm., 13, 1, Jan., 24—28.

GOLDTHORPE, J. E.:

1954   — Past Makerere Students — A Preliminary Survey of Present Position and Status. Conf. Paper EAISR. Pp. 14.

1955   — An African Elite: A sample survey of fifty-two former students of Makerere College. Brit. J. Sociol., v. 6, 31—47.

1955 a   — The African Population of East Africa: a summary of its past and present trends. E. Afr. Roy. Commission, 1953—1955 Report.

1956   — Social Class and Education in East Africa. Transact. of the Third World Congr. of Sociol., Amsterdam. v. 5, 115—122.

1958   — Outlines of East African Society. Makerere College, Dept. of Sociol., Kampala. Pp. 277.

1961   — Educated Africans: some Conceptual and Terminological Problems. "Soc. Change in Modern Afr.", ed. by A. W. Southall, 145—158.

(1962)   — s.: Bibliographie Nr. 3.

. . . and MACPHERSON, M.:

1958   — Makerere College and its old students. Zaïre, 12, 4, 349—363.

... and WILSON, F. B.:
1960   — Tribal Maps of East Africa and Zanzibar. "E. Afr. Stud.", no. 13, EAISR, Kampala.

GOLL, F.:
1965   — Die Hilfe Israels für Entwicklungsländer unter besonderer Berücksichtigung Ostafrikas. „Afrika-Studien", IFO-Inst. f. Wirtsch.-Forsch., Afrika-Studienstelle, München.

GOODFELLOW, D. W.:
(1954)   — s.: Bibliographie Nr. 2.

GORDON-BROWN, A. (ed.):
1964   — The year book and guide to East Africa. R. Hale, London. Pp. XXXIV, 342.

GORST, SH.:
1959   — Co-operative organization in tropical countries. A study of co-operative development in non-self-governing territories under UK administration, 1945—1955. Blackwell, Oxford. Pp. 343.

GOUROU, P.:
1954   — Une paysannerie africaine au milieu du 20e siècle: les Kikuyu et la crise Mau Mau. Cah. O.-Mer, 7, 317—341, carte.

GOWER, R. H.:
1958   — Ukutu in the nineteenth century. TNR, 51, Dec., 206—215.

GRANVILLE, S. A.:
1961   — Die landwirtschaftliche Entwicklung Tanganyikas. Afr. Inf.dienst, Nr. 24.

GRAY, R. F.:
195 .   — Witchcraft beliefs among the Wambugwe of Tanganyika. Tanganyika Govt., Dar es Salaam. Pp. 43.
1953   — Notes on Irangi houses. TNR, 35, July, 45—52.
1953 a   — Positional succession among the Wambugwe. Africa, 23, 3, July, 233—243.
1955   — The Mbugwe tribe: Origin and development. TNR 38, Mar., 39—50.
1960   — Sonjo brideprice and the question of African "wife purchase". Amer. Anthrop., 62, 1, Feb., 34—57.
1962   — Economic exchange in an Sonjo Village. "Markets in Afr.", ed. by P. Bohannan and G. Dalton.
1962 a   — The Shetani cult among the Segeju of Tanganyika. Paper Annual Meeting of the AAA, Chicago, Nov.
1963   — The Sonjo of Tanganyika. Oxford Univ. Press for Int. Afr. Inst., London. Pp. 181.

... and GULLIVER, P. H.:
1964   — The family estate in Africa. Studies in the role of property in family structure and lineage continuity. London.

GRAY, SIR J. M.:
1954   — The Wadebuli and the Wadiba. TNR, 36, Jan., 22—42, bibl.
1955   — Nairuzi or Siku ya Mwaka. TNR, 38, 1—22; 41, 69—72.
1956   — Kibuka. UJ, 20, 1, Mar., 52—71.
1957   — The British in Mombasa, 1824—1826; being the history of Captain Owen's Protectorate. Macmillan, London. Pp. 216.
1958   — The British Vice-Consulate at Kilwa Kirinji, 1884—1885. TNR. 174—194.
1959   — Zanzibar local histories: preliminary note, part I. Swahili, 30, Dec., 24—40.

1962   — History of Zanzibar from the middle ages to 1856. Oxford Univ. Press, London. Pp. 313, bibl.
1963   — Zanzibar and the Coastal Belt, 1840—1884. "Hist. of E. Afr.", ed. by R. Oliver and G. Mathew, v. 1, 212—252.

GREENING, P.:
(1956)   — s.: PRIESTLEY, M. J. S. W., and GREENING, P.

GREENLAND, D. J.:
(1954)   — MIDDLETON, J. F. M., and GREENLAND, D. J.

GREGG, W. D.:
1961   — African building teams in Kenya. Oversea Educ., 33, 1, Apr., 14—17.

GREGORY, R. G.:
1962   — Sidney Webb and East Africa: Labour's Experiment with the Doctrine of Native Paramountcy. California Univ. Press. Pp. 183.

GRIFFITH, O. G.:
1958   — Teso: land of cattle and cotton. (In the series: "Background to Uganda".) Inf. Dept., 185, Apr., Pp. 4.

GRINER, M.:
1957   — Problems of administration in the development of selfgovernment, Tanganyika. Ph. D., New York.

GROENEVELD, S.:
1965   — Die Organisation der Rinder-Kokospalmen-Betriebe bei Tanga. „Afrika-Studien", IFO-Inst. f. Wirtsch.-Forsch., Afrika-Studien-stelle, München.

GROTTANELLI, V. L.:
1953   — I Bantu del Giuba nelle tradizioni dei Wazegua. Geogr. Helvet., 8, 3, 249—260.
1955   — A lost African metropolis (Shungwaya). "Afrikanistische Studien", ed. by J. Lukas, 231—242.
1955 a   — I Bantu meridionali e i Bantu centrali. "Le razze e i popoli della Terra", ed. R. Biasutti, v. 3, 582—645.
1955 b   — Pescatori dell'Oceano Indiano. Saggio etnologico preliminare sui Bagiuni, Bantu costieri dell'Oltregiuba. Roma. Pp. 431.
1957   — Note sui Boni, cacciatori di bassa casta dell'Oltregiuba. Ann. Later., 21, 191—212.

GUILLEBAUD, C. W.:
1958   — An Economic Survey of the Sisal Industry of Tanganyika. Nisbet and Co. Wlwyn.

GULLIVER, PAMELA:
1955   — Dancing clubs of the Nyasa. TNR 41, Dec., 58—59.
. . . and GULLIVER, P. H.:
1953   — The central Nilo-Hamites. "Ethn. Survey Afr.: E. C. Afr.", no. 7, Int. Afr. Inst., London. Pp. 106.

GULLIVER, P. H.:
1950   — The Turkana. Conf. Paper EAISR. Pp. 4.
1951   — A preliminary survey of the Turkana. Univ. Cape Town. Pp. 280, bibl.
1952   — The Karamajong cluster. Africa, 22, 1, Jan., 1—21.
1953   — Jie Marriage. Afr. Aff., v. 52, no. 207, 149—155.
1953 a   — The Age-Set Organization of the Jie Tribe. J. Roy. Anthrop. Inst., 83, 2, July—Dec., 147—168.
1953 b   — The population of Karamoja. UJ, 17, 2, Sept., 179—185.

1954 — Jie agriculture. UJ, 18, 1, Mar., 65—70.
1955 — A history of the Songea Ngoni. TNR, 41, Dec., 16—30.
1955 a — Labour migration in a rural economy: A study of the Ngoni and Ndendeuli of Southern Tanganyika. "E. Afr. Stud.", no. 6, EAISR, Kampala. Pp. 48.
1955 b — The Family Herds. A study of two pastoral tribes in East Africa: the Jie and Turkana. Routledge and Kegan P., London. Pp. XV + 271.
1956 — Alien Africans in Tanga region. Dar es Salaam.
1956 a — The Teso and the Karamojong cluster. UJ, 202, Sept., 213—215.
1957 — A History of Relations between the Arusha and the Masai. Conf. Paper EAISR. Pp. 9.
1957 a — Joking relationships in Central Africa (Ngoni). Man, v. 57, Nov., 176.
1957 b — Nyakyusa labour migration. Hum. Probl. Brit. C. Afr., 21, Mar., 32—63.
1958 — Counting with the fingers by two East African tribes (Arusha and Turkana). TNR, 51, Dec., 259—262.
1958 a — East African Age-Group Systems: Some Preliminary Considerations. Conf. Paper EAISR. Pp. 18.
1958 b — Land Tenure and Social Change Among the Nyakyusa. "E. Afr. Stud.", no. 11, EAISR, Kampala. Pp. 47.
1959 — A tribal map of Tanganyika. TNR, 52, Mar., 61—74.
1960 — Incentives in labor migration. Human Organiz., 19, 3, fall, 159—163.
1960 a — The population of the Arusha chiefdom: a high density area in East Africa. Hum. Probl. Brit. C. Afr., 28, Dec., 1—21.
1961 — Land shortage, social change, and social conflict in East Africa. J. Confl. Resol., 5, 1, Mar., 16—26.
1961 a — Structural dichotomy and jural processes among the Arusha of Northern Tanganyika. Africa, Jan., 19—35.
1962 — The evolution of Arusha trade. "Markets in Afr.", ed. by P. Bohannan and G. Dalton.
1963 — Social control in an African society: a study of the Arusha, agricultural Masai of northern Tanganyika. Routledge and Kegan, London. Pp. XIV, 306.
(1964) — s.: GRAY, R. F., and GULLIVER, P. H.

GÜSTEN, R.:
1965 — Zur Problematik wirtschaftlicher Zusammenschlüsse in Ostafrika. „Afrika-Studien", IFO-Inst. f. Wirtsch.-Forsch., Afrika-Studienstelle, München.

GUTKIND, P. C. W.:
1954 — A preliminary report on Mulago, Kampala. MS, EAISR. Pp. 148.
1955 — Mulago Village Survey. Uganda Argus, Apr.
1955 a — Survey of Changing Patterns in Mulago Village Life. Paper Conf. Afr. Housing, Nairobi, Jan., Uganda Argus, Jan.
1956 — Town Life in Buganda. UJ, Mar.
1957 — Political Development in Uganda: A Rejoinder. Curr. Hist., v. 32, no. 188, Apr.
1957 a — Some African Attitudes to Multi-Racialism from Uganda. Ethnic and Cultural Pluralism in Intertropical Communities, 30th Sess. INCIDI, Brussels.

(1957)	— s.: SOUTHALL, A. W., and GUTKIND, P. C. W.
1958	— Quelques problèmes de la famille urbaine africaine — Ouganda. Fam. d. Monde, Année XI, Fasc., 3, Sept., 212—217.
1960	— Congestion and overcrowding: an African urban problem. Human Organiz., 19, 3, fall, 129—134.
1960 a	— Notes on the Kibuga of Buganda. UJ, 24, 1, Mar., 29—43.
1961	— Some problems of African urban family life: an example from Kampala, Uganda, British East Africa. Zaïre, 15, 1, 59—74.
1962	— African urban family life. Cah. Ét. Afr., 3, 10, 149—217, bibl.
1962 a	— La famille africaine et son adaptation à la vie urbaine. Diogène, no. 37, 93—112.
1962 b	— The African urban milieu: a force in rapid change. Civilisations, 12, 2, 167—191, bibl.
1963	— African urban marriage and family life: a note on some social and demographic characteristics from Kampala. Bull. IFAN, 25 (B), 3/4, July—Oct., 266—287.
1963 a	— The royal capital of Buganda. Inst. of Sociol. Stud., Den Haag. Pp. 350.

... and ELKAN, W.:
195 .	— Housing in Jinja. MS, EAISR.

HAARER, A. E.:
1959	— Arrow poison in Tanganyika. Corona, 11, 6, June, 228—230.

HABERLAND, E.:
1963	— Galla Süd-Äthiopiens. Völker Süd-Äthiopiens, Bd. II, Stuttgart.

HADDON, E. B.:
1957	— Kibuka. UJ, 21, 1, Mar., 114—119.

HAILEY, W. M. H., Lord:
1956	— Native administration in the British African territories. HMSO, London, 5 v.
1957	— An African Survey revised 1956. Oxford. Pp. 1676 (lst ed.: 1938).

HAMILTON, G.:
1957	— Princes of Zinj: the rulers of Zanzibar (since 1806). Hutchinson, London. Pp. 272, bibl.

HAMILTON, C., Lord:
1963	— The e-moto ceremony of the Masai. Man, 63, 135, July, 135—139.

HANCE, W. A.:
1958	— African economic development. Publ. for the Council on Foreign Relations by Harper, New York. Pp. 307.

HANNIGAN, A.:
1958	— Efficiency against Self-Expression in Local Government. Conf. Papers EAISR. Pp. 10.
1964	— The State and the rights of the individual. Conf. Paper EAISR. Pp. 8.

HARLANDER, H.:
(1966)	— s.: MOLNOS, A. v., und HARLANDER, H.

HARMSWORTH, J.:
1962	— Dynamics of Kisoga Land Tenure. Conf. Paper EAISR. Pp. 9.
1962 a	— Peasant Agricultural Labour Organization in four selected areas of Eastern Uganda. Conf. Paper EAISR. Pp. 11.
1963	— A Cow for Christmas (Rural Economics in Eastern Province, Uganda). Conf. Paper EAISR. Pp. 15.

HARRIS, A. and G.:
1951   — Progress Report on Research among the Wateita. Conf. Paper
          EAISR. Pp. 2.
1951 a — Lineage Organization of the Wateita. Conf. Paper EAISR. Pp. 5.

HARRIS, C. C.:
1952   — Development of Local Councils and Re-organisation of Local
          Government, Bukoba District. Conf. Paper EAISR. Pp. 7.

HARRIS, G.:
1952   — The Position of Lower Chiefs in Taita. Conf. Paper EAISR. Pp. 8.
1957   — Possession "histeria" in a Kenya tribe. Amer. Anthrop., 59, 6, Dec.,
          1046—1066.

HARRISON, CH.:
1956/57 — The great Lukiko. E. Afr. Annu., 123—129.

HARWOOD, A.:
1964   — Beer drinking and famine in a Safwa village: a case of adaptation
          in a time of crisis. Conf. Paper EAISR. Pp. 6.

HASSEL, K. U. VON:
1960   — Entwicklungsländer Ostafrikas. MS. Bad Godesberg.

HASTIE, C.:
1962   — Training Courses for Women's Club Leader in Uganda. Afr.
          Women, June, v. 4, no. 4, 77—81.

HASTIE, P.:
1950   — Women's club in Uganda. Mass Educ. Bull., v. 2, no. 1, 26—30.

HATCH, J. C.:
1962   — Africa today — and tomorrow. An outline of basic facts and
          major problems (Publ. in London in 1959 under the title: "Every-
          man's Africa"). Rev. ed., Praeger, New York. Pp. 343.

HATCHELL, G. W.:
1954   — Sea Fishing on the Tanganyika Coast. TNR, 37, 1—39.
1957   — History of the ruling family of Ukerewe. TNR, 47/48, June—Sept.,
          198—200.
1961   — The ngalawa and the mtepe. TNR, 211—215.

HAWKINS, E. K.:
1962   — Roads and Road Transport in an Underdeveloped Country. A
          Case Study of Uganda. "Colon. Res. Stud.", no. 32, HMSO.
          Pp. 263.

HAYDON, E. S.:
1960   — Law and Justice in Buganda. Butterworth, London. Pp. 342.

HAZLEWOOD, A.:
1961   — The economy of Africa. Oxford Univ. Press, London. Pp. 90.

HENDERSON, I.:
1958   — Man hunt in Kenya, by Ian Henderson with Philip Goodhart.
          Doubleday, Garden City, New York. Pp. 240.

HENDERSON, J.:
1958   — Family portrait of a complete African tribe (El Molo). Sunday
          Times, 19, Oct.

HENDERSON, W. O.:
1962   — Studies in German colonial history. Frank Cass & Co. Ltd., Lon-
          don. Pp. 150.

HENNINGER, J. P.:
1954 — Aquilin Engelbergers Wapogoro-Tagebuch. Micro-Bibliotheca Anthropos, 13, Anthropos, 49 3/4, 659—662.

HERSKOVITS, M. J.:
(1959) — s.: BASCOM, W. R., and HERSKOVITS, M. J.
1962 — The human factor in changing Africa. Knopf, New York. Pp. 500.

HESS, W. O.:
1957 — Bemerkungen über den Geisterglauben der Wa-bondei. Ein Beitrag zur völkerkundlichen Quellenkunde. „Göttinger völkerkundliche Studien", hrsg. von H. Plischke, 2, Droste-Verlag, Düsseldorf, Pp. 229.

HICKMAN, G. M., and DICKINS, W. H. G.:
1960 — The lands and peoples of East Africa. Longmans, Green, London. Pp. 232.

HICKS, U. K.:
1961 — Development from Below., Local Government and Financing in Developing Countries of the Commonwealth. Clarendon Press, Oxford. Pp. 549.

HIGHER EDUCATION ...
1958 — Higher Education in East Africa. Govt. Printer, Entebbe. Pp. 123.

HILL, M. F.:
1950 — Permanent way: The story of the Kenya and Uganda Railway, being the official history of the development of the transport system in Kenya and Uganda. E. Afr. Railways and Harbours, Nairobi. Pp. XII, 582, plates.
1960 — Permanent way: The story of the Tanganyika railways. E. Afr. Railways and Harbours. Pp. 295.

HIRSCHBERG, W.:
1954 — Die Völker Afrikas. „Neue Große Völkerkunde", hrsg. von H. A. Bernatzik, Frankfurt a. M.

HOLLINGSWORTH, L. W.:
1953 — Zanzibar under the Foreign Office, 1890—1913. Macmillan, London. Pp. VIII 232, bibl.
1957 — A short history of the East Coast of Africa, London.
1960 — The Asians of East Africa. Macmillan, London. Pp. 174.

HOLY, L.:
1957/58 — Eisengewinnung und Eisenbearbeitung bei den Ostafrikanischen Bantu. Ceskoslov. Etnogr., v. 5; v. 6.
1959 — Die Eisenindustrie der Pare Gweno. Festschrift: Opuscula Ethnologica Memoriae Ludovici Biró Sacra, Budapest, 405—424.

HOMAN, F. D.:
1963 — Succession to registered land in the African areas of Kenya. J. Loc. Adm. Overseas, 2, 1, Jan., 49—54.

HOPKINS, E.:
1962 — The Assessment of Criminal Guilt in the District Court of Ankole. Conf. Paper EAISR. Pp. 14.

HOPKINS, T. K.:
196. — The social structure of indigenous economies (Uganda). Columbia Univ.

HOWE, C. H. W.:
1958 — An Experimental Classification of Political Systems. Conf. Paper EAISR. Pp. 50.

HOYT, E. E.:
1951   — Co-operative success in East Africa. MS Library EAISR.
1952   — Economic sense and the East Africans. Africa, Apr.
1956   — Certain Social and Cultural Aspects of Technological Development in British East Africa. Zaïre, 6, 487—490.
HUDDLE, J. G.:
1957   — The life of Yakobo Adoko of Lango District. UJ, 21, 2, Sept., 184—190.
HUGHES, T.:
1961   — A profile of Zanzibar. Afr. South, 5, 3, Apr.—June, 85—89.
HUNTER, G.:
1953   — Hidden drums in Singida District. TNR, 34, Jan. 28—32, map.
1958   — Adult Education in the Central African Federation and Kenya. Beit Trust, London.
1962   — The new societies of tropical Africa: A selective study. Oxford Univ. Press, London, New York. Pp. 376, bibl. (348—360).
1963   — Education for a developing region. A study in East Africa. George Allen and Unwin Ltd., London. Pp. 119.
HUNTINGFORD, G. W. B.:
1951   — The social institutions of the Dorobo. Anthropos, 46, 1/2, Jan.—Apr., 1—48.
1953   — The Nandi of Kenya: Tribal Control in a pastoral society. Routledge and Kegan, London. Pp. XIII, 169.
1953 a — The northern Nilo-Hamites. "Ethn. Survey Afr.: E. C. Afr.", 6, Int. Afr. Inst., London. Pp. 108.
1953 b — The southern Nilo-Hamites. "Ethn. Survey Afr.: E. C. Afr.", 8, Int. Afr. Inst., London. Pp. 152.
1954   — The political organization of the Dorobo. Anthropos, 49, 1/2, 123—148.
1955   — The economic life of the Dorobo. Anthropos, 50, 4/6, 602—634.
1955 a — The Galla of Ethiopia ... Int. Afr. Inst., London. Pp. 156, bibl.
1961   — The distribution of certain culture elements in East Africa. J. Roy. Anthrop. Inst., 91, 2, July—Dec., 251—295, bibl.
1963   — The Peopling of the Interior of East Africa by its Modern Inhabitants. "Hist. of E. Afr.", ed. by R. Oliver and G. Mathew, v. 1, 58—93.
HUPPERTZ, J.:
1951   — Die Eigentumsrechte bei den Maasai. Anthropos, 54, 5/6, 939—969.
HURST, H. R. G.:
1959   — A survey of the development of facilities for migrant labour in Tanganyika during the period 1926—1959. Migrant labour in Africa south of the Sahara, 5. Bull. Inter-Afr. Labour Inst., 6, 4, July, 50—91.
HUXLEY, E. J.:
1960   — A New Earth. An Experiment in Colonialism. Chatto and Windus, London. Pp. 279.
1960 a — No Easy Way. Nairobi. Pp. 225.
... and PERHAM, M.:
1956   — Race and politics in Kenya. Faber, London. Pp. 302 (1st. ed. 1942).
HYDE-CLARKE, E. M.:
1960   — Some aspects of industrial relations in East Africa. Progress, 47, 266, summer, 279—282.

ILLINGWORTH, S.:
1963 — Kenyans in Busoga. Conf. Paper EAISR. Pp. 6.
1963 a — Problems of the South Busoga Resettlement Scheme. Conf. Paper EAISR. Pp. 6.

INGHAM, K.:
1953 — The amagasam (ancestral shrines) of the Abakama of Bunyoro. UJ, 17, 2, Sept., 138—145.
1955 — British administration in Lango District, 1907—1935. UJ, 19, 2, Sept., 156—176, map.
1955 a — Twenty-eight years of British administration in Lango District, 1907—1935. Conf. Paper EAISR. Pp. 8.
1956 — Some aspects of the history of Buganda. UJ, 20, 1, Mar., 1—12.
1957 — Some aspects of the history of western Uganda. UJ, 21, 2, Sept., 131—149.
1958 — The making of modern Uganda. Allen and Unwin, London. Pp. 301.
1962 — A history of East Africa. Longmans, London. Pp. 456.

INGRAMS, H.:
1960 — Uganda: a crisis in nationhood. Corona Library 6, HMSO. Pp. XV, 365.

INTERNATIONAL ...
1960 — International Affairs. Special issue. Contributors: L. P. Mair: Social change in Africa; G. M. Carter: Multi-Racialism in Africa; B. T. G. Chidzero: African Nationalism in East and Central Africa; etc.

INTRODUCING EAST ...
1954 — Introducing East Africa. Ed. by Great Britain Colon. Off., HMSO (1st. ed. 1950).

ISMAGILOVA, R. N.:
1956 — Narody Kenii v uslovijach kolonial' nogo režima. Afrik. Etnogr. Sbornik, 1 (= Trudy Instituta Etnografii, Bd. 34), 118—219.
1958 — Etničeskij sostav i zanjatija naselenia Tanganjiki v Kenii (= La composition ethnique et les occupations de la population du Tanganyika au Kenya). Afrik. Etnogr. Sbornik, 2 (= Trudy Instituta Etnografii, Bd. 43), 271—301.
1960 — Rasovaja discriminacija v Kenii (La discrimination raciale au Kenya). „Rasovaja discriminacija v stranach Afriki" (= La discrimination raciale dans les pays de l'Afrique), Moscou.

JABAVU, N.:
1960 — Drawn in colour: African contrasts. J. Murray, London. Pp. 208.

JACOBS, A. H.:
1956 — Age-set Systems and Political Organization in East Africa. Anthrop. Tomorrow.
1957 — Recent Research amongst the Masai. Conf. Paper EAISR. Pp. 13.
1958 — Masai Age Groups and Some Functional Tasks. Conf. Paper EAISR. Pp. 22.
196 . — The pastoral Masai age-set system.
1961 — Memorandum on Masai Political and Economic Development. Inst. Race Relat., London.

JACOBS, D. R.:
1962 — Culture themes and puberty rites of Akamba, a Bantu tribe of East Africa. Ph. D., New York Univ.

Jaenen, C. J.:
1956 — The Galla or Oromo of East Africa. S. W. J. Anthrop., v. 12, no. 2, 171—190.

Jaetzold, R.:
1965 — Wirtschaftsgeographische Untersuchungen im Nyasa-Rukwa-Gebiet.

Janira, S.:
(1958) — s.: Kohl-Larsen, L.

Janisch, M.:
1955 — Reinforcements for African girls' education in Kenya. Oversea Educ., v. 26, no. 4, 152—155.

Jeffreys, M. D. W.:
1955 — Out of Touch Administration in Kenya and Basutoland. Forum, v. 4, Apr.

Jellicoe, M. R.:
1959 — The way of life of the Wanyaturu. MS incl. documents copied from Distr. Book at Singida Boma.
1960 — An Experiment in Mass Education among Women: Singida District, Tanganyika. E. Afr. Lit. Bur.
1963 — Interdepartamental Survey in Mwanza Area (Mimeogr.). Mwanza. Pp. 20.

Jenkins, W. L.:
1963 — Higher agricultural education in British associated territories in Africa. J. Univ. Coll. Wales, Agricult. Soc.

Jensen, J.:
196. — Kulturwandel in Uganda: Kontinuität und Wandel der Arbeitsteilung bei den Baganda. Dissertation Inst. Ethnol. Freie Univ. Berlin.

Joelson, F. S. (ed.):
1958 — Rhodesia and East Africa. E. Afr. Ltd., London. Pp. 437.

Johns, D. H.:
1964 — Defence and police organization in East Africa. Conf. Paper EAISR. Pp. 16.

Johnson, V. E.:
1954 — African harvest dance. TNR, 37, July, 138—142.

Johnston, B. F.:
1964 — The Food Economies of East Africa (to be published).
(1965) — s.: Belshaw, D. G. R., and Johnston, B. F. (eds.).

Johnston, P. H.:
1953 — Chagga constitutional development. J. Afr. Adm., v. 3.

Jolly, R.:
1964 — Stocks and flows in Uganda education: the links between education and manpower. Conf. Paper EAISR. Pp. 16.

... and Radó, E.:
1964 — Education in Uganda: reflections on the report of the Uganda Education Commission. Conf. Paper EAISR. Pp. 9.

Joy, J. L.:
1960 — Symposium on Mechanical Cultivation in Uganda. Dept. Agric., Entebbe.

Juffermans, C.:
1957 — Huwelijkswetten in Oeganda. Mill Hill, Roosendaal, 64, no. 2, 36—43.

JUMA, W.:
1960   — The Sukuma Societies for young men and women. TNR, no. 54, Mar., 27—29.

JUNOD, V.:
1966   — Resistance to and acceptance of change. Ph. D.

JÜRGENS, H.:
(1965)   — s.: FRIEDRICH, K., und JÜRGENS, H.

KABUGA, C. E. S. (tr. Kaddu, S.):
1963   — The genealogy of Kabaka Kintu and the early Bakabaka of Buganda. UJ, 27, 2, Sept., 205—216.

KACMAN, V. J.:
1959   — Nacionalno-osvoboditelnaja borba narodov Tanganjiki de 1954 (bis) 1956 (La lutte pour l'indépendance nationale des peuples du Tanganyika en 1954—1956). Probl. Vostokoved., no. 2.

1959 a   — Položnenije rabočevo klassa Tanganjiki posle vtoroj mirovoj vojny (La situation de la classe ouvrière au Tanganyika après la deuxième guerre mondiale). Kratkije sobšč. Inst. Vostokoved., no. 41.

KAGOLO, B. M.:
1955   — Tribal names and customs in Teso District. UJ, 19, 1, Mar., 41—48.

KAGORO, E. D.:
1956   — Ezimu ha nfumo z'abatooro (Toro proverbs). Eagle Press, Kampala. Pp. 16.

KAINZBAUER, H.:
1965   — Der Handel in der wirtschaftlichen Entwicklung Tanganyikas. „Afrika-Studien", IFO-Inst. f. Wirtsch.-Forsch., Afrika-Studienstelle, München.

KAJUBI, S.:
1954   — The introduction of cotton in Uganda. Ph. D., Chicago.
1960   — Politische Tendenzen und Parteien in Uganda. Afrika, Aug.
1960 a   — The problems of Staffs and Administrative Officials of Public and Private Institutions in Uganda. Paper. INCIDI.

KALANDA, F. P.:
1964   — Adaptation of church law to the Ganda marriage prohibitions. Conf. Paper EAISR. Pp. 8.

KAMAU, J.:
196 .   — Origins and extent of African enterprise in Kenya. Centre Econ. Res., Royal College, Nairobi.

KAMOGA, F. K.:
1963   — Divorce and School Leavers in Buganda. Conf. Paper EAISR. Pp. 9.
1963 a   — Future of Primary Leavers in Uganda. Conf. Paper EAISR. Pp. 16.
1964   — Wastage among teachers in Buganda. Conf. Paper EAISR. Pp. 17.

KAMUGUNGUNU, L.:
(1955)   — s.: KATATE, A. G., and KAMUGUNGUNU, L.

KAPLAN, B.:
1961   — New settlement and agricultural development in Tanganyika. Ministry f. Foreign Aff.

KAPLAN, I.:
1956   — References to the history and customs of the Chagga. MS., Library "Africana", Univ. Coll. Makerere.

KARIMI, S. K.:
1961 — The Nairobi African Community as seen through the General Elections. Conf. Paper EAISR. Pp. 13.

KARIUKI, J. M.:
1963 — Mau Mau detainee: the account by a Kenya African of his experiences in detention camps 1953—1960. Oxford Univ. Press. Pp. 216.

KASIRYE, J. S.:
1955 — Abateregga ku nnamu-londo y'e Buganda (Heirs to the throne of Buganda). Macmillan, London. Pp. 104.

KATATE, A. G., and KAMUGUNGUNU, L.:
1955 — Abagabe b'Ankole (History of the Kings of Ankole). Eagle Press, Kampala. Pp. 148.

KATSMAN, V. Y.:
1963 — Tanganyika. Sov. Etnogr., 1, Jan—Feb., 99—106.

KELLER, W.:
1962 — Studie zur Ernährung bei zwei Stämmen in Nord-Tanganyika (Mimeogr.). Max-Planck-Inst. f. Ernährungsphysiologie, Dortmund.

KENDALL, H.:
1955 — Town planning in Uganda. A brief description of the efforts made by government to control development of urban areas from 1915 to 1955. Publ. by the Crown Agents for Overseas Governments and Administrations, London. Pp. 90.

KENNEDY, T. A.:
1956 — Economic Development in British East Africa. Civilisations, v. 6, no. 3.
1959 — An Estimate of Uganda's Balance of Payments. E. Afr. Econ. Rev., July.
1959 a — The East African Customs Union. Makerere J., Dec.

KENNEDY, T. J.:
1964 — A study of the economic motivation involved in peasant cultivation of cotton. Conf. Paper EAISR. Pp. 8.

KENWORTHY, L. S.:
1962 — Changing East Africa. Curr. Hist., Dec.

KENYATTA, J.:
1953 — Facing Mount Kenya. The tribal life of the Kikuyu. Secker and
(1st. ed.:   Warburg, London. Pp. 339, map. (reprinted).
1938)

KERTÉSZ, S. D. (ed.):
1961 — American Diplomacy in a New Era. Univ. Notre Dame Press, Notre Dame, Ind.

KIBUKAMUSOKE, D. E. B.:
1962 — Competitive effects of coffee on cotton production in Buganda. Empire Cotton Grow. Rev.

KIEWIET HEMPHILL, M. DE:
1963 — The British Sphere, 1884—1894. "Hist. of E. Afr.", ed. by R. Oliver and G. Mathew, v. 1, 391—432.

KIHANGIRE, C.:
1958 — Concept of a supreme being among the Lango tribe of Uganda: the supreme being "Jok". Euntes Docente, 11, 3.

KILSON, M. L. (Jr.):
1955   — Land and the Kikuyu: A study of the relationship between land and Kikuyu political movements. J. Negro Hist., 40, 2, Apr., 103—153.

KIMBLE, G. H. T.:
1960   — Tropical Africa. Twentieth Century Fund, New York. 2 v.

KING, J. W.:
1964   — Research on Nile transportation in Uganda. Ph. D., Northwestern Univ.

KINGDON, D.:
1957   — Hadithi ya Bakuria wa Tanganyika (A tale of the Kuria people). Macmillan, London. Pp. 20.

KINGSNORTH, G. W.:
(1957) — s.: MARSH, Z., and KINGSNORTH, G. W.

KIRKMAN, J.:
1958   — Kilwa: the cutting behind the defensive wall. TNR, 50, June, 94—101.

KISOSONKOLE, P. E.:
1961   — La participation des femmes africaines à la vie publique. Panorama, v. 3, no. 1, 9—11.

KITCHEN, H. (ed.):
1962   — The educated African. A country by country survey of educational development in Africa. Praeger, New York. Pp. XVII, 542.

KLIMA, G.:
1964   — Jural relations between the sexes among the Barabaig. Africa, v. 34, no. 1, Jan., 9—20.

KNOWLES, J.:
1964   — Real indicators of social and economic development in Kenya, Uganda and Tanganyika. Centre Econ. Res., Roy. Coll., Nairobi.

KNOWLES, O. S.:
1956   — Some Modern Adaptations of Customary Law in the Settlement of Matrimonial Disputes in the Luo, Kisii and Kuria Tribes of South Nyanza. J. Afr. Adm., v. 8, no. 1, 11—15.

KOENIG, O.:
1956   — The Masai story. Michael Joseph, London. Pp. 190, map.

KOEUME, E.:
1952   — The African housewife and her home. Eagle Press, Nairobi. Pp. 186.

KÖHLER, O.:
1954/55 — Die Ausbreitung der Südniloten. Tribus, no. F. 4/5, 78—86.

KOHL-LARSEN, L.:
1956   — Das Elefantenspiel, Mythen, Riesen- und Stammessagen. Volkserzählungen der Tindiga. E. Röth, Kassel. Pp. 233.
1956 a — Das Zauberhorn. Märchen und Tiergeschichten der Tindiga. E. Röth, Kassel. Pp. 162.
1957   — Der Hase mit den Schuhen. Tiergeschichten der Turu. E. Röth, Kassel.
1958   — Simbo Janira, kleiner großer schwarzer Mann (Isanzu). Lebenserinnerungen eines Buschnegers. E. Röth, Kassel. Pp. 212, map.
1958 a — Wildbeuter in Ostafrika. Die Tindiga, ein Jäger- und Sammlervolk. D. Reimer, Berlin. Pp. 165.

KOINANGE, M.:
1955 — The people of Kenya speak for themselves. Kenya Public. Fund, Detroit, USA. Pp. 115.

KOMBA, J. T.:
1953 — Die Frömmigkeit des heidnischen und christlichen Mngoni. EOS Verl., St. Ottilien. Pp. 59, map.

KONDAPI, C.:
1951 — Indians overseas, 1838—1949. Indian Council of World Affairs, New Delhi. Pp. 558, bibl. (535—542).

KREISELMAN SLATER, M., s.: SLATER, M. K.

KUBIK, G.:
1961 — Musikinstrumente und Tänze bei den Wapangwa in Tanganyika. Mitt. Anthrop. Ges. Wien, 91, 144—147.

KUMALO, C.:
1959 — Ideological and institutional factors in the debates on African education in Kenya and South Africa. Ph. D. Boston, USA. Pp. 197.

KYESIMIRA, Y. Z.:
(1964) — s.: CLARK, P. G., and KYESIMIRA, Y. Z.

LA FONTAINE, J. S.:
1959 — The Gisu of Uganda. "Ethn. Survey Afr.: E. C. Afr.", 10., Int. Afr. Inst., London. Pp. 68, map.
1960 — The Gisu. "E. Afr. Chiefs", ed. by A. I. Richards, 260—277.
1960 a — The Ha. "E. Afr. Chiefs", ed. by A. I. Richards, 212—228.
1960 b — The Zinza. "E. Afr. Chiefs", ed. by A. I. Richards, 195—211.
... and RICHARDS, A. I.:
1960 — The Haya. "E. Afr. Chiefs", ed. by A. I. Richards, 174—194.

LAIRD, A. J.:
1952 — A Programme for Psychological Research. Conf. Paper EAISR. Pp. 5.
1954 — Psychological Research carried out during the period April—December 1953. Conf. Paper EAISR. Pp. 4.

LAMBERT, H. E.:
1950 — The system of Land Tenure in the Kikuyu Land Unit. Pt. I: History of the tribal occupation of the land. Commun. School Afr. Stud., Univ. Capetown. Pp. 185.
1956 — Kikuyu social and political institutions. Oxford Univ. Press for Int. Afr. Inst., London. Pp. 149.

LAMONT, G.:
1960/61 — The idyll of the Masai is ending. E. Afr. Annu, 81—85, and 127.

LANG, G. O., and M. B.:
1962 — Problems of social and economic change in Sukumaland, Tanganyika. Anthrop. Quart., 35, 2, Apr., 86—101.

LANNING, E. C.:
1954 — Genital symbols on the smiths' bellows in Uganda. Man, 54, 262, Nov., 167—169.
1954 a — Masaka Hill — an ancient centre of worship. UJ, 18, 1, Mar., 24—30.
1956 — Rock-cut mweso boards. UJ, 20, 1, Mar., 97—98.
1958 — The identity of the Bachwezi. UJ, 22, 2, Sept., 188.
1959 — Bark-cloth hammers. UJ, 23, 1, Mar., 79—83, bibl.

1961   — Islands of Lake Victoria: better living conditions for island farmer and fishermen. Afr. Wld, July, 8—9.

1962   — Caves and rock shelters of western Uganda. UJ, 26, 2. Sept., 183—193, bibl.

LANTIN, A.:

1960   — Begrip voor de Mau-Mau (Compréhension des Mau-Mau). Kruis en Wereld, 39, 2, mars.

LARIMORE, A. E.:

1958   — The alien town: Patterns of settlement in Busoga, Uganda; an essay in cultural geography. Ph. D. Chicago, USA. Pp. 208.

LAWRANCE, J. C. D.:

1953   — The Karamojong cluster: a note. Africa, 23, 3, July, 244—249.

1955   — A history of Teso to 1937. UJ, 19, 1, Mar., 7—40.

1956   — The position of chiefs in local government in Uganda. J. Afr. Adm., 8, 4, Oct., 186—192.

1957   — The Iteso — Fifty years of change in a Nilo-Hamitic tribe of Uganda. Oxford Univ. Press, London. Pp. 280.

1960   — A pilot scheme for grant of land titles in Uganda. J. Afr. Adm., 12, 3, July, 135—143.

LAW REPORTS ...

1957   — Law Reports for East Africa (Issued in quarterly parts beginning with the year 1957). Butterworth & Co., Ltd., London.

LAWS ABOUT ...

1962   — Laws about Marriage in Uganda. Publ. by Uganda Council of Women. Pp. 19.

LEAKEY, L. S. B.:

1952   — Mau Mau and the Kikuyu. London. Pp. XI, 115.

1954   — Defeating Mau Mau. Methuen, London. Pp. 152.

1954 a   — Mau Mau as a religion. Manchester Guardian, 24—25 June.

1956   — New ways for the Kikuyu. I. Village life; II. Land consolidation. Manchester Guardian, 4, 12, Dec., 6—7.

LEGUM, C.:

1954   — Must We Lose Africa? W. H. Allen, London. Pp. 264.

LESER, P.:

1960   — Felder und Bodenbaugeräte der Nyakyusa. Ethnologica, N. F. 2, 363—383.

LESLIE, J. A. K.:

1963   — A survey of Dar-es-Salaam. Oxford Univ. Press for EAISR. Pp. 308.

LE VINE, R.:

1956   — Traditional Gusii sanctions, personality and child rearing: a preliminary report. Conf. Paper EAISR. Pp. 11.

1959   — An attempt to change the Gusii initiation cycle. Man, 59, 179, July, 117—120.

1959 a   — Gusii sex offenses: a study in social control. Amer. Anthrop., 61, 6, Dec., 965—990.

1962   — Witchcraft and co-wife proximity in southwestern Kenya (Gusii, Kipsigis, Luo). Ethnol. Pittsburg, Pa., 1, 1, Jan., 39—45.

... and SANGREE, W. H.:

1962   — The diffusion of age-group organization in East Africa: a controlled comparison (Tiriki and Gusii). Africa, 32, 2, Apr., 97—110, map.

LEWIS, I. M.:
1955   — Peoples of the Horn of Africa: Somali, Afar and Saho. Int. Afr. Inst., London. Pp. 200, bibl., map.
1955 a   — Sufism in Somaliland: a study in tribal Islam. Bull. School Orient. Afr. Stud., 17, 3, 581—602.
1956   — idem, 18, 1, 145—160.
1958   — The Somali lineage system and the total genealogy: a general introduction to basic principles of Somali political institutions. Crown Agents, London. Pp. 139.
1963   — The problem of the Northern Frontier district of Kenya. Race, 5, 1, July, 48—60, bibl., map.

LEWIS-BARNED, J. F. DE S.:
1963   — Integration of judicial systems: the recent reform of the Local Courts appeal system of Tanganyika. J. Afr. Law, 7, 2, summer, 84—94.

LEYS, C.:
(196 .)   — s.: ROBSON, P., and LEYS, C.

LIEBENOW, J. G.:
195 .   — Chieftainship and local government in Tanganyika. A study of institutional adaptation. Ph. D., Evanston, Ill.
1956   — Responses to planned political change in an Tanganyika tribal group. Amer. Pol. Sci. Rev., 1, 2, June.
1956 a   — Some problems in introducing local government reform in Tanganyika. J. Afr. Adm., 8, 3, July, 132—139.
1958   — Tribalism, traditionalism and modernism in Chagga local government. J. Afr. Adm., 10, 2, Apr., 71—82.
1959   — The chief in Sukuma local government. J. Afr. Adm., 11, 2, Apr., 84—92.
1960   — The Sukuma "E. Afr. Chiefs", ed. by A. I. Richards, 229—259.
1961   — The establishment of Legitimacy in a dependency situation: a case study of the Nyaturu of Tanganyika. Afr. Stud., 20, 1, 33—52.
1961 a   — Legitimacy of alien relationship: the Nyaturu of Tanganyika. W. Polit. Quart., 14, 1, Mar., 64—86.
1961 b   — United States Politics in Africa Southern of the Sahara. "American Diplomacy in a New Era", ed. by Stephen D. Kertész, 236—269.

LIENHARDT, P. A.:
1958   — Family Waqf in Zanzibar. Conf. Paper EAISR. Pp. 18.

LIPSCOMB, J. F.:
1955   — We Built a Country. Faber and Faber, London. Pp. 214.
1955 a   — White Africans. Faber and Faber, London. Pp. 172.

LOFCHIE, M. F.:
1963   — Party Conflict in Zanzibar. J. Modern Afr. Stud., 1, 2, 185—207.
1963 a   — Party Conflict in Zanzibar. The Origins and Background of Zanzibar Nationalism. Conf. Paper EAISR. Pp. 14.

LOMORO, G.:
1964   — The East African currency board: background and current problems (Mimeogr.). EAISR, EDRP 22, 20, 2.

LONSDALE, J.:
1963   — Archdeacon Owen and the Kavirondo Taxpayers Welfare Association. Conf. Paper EAISR. Pp. 16.

LORD, R. F.:
196 .   — The Tanganyika Agricultural Corporation's Farming Settlement
          Scheme. Tropic. Agric., v. 35, no. 2, 85—101.
1964   — Economic aspects of mechanised farming at Nachingwea in the
          Southern Province of Tanganyika Territory. HMSO, London.
          Pp. 191.

LORIMER, F.:
1961   — Demographic Information on Tropical Africa. Boston Univ. Press.
          Pp. IX 207.

... et al. (eds.):
1952   — Culture and Human Fertility. UNESCO.

LOW, D. A.:
1954   — British Public Opinion and the Annexation of Uganda 1892—1894.
          Conf. Paper EAISR. Pp. 13.
1956   — The British and the Baganda. Int. Aff., July.
1956 a   — The establishment of British administration: two examples from
          Uganda 1900—1901. Conf. Paper EAISR. Pp. 17.
1957   — Religion and society in Buganda 1875—1900. "E. Afr. Stud.", no. 8,
          EAISR, Kampala. Pp. 17.
1958   — The Anatomy of Administrative Origins: Uganda 1890—1902.
          Conf. Paper EAISR. Pp. 24.
1959   — The composition of the Buganda Lukiko in 1902. UJ, 23, 1, Mar.,
          64—68.
1963   — Political parties in Uganda 1949—1962. Athlone Press for Inst. of
          Commonwealth Stud. Pp. 58.
1963 a   — The Northern Interior, 1840—1884. "Hist. of E. Afr.", ed. by
          R. Oliver and G. Mathew, v. 1, 297—351.

... and PRATT, R. C.:
1960   — Buganda and British Overrule 1900—1955. Oxford Univ. Press,
          London. Pp. 373.

LUDGER, K.:
1954   — Rainmakers in Teso. UJ, 18, 2, Sept., 185—186.

LUDWIG, H. D.:
1965   — Die Organisation der Bodennutzung und Viehhaltung auf Ukara
          im Viktoriasee (im Rahmen einer wirtschaftsgeographischen Ge-
          samtstudie über diese Insel). „Afrika-Studien", IFO-Inst. f. Wirtsch.-
          Forsch., Afrika-Studienstelle, München.

LUGARD, LORD F. J. D.:
1959   — The diaries of Lord Lugard (ed. by M. Perham). Northwestern
          Univ. Press, Evanston, Ill. 3 v., ports, facsim.

LUKAS, J. (ed.):
1955   — Afrikanistische Studien. Diederich Westerman zum 80. Geburtstag
          gewidmet. Veröffentlichung Nr. 26, Deutsche Akademie der Wissen-
          schaften zu Berlin. Institut für Orientforschung. S. 231—242.

LUKONIN, Y. V.:
1963   — Uganda. Sov. Etnogr., 1, Jan.—Feb., 112—118.

LURY, D. A.:
196 .   — Uganda. "Oxford Hist. of E. Afr."
1963   — Cotton and Coffee Growers and Development Finance in Uganda,
          E.A.E.R. June 1963 National Income Accounting in Africa. J.
          Modern Afr. Stud., Dec.

Lussy, K.:
1953 — Some aspects of work and recreation among the Wapogoro of southern Tanganyika. Anthrop. Quart., 26, n. s. 4, Oct., 109—128.
1954 — Religiöse Anschauungen und Bräuche bei den Wapogoro. Anthropos, 49, 1/2, 103—122.
1954 a — idem: 49, 3/4, 605—626.

McAuslan, J. P.:
1964 — Prolegomena to the rule of law in East Africa. Conf. Paper EAISR. Pp. 9.

McDonald, A. S.:
1963 — Some aspects of land utilisation in Uganda. E. Afr. Agric. Forestry J., Oct.

McFie, J.:
1954 — African performance on an intelligence test. UJ, 18, 1, Mar., 34—43.

McMaster, D. N.:
1960 — Change of regional balance in the Bukoba district. Geogr. Rev., 50, 1, 73—88, bibl.
1962 — A Subsistence Crop Geography of Uganda. Geogr. Publ. Ltd., England.
1962 a — The distribution of traditional types of food storage containers in Uganda. UJ, 26, 2, Sept., 154—160.

Mackay, H.:
1955 — Las tribus nómadas de las fronteras norte de la colonia del Kenya. Rev. Geogr. Amer., 3, 411—419.

Mackenzie, W. J. M., and Robinson, K. (ed.):
1960 — Five elections in Africa. A group of electoral studies. Clarendon Press, Oxford. Pp. 496.

Macmillan, M.:
1955 — Introducing East Africa. 2nd rev. ed. (1st ed.: 1952), Faber and Faber, London. Pp. 314.

Macpherson, M.:
(1958) — s.: Golthorpe, J. E., and Macpherson, M.

Mahadevan, P., and Parsons, D. J.:
1964 — Livestock in Uganda. "Agriculture in Uganda."

Mair, L. P.:
1951 — A Yao girl's initiation. Man, May, no. 98, 60—63.
1958 — East Africa. Polit. Quart., 29, 3, July—Sept., 278—288.
1960 — Mise en valeur de terres pour Africains au Kenya. Rev. Inst. Sociol. Solvay, 1, 45—53.
1961 — Clientship in East Africa. Cah. Ét. Afr., 2, 6, 315—325.
1961 a — Safeguards for Democracy. "The New Africa Library", Oxford Univ. Press, London. Pp. 90.
1962 — Primitive Government. Penguin Books, Baltimore. Pp. 288.

Malcolm, D. W.:
1953 — Sukumaland, an African People and their country; a study of land use in Tanganyika. Oxford Univ. Press for Int. Afr. Inst., London. Pp. 224.

Maleche, A. J.:
1960 — A Study of Wastage in Primary Schools in Uganda. Conf. Paper EAISR. Pp. 19.

1961   — Sociological and Psychological Factors favouring or hindering the Education of African Women in Uganda. Conf. Paper EAISR. Pp. 11.

1962   — Wastage Among School Leavers in West Nile. Conf. Paper EAISR. Pp. 19.

MALINOWSKI, B.:

1961   — The dynamics of culture change: an inquiry into race relations in
(1st ed.:   Africa. With a new introd. by P. M. Kaberry. Yale Univ. Press,
1945)   N. Haven. Pp. 171.

MALO, S.:

1953   — Dhoudi mag Central Nyanza (Clans of Central Nyanza). Eagle Press, Nairobi. Pp. 174, map.

MANDELBAUM EDEL, May s.: EDEL, M. M.

MANNERS, R. A.:

1961   — Markets among the Kipsigis of East Africa. "Markets in Afr.", ed. by P. Bohannan and G. Dalton.

1962   — The New Tribalism in Kenya. Afr. Today, Oct.

MAQUET, J. J.:

1953   — The Ruanda premise of inequality. Conf. Paper EAISR. Pp. 6.

1953 a   — The value system of Ruanda. Conf. Paper EAISR. Pp. 5.

MARCO SURVEYS LTD.:

1959   — Pattern of traffic movement in Mombasa. Part of a Survey to examine the public transport system for Town Planning.

1960   — East African Federation. P.O.P. = Public Opinion Polling, No. 1.

1960 a   — The coming Election. P.O.P., No. 2.

1960 b   — Activities of African Traders in the Fort Hall District.

1960 c   — Consumption of wood. Study undertaken for the UN Food and Agricult. Organis.

1960 d   — Reading habits and attitudes to foreign affairs. Study undertaken for the US Inform. Serv.

1961   — Spotlight on the Kenya election. P.O.P., No. 3.

1961 a   — Kenya's Political Issues. P.O.P., No. 4.

1961 b   — Results of Election. P.O.P., No. 5.

1961 c   — Kenya's Kenyatta Issue. P.O.P., No. 6.

1961 d   — Kenya's Constitutional Issue. P.O.P., No. 7.

1961 e   — Attitudes on Tribalism in Kenya. P.O.P., No. 8.

1961/62   — Saving Habits with specific reference to the Post Office Savings Bank. Study undertaken for the E. Afr. Post and Telecommunications Administr.

1962   — Politics in Kenya. P.O.P., No. 9.

1962 a   — Leadership and attitudes to problems. P.O.P., No. 10.

1962 b   — Preventive Detention and other Issues. P.O.P., No. 11.

1962 c   — Development of the Elgon-Nyanza District. A major study on behalf of the Agency for International Development.

1962/63   — Exposure of African residents to mass media. Pilot study.

1963   — East African Federation. P.O.P., No. 12.

MARCUS, E.:

1959   — British East Africa: developmental problems of an agricultural economy. J. Hum. Relat., 8, 3/4, 646—655.

MAREALLE, CHIEF, P. I.:
  1963   — Notes on Chagga customs (transl. by R. D. Swai). TNR, 60, Mar.,
             67—90.
MARGETTS, E. L.:
  1960   — Subincision of the Urethra in the Samburu of Kenya. E. Afr. Med.
             J., no. 37, 105—108.
  1960 a   — The Future for Psychiatry in East Africa. E. Afr. Med. J., no. 37,
             418—456; 572—573.
MARIE-ANDRÉ DU SACRÉ-COEUR, SOEUR:
  1956   — Civilisation en marche. Bernard Grasset, Paris.
  1963   — Uganda, terre de martyrs. Casterman, Paris. Pp. 296.
MARRIAGE CUSTOMS . . .
  1959   — Marriage customs in Tanganyika. Afr. Women, v. 3, no. 3, Dec.,
             61—62.
MARSH, Z., and KINGSNORTH, G. W.:
  1957   — An introduction to the history of East Africa. Cambridge Univ.
             Press. Pp. 273.
MARTIN, A.:
  1963   — The marketing of minor crops in Uganda: a factual study. Over-
             seas Res. Publ., 1, HMSO, London. Pp. VI, 78.
MARTIN, C. J.:
  1953   — Additional information on the population of Tanganyika. Supple-
             ment to I. B. Taeuber. UN Dept. Soc. Affairs, New York, Popul.
             Stud., no. 14. Pp. 32.
  1953 a   — A demographic study of an immigrant community: The Indian
             population of British East Africa. Popul. Stud., London, 6, 3, Mar.,
             233—241.
  1953 b   — Report on the Population, Tanganyika. Supplement, no. 2, UN,
             New York.
  1953 c   — Some estimates of the general age distribution, fertility and rate
             of natural increase of the African population of British East
             Africa. Popul. Stud., 7, 2, Nov.
  1956   — Economic Survey of South Nyanza and Kericho District. Govt.
             Printer, Nairobi.
  1959   — Domestic Income and Product in Kenya, 1954—1958. Govt.
             Printer, Nairobi.
MARWICK, M. G.:
  1963   — A note on ordeal poison in East Central Africa. Man, 63, 47, Mar.,
             45—46.
MASEFIELD, G. B.:
  1962   — Agricultural change in Uganda 1945—1960. Food Res. Inst. Stud.,
             3, 2, May, 87—124, bibl. (in continuation).
MASON, E. S.:
  196 .   — Bank Report on Uganda. Forthcoming, based on his work as chief
             of the International Bank Economics Survey Mission in East
             Africa.
MASON, R. J.:
  1959   — British Education in Africa. Oxford Univ. Press, London. Pp. 141.
MATHESON, J. K., and BOVILL, E. W. (eds.):
  1950   — East African agriculture: a short survey of the agriculture of
             Kenya, Uganda, Tanganyika, and Zanzibar, and of its principal
             products. Oxford Univ. Press, London — New York. Pp. 332.

MATHEW, G.:
1959 — Songo Mnara (Kilwa). TNR, 53, Oct., 155—160.
1963 — The East African Coast Until the Coming of the Portuguese. "Hist. of E. Afr.", ed. by R. Oliver and G. Mathew, v. 1, 94—128.
(1963) — s.: OLIVER, R., and MATHEW, G.

MATSON, A. T.:
(1961) — s.: ORCHARDSON, IAN Q.; ed. MATSON, A. T.

MAYER, P.:
1950 — Gusii Bridewealth Law and Custom. Oxford Univ. Press, Cape Town. Pp. 67.
1951 — Two Studies in Applied Anthropology in Kenya: 1) Agricultural Co-operation by Neighbourhood Group among the Gusii. 2) Bridewealth limitation among the Gusii. "Colon. Res. Stud.", no. 3, HMSO, London. Pp. 33.
1953 — Ekeigoroigoro: a Gusii rite of passage. Man, 53, 2, Jan., 3—6.
1953 a — Gusii Initiation ceremonies. J. Roy. Anthrop. Inst., 83, Jan.—June, 9—36.

MBOTELA, J. J.:
1956 — The freeing of the slaves in East Africa. Evans, London. Pp. 87.

MBOYA, P.:
1959 — Utawala na maendeleo ya local government South Nyanza, 1926 to 1957 (Work and progress of local governm. in S. Nyanza). E. Afr. Lit. Bur., Nairobi. Pp. VI 32.

MBOYA, T.:
1956 — The Kenya question: an African answer. Fabian Colon. Bur., London. Pp. 48.
1963 — Freedom and after. London.

MDEE, A. M.:
1961 — Some experiences of witchcraft. TNR, 57, 149—151.

MEAD, D. C.:
1963 — Monetary Analysis in an Underdeveloped Economy: A case Study of Three East African Territories. Yale Econ. Essays, Spring.

MELAMID, A.:
1963 — The Kenya Coastal Strip: Economic Development and Political Boundary Problems. Geogr. Rev., July.

MENZIES, I. R.:
1954 — A pagan harvest thanksgiving in Acholi District. UJ, 18, 2, Sept., 182—185.

MEYERS . . .
1962 — Meyers Handbuch über Afrika. Bibliographisches Institut, Mannheim. Pp. 779.

MEYN, K.:
1965 — Die Fleischproduktion in den Trockengebieten Ostafrikas. „Afrika-Studien", IFO-Inst. f. Wirtsch.-Forsch., Afrika-Studienstelle, München.

MHALIGA, A.:
1958 — Co-operation in Tanganyika. Tabora.

MIDDLETON, J. F. M.:
1950 — Field Work among the Lugbara. Conf. Paper EAISR. Pp. 4
1953 — The Kikuyu and Kamba of Kenya. "Ethn. Survey Afr.: E. C. Afr.", 5, Int. Afr. Inst., London. Pp. 105, bibl., map.

1954	— Les Kikouyou et les Kamba du Kénia: Étude scientifique sur les Mau Mau. Payot, Paris. Pp. 158.
1954 a	— Some social aspects of Lugbara myth. Africa, 24, 3, July, 189—199.
1955	— Myth, history and mourning taboos in Lugbara. UJ, 19, 2, Sept., 194—203, map.
1955 a	— Notes on the political organization of the Madi of Uganda. Afr. Stud., 14, 1, 29—36, map.
1955 b	— The concept of "bewitching" in Lugbara. Africa, 25, 3, July, 252—260.
1956	— The role of chiefs and headmen among the Lugbara of West Nile District. J. Afr. Adm., 8, 1, Jan., 32—38.
1958	— Social change in northern Uganda. Contemp. Rev., 1112, Aug., 92—96.
1958 a	— The political system of the Lugbara of the Nile-Congo divide. "Tribes without rulers", ed. by J. F. M. Middleton and D. Tait, 203—229.
1958 b	— The yakan cult among the Lugbara. Man, 58, July, 112.
1960	— Land and settlement in Zanzibar (summary). Man, 60, 232, Dec., 181.
1960 a	— Lugbara Religion: Ritual and Authority among an East African people. Oxford Univ. Press, London. Pp. 276.
1960 b	— Social Change among the Lugbara of Uganda. Civilisations, v. 10, no. 4, 446.
1960 c	— The Lugbara. "E. Afr. Chiefs", ed. by A. I. Richards, 326—343.
1961	— Land tenure in Zanzibar. "Colon, Res. Stud.", no. 33, HMSO, London. Pp. 88.
1961 a	— The social significance of Lugbara personal names. UJ, 25, 1, Mar., 34—42.
1962	— Society and politics in Zanzibar. Civilisations, 12, 3, 375—387.
1963	— The Yakan or Allah water cult among the Lugbara. J. Roy. Anthrop. Inst., 93, 1, Jan.—June, 80—108, map.

... and Greenland, D. J.:

1954	— Land and population in West Nile District, Uganda. Geogr. J., London, 120, 4, Dec., 446—457.

... and Tait, D. (eds.):

1958	— Tribes without Rulers. Studies in African Segmentary Systems. Routledge and Kegan Paul Ltd, London. Pp. 231.

... and Winter, E. H. (eds.):

1963	— Witchcraft and sorcery in East Africa. Routledge, London. Pp. 308.

Migliorini, E.:

1955	— L'Africa. Unione tipografico-editrice torinese, Torino. Pp. 821, maps.

Miller, N. N.:

196 .	— Second and third generation political elites in East Africa. Ph. D., Indiana Univ.

Miracle, M. P.:

1959	— An Economic Appraisal of Kenya's Maize Control. E. Afr. Econ. Rev., v. 6, no. 2, Dec.

Mitchell, C. J.:

1959	— The Causes of Labour Migration. Bull. Inter-Afr. Labour Inst., 6, 1, 8—47.

191

MITCHELL, SIR PH. E.:
1954   — African afterthoughts. Hutchinson, London. Pp. 287.

MNTAMBO, P. S.:
1953   — The history of the Zigua tribe. TNR, 34, Jan., 70—74.

MNYAMPALA, M. E.:
1954   — Historia mila na desturi za Wagogo wa Tanganyika (History and customs of the Wagogo of Tanganyika). Eagle Press, Nairobi. Pp. 116.

MOCHIWA, A.:
1954   — Habari za Wazigua. Macmillan, London. Pp. 54.

MOFFETT, J. P. (ed.):
1958   — Handbook of Tanganyika (2nd ed.). Govt. Printer, Dar es Salaam, Pp. 703, bibl.

MOLLER, M. S. G.:
1958   — Bahaya customs and beliefs in connection with pregnancy and childbirth. TNR, 50, June, 112—117.

MOLNOS, A. v.:
1966   — Frau. „Handbuch der Entwicklungspolitik", Hrsg. H. Besters und E. Boesch, Kreuz-Matthias-Grünewald Verlagsgemeinschaft, Stuttgart-Berlin-Mainz.

... und HARLANDER, H.:
1966   — Die Situation und Rolle der Frau in der wirtschaftlichen und sozialen Entwicklung Ostafrikas. „Afrika-Studien." IFO-Inst. f. Wirtsch.-Forsch., Afrika-Studienstelle, München.

MOLOHAN, M. J. B.:
1957   — Detribalization: a study of the areas of Tanganyika where detribalized persons are living, with recommendations as to the administrative and other measures required to meet the problems arising therein. Govt. Printer, Dar es Salaam. Pp. 94, map.

MOODY, R. W.:
1961   — Preliminary Notes on the Clan Structure of Samia. Conf. Paper EAISR. Pp. 7.
1962   — Labour Migration in Samia. Conf. Paper. EAISR. Pp. 7.
1962 a — Land Tenure in Samia. Conf. Paper EAISR. Pp. 12.
1963   — Samia Fishermen. Conf. Paper EAISR. Pp. 9.

MOORE, W., and FELDMANN, A.:
1960   — Commitment of the Labour Force in Newly Industrialized Areas. Soc. Sci. Res. Council, New York.

MOOREHEAD, A.:
1960   — The White Nile. Ed. Hamish Hamilton.

MORGAN, G. D.:
1964   — Value orientations of "B" group teachers in the Teachers for East Africa programme. Conf. Paper EAISR. Pp. 7.

MORGAN, P. R.:
1959   — A Rufiji experiment. TNR, 52, 33—34.

MORIS, J. R.:
196 .   — Cultural ecology of the Rift Valley Highlands. Ph. D., Northwestern Univ.

MORRIS, H. F.:
1955   — The kingdom of Mpororo. UJ, 19, 2, Sept., 204—207.
1956   — Historic sites in Ankole. UJ, 20, 2, Sept., 177—181, map.
1957   — The making of Ankole. UJ, 21, 1, Mar., 1—15.
1960   — Marriage and divorce in Uganda. UJ, v. 24, no. 2, Sept., 197—206.
1962   — A history of Ankole. E. Afr. Lit. Bur., Kampala. Pp. VIII 60, map.
1964   — The Heroic Recitations of the Bahima of Ankole. (ed. by H. F.
          Morris), Oxford at the Clarendon Press. Pp. 142.

MORRIS, H. S.:
1953   — The structure of the Indian community in Kampala. Conf. Paper
          EAISR. Pp. 8.
1956   — Indians in East Africa: a study in an plural society. Brit. J. Sociol.,
          Sept., 194—211.
1957   — Communal Rivalry among Indians in Uganda. Brit. J. Sociol.,
          v. 8, no. 4.
1957 a — The Plural Society. Man, Aug.
1958   — The divine kingship of the Aga Khan. A study of theocracy in
          East Africa. S. W. J. Anthrop., 14, 454—472.

MORRIS, T. D. H.:
1953   — Bakonjo shrines. UJ, 17, 1, 78.

MORS, P. O.:
1953   — Notes on hunting and fishing in Buhaya. Anthrop. Quart., Washing-
          ton, 26, 3, July, 89—93.
1954   — Cattle in Buhaya. Anthrop. Quart., 27, 1, Jan., 23—29.
1955   — Geschichte der Bahinda des alten Nyamtwara-Reiches am Victoria-
          Nyanza-See. Anthropos, 50, 4/6, 702—714, map.
1957   — Geschichte der Bahaya. Micro-Bibliotheca Anthropos, 25, Anthro-
          pos, 52, 3/4, 616—622.
1958   — Grasshoppers as food in Buhaya. Anthrop. Quart., 31, 3, 56—58.
1961   — Aus dem Höflichkeitskodex der Bahaya. Anthropos, 56, 3/4, 377
          bis 392.

MOSES, M.:
1953   — A history of Wadelai. UJ, 17, 1, Mar., 78—80.

MOWER, J. H.:
1956   — Local Government in Kenya. Eagle Press, Nairobi.

MOYSE-BARTLETT, H.:
1956   — The King's African Rifles: a study in the military history of East
          and Central Africa, 1890—1945. Gale and Polden, Aldershot.
          Pp. 727.

MPHALELE, E.:
1962   — The African image. Faber and Faber, London. Pp. 240.

MTEKTEKA, J.:
1958   — Some Pangwa customs. TNR, 50, June, 102—103.

MUBARAK, N.:
1963   — Coffee and the Kenyan Economy. Ph. D., McGill Univ., Canada.

MUHAMMAD SALEH ABDULLA FARSY, S.:
1956   — Ada za harusi katika Unguja (Unguja marriage customs). E. Afr.
          Lit. Bur., Dar es Salaam. Pp. 52.

MÜHLMANN, W. E.:
1961   — Zwischen Erweckung und Terror: Der Mau-Mau-Aufstand in
          Kenya. „Chiliasmus und Nativismus", hrsg. von W. E. Mühlmann,
          Berlin, 105—140.

MUKHERJEE, R.:
1955   — The "tribes" in pre-British Uganda. Mitt. Inst. Orientforsch., 3, 1, 99—128; 2, 222—263.
1956   — The Problem of Uganda: a study in acculturation. Akademie Verlag, Berlin. Pp. 281.

MUKWAYA, A. B.:
1952   — The Differences between the Busoga and Buganda System of chiefs. Conf. Paper EAISR. Pp. 3.
1953   — Land Tenure in Buganda. "E. Afr. Stud.", no. 1, EAISR, Kampala. Pp. 80.
1953 a — Some problems of land tenure in Buganda. Conf. Paper EAISR. Pp. 7.
1954   — A Study of the Kampala Markets. Conf. Paper EAISR. Pp. 4.
1954 a — The Immigrants and the Law. "Econ. Develop. and Tribal Change", ed. by A. I. Richards.
1957   — The Rise of the Uganda African Farmers' Union in Buganda. Conf. Paper EAISR. Pp. 8.
1960   — The Marketing of Staple Foods in Kampala. Northwestern Univ.

MÜLLER, F. F.:
1959   — Deutschland, Zanzibar, Ostafrika: Geschichte einer deutschen Kolonialeroberung, 1884—1890. Rütten und Loening, Berlin. Pp. 581, bibl. (555—567).

MUNGER, E. S.:
1951   — Relational patterns of Kampala, Uganda. Ph. D., Chicago, USA. Pp. 165.
1952   — African coffee on Kilimanjaro: a Chagga kihamba. Econ. Geogr., 28, 2, Apr., 181—185.

MURDOCK, G. P.:
1959   — Africa, its peoples and their culture history. McGraw-Hill, New York. Pp. XIII, 456.

MUSHI, K. E. L.:
1961   — Die Genossenschaftsbewegung in Tanganyika. Verbraucher, no. 39, Sept.

MUSOKE, S. B. K.:
1958   — Kingdom of Buganda (MS in Luganda). Library EAISR, Kampala. Pp. 51.

MUSTAFA, S.:
1962   — The Tanganyika way. Oxford Univ. Press, London. Pp. 139.

MUTHESIUS, A.:
1959   — Die Afrikanerin. Hellas-Verl., Düsseldorf. Pp. 288.

NDEGWA, P.:
1964   — Some Aspects of inter-territorial trade in East Africa in recent years. Conf. Paper EAISR. Pp. 29.
1964 a — Preferential trade arrangements among developing countries. EAISR, Kampala, EDRP 21, 19. 2.

NEATBY, H. M.:
1954   — The Contribution of Educated African Women to the Uganda of Today. E. W. Afr. Rev., v. 20, no. 3, 231—233.

NEEDHAM, R.:
1960   — The left hand of the Mugwe: an analytical note on the structure of Meru symbolism. Africa, v. 30, 20—33.

NELSON, F. B.:
1963 — Religion and Teacher. Conf. Paper EAISR. Pp. 13.
1964 — American values and the role of schoolmaster in East Africa. Conf. Paper EAISR. Pp. 7.

NEWIGER, N.:
1966 — Gesellschaftliche Formen der Viehhaltung und des Ackerbaus in Ostafrika. „Afrika-Studien", IFO-Inst. f. Wirtsch.-Forsch., Afrika-Studienstelle, München.

NEWLYN, W. T., and ROWAN, D. C.:
1954 — Money and banking in British colonial Africa: A study in the monetary and banking systems of eight British African territories. Clarendon Press, Oxford. Pp. 301.

NGALA, R. G.:
1956 — Nchi na desturi za Wagiryama (Land and customs of the Giriama). E. Afr. Lit. Bur., Dar es Salaam.

NGANWA, K. K.:
1956 — Abakozire eby' okutangaza omuri Ankole (tribal stories). E. Afr. Lit. Bur., Kampala.

NHONOLI, A. M. M.:
1954 — An inquiry into the infant mortality rate in rural areas of Unyamwezi. E. Afr. Med. J., 31, 1, Jan., 1—12.

NIDA, E. A.:
1962 — Akamba initiation rites and culture themes. Pract. Anthrop., 9, 153—155.
(1962) — s.: PENG, F. C., and NIDA, E. A.

NJUGUNA WA GAKUO:
1960 — Bedeutung und Möglichkeiten des Genossenschaftswesens für die Entwicklung der Wirtschaft in Kenia. Dissertation, Freiburg.

NOBLE, D. S.:
1961 — Demoniacal possession among the Giryama. Man, 61.

NOTTINGHAM, J. C.:
1959 — Sorcery among the Akamba in Kenya. J. Afr. Adm., 11, 1, Jan., 2—14.
1963 — Kenyatta's Freedom. Venture, March.
1964 — East African Aftermath. Venture, March.
1964 a — The Politics of African Defence. Venture, Apr.
1964 b — Nyerere: Pan African Pragmatist. Venture, May.
. . . and SANGER, C.:
1964 — The Kenya General Election of 1963. J. Modern Afr. Stud. March.

NSIMBI, M. B.:
1953 — Waggumbulizi (Book of place names). Longmans, London. Pp. 111.
1956 — Amannya Amaganda n'ennono zaago (Historical study of Ganda place-names). E. Afr. Lit. Bur., Kampala. Pp. 324.
1956 a — Village life and customs in Buganda. UJ, v. 20, no. 1, 27—36.

NTEMO, F. D.:
1956 — Some notes on Ngulu. TNR, 45, Dec., 15—19.

NTIRO, S. J.:
1953 — Desturi za Wachagga (Customs and traditions of the Chagga). Eagle Press, Nairobi. Pp. 50.

NYAKAANA, L.:
1966 — Evaluation of agricultural development projects in Uganda.

NYE, J.:
1963   — The extent and viability of East African cooperation. U. of E. Afr. Conf. on Federation, Nov.
1963 a   — Attitudes of Makerere Students towards the East African Federation. Conf. Paper EAISR. Pp. 12.

NYENDWOHA, E. S.:
1958   — Uganda. Le rôle de la femme dans le développement des pays tropicaux et subtropicaux. XXXIe Session, INCIDI.

NYERERE, J. K.:
o. J.   — Democracy and the Party System. Dar es Salaam.
1961   — The second scramble. Dar es Salaam.
1962   — "Ujamaa" The basis of African Socialism. Dar es Salaam.

NYHART, J. D.:
1959   — Taxation Problems of Federalism. Conf. Paper EAISR. Pp. 15.
1959 a   — The Uganda Development Corporation and the Promotion of Entrepreneurship. Conf. Paper EAISR. Pp. 23.

OBERG, K.:
1963   — The kingdom of Ankole in Uganda. "Afr. Polit. Systems", ed. by M. Fortes, and E. E. Evans-Pritchard.

OCHENG, D. O.:
1955   — Land tenure in Acholi. UJ, 19, 1, Mar., 57—61.

O'CONNOR, A. M.:
1963   — Regional contrasts in economic development in Uganda. E. Afr. Geogr. Rev., 1, Apr., 33—43, map.

OGOT, B. A.:
1961   — The concept of "Jok", a critic of published works on the Nilotic Ideas of God. Afr. Stud. Univ. Witwatersrand, v. 20, no. 2, June.
1963   — British administration in the Central Nyanza district of Kenya, 1900—1960. J. Afr. Hist., 4, 2, 249—273.

OHM, T.:
1953   — Stammesreligionen im südlichen Tanganyika-Territorium. Westdeutscher Verl., Köln. S. 80.

OKECH, L.:
1953   — Tekwaro ki ker lobo Acholi (History and chieftainship records). Eagle Press, Nairobi. Pp. 90.

OKELLO, Y. K.:
1951   — Lango Marriage. UJ, v. 15, no. 1, Mar., 65—73.

OKOT, J. P'BITEK:
1962   — Acholi Folk Tales. Conf. Paper EAISR. Pp. 8.
1963   — The Concept of j o k among the Acholi and Lango. UJ, 27, 1, Mar., 15—29, bibl.

OLDAKER, A. A.:
1957   — Tribal customary land tenure in Tanganyika. TNR, 47/48, June to Sept., 117—144.

OLIVER, R.:
1953   — A question about the Bachwezi. UJ, 17, 2, Sept., 135—137.
1954   — The Baganda and the Bakonjo. UJ, 18, 1, Mar., 31—33.
1954 a   — The historical traditions of Buganda, Bunyoro and Ankole. Man, 54, 57, Mar., 43.
1955   — The traditional histories of Buganda, Bunyoro and Nkole. J. Roy. Anthrop. Inst., 85, 1/2 Jan.—Dec., 111—117.

196

1959   — Ancient capital sites of Ankole. UJ, 23, 1, Mar., 51—63, map.

1959 a   — The royal tombs of Buganda. UJ, 23, 2, Sept., 124—133.

1963   — Discernible Developments in the Interior c. 1500—1840. "Hist. of E. Afr.", ed. by R. Oliver and G. Mathew, v. 1, 169—211.

... and MATHEW, G.:

1963   — History of East Africa. Clarendon Press, Oxford, v. 1, Pp. XIII 500, bibl.

OLOUCH, J.:

1960   — Limitation of East African coffee exports. Afr. Wld.

1961   — Educating African peasants in Nyanza: role of Kenya farmers' training centres. Afr. Wld, Apr., 10—11.

OMERIKOL, G. D.:

1957   — Acoa naka Iteso (Wisdom of the Iteso). E. Afr. Lit. Bur., Kampala.

OMINDE, S. H.:

1952   — The Luo girl from infancy to marriage. McMillan, London. Pp. 69.

OMMANNEY, F. D.:

1955   — Isle of cloves: a view of Zanzibar. Longmans, London. Pp. XII 230, map.

ORAM, N. D.:

1954   — The urban problem in Uganda. E. Afr. Med. J., 31, 6, June, 255—261.

ORCHARDSON, IAN Q.:

1961   — The Kipsigis, abridged and partly rewritten. (Ed. by A. T. Matson). E. Afr. Lit. Bur., Nairobi. Pp. 141.

ORD, H. W.:

1959   — National Income Accounting in East Africa. E. Afr. Econ. Rev., v. 6, no. 1, July.

1959 a   — The Employment of Capital in East Africa. Conf. Paper EAISR. Pp. 14.

1962   — A Study of Capital Formation in East Africa 1946—1958 (Ms. in EAISR, Kampala).

ORYEMA, P., and WRIGHT, M. J.:

1960   — Lucoro and Min-kwet: an Acholi folk-tale. UJ, 24, 1, Mar., 120 to 122.

OSCHINSKY, L.:

1954   — The racial affinities of the Baganda and other Bantu tribes of British East Africa. Heffer, Cambridge. Pp. 188, bibl.

OTHIENO, T. M.:

196.   — Economic aspects of peasant agriculture in Bukedi district. Fac. Agric., Makerere, Kampala.

OTTENBERG, S., and PHOEBE:

1960   — Cultures and societies of Africa. Random House, New York. Pp. 614, plates, bibl. (565—598).

PAKENHAM, R. H. W.:

1959   — Two Zanzibar ngomas. TNR, 111—116.

PANKHURST, R.:

1954   — Kenya, the History of Two Nations. Indep. Publ. Co., London.

PARAPINI, G.:

1958   — Fra i Kamba del Kenia. Universo, 38, 1, 45—56.

PARK, G. K.:
1962 — The Problems of Late Marriage of Kinga Women. Conf. Paper EAISR. Pp. 14.
1963 — Bridewealth in Ukinga, Tanganyika. Conf. Paper, EAISR. Pp. 19.

PARKER, F.:
1962 — British East Africa. Negro Hist. Bull., Jan.

PARKER, MARY, S.: THOMPSON, MARY.

PARKIN, D. J.:
1963 — Status and Role on a Kampala Housing Estate. Conf. Paper EAISR. Pp. 16.
1963 a — Some Ideas on the concept of Neighbourhood in the Town. Conf. Paper EAISR. Pp. 12.

PARKIN, SIR JAN.:
1959 — Report on inquiry into labour conditions in the port of Zanzibar. Govt. Printer, Zanzibar, May.

PARSONS, D. J.:
(1964) — S. MAHADEVAN, P., and PARSONS, D. J.

PATEL, H. D.:
196. — A study of the Efficiency of Sisal Marketing. Fac. Agric. Makerere, Kampala.

PATERSON, R. L.:
1956 — Ukara island. TNR, 44, Sept., 54—62.

PAULUS, M.:
1962 — Die Aufbauprobleme der Genossenschaften in Tanganyika. Diplomarbeit, Univ. Köln, Seminar f. Sozialpol.
1965 — Die Rolle der Genossenschaften in der wirtschaftlichen Entwicklung Ostafrikas. „Afrika-Studien", IFO-Inst. f. Wirtsch.-Forsch., Afrika-Studienstelle, München.

PEACOCK, A. T., and DOSSER, D. G. M.:
1958 — National Income of Tanganyika 1952—1954. HMSO for Colon. Off., London.

PENG, F. C., and NIDA, E. A.:
1962 — An alternate analysis of Akamba themes. Pract. Anthrop., 9, 151—153.

PENWILL, D. J.:
1951 — Kamba customary law: notes taken in the Machakos district of Kenya colony. Macmillan, London, in-8, Pp. 122.
1952 — Sub-chiefs in Kikuyu and Ukambani. Conf. Paper EAISR. Pp. 5.

PERHAM, M.:
1956 — Lugard: The Years of Adventure. 1858—1898. London.
(1956) — S. HUXLEY, E., and PERHAM, M.
1960 — Lugard: The Years of Authority 1989—1945. Collins, London. Pp. XX 748.
1962 — The colonial reckoning. The end of imperial rule in Africa in the light of British experience. Knopf, New York. Pp. 203.
1963 — Kenya in travail. Listener, 21, Mar.

PERISTIANY, J.:
1951 — The Age-system of the Pastoral Pokot. Africa, v. 21, no. 3/4, July—Oct.
1954 — Pokot Sanctions and Structure. Africa, v. 24, no. 1, Jan., 17—25.

PERLMAN, E. H.:
1959   — Toro. "Attitudes to health and disease among some E. Afr. tribes",
        EAISR, Symposium.
PERLMAN, M. L.:
1959   — The Structure of Settlements in Toro. Conf. Paper EAISR. Pp. 23.
1960   — Some Aspects of Marriage Stability in Toro — Part I. Conf.
        Paper EAISR. Pp. 21.
1962   — Land Tenure in Toro. Conf. Paper EAISR. Pp. 16.
1962 a — Some Aspects of Marriage Stability in Toro — Part II. Conf.
        Paper EAISR. Pp. 17.
1962 b — Property Rights of Women. Paper at a Conf. of the Uganda
        Council of Women.
PETTERSON, D. P.:
1951   — The development of white settlement patterns in British tropical
        East Africa since 1870. Ph. D., Northwestern Univ.
1957/58 — Aspects of European Population in both Kenya and Nyasaland.
        Illinois Acad. Sci., Chicago.
PHILLIPS, A.:
1953   — Survey of African Marriage and Family Life. Oxford Univ. Press,
        London (ed. by A. P.). Pp. 462.
1959   — Marriage and divorce laws in East Africa. J. Afr. Law, 3, 2, sum-
        mer, 93—98.
PHILLIPS, J.:
1959   — Agriculture and ecology in Africa. A study of actual and potential
        development south of the Sahara. London. Pp. 412.
PHIPPS, B. A.:
1963   — The Teaching Profession in Uganda — Preliminary Results. Conf.
        Paper EAISR. Pp. 10.
PHIPPS, P. E.:
1963   — English Reading Habits in Uganda — Preliminary Results. Conf.
        Paper EAISR. Pp. 10.
PILGRIM, J. W.:
1959   — Land Ownership in the Kipsigis Reserve. Conf. Paper EAISR.
        Pp. 32.
PITTMAN, J., and SNYDER, J. W. (eds.):
1962   — Social Culture and Drinking Patterns. John Wiley and Sons. New
        York.
PLACE, J.:
(1960) — s.: RICHARDS, C. G., and PLACE, J.
POCOCK, D. F.:
1957   — "Difference" in East Africa: a study of caste and religion in
        modern Indian society. S. W. J. Anthrop., 13, 4, winter, 289—300.
POLLOCK, N. C.:
1960   — Industrial development in East Africa. Econ. Geogr., 36, 4,
        344—354.
PONOMAREV, D. K.:
1960   — Anglijskij Imperializm i prosveščenije narodov Kenii (L'impéria-
        lisme britannique et l'éducation des peuples du Kenya). Sov.
        Pedag., no. 11.
PONS, V. G.:
1957   — The Role of Social Surveys in the Study of African Urbanization.
        Conf. Paper EAISR. Pp. 12.

199

PORTER, H. P. JR.:
196 .   — Britain in East Africa, 1885—1894. Miami Univ., Ohio.
POSNANSKY, M.:
1961   — Bantu genesis. UJ, 25, 1, Mar., 86—93, bibl., map.
1963   — Towards an historical geography of Uganda. E. Afr. Geogr. Rev.,
             1, Apr., 7—20.
PÖSSINGER, H.:
1965   — Möglichkeiten und Grenzen des Bauernsisal in Ostafrika. „Afrika-
             Studien", IFO-Inst. f. Wirtsch.-Forsch., Afrika-Studienstelle, Mün-
             chen.
POULTON, J.:
1961   — Like father, like son: some reflections on the Church of Uganda.
             Int. Rev. Missions, 50, 199, July, 297—307.
POWESLAND, P. G.:
1954   — History of the Migration in Uganda. "Econ. Develop. and Tribal
             Change", ed. by A. I. Richards.
... and ELKAN, W. (eds.):
1957   — Economic policy and labour: a study in Uganda's economic history.
             "E. Afr. Stud.", 10, EAISR, Kampala. Pp. 81.
PRATT, R. C.:
1960   — "Multi-racialism" and local government in Tanganyika. Race, 2, 1,
             Nov., 33—49.
1960 a   — Tribalism and nationalism in Uganda. Listener, 28, Apr.
(1960)   s.: Low, D. A., and PRATT, R. C.
1961   — Nationalism in Uganda. Polit. Stud., 9, 2, June, 157—178.
1961 a   — Toward majority rule in East and Central Africa. Curr. Hist., Febr.
PRICE, J.:
196 .   — An analysis of Limited aspirations and marginal productivity of
             agricultural labour. Centre Econ. Res. Roy. College, Nairobi.
PRIESTLEY, M. J. S. W., and GREENING, P.:
1956   — Ngoni land utilisation survey, 1954—1955. Govt. Printer, Lusaka.
             Pp. 81.
PRINS, A. H. J.:
1952   — The Coastal Tribes of the Northeastern Bantu: Pokomo, Nyika
             and Teita. "Enthn. Survey Afr.: E. C. Afr.", no. 3. Int. Afr. Inst.,
             London. Pp. 138, bibl.
1953   — East African age-class System: An inquiry into the social order of
             Galla, Kipsigis and Kikuyu. J. B. Wolters, Groningen. Pp. 35.
1955   — A Teita bow and arrows. Man, 55, 42, Mar., 33—35.
1955 a   — Shungwaya, die Urheimat der Nordost-Bantu. Eine stammes-
             geschichtliche Untersuchung. Anthropos, 50, 1/3, 273—281.
1955 b   — The geographical distribution of the North-Eastern Bantu popula-
             tion. T. K. Ned. Aardij. Genootsch, 72, 3, 232—240.
1956   — An analysis of Swahili kinship terminology. J. E. Afr. Swahili
             Committee, 26, 6, 20—27.
1958   — idem: 28, 1, 9—16.
1958 a   — On Swahili historiography. J. E. Afr. Swahili Committee, 28, 2, 7,
             26—40, bibl.
1959   — De zeekant van Lamu: een maritieme variant op het thema
             "peasant culture". Mens en Mij., Sept. 209—220.
1959 a   — Uncertainties in coastal cultural history: the "Ngalawa" and the
             "Mtepe". TNR, 53, Oct., 205—213.

1960 — Notes on the Boni, a tribe of hunters in northern Kenya. Bull. Int. Committee Urgent Anthrop. Ethnol. Res., 3, 25—27.

1961 — The Swahili-speaking peoples of Zanzibar and the East African coast (Arabs, Shirazi and Swahili). "Ethn. Survey Afr.: E. C. Afr.", 12, Int. Afr. Inst., London. Pp. 142, bibl.

1963 — The didemic diarchic Boni. J. Roy. Anthrop. Inst., 93, 174—185.

PROGRESS IN . . .

1954 — Progress in Kenya. Afr. Women, Dec., v. 1, 14—15.

PROTHERO, R. M.:

(1962) — s.: BARBOUR, K. M., and PROTHERO, R. M.

PURSINGER, M. G.:

1966 — A History of the East Indians on the East Coast of Africa. Univ. Minnesota, Morris.

RADCLIFFE-BROWN, A. R., and FORDE, D. (eds.):

1960 — African Systems of Kinship and Marriage (reprinted) London, New York, Toronto (1st ed.: 1950). Pp. 399.

RADDATZ, E.:

1965 — Die Organisation der afrikanischen Bauernbetriebe mit Milchviehhaltung in Kenya. „Afrika-Studien", IFO-Inst. f. Wirtsch.-Forsch., Afrika-Studienstelle, München.

RADÓ, E.:

(1964) — s.: JOLLY, R., and RADÓ, E.

RAPLEY, R. E.:

1960 — Masai claims in Tanganyika. Afr. Wld., Nov., 12—14.

RAUM, O. F.:

1956 — Umgang mit Bantu. Luken and Luken, Nürnberg, Pp. 36.

1961 — Der Afrikaner in der modernen Wirtschaft. Sonderschrift des IFO-Inst. f. Wirtsch.-Forsch., Nr. 27, Duncker und Humblot, Berlin-München. S. 30.

1965 — Die Anpassungsbereitschaft und -fähigkeit des Afrikaners an die moderne Wirtschaft, untersucht für das Kilombero-Tal/Tanganyika. „Afrika-Studien", IFO-Inst. f. Wirtsch.-Forsch., Afrika-Studienstelle, München.

196 . — Changes in Tribal Life under German Administration. "Hist. E. Afr.", v. 2, ed. by R. Oliver and G. Mathew.

RAWCLIFFE, D. H.:

1954 — The Struggle for Kenya. Gollancz, London. Pp. 189.

REABURN, R. J.:

1959 — Some economic aspects of African agriculture. E. Afr. Econ. Rev., Jan.

READER, D. H.:

1964 — A survey of categories of economic activities among the peoples of Africa. Africa, v. 34, no. 1, Jan., 28—45.

RECOMMENDATIONS FOR . . .

1964 — Recommendations for Urban Development in Kampala and Mengo. United Nations' Urban Planning Mission 1963—1964 (mimeogr.), Kampala. Pp. 200.

REDMAYNE, A.:

1962 — A Preliminary Report on a Hehe Community. Conf. Paper EAISR. Pp. 8.

REINING, P. C.:
(1952) — s.: RICHARDS, A. I., and REINING, P. C.
1952 — Village Organization in Buhaya. Conf. Paper EAISR. Pp. 7.
1953 — Survey technique: the Bukoba survey. Conf. Paper EAISR. Pp. 6.
1962 — Haya land tenure: land holding and tenancy. Anthrop. Quart., 35, 2, Apr., 58—73.

REIS, C. M. S.:
1954 — Contribuiçao para o estudo da rubustez da raça Maconde. Bol. Soc. Est. Moçambique, 24, 86, Jul.—Aug., 7—137.
1955 — Variaçoes da robustez dos trabalhadores Macondes. Bol. Soc. Est. Moçambique, 25, 93, Jul.—Aug., 73—170.
1955 a — A iniciaçao Maconde. Bol. Soc. Est. Moçambique, 25, 94/95, Sept.—Dec., 171—204.

RENISON, SIR P.:
1963 — The challenge in Kenya. Optima, Mar., 8—16.

REPORT 1953— . . .
1955 — Report 1953—1955. Great Britain East Africa Royal Commission. Sir Hugh, Dow, chairman. HMSO, London. Pp. 482.

REPORT OF A SURVEY . . .
1961 — Report of a Survey of Problems of Child Welfare in Kenya (by H. Slade, Chairman of the Commission; Part II: by G. Wilson and his staff). Govt. Printer, Nairobi. Pp. 65.

REPORT OF THE CONFERENCE . . .
1956 — Report of the Conference on African Land Tenure in East and Central Africa. J. Afr. Adm., Oct.

REPORT OF THE EAST . . .
1957 — Report of the East African Commission of Inquiry on Income Tax 1956—1957. Govt. Printer, Nairobi.

REPORT ON THE AGRICULTURAL . . .
1963 — Report on the Agricultural Extension Development Center for East, Central and Southern Africa, held at Arusha, Tanganyika, Febr. 1962. Extract: Community Develop. Bull. 14, 3, June, 99 to 100.

REPORT ON THE UK . . .
1959 — Report on the UK Colonial Office Working Party on Higher Education in East Africa, July—August 1958. Nairobi. Pp. 48, map.

REPORT ON THE WORLD . . .
1962 — Report on the World Social Situation. Planning for Social and Economic Development in Uganda. UN, E/CN. 5/346/ADD. 9. Pp. 49.

REPORT ON UGANDA . . .
1961 — Report on Uganda 1946—1960. HMSO, London.

REPORT ON ZANZIBAR . . .
1963 — Report on Zanzibar 1959—1960. HMSO, London.

REPORT TO THE GOVERNMENT . . .
1961/62 — Report to the Government of Tanganyika on the possibilities of developing industrial co-operatives. ILO/TAP/Tanganyika/R. J.

REUSCH, R.:
1953 — How the Swahili people and language came into existence. TNR, 34, 1, 20—27.

1954   — History of East Africa. Evangelischer Missionsverl., Stuttgart. Pp. 343.

REYNER, A. S.:
1962   — Tanganyika: Africa's newest country. Wld Aff., spring.

REYNOLDS, V.:
1958   — Joking relationships in Africa (Nyamwezi and Zaramo). Man, 58, 21, Feb., 29—30.

RICHARDS, A. I.:
1950   — Characteristics of Field Work among the Ganda. Conf. Paper EAISR. Pp. 3.
1951   — Some Preliminary Suggestions on the Determinants of Clan and Lineage Structure. Conf. Paper EAISR. Pp. 2.
1951 a   — The Present-day Recruitment of Chiefs in Buganda. Conf. Paper EAISR. Pp. 4.
1952   — The Differences between the Busoga and Buganda System of chiefs. Conf. Paper EAISR. Pp. 3.
1954   — Economic Development and Tribal Cange. A Study of Immigrant Labour in Buganda (ed by A.I.R.), W. Heffer, Cambridge, Pp. 301.
1955   — Ganda Clan Structure — some preliminary notes. Conf. Paper EAISR. Pp. 10.
1955 a   — The tribal kingdoms of Uganda. Times Brit. Colon. Rev., 20, 11.
1958   — Tribal groups in Kenya: contrasts of structure and living standards. Times Brit. Colon. Rev., 29, 21—22.
1960   — East African Chiefs: a study of political development in some Uganda and Tanganyika tribes (ed. by A.I.R.), Faber, London. Pp. 419, bibl., map.
1960 a   — The Alur. "E. Afr. Chiefs", ed. by A.I.R., 311—325.
1960 b   — The Ganda. "E. Afr. Chiefs", ed. by A.I.R., 41—77.
1960 c   — The Toro. "E. Afr. Chiefs", ed. by A.I.R., 127—145.
(1960)   — s.: LA FONTAINE, J., and RICHARDS, A. I.
1962   — Constitutional problems in Uganda. Polit. Quart., Oct.—Dec., 360—369.

. . . and REINING, P. C.:
1952   — Report on Fertility Surveys in Buganda and Buhaya. "Culture and Human Fertility", ed. by F. Lorimer et al., 351—403.

RICHARDS, C. G.:
1960   — Count Teleki and the discovery of Lakes Rudolf and Stefanie (ed. by C. G. R.). Macmillan, London, and E. Afr. Lit. Bur. Pp. VI 85.

. . . and PLACE, J. (selected and introduced by):
1960   — East African Explorers. Oxford Univ. Press, London. Pp. XXII, 356, map.

RICHMOND, A. H.:
1961   — The colour problem, a study of racial relations. Penguin Books, Baltimore. Pp. 374.

RICKETTS, E.:
1960   — The East African women looks ahead. Afr. Women, v. 3, no. 4, June, 73—75.

RIGBY, P. J. A.:
1962   — Aspects of Residence and Co-operation in a Gogo Village. Conf. Paper EAISR. Pp. 13.

1962 a   — Witchcraft, Kinship and Authority in Gogo. Conf. Paper EAISR. Pp. 14.

1963   — The Mbuya Relationship and Marriage in Ugogo. Conf. Paper EAISR. Pp. 14.

RINGER, K. E.:

1952   — Die Agrarverfassungsprobleme Tanganyikas in ihrem Zusammenhang mit den Fragen und Aufgaben der volkswirtschaftlichen Entwicklung des Landes. Freiburg.

ROBERTS, A. D.:

1961   — A Letter from East Africa (Future of higher Education). Cambridge Rev., 18, Feb.

1962   — The sub-imperialism of the Baganda. J. Afr. Hist., 3, 3, 435—450, map.

ROBERTS, D. F., and TANNER, R. E. S.

1959   — A demographic study in an area of low fertility in north-east Tanganyika. Popul. Stud., 13, July, 61—80.

ROBINSON, K.:

(1960)   — s. MACKENZIE, W. J. M., and ROBINSON, K. (ed.).

ROBINSON, R., and GALLAGHER, J.:

1961   — Africa and the Victorians. The official mind of imperialism. London.

ROBSON, J. R. K.:

1962   — Malnutrition in Tanganyika (Songea district). TNR, 58/59, 259 to 267.

ROBSON, P.:

196 .   — East Africa and EEC. An economic analysis. Centre Econ. Res., Roy. Coll., Nairobi.

196 . a   — Inter-regional fiscal diversities: Some theoretical problems. Centre Econ. Res., Roy. Coll., Nairobi.

1963   — Finance, development and investment; some aspects of Kenya's problems. E. Afr. Econ. Rev., no. 1, June, 1—12.

1963 a   — Finance, Investment and Development. E. Afr. Econ. Rev., June.

1963 b   — Stagnation or Development for East Africa. Banker, Aug.

... and LEYS, C.:

196 .   — Problems of Federation in East Africa. Centre Econ. Res., Roy. Coll., Nairobi.

RODGER, G.:

1955   — Ceremony in Bunyoro. Natur. Hist., 64, 4, Apr., 184—189.

ROSBERG, C. G. (JR.):

1958   — Political Conflict and Change in Kenya. "Transition in Afr.", Boston Univ. Press.

(1961)   — s.: BENNETT, G., and ROSBERG, C. G.

... and SEGAL, A. L.:

1963   — An East African Federation. Internat. Conciliation, 543, May. Pp. 72.

ROSENSTIEL, A.:

1953   — An anthropological approach to the Mau Mau problem. Polit. Sci. Quart., Sept., 419—432.

ROTBERG, R.:

1963   — An account of the attempt to achieve closer union in British East Africa. Conf. Paper EAISR. Pp. 9.

ROTENHAN, D. v.:
1965 — Die Organisation der Bodennutzung im Sukumaland (Baumwolle). „Afrika-Studien", IFO-Inst. f. Wirtsch.-Forsch., Afrika-Studienstelle, München.

ROTH, W. J.:
196. — Co-operatives and the economic aspects of culture change among the Basukuma of Tanganyika. Ph. D., Catholic. Univ. Washington.

ROTHCHILD, D. S.:
1963 — The Extent of Federalism in Uganda. Conf. Paper EAISR. Pp. 8.

ROWAN, D. C.:
(1954) — s.: NEWLYN, W. T., and ROWAN, D. C.

ROWE, J. A.:
1963 — Baganda Chiefs who survived Kabaka Mwanga's Purge of 1886. Conf. Paper EAISR. Pp. 14.
1964 — Apolo Kagwa and the rise of the Bakungu. Ph. D., Univ. Wisconsin.

ROWE, J. W. F.:
1963 — The World's Coffee. A study of the economics and politics of the coffee industries of certain countries and of the international problems. London.

ROWLANDS, J. S. S.:
1962 — Notes on native law and custom in Kenya. J. Afr. Law, 6, 3, autumn, 192—209.

RUBONGOYA, L. T.:
1957 — Linda engeso n'orulimi rw'Ihanga (customs and language of the country). E. Afr. Lit. Bur., Dar es Salaam.

RUEL, M. J.:
1957 — Some Problems of Change amongst the Kuria. Conf. Paper EAISR. Pp. 9.
1958 — Kuria Generation Sets. Conf. Paper EAISR. Pp. 16.
1958 a — Piercing. Conf. Paper EAISR. Pp. 15.
1962 — Kuria Generation Classes. Africa, Jan. Pp. 14—37.

RUSCH, W.:
1963 — Die Entwicklung der Besitzverhältnisse bei den Wadschagga. EAZ, 4, 1, 23—55, bibl.

RUTHENBERG, H.:
(1961) — s.: WILBRANDT, H., und RUTHENBERG, H.
1962 — Ansatzpunkte zur landwirtschaftlichen Entwicklung Tanganyikas. Sonderschrift des IFO-Inst. f. Wirtsch.-Forsch., Nr. 28, Duncker und Humblot, Berlin-München. S. 40.
1963 — Produktion unter genauer Aufsicht: Tanganyika und Sudan. Schmollers Jb., 83, 6.
1964 — Agricultural Development in Tanganyika. IFO-Inst. f. Wirtsch.-Forsch., München. „Afrika-Studien" Nr. 2, Springer-Verl., Berlin-Göttingen-Heidelberg-New York. S. 212.
1964 a — Landwirtschaftliche Entwicklungspolitik in Tanganyika. IFO-Inst. f. Wirtsch.-Forsch., Afrika-Studienstelle, München. S. 272 u. S. 25 Anh., S. 38 Bibl.
1966 — Die bäuerliche Produktion in Kenya und die Maßnahmen zu ihrer Förderung. IFO-Inst. f. Wirtsch.-Forsch., Afrika-Studienstelle, München.

RUTISHAUSER, I. H. E.:
1962   — The food of the Baganda. Uganda Museum. Pp. 19.

RWIZA, K. J.:
1958   — Natal customs in Bukoba. TNR, 50, June, 104—105.

SABERWAL, S. C.:
196 .   — Persistence and change in the social structure of Kikuyu. Ph. D.,
        Cornell Univ.
1963   — Some Embu Social Institutions: A Preliminary Report. Conf. Paper
        EAISR. Pp. 5.

SACKUR, J.:
1958   — Tribes of Tanganyika. Times Brit. Colon. Rev., 31, 8—9, map.
1959   — Struggle for power in Bugisu. Times Brit. Colon. Rev., 34, 23.

SADLEIR, T. R.:
1961   — The co-operative movement in Tanganyika. Dar es Salaam.

SALT, J.:
196 .   — Planning in East Africa. Centre Econ. Res., Roy. Coll., Nairobi.
196 . a   — Problems of British aid policy. Centre Econ. Res., Roy. Coll.,
        Nairobi.

SANGER, C.:
(1964)   — s.: NOTTINGHAM, J. C., and SANGER, C.

SANGREE, W. H.:
1956   — Politics in Tiriki. Conf. Paper EAISR. Pp. 5.
1956 a   — Contemporary religions in Tiriki. Conf. Paper EAISR. Pp. 7.
1959   — Structural continuity and change in a Bantu tribe: the nature and
        development of contemporary Tiriki social organization. Ph. D.,
        Chicago.
1959 a   — The structure and symbol underlying "conversion" in Bantu Tiriki.
        Pract. Anthrop., 6, 3, May—June, 132—134.
196 .   — Continuity and Change in a Bantu Tribe (Tiriki). Oxford Univ.
        Press, London.
(1962)   — s.: LE VINE, R., and SANGREE, W. H.
1962   — The Social Function of Beer Drinking in Bantu Tiriki. "Soc. Cul-
        ture and Drinking Patterns", ed. by J. Pittman and J. W. Snyder.

SAUNDERS, M.:
1954   — Development Plan for Girls' Education in Uganda. Afr. Women,
        Dec., v. 1, no. 1, 4—9.
1957   — Technical education for girls in Uganda. Afr. Women, June, v. 2,
        no. 2, 30—31.

SAVAGE, D.:
1961   — Buganda and Africa. S. Afr., Summer.
1961 a   — Trade Unions and Politics — Kenya and Tanganyika, Venture,
        June.
1963   — Labour Protest in Kenya, The Early Phase: 1914—1939. Conf.
        Paper EAISR. Pp. 11.

SCAFF, A. H.:
1964   — The re-development of Kisenyi (Kampala): progress report of the
        UN Urban Planning Mission to Uganda. Conf. Paper EAISR.
        Pp. 9.

SCHÄDLER, K.:
1965　　　— Das Handwerk in der wirtschaftlichen Entwicklung Tanganyikas. „Afrika-Studien", IFO-Inst. f. Wirtsch.-Forsch., Afrika-Studienstelle, München.
1966　　　— Entwicklungsmöglichkeiten im Ulanga-Distrikt / Tanganyika. „Afrika-Studien", IFO-Inst. f. Wirtsch.-Forsch., Afrika-Studienstelle, München.

SCHEEL, J. O. W.:
1959　　　— Tanganyika und Sansibar. „Die Länder Afrikas", 20, Dtsche Afr.-Gesellsch., Kurt Schroeder Verl., Bonn. Pp. 136.
1960　　　— Das Genossenschaftswesen in der Wirtschaft der Afrikaner in Tanganyika. Afr. Inf.-Dienst, Jg. 3, no. 6.

SCHEFFLER, W., und GAGERN, A. v.:
1965　　　— Betriebswirtschaftliche und soziologische Probleme der bäuerlichen Tabakproduktion in Tanganyika. „Afrika-Studien", IFO-Inst. f. Wirtsch.-Forsch., Afrika-Studienstelle, München.

SCHERER, J. H.:
1951　　　— Progress Report on Anthropological Research among the Ha of Tanganyika. Conf. Paper EAISR. Pp. 2.
1959　　　— The Ha of Tanganyika. Anthropos, 54, 5/6, 841—903, bibl., map.

SCHEVEN, A.:
1959　　　— Chibuga of Ukara (MS).

SCHNEIDER, H. K.:
1953　　　— The Pakot (Suk) of Kenya with special reference to the role of livestock in their subsistence economy. Ph. D., Northwestern Univ., USA. Pp. 381.
1956　　　— The interpretation of Pakot visual art. Man, 56, 108, Aug., 103—106.
1956 a　　— The Moral System of the Pakot. "Encycl. of Morals", ed. by V. Ferm, Philos. Library.
1957　　　— The subsistence role of cattle among the Pakot and in East Africa. Amer. Anthrop., 59, 2, Apr., 278—299.
1958　　　— Pakot resistance to change. "Continuity and Change in Afr. Cultures", ed. by W. R. Bascom, and M. J. Herskovits, 144—167.
1962　　　— The lion men of Singida: a reappraisal. TNR, 58/59, 124—128.
196 .　　　— The Economics of the Turu Tribe of Tanganyika (Book of be publ.).

SCHNITTGER, L.:
1965　　　— Steuersysteme und Steuerpolitik als Mittel der wirtschaftlichen Entwicklung in Ostafrika. „Afrika-Studien", IFO-Inst. f. Wirtsch.-Forsch., Afrika-Studienstelle, München.

SCOTT, R. D.:
196 .　　　— Trade Union organization, Uganda. EDRP, EAISR, Kampala.

SEATON, E. E.:
196 .　　　— Research on development of nationalism in Tanganyika. Ph. D., Univ. S. California.

SEAVER, G.:
1957　　　— David Livingstone: His Life and Letters. Lutterworth Press, London. Pp. 650.

SEGAL, A. L.:
(1963)　　— s.: ROSBERG, C. G. (JR.), and SEGAL, A. L.
1964　　　— A Federal Capital for East Africa. Conf. Paper EAISR. Pp. 7.

SEGALL, M. H.:
1959 — A Preliminary Report on Psychological Research in Ankole. Conf. Paper EAISR. Pp. 14.
1963 — Cultural Influence on Perception: Uganda and other Non-European Societies. Science, v. 139.

SEKINTU, C. M., and WACHSMAN, K. P.:
1956 — Wall patterns in Hima huts. Occ. Paper 1, Uganda Museum, Kampala. Pp. 10.

SENKATUKA, M. E.:
1955 — Women's clubs in Uganda. Afr. Women, June, v. 1, no. 2, 45—46.

SHADBOLT, K. E.:
1961 — Local government elections in a Tanganyika district. J. Afr. Adm., 13, 2, Apr., 78—84.

SHANN, G. N.:
1954 — The educational development of the Chagga tribe. Oversea Educ., 26, 2, July, 47—65.
1956 — The early development of education among the Chagga. TNR, 45, Dec., 21—32.

SHANNON, M.:
1954 — Women's place in Kikuyu society. Impact of modern ideas on tribal life. A long term plan for female education. Afr. Wld, Sept., 7—10.
1955 — Rehabilitating the Kikuyu. Afr. Aff., 54, 215, Apr., 129—137.
1955 a — Social revolution in Kikuyuland. Rehabilitation and welfare work in Kenya's new village communities. Afr. Wld., Sept., 7—9.
1955 b — idem, Oct., 11—12.
1957 — Land consolidation in Kenya: helping Africans to make the best use of their land. Afr. Wld, June, 11—12.
1957 a — Rebuilding the social life of the Kikuyu. Afr. Aff., 56, 225, Oct., 276—284.

SHARDA, D. K.:
1955 — Racial partnership in East Africa. India Quart. 11 (4), Oct.—Dec., 321—331.

SHARIFF OMAR, C. A.:
1951 — Kisiwa cha Pemba, historia na masimulizi (History and traditions of Pemba). Eagle Press, Nairobi. Pp. 28.

SICARD, H. v.:
1959 — Zum nhungu-Problem. Opuscula Ethnologica, Memoriae Ludovici Biró Sacra, Akademiai Kiadó, Budapest, 101—111.

SIEMER, H. D.:
1963 — Das Genossenschaftswesen in Tanganyika und seine Aufgaben in der zukünftigen Entwicklung des Landes (MS). Berlin.

SILLITOE, K. K.:
1962 — Local Organization in Nyeri. Conf. Paper EAISR. Pp. 8.
1962 a — Preliminary Notes on the Sociological and Economic Aspects of Land Tenure and Usage in Meru District, Kenya. Conf. Paper EAISR. Pp. 10.
1963 — Land Use and Community in Nyeri, Kenya. Conf. Paper EAISR. Pp. 14.

SILVEY, J.:
1963 — Ability Testing Results from J. S. S. in Buganda. Conf. Paper EAISR. Pp. 19.

1963 a   — Preliminary Thoughts on Aptitude Testing and Education Selection in Africa. Conf. Paper EAISR. Pp. 12.

1963 b   — Formal and Informal Learning through the Medium of a Second Language. Conf. Paper EAISR. Pp. 13.

SIMENAUER, E.:
1955   — The miraculous birth of Hambageu, Hero-God of the Sonjo: a Tanganyikan theogony. TNR, 38, Mar., 23—30.

SIMMANCE, A. J. F.:
1959   — The adoption of children among the Kikuyu of Kiambu District. J. Afr. Law, 3, 1, spring, 33—38.

SLADE, H.:   — s.: REPORT OF A SURVEY . . .

SLATER, M. K.:
1963   — Informal Arbitration of Disputes among the Wanyiha. Conf. Paper EAISR. Pp. 7.

SLATER, M.:
1955   — The trial of Jomo Kenyatta. Secker and Warburg, London. Pp. 256.

SMARTT, C. G. F.:
1956   — Mental Maladjustement in East Africa. J. Mental Sci., June, 102 and 441.

1959   — Epilepsy in Tanganyika. E. Afr. Med. J., v. 36, no. 2.

1960   — Problems and Prospects of Psychiatry in Tanganyika. E. Afr. Med. J., v. 37, no. 6.

SMITH, ALISON:
1963   — The Southern Section of the Interior, 1840—1884. "Hist. of E. Afr." ed. by R. Oliver and G. Mathew, v. 1, 253—296.

SMITH, ANTHONY:
1963   — The missionary contribution to education (Tanganyika) to 1914. TNR, 60, Mar., 91—109.

SMITH, E. W.:
1955   — The earliest ox-wagon in Tanganyika. An experiment which failed. TNR, 40.

SMITH, J. R.:
1962   — A note on the water-carriers of Tabora (Sukuma). TNR, 58/59, 102.

SMITH, R. W.:
1952   — The Native Authority System in Biharamulo, Tanganyika. Conf. Paper EAISR. Pp. 5.

SNELL, G. S.:
1954   — Nandi Customary Law. Macmillan and Co. Ltd., London. Pp. XIV 154.

SNYDER, J. W.:
(1962)   — s.: PITTMAN, J., and SNYDER, J. W. (eds.).

SOCIAL IMPLICATIONS . . .
1956   — Social implications of industrialization and urbanization in Africa south of the Sahara. UNESCO, Paris. Pp. 743.

SOCIAL WORK . . .
1956   — Social work in Tanganyika. Afr. Women, Dec., v. 2, no. 1, 18—21.

SOFER, C.:
195 .   — Some Aspects of Race Relations in an East African Township. Ph. D., Univ. London.

1954   — Working groups in a plural society (Jinja township). Ind. Labour Rel. Rev., 8, 1, Oct., 68—78.

... and RHONA:

1950 — A Study of the European Community in an East African Town. Conf. Paper EAISR. Pp. 21.

1950 a — African Pilot Study (Urban African Familiy). Conf. Paper EAISR. Pp. 21.

1953 — Recent population growth in Jinja. UJ, 17, 1, Mar., 38—50.

1955 — Jinja transformed", — A social survey of a multi-racial township. "E. Afr. Stud.", no. 4, EAISR, Kampala. Pp. 120.

SOFER, R.:

195. — Some Characteristics of an Urban African Population. Ph. D., Univ. London.

SOJA, E. W.:

1964 — Research on Transportation Development in Kenya. Ph. D., Syracuse Univ.

SOLLY, G.:

1957 — Kenya history in outline: from the stone age to 1950. Eagle Press, Nairobi (1st ed. 1953). Pp. 124, bibl.

SOMERSET, H. C. A.:

1964 — The Junior secondary schools leavers project: a progress report. Conf. Paper EAISR. Pp. 11.

SOMMERFELT, K.:

1959 — Konjo. "Attitudes to health and disease among some E. Afr. tribes", EAISR, Symposium.

SONIUS, H. W. J.:

1960 — Het Recht op de grond in Kenya (The right on the land in Kenya). Afrika-Studie Centrum, Leiden.

SORRENSON, M. P. K.:

1962 — Land, policy, legislation and settlement in the East African Protectorate. Ph. D.

1963 — Counter Revolution to Mau Mau: Land Consolidation in Kikuyuland, 1952—1960. Conf. Paper EAISR. Pp. 13.

1963 a — The Official Mind and Kikuyu Land Tenure 1895—1939. Conf. Paper EAISR. Pp. 12.

1964 — Land consolidation and registration in the Kikuyu country of Kenya (MS).

SOUTHALL, A. W.:

1950 — The Alur. Conf. Paper EAISR. Pp. 4.

1952 — Lineage Formation among the Luo. Memorandum no. 26, Int. Afr. Inst., London.

1953 — Belgian and British administration in Alurland. Conf. Paper EAISR. Pp. 9.

1953 a — The study of social differentiation in Kampala. Conf. Paper EAISR. Pp. 9.

1954 — Alur migrants. "Econ. Develop. and Tribal Change", ed. by A. I. Richards, 141—160.

1954 a — Alur tradition and its historical significance. UJ, 18, 2, Sept., 137—165.

1954 b — Belgian and British administration in Alurland. Zaïre, 8, 5, May, 467—486, map.

1954 c — Problems of Statistical Analysis in Community Studies. Conf. Paper EAISR. Pp. 6.

1954 d — The Alur. Case Histories. "Econ. Develop. and Tribal Change", ed. by A. I. Richards.

1956 — Alur society: A study in Processes and Types of Domination. W. Heffer and Sons Ltd., Cambridge. Pp. 396.

1957 — Padhola: Comparative Social Structure. Conf. Paper EAISR. Pp. 11.

1957 a — Proposals for a Comparative Study of Nilotic Peoples of the Lwo Group. Conf. Paper EAISR. Pp. 5.

1957 b — The Theory of Urban Sociology. Conf. Paper EAISR. Pp. 15.

1958 — A Survey of Changes in Urban Family Structure in East and Central Africa. Report for Bureau Internat. de Recherche sur les Implications Sociales du Progrès Technique.

1958 a — Oedipus in Alur Folklore. UJ, 22, Sept., 167—169.

1959 — Kinship, Status and Neighbourhood in Kampala. Paper for the Internat. Afr. Seminar, Jan.

1960 — Alur Homicide and Suicide. "Afr. Homicide and Suicide", ed. by P. Bohannan.

1960 a — On Chastity in Africa. UJ, v. 24, no. 2, Sept., 207—216.

1961 — Kinship, Friendship, and the Network of Relations in Kisenyi, Kampala. "Soc. Change in Modern Afr.", ed. by A. W. Southall, 217—229.

1961 a — Social Change in Modern Africa (Ed. by A.W.S.). Studies presented at the first Internat. Afr. Seminar at Makerere Coll., Kampala, 1959. Oxford Univ. Press, London. Pp. 337.

1963 — Micropolitics in Uganda — Traditional and Modern Politics. Conf. Paper EAISR. Pp. 23.

. . . and GUTKIND, P. C. W.:
1957 — Townsmen in the Making — Kampala and its Suburbs. "E. Afr. Stud.", no. 9, EAISR, Kampala. Pp. 248.

SOUTHWOLD, M.:
1956 — Daily life in the Ganda village: an analysis of 19 diaries. Conf. Paper EAISR. Pp. 5.

1956 a — The inheritance of land in Buganda. UJ, 20, 1, Mar., 88—96.

1959 — Baganda. "Attitudes to health and disease among some E. Afr. tribes", EAISR, Symposium.

1959 a — Land and Leadership in a Ganda Village. Conf. Paper EAISR. Pp. 19.

1960 — Bureaucracy and Chiefship in Buganda. "E. Afr. Stud.", no. 14, EAISR, Kampala. Pp. 20.

SPAULL, H.:
1961 — Genossenschaftliche Ausbildung in Ostafrika. Internat. Genoss. Rdsch.

SPENCER, P.:
1959 — Samburu. "Attitudes to health and disease among some E. Afr. tribes." EAISR, Symposium.

1959 a — The Dynamics of Samburu Religion. Conf. Paper EAISR, Pp. 19.

SPRY, J. F.:
1956 — Some notes on land tenure, adjudication of rights and registration of titles with specific reference to Tanganyika. J. Afr. Adm., v. 8, Oct.

STAFF PROBLEMS . . .
1961 — Staff Problems in Tropical and Subtropical Countries. Report of the 32d Study Session on INCIDI held in Munich in September 1960. Bruxelles, Pp. 681.

STAHL, K. M.:
1961 — Tanganyika Sail in the Wilderness. Mouton and Co., The Hague. Pp. 160.
1964 — History of the Chagga people of Kilimanjaro. Mouton and Co., The Hague. Pp. 394.

STANLEY, M.:
1960 — Student-Staff Relations in an African University. Conf. Paper EAISR. Pp. 21.
1961 — Heritage of Change — A classification of Kikuyu family responses to social change, and its application to a study of sociological problems of minority status among a sample of Kikuyu university students. Conf. Paper EAISR. Pp. 46.

STEEL, R. W.:
1962 — The non-African populations of British Central and East Africa. Advanc. of Sci., 19, 78, July. 113—120.

STEINER, F. B.:
1954 — Chagga Truth — A note on Gutmann's account of the Chagga concept of truth in "Das Recht der Dschagga". Africa, Oct., 364—369.

STENNING, D. J.:
1958 — Coral Tree Hill (Report of Land Tenure Study in Central Ankole). Conf. Paper EAISR. Pp. 14.
1958 a — Preliminary Observations on the Balokole Movement particularly among Bahima in Ankole District. Conf. Paper EAISR. Pp. 18.
1960 — The Nyankole. "E. Afr. Chiefs", ed. by A. I. Richards.

STEPHENS, H. W.:
1963 — Social Mobilization and Political Development in Tanganyika. Ph. D., Yale Univ.

STONEHAM, C. T.:
1953 — Mau Mau. Museum Press, London. Pp. 159.

STOUT, J.:
1963 — The Life Cycle of the Sensitivity Training Group. Conf. Paper EAISR.

STRANGE, B. F.:
1963 — Kenya Women in Agriculture. Women Today, Dec., 7—9.

SWARTZ, M. J.:
1963 — Preliminary Reflection on Bena Political Power. Conf. Paper EAISR. Pp. 9.

SWYNNERTON, R. J. M.:
1959 — State of Agriculture in Kenya Today. E. Afr. Rhod., Jul.

TAIT, D.:
(1958) — s.: MIDDLETON, J. F. M., and TAIT, D. (eds.).

TAKAHASHI, T.:
1957 — East and South African Age-Grouping Systems (Japanese). Japanese J. Ethnol., v. 20, no. 3.
1960 — Bridewealth and Human Relations in some East African Tribes. Bull. Dept. Sociol., Tokyo Univ., no. 21.

TAMUKEDDE, W. P.:

1954 — Changes in the Great Lukiiko. Conf. Paper EAISR. Pp. 7.

TANNER, R. E. S.:

1953 — Archery amongst the Sukuma. TNR, 35, July, 63—65.

1955 — Hysteria in Sukuma medical practice. Africa, v. 25, no. 3, July, 274—279.

1955 a — Land tenure in northern Sukumaland; an analysis of present-day trends in two parishes. E. Afr. Agric. J., 21, 2, Oct., 120—129.

1955 b — Law enforcement by communal action in Sukumaland. J. Afr. Adm., 7, 4, Oct., 159—165.

1955 c — Maturity and marriage among the northern Basukuma of Tanganyika. Afr. Stud., 14/3, 123—133; and Afr. Stud., 14/4, 159—170.

1955 d — The Sexual Mores of the Basukuma. Int. J. Sexol., v. 8, no. 4, May, 238—241.

1956 — An introduction to the northern Basukuma's idea of the Supreme Being. Anthrop. Quart., 29, 2, Apr., 45—56.

1956 a — An Introduction to the spirit beings of the Northern Basukuma. Anthrop. Quart., v. 29, no. 3, July.

1956 b — A preliminary enquiry into Sukuma diet in the Lake Province, Tanganyika territory. E. Afr. Med. J., 33, 8, Aug., 305—324.

1956 c — Sukuma fertility: an analysis of 148 marriages in Mwanza district, Tanganyika. E. Afr Med. J., v. 33, no. 3, 94—99.

1956 d — The sorcerer in Northern Sukumaland. S. W. J. Anthrop., v. 12, no. 4, Winter.

1957 — The installation of Sukuma chiefs in Mwanza District, Tanganyika. Afr. Stud., 16, 4, 197—209.

1957 a — The magician in northern Sukumaland. S. W. J. Anthrop., 13, 344—351.

1958 — Ancestor propitiation ceremonies in Sukumaland, Tanganyika. Africa, v. 28, no. 3, July, 225—231.

1958 a — Small holding in the Tanga Coast. E. Afr. Agric. J., v. 14, Oct.

1958 b — Sukuma ancestor worship and its relationship to social structure. TNR, 50, June, 52—62.

1959 — The spirits of the dead: an introduction to the ancestor worship of the Sukuma of Tanganyika. Anthrop. Quart., 32, 2, Apr., 108—124.

(1959) — s.: ROBERTS, D. F., and TANNER, R. E. S.

1960 — Land rights on the Tanganyika coast. Afr. Stud., 19, 1, 14—25.

1961 — Population Changes 1955—1959 in Musoma District Tanganyika, and their effect on land usage. E. Afr. Agric. J., v. 26, Jan.

1962 — Conflict within small European Communities in Tanganyika. Conf. Paper EAISR. Pp. 16.

1962 a — Cousin Marriage in the Kenya Afro-Arab Community. Conf. Paper EAISR. Pp. 11.

1962 b — Local Government Elections in Ngara, Tanganyika. Conf. Paper EAISR. Pp. 15.

1962 c — Local government elections in Ngara, Tanganyika: a study in the process of social change. J. Loc. Adm. Overseas, 1, 3, July, 173—182.

1962 d — The relationship between the sexes in a coastal Islamic society: Pangani District, Tanganyika. Afr. Stud., 21, 2, 70—82.

1964   — Cousin Marriage in the Afro-Arab Community of Mombasa. Africa, Apr., 127—138.

TAYLOR, B. K.:

1950   — Toro Study. Conf. Paper EAISR. Pp. 2.

1951   — Local and Kinship Organization in a Country of Toro. Conf. Paper EAISR. Pp. 2.

1962   — The western lacustrine Bantu (Nyoro, Toro, Nyankora, Kiga, Haya and Zinza, with sections on the Amba and Konjo). "Ethn. Survey Afr.: E. C. Afr.", no. 13, Int. Afr. Inst., London. Pp. 159, bibl., map.

TAYLOR, J. C.:

1963   — The political development of Tanganyika. Oxford Univ. Press, London. Pp. 254.

TAYLOR, J. V.:

1958   — The Growth of the Church in Buganda. An Attempt at Understanding. S. C. M. Press, London. Pp. 288, map.

TEMPELS, P.:

1956   — Bantu-Philosophie — Ontologie und Ethik. Mit Nachworten von E. Damman, H. Friedmann, A. Rüstow und Janheinz Jahn. Heidelberg [Originalausgabe in Holländisch: 1946].

TEMPLE, P. H.:

1963   — Kampala: Influences upon its Growth and Development. Conf. Paper EAISR. Pp. 11.

TEMU, P. E.:

1964   — The "Africanisation" of Education Curricula. Part of a Symposium on "The Spiritual Personality of Emergent Africa" under the auspices of the Catholic Commission on Intellectual Cultural Affairs, Washington.

TENNENT, J. R. M.:

1961   — The administration of criminal law in some Kenya African courts. J. Afr. Law, 5, 3, autumn, 139—144.

TEW, M.:

1950   — Peoples of the Lake Nyasa Region. "Ethn. Survey Afr.: E. C. Afr.", no. 1, Int. Afr. Inst., London. Pp. 156, bibl., map.

THE COTTON . . .

1954   — The cotton industry — questions and answers. Govt. Printer, Dar es Salaam.

THE DEVELOPMENT . . .

1960   — The Development Programme 1960—1963. Govt. Printer, Nairobi. Pp. 75.

THE ECONOMIC . . .

1963   — The Economic Development of Kenya. Internat. Bank for Reconstruction and Development. Johns Hopkins Press, Baltimore. Pp. 380.

THE ECONIMIC . . .

1961   — The Economic Development of Tanganyika. Internat. Bank for Reconstruction and Development. Johns Hopkins Press, Baltimore. Pp. 548.

THE ECONOMIC . . .

1962   — The Economic Development of Uganda. Internat. Bank for Reconstruction and Development. Johns Hopkins Press, Baltimore. Pp. 475.

214

THE ECONOMY . . .
1955 — The economy of East Africa. A study of trends, prepared by the Economist Intelligence Unit for the East African Railways and Harbours Administration. "The Economist", London. E. Afr. Railways and Harbours Administration, Nairobi. Pp. 237.

THE FUTURE OF . . .
1956 — The future of customary law in Africa. Symposium-colloque, Afrika-Instituut, Amsterdam, 1955. Universitaire Press Leiden. Pp. 305, bibl. (273—305).

THE KARAMOJONG . . .
1958 — The Karamojong (In the series: "Background to Uganda"), Inf Dept., 193, Oct. Pp. 3.

THE KENYA . . .
1963 — The Kenya Indian Congress (Formerly: E. Afr. Indian National Congress, establ. 7th March 1914). Kenya Independence-Day Souvenir. A Spotlight on the Asians of Kenya. Ed. by Narain Singh. Pp. 93.

THE PATTERNS . . .
1960 — The Patterns of Income, Expenditure and Consumption of African Unskilled Workers in Fort Portal. E. Afr. Stat. Dept., Uganda Unit, Oct.

THE PATTERNS . . .
1963 — The Patterns of Income, Expenditure and Consumption of African Unskilled Workers in Zanzibar. E. Afr. Stat. Dept., Nairobi.

THE SESSE . . .
1960 — The Sesse Islands: Home of Tribal God (In the series: "Background to Uganda"), Inf. Dept., 200, Jan. Pp. 2.

THE SKULL . . .
1954 — The skull of Chief Mkwawa of Uhehe. Govt. Printer, Dar es Salaam (2nd ed.), Pp. 6.

THE STATUS . . .
1960 — The Status of Women in Relation to Marriage Laws. Uganda Council of Women, Kampala.
THE YEAR BOOK . . . s.: GORDON-BROWN, A. (ed.).

THIRY, E.:
1963 — Bahima et migrations des Lwoo. Africa-Tervuren, 9, 4, 105—107.

THOMAS, B. E.:
196. — Development of modern Kenya: Transportation, urban Growth and Land utilization. Univ. California.

THOMPSON, M.:
1951 — Race Relations and Political Development in Kenya. Jan.

THREADGOLD, N., and WELBOURN, H.:
1957 — Health in the Home. Eagle Press, Nairobi.

TRANSFORMATIONS SOCIALES . . .
1962 — Transformations sociales et développement économique. Extraits du Bull. Int. Sci. Soc. présentés par Jean Meynaud. UNESCO. Pp. 231.

TREITZ, W.:
1961 — Ostafrikanische Entwicklungsgebiete. Bundesstelle f. Außenhandelsinf., Köln.

TRESS, R. C.:
1961   — Report of the East African Economic and Fiscal Commission, 1960 (with Sir J. Raisman and A. J. Brown). HMSO, London.

TREWARTHA, G. T.:
1957   — New population maps of Uganda, Kenya, Nyasaland, and Gold Coast. A. Assoc. Amer. Geogr., 47, 41—58.

TRIBES OF ...
1951   — Tribes of East Africa: Statistical Analysis of the Tribal Distribution in the East African Territories. E. Afr. Econ. Stat. Bull., 11, Mar., 8—12.

TROUWBORST, A. A.:
1956   — Vee als voorwerp van rijkdom in Oost Afrika. S. Gravenhage. Pp. 115.

... et al.:
1962   — Les anciens royaumes de la zone inter-lacustre meridionale. Bruxelles.

TROWELL, H. C.:
1957   — Food, Protein and Kwashiorkor. UJ, v. 21, no. 1, Mar., 81—90.

TROWELL, M.:
1957   — African Tapestry. Faber and Faber, London. Pp. 164.

... and WACHSMANN, K. P.:
1953   — Tribal Crafts of Uganda. Oxford Univ. Press, London. Pp. 423, map.

TULLOCH, W.:
1955   — Mafia Island. Corona, 7, 6, June, 206—209.

TWINING, SIR E.:
1954   — A chief's skull returned to his people. Times Brit. Colon. Rev., 15, autumn, 11—12.

TYLER, J. W.:
1952   — Minor Chiefs in Rusubi Chiefdom, Ruzinza. Conf. Paper EAISR. Pp. 8.

1959   — Zinza Political Organization. Occ. Papers EAISR, Kampala.
(1st ed.:
1952)

UGANDA BECOMES ...
1962   — Uganda becomes independent. East Africa and Rhodesia, London. Oct. Pp. 72.

UGANDA CENSUS ...
1961   — Uganda census ... African Population 1959. Nairobi.

UGANDA: THE ...
1962   — Uganda: the background to investment. Prepared for the Uganda Government by the Economist Intelligence Unit. "The Economist", London. Pp. 63.

VAJDA, L.:
1953   — Zum religionsethnologischen Hintergrund des nungu im Kilimandscharogebiet. Acta Ethnogr., 3, 1/4, 185—232.

1955   — Human and animal plastic figures from the Kilimanjaro region. Népr. Értesitö, 181—189.

216

1957 — Kulturelle Typen und „Hackbau" in Ostafrika. „Agrarethno-graphie", Veröff. des Inst. f. dtsche Volkskunde, Bd. 13, 112—148.
1965 — Äquatorial-Ostafrika. „Völkerkunde von Afrika", hrsg. von H. Baumann.

VAN ARKADIE, B.:
1963 — Social accounting and study of economic structure. EDRP 2, 2, 9, EAISR, Kampala.
1963 a — Gross domestic product estimates for East Africa. E. Afr. Stat. Dept., Econ. Stat. Rev., Dec.
1964 — Central banking in an East African Federation. EDRP 8, 6.2, EAISR, Kampala.
1964 a — Import substitution and export promotion as aids to industri-alization in East Africa. EDRP 24, 6.3. EAISR, Kampala.
1964 b — The Structure of the Kenya Economy. Conf. Paper EAISR. Pp. 7.
1965 — Research on Economic Development in East Africa. (Book to be publ.)

VAN DONGEN, I. S.:
1954 — The British East African Transport Complex. Univ. of Chicago. Pp. 172.

VANT, J. H. B.:
1963 — Aptitude testing in Kenya. Bull. Inter-Afr. Labour Inst., 10, Aug., 290—293.

VAN VELSEN, J.:
1958 — Family, Cash and Cattle among the Kumam. Uganda Society, Kampala.
1958 a — Some Economic Aspects of Kumam Marriage and Family. Conf. Paper EAISR. Pp. 20.

VASEY, E.:
1962 — Tanganyikas Wirtschaft im Zeichen der ostafrikanischen Integration. Neues Afr., 4, 1.

VENTE, R.:
1965 — Methoden und Ergebnisse der Wirtschaftsplanung in Ostafrika. „Afrika-Studien", IFO-Inst. f. Wirtsch.-Forsch., Afrika-Studien-stelle, München.

VERE-HODGE, E. R.:
1960 — Imperial British East Africa Company. Publ. in association with the E. Afr. Lit. Bur. by Macmillan, London. Pp. 95, map.
. . and COLLISTER, P.:
1956 — Pioneers of East Africa. Eagle Press, Nairobi. Pp. 131.

VETÖ, M.:
1962 — Unité et dualité de la conception du mal chez les Bantou orientaux. Cah. Ét. Afr., 2, 8, 551—569.

VILLAGE ECONOMIC . . .
1963 — Village economic surveys, 1961—1962 (Morogoro and Bagamoyo). Central Stat. Bureau, Dar es Salaam. Pp. 9 XV, append., map.

WACHSMANN, K. P.:
(1953) — s.: TROWELL, M., and WACHSMANN, K. P.
1956 — Folk musicians in Uganda. Uganda Museum, Kampala. Pp. 10.
(1956) — s.: SEKINTU, C. M., and WACHSMANN, K. P.

1961   — Criteria for Acculturation. Internat. Musicol. Soc. Congress Report, New York, v. 1, 139—149.

1961 a   — Drums of Uganda. Crane, Jan., 3—6.

WAGNER, G.:

1954   — The Abaluyia of Kavirondo. "Afr. Worlds", ed. by D. Forde, 27—54.

1956   — The Bantu of North Kavirondo, Vol. II.: Economic life (ed. by L. P. Mair). Oxford Univ. Press for Int. Afr. Inst., London. Pp. 184 [v. I. — s.: Bibliographie Nr. 2].

1963   — The political organization of the Bantu of Kavirondo. "Afr. Polit. Systems", ed. by M. Fortes and E. E. Evans-Pritchard, 197—236.

WAINWRIGHT, R. E.:

1953   — Women's clubs in the Central Nyanza district of Kenya. Community Develop. Bull., v. 4, no. 4, 77—80.

WAKO, D. M.:

1954   — Akabuluyia bemumbo (Customs of the Western Abaluyia). Eagle Press, Nairobi. Pp. 64.

WALKER, DAVID:

1957   — The Report of the Income Tax Commission. Conf. Paper EAISR. Pp. 17.

1959   — Some Preliminary Reactions to Uganda's Development Plans. Conf. Paper EAISR. Pp. 19.

(1959)   — s.: EHRLICH, C., and WALKER, D.:

196 .   — Study of Balanced Social and Economic Development in Uganda. Paper prep. for the UN Bur. of Soc. Affairs.

WALKER, DENNIS A.:

1957   — Giriama arrow poison: a study in African pharmacology and ingenuity. Centr. Afr. J. Med., 3, 6, 226—228.

WALLIS, C. A. G.:

1953   — Report of an enquiry into African local government in the Protectorate of Uganda. Govt. Printer, Entebbe.

WALMSLEY, R. W.:

1957   — Nairobi: the geography of a new city. "E. Afr. Local Stud.", 1, Eagle Press, Nairobi. Pp. 55.

WARRELL-BOWRING, W. J.:

1963   — The reorganization of the administration in Tanganyika. J. Loc. Adm. Overseas, 2, 4, Oct., 188—194.

WATSON, J. M.:

1952   — The Agoro systems of irrigation. UJ, 16, 2, Sept., 159—163.

(1956)   — s.: WILSON, P. N., and WATSON, J. M.

WEATHERBY, J. M.:

1959   — Sebei. "Attitudes to health and disease among some E. Afr. tribes". EAISR, Symposium.

1962   — Inter-tribal warfare on Mount Elgon in the 19th and 20th centuries (with particular reference to the part played by the Sebei-speaking groups). UJ, 26, 2, Sept., 200—212.

1963   — Discussion on "Nandi Speaking Groups". Conf. Paper EAISR. Pp. 11.

1963 a   — The Sebei "prophets". Man, 63, 223, Nov., 178—179.

WEEKS, S. G.:

1963   — A Look at Selected Student Autobiographies. Conf. Paper EAISR. Pp. 34.

1963 a — A Preliminary Examination of the Role of Minority Students at a day Secondary School in Kampala. Conf. Paper EAISR. Pp. 14.

1963 b — A Preliminary Report on a Sociological Case Study of an Urban Day Secondary School. Conf. Paper EAISR. Pp. 11.

1963 c — A social survey of African day secondary pupils at selected senior secondary schools in greater Kampala. EAISR, Kampala, 12. 10.

WEIGT, E.:
1954 — Ostafrika. Treffpunkt der Rassen, Völker und Kulturen. Peter Mann's Geogr. Mitt., 98, 289—295.

1955 — Europäer in Ostafrika. Klimabedingungen und Wirtschaftsgrundlagen. „Kölner Geogr. Arbeiten", H. 6/7.

1958 — Kenya, Uganda. „Die Länder Afrikas", 10, Dtsche Afr.-Ges., Bonn. Pp. 104, map.

WELBOURN, F. B.:
1961 — East African Rebels: A Study of some Independent African Churches. SCM Press, London. Pp. XIV 258.

1962 — Some aspects of Kiganda religion. UJ, 26, 2, Sept., 171—182, bibl.

WELBOURN, H.:
1954 — The danger period during weaning among Baganda children. E. Afr. Med. J., 31, 4, Apr., 147—154.

(1957) — s.: THREADGOLD, N., and WELBOURN, H.

WERLIN, H. H.:
1964 — The politics of Nairobi. Conf. Paper EAISR. Pp. 9.

WEST, H. W.:
1964 — Reflections upon the problems of land registration in Buganda. Conf. Paper EAISR. Pp. 9.

WESTERMANN, D.:
1955 — Südwanderungen ostafrikanischer Küsten-Bantustämme. „Von fremden Völkern und Kulturen", — H. Plischke zum 65. Geburtstag — Festschrift Droste-Verl., Düsseldorf. 211—214.

WEST- UND ...
1953 — West- und Ostafrika. „Ländermonographien d. Bundesanstalt f. Außenhandelsinform.", Bremer Ausschuß f. Wirtsch.-Forsch., Köln. S. 247.

WHAT IS ...
1951 — What is being done in the East African territories: opportunities of advancement for African women. E. Afr. Rhod., v. 27, n. s., no. 1384, 893—906.

WHISSON, M. G.:
1961 — The Rise of Asembo and the Curse of Kakia. Conf. Paper EAISR. Pp. 18.

1962 — The Journeys of the JoRamogi. Conf. Paper EAISR. Pp. 13.

1962 a — The Will of God and the Wiles of Men. Conf. Paper EAISR. Pp. 34.

WHITE, J. J.:
1962 — Multi-racial college in Kenya (Strathmore College, Nairobi). Oversea Educ., 34, 3, Oct., 123—127.

WHITELEY, W. H.:
1950 — The Makua of Tanganyika. Conf. Paper EAISR. Pp. 3.

1953 — The sentence and sociology. Conf. Paper EAISR. Pp. 7.

1954   — Modern local Government among the Makua. Africa, Oct., 349 to 358.

1956   — Present-day position of Swahili in East Africa. Conf. Paper EAISR. Pp. 6.

WHITTOW, J. B.:

196.   — Notes on the Cities and Towns of East Africa and the Congo. Grolier Soc. Inc., New York.

WIJEYEWARDENE, G. E. T.:

1958   — A Preliminary Report on Tribal Differentiation and Social Grouping on the Southern Kenya Coast. Conf. Paper EAISR. Pp. 14.

1959   — Administration and Politics in two Swahili Communities. Conf. Paper EAISR. Pp. 24.

1959 a   — Kinship and Ritual in the Swahili Community. Conf. Paper EAISR. Pp. 24.

1959 b   — Mambrui: Status and Social Relations in a Multi-Racial Community. Conf. Paper EAISR. Pp. 29.

1959 c   — Swahili Coast. "Attitudes to health and disease among some E. Afr. tribes". EAISR, Symposium.

1961   — Some aspects of village solidarity in Ki-swahili speaking coastal communities of Kenya and Tanganyika. Ph. D., Univ. Cambridge (MS. — EAISR).

WILBRANDT, H.:

1962   — Die Rolle der Landwirtschaft in der wirtschaftlichen Entwicklung Afrikas südlich der Sahara am Beispiel Ostafrikas. Offene Welt.

... und RUTHENBERG, H.:

1961   — Bericht über Tanganyika: Landwirtschaft. Berlin.

WILCOX, W. W.:

1961   — Report to the Government of Tanganyika on agricultural planning organization. FAO, Rome.

WILD, C. A.:

1963   — Dance and skylark: a cotton campaign in Kenya. Community Develop. Bull., 14, 4, Sept., 120—123.

WILD, J. V.:

1954   — Early travellers in Acholi. Nelson, London. Pp. 62.

WILLIAM, M. D.:

1962   — Economic Problems during the Transfer of Power in Kenya. Roy. Inst. Int. Aff., v. 18.

WILLIS, R. G.:

1963   — Community and Descent in Ufipa: A Problem of Pattern. Conf. Paper EAISR. Pp. 8.

1964   — Traditional history and social structure in Ufipa. Conf. Paper EAISR. Pp. 15.

WILSON, F. B.:

(1960)   — s.: GOLDTHORPE, J. E., and WILSON, F. B.

1962   — Education in East Africa. Geogr. Magaz., v. 35, no. 7, 384—394.

1963   — Agricultural education in Africa: Final address of the Chairman. Report on F. A. O. Seminar on Agric. Educ., Kampala, Sept.

1963 a   — Food Production in Uganda: the need for a new approach and more effective use of resources. Report on the Nat. Seminar for Uganda on Food and Nutrition Planning, Nov., UNICEF/FAO.

WILSON, G. McL.: [1]
1952   — The Tatoga of Tanganyika. TNR, 33, July, 34—47, map.
1953   — idem, 34, Jan., 35—56, bibl.

WILSON, G. M.: [1]
1955   — The Luo Homestead and Family (Elgon Nyanza District). Govt. Archives, Nairobi. Pp. 26.
1958   — Village Surveys, Bunyore, Nangori, Maragoli, Tiriki, Boholo (Elgon Nyanza District). Report Govt. Archives, Nairobi. Pp. 58.
(1959 ff.)   — s. auch: MARCO SURVEYS LTD.
1961   — Luo Customary Law and Marriage Laws Customs. Govt. Printer, Nairobi. Pp. 153.
1961 a   — Mombasa — A Modern Colonial Municipality. "Soc. Change in Modern Afr.", ed. by A. W. Southall, 98—112.
(1961)   — s.: REPORT OF A SURVEY ...
1962   — Understanding Social Change (Kikuyu, Luo, Abaluya). Marco Surveys Ltd., Nairobi. Pp. 77, diagr.

WILSON, MONICA:
1950   — Nyakyusa Kinship. "Afr. Systems of Kinship and Marriage", ed. by A. R. Radcliffe-Brown and D. Forde, 111—139.
1951   — Good Company: A study of Nyakyusa Age-Villages. Oxford Univ. Press for Int. Afr. Inst., London. Pp. 278, bibl.
1954   — Nyakyusa ritual and symbolism. Amer. Anthrop., 56, 2, Apr., 228—241.
1957   — Rituals of kinship among the Nyakyusa. Oxford Univ. Press for Int. Afr. Inst., London. Pp. 278.
1958   — The peoples of the Nyasa-Tanganyika corridor. Communications from the School Afr. Stud., Univ. Cape Town, N. s. 29. Pp. 75.
1959   — Communal rituals of the Nyakyusa. Oxford Univ. Press for Int. Afr. Inst., London. Pp. 228.

WILSON, P. N.:
1958   — An agricultural survey of Moruita Erony, Teso. UJ, 22, 1, Mar., 22—38.

... and WATSON, J. M.:
1956   — Two surveys of Kasilang Erony, Teso 1937 and 1953. UJ, 20, 2, Sept., 182—197, map.

WILSON, R. G.:
1956   — Land consolidation in the Fort Hall District of Kenya. J. Afr. Adm., 8, 3, July, 144—151.

WILTSHIRE, H. V.:
(1963)   — s.: FORDHAM, P., and WILTSHIRE, H. V.

WINANS, E. V.:
1957   — The Position of the Royal Clan in the Shambala Social System. Conf. EAISR., Moshi, Tanganyika.
1957 a   — The Structure of Shambalai. Conf. Paper EAISR. Pp. 11.
1960   — Tribalism. "What Next in Africa", 36th Session 1959. Inst. World Affairs, Univ. California.

---

[1] G. Mc. L. WILSON ist identisch mit G. M. WILSON. Um einer Verwechslung mit MONICA WILSON und anderen vorzubeugen, hat er eine Zeitlang die erste Form der Initialen gebraucht.

1962 — Shambala: The Constitution of a Traditional State. Univ. of California Press, Berkeley-Los Angeles. Pp. 180.

1964 — Research on Hehe village: organization and subsistence economy. (Book to be publ.)

... and EDGERTON, R. B.:

1963 — Hehe Village, Social Control. Amer. Anthrop.

WINTER, E. H.:

1950 — The Bwamba Area. Conf. Paper EAISR. Pp. 2.

1951 — Some Aspects of the Present-day Political System of Bwamba. Conf. Paper EAISR. Pp. 2.

1951 a — The Common-sense System of the Bwamba. Conf. Paper EAISR. Pp. 2.

1952 — Local African Administration in Bwamba. Conf. Paper EAISR. Pp. 5.

1955 — Bwamba Economy. The Development of a Primitive Subsistence Economy in Uganda. "E. Afr. Stud.", no. 5, EAISR, Kampala.

1955 a — Some aspects of political organization and land tenure among the Iraqw. EAISR, Kampala. Pp. 26.

1956 — Bwamba: A structural-functional Analysis of a Patrilineal Society. Heffer, Cambridge. Pp. 264, map.

1958 — The aboriginal political structure of Bwamba. "Tribes without Rulers", ed. by J. Middleton and D. Tait, 136—166.

1959 — Beyond the mountains of the moon: the lives of four Africans (Amba tribe). Routledge, London. Pp. 276, map.

1962 — Livestock Markets among the Iraqw of Northern Tanganyika. "Markets in Afr.", ed. by P. Bohannan and G. Dalton.

(1963) — s.: MIDDLETON, J. F. M., and WINTER, E. H. (eds.).

WIPPER, A.:

1965 — Voluntary Associations and Leadership in Kenya. Ph. D., Univ. California, Berkeley.

WISE, R.:

1958 — Iron smelting in Ufipa. TNR, 50, June, 106—111.

1958 a — Some rituals of iron-making in Ufipa. TNR, 51, Dec., 232—238.

1962 — Marriage guidance by exorcism. TNR, 58/59, 40—42.

WISEMAN, E. M.:

1958 — Kikuyu martyrs. Highway Press, London. Pp. 48.

WOMEN IN ...

1955 — Women in Zanzibar. Afr. Women, June, v. 1, no. 2, 49—50.

WOMEN'S EDUCATION ...

1955 — Women's Education in East Africa. Afr. Women, Dec., v. 1, no. 3, 55—57.

WOMEN'S TECHNICAL ...

1955 — Women's Technical Education in Uganda. Afr. Women, June, v. 1, no. 2, 46—47.

WOOD, A.:

1950 — The groundnut affair. Bodley Head, London. Pp. 264.

WOOD, S.:

1960 — Kenya: the tensions of progress. Oxford Univ. Press for Inst. Race
(2nd ed.: Relat. Pp. X 108.
1962)

Woodburn, J. C.:
1958 — The Hadza: First Impressions. Conf. Paper EAISR. Pp. 10.
1959 — Hadza. "Attitudes to health and disease among some E. Afr. tribes". EAISR, Symposium.
1962 — The future of the Tindiga, a hunting tribe in Tanganyika. TNR, 58/59, 269—273.

Wraith, R. E.:
1959 — East African citizen. Oxford Univ. Press, London. Pp. 238.

Wright, A. C. A.:
1951 — Blood grouping and the tribal historian. UJ, 15, 1, Mar., 44—48.
1952 — Land tenure in Busukuma (Part I.). Cattle holding and animal husbandry in Central Busukuma (Part II.). Application of mechanical cultivation methods (Appendix). Sukuma Society (Mimeogr.).
(1953) — s. Bibliographie Nr. 3.
1954 — The magical importance of pangolins among the Basukuma. TNR, 36, 71—74.

Wright, Fergus C.:
1955 — African consumers in Nyasaland and Tanganyika (An enquiry into the distribution and consumption of commodities among Africans carried out in 1952—1953). HMSO, London. Pp. 117.

Wright, M. J.:
1958 — The early life of Rwot Isaya. Ogwangguji, M. B. E. UJ, 22, 2, Sept., 131—138, map.
1959 — Fifteen Lango folk-tales. Longmans, London. Pp. 85.
1959 a — The leopard and the hare: a Kiga folk-tale. UJ, 23, 2, Sept., 191—194.
1960 — Lango folk-tales — an analysis. UJ, 24, 1, Mar., 99—113.
(1960) — s.: Oryema, P., and Wright, M. J.
1961 — Ishekindi will give birth to Ishekindi: an Ankole folk-tale. UJ, 25, 1, Mar., 112—114.

Wrigley, C. C.:
1953 — African farming in Buganda. Conf. Paper EAISR. Pp. 6.
1953 a — The development of economic agriculture in Uganda. — A general survey — (MS. in the Library EAISR). Pp. 67.
(1954) — s.: Bibliographie Nr. 3.
1957 — Buganda: an outline economic history. Econ. Hist. Rev., 2nd ser. 10, 1, Aug., 69—80.
1958 — Some thoughts on the Bacwezi. UJ, 22, 1, Mar., 11—7.
1959 — Crops and wealth in Uganda: a short agrarian history. "E. Afr. Stud.", no. 12, EAISR, Kampala. Pp. 84, map.
1959 a — Kimera. UJ, 23, 1, Mar., 38—43.
1959/60 — The Christian revolution in Buganda. Comp. Stud. Soc. Hist., 2, 33—48.

Yeld, R.:
1966 — Refugee Resettlement in Tanganyika and Uganda. Ph. D.

Yongolo, W. D.:
1956 — Maisha na desturi ya Wanyamwezi. Macmillan, London. Pp. 84.

Yoshida, M.:
1965 — Government Intervention in Agricultural Marketing in East Africa 1903—1963. Fac. Agric., Makerere, Kampala.

YOUNG, R. A., and FOSBROOKE, H. A.:

1960   — Land and politics among the Luguru of Tanganyika. Routledge and Kegan Paul, London. Pp. X and 212.

1960 a   — Smoke in the hills: political tension in the Morogoro district of Tanganyika. Afr. Stud., no. 4, Northwestern Univ. Press. Pp. 212.

ZWERNEMANN, J.:

1961   — Kulturen und Sprachen in Tanganyika. Neues Africa, 3, 11, Nov., 432—434.

Bibliographie Nr. 2

Einige Quellen aus der Zeit vor 1954 über Kenya, Tanganyika-Sansibar und Uganda.

Anhang zu den Kapiteln C. I., II. und D. VIII. (Die in Klammern gesetzten Buchstaben, röm. und arab. Ziffern am Schluß jeder bibliographischen Angabe weisen auf das entsprechende Kapitel hin.)

ANKERMANN, B.:
1929   — Das Eingeborenenrecht. Bd. I: Ostafrika. Stuttgart (D. VIII.)

BAUMANN, H., THURNWALD, R., und WESTERMANN, D.:
1940   — Völkerkunde von Afrika. Essen (C. VIII.)

BAUMANN, O.:
1891   — Usambara und seine Nachbargebiete. Berlin (C. I. 15.)
1894   — Durch Massailand zur Nilquelle. Berlin (C. I. 1, 2; C. II. 6, 8.)

BEECH, W. H.:
1911   — The Suk. Oxford (C. II. 5.)

BELL, C. R. V.:
(1945)   — s.: HUNTINGFORD, G. W. B., and BELL, C. R. V.

BERGER, P.:
1938   — Die Datoga, ein ostafrikanischer Hirtenkriegerstamm. Kolon. Rdsch., 177—193 (C. II. 5.)
1947   — Tanganjika (ehemals Deutsch-Ostafrika). „Afrika. Handbuch der angewandten Völkerkunde", Hrsg. H. A. Bernatzik. Bd. II, S. 965 bis 1035 (D. VIII.)

BERNATZIK, H. A. (Hrsg.):
1947   — Afrika. Handbuch der angewandten Völkerkunde. Bd.: I—II. Innsbruck (D. VIII.)

BLOHM, W.:
1931   — Die Nyamwezi: Land und Wirtschaft. Hamburg (C. I. 8.)
1933   — Die Nyamwezi: Gesellschaft und Weltbild. Hamburg (C. I. 8.)

BÖSCH, P. Fr.:
1930   — Les Banyamwezi. Münster (C. I. 8.)

BROWN, G. G., and HUTT, McD. B.:
1935   — Anthropology in Action. An Experiment in the Iringa District of Tanganyika Territory. London (C. I. 10.)

BUTT, A.:
(1952)   — s.: Bibliographie Nr. 1 — "Ethn. Survey Afr.: E. C. Afr.", Part 4. (C. II.)

CAGNOLO, C.:
1933   — The Akikuyu. Nyeri (Kenya) (C. I. 17)
CLAUS, H.:
1911   — Die Wagogo — Ethnographische Skizze eines ostafrikanischen Bantustammes. Berlin—Leipzig (C. I. 1.)
CULWICK, A. T.:
1935   — Ubena of the rivers. London (C. I. 10.)
CUNNINGHAM, J. F.:
1905   — Uganda and its peoples: notes on the Protectorate of Uganda, especially the anthropology and ethnology of its indigenous races. London (C. I. 5., 6.)

DALE, G.:
1920   — The Peoples of Zanzibar: Their Customs and Religions. London (C. I. 18.)
DEMPWOLFF, O.:
1916   — Die Sandawe. „Linguistisches und ethnographisches Material aus Deutsch-Ostafrika." Hamburg. S. 71—180 (C. II. 8.)
DRIBERG, J. H.:
1923   — The Lango: A Nilotic tribe of Uganda. London (C. II. 2.)

FALLERS, L. A.:
(1950/53)   — s.: Bibliographie Nr. 1 (C. I. 5.)
FOSBROOKE, H. A.:
1948   — An administrative survey of the Masai social system. TNR, v. 26, 1—50, bibl., map. (C. II. 6.)
FROBENIUS, L.:
1929   — Monumenta Africana. Frankfurt.
(2. Aufl.:
1939   — Weimar.) (D. VIII.)
1933   — Kulturgeschichte Afrikas. Zürich (D. VIII.)
FÜLLEBORN, F.:
1906   — Das Deutsche Njassa- und Ruwuma-Gebiet. Land und Leute, nebst Bemerkungen über die Schire-Länder. Berlin (C. I. 9, 10, 12.)

GOODFELLOW, D. W.:
1954   — Grundzüge der ökonomischen Soziologie. Das Wirtschaftsleben der
(orig. Engl.:   primitiven Völker dargestellt an den Bantu von Süd- und Ost-
1939)   afrika. Zürich-Stuttgart (D. VIII.)
GÖTZEN, G. A. Graf von:
1899   — Durch Afrika von Ost nach West. Berlin (C. I. 7.)
GULLIVER, PAMELA and P. H.:
(1953)   — s.: Bibliographie Nr. 1 — "Ethn. Survey Afr.: E. C. Afr.", Part 7 (C. II.)
(1950/53b)   — s.: Bibliographie Nr. 1 (C. II. 4.)
GUTMANN, B.:
1909   — Dichten und Denken der Dschagganeger. Leipzig (C. I. 16.)
1926   — Das Recht der Dschagga. München (C. I. 16.)
1932/38   — Die Stammeslehren der Dschagga. I.—III. Bd. München (C. I. 16.)

HOBLEY, C. W.:
1924   — Ethnology of A-Kamba and other East-African tribes. Cambridge
(1st. ed.: 1910) (C. I. 17.)

HOLLIS, A. C.:
1905 — The Masai: their language and folklore. Oxford (C. II. 6.)
1909 — The Nandi: their language and folklore. Oxford (C. II. 5.)
HUNTINGFORD, G. W. B.:
1929 — Modern hunters: some account of the Kamelilo-Kåpchepkendi Dorobo (Okiek) of Kenya Colony. J. Roy. Anthrop. Inst., 59, 333—378 (C. II. 5.)
1942 — Social organization of the Dorobo. Afr. Stud., 1, 3, Sept., 183—200 (C. II. 5.)
(1951/53) — s.: Bibliographie Nr. 1 (C. II. 5.)
(1953 a/b) — s.: Bibliographie Nr. 1 — "Ethn. Survey Afr.: E. C. Afr.", Part 6 and 8 (C. II.)
... and BELL, C. R. V.:
1950 — East African Background. London (D. VIII.)
(1st ed.: 1945)
HUXLEY, E.:
1935 — White man's country: Lord Delamere and the making of Kenya.
(2nd ed.: I: 1870—1914; II: 1914—1941. London (D. VIII.)
1953)

INGRAMS, W. H.:
1931 — Zanzibar: its history and its people. London (C. I. 18.)

JOHNSTON, H. H.:
1902 — The Uganda-Protectorate. I—II. Bd. London (C. I. 4, 5, 6; C. II. 2, 4.)

KLAMROTH, M.:
1910/11 — Beiträge zum Verständnis der religiösen Vorstellungen der Saramo im Bezirk Dar es Salaam. Z. Kolon. Sprachen, Bd. I, 37—70; 118 bis 153; 189—223 (C. I. 14.)
KOLLMANN, P.:
1898 — Der Nordwesten unserer ostafrikanischen Kolonie. Berlin (C. I. 2, 7, 8.)
KOOTZ-KRETSCHMER, E.:
1926/29 — Die Safwa. Bd. I: Das Leben der Safwa. Bd. II: Geistiger Besitz. Berlin (C. I. 10.)
KOTZ, E.:
1922 — Im Banne der Furcht. Hamburg (C. I. 16.)

LINDBLOM, G.:
1920 — The Akamba in British East Africa, an Ethnological Monograph. Upsala (C. I. 17.)
LUSSY, K.:
1951 — Die Wapogoro: Notizen über Land und Leute. Anthropos, 46, 3/4, Mai—Aug., 431—441 (C. I. 11.)

McCONNELL, R. E.:
1925 — Notes on the Lugwari tribe of Central Africa. J. Roy. Anthrop. Inst., 55, 439—467, map. (C. II. 1.)
MACKENZIE, D. R.:
1925 — The spirit ridden Konde. London (C. I. 9.)

MAIR, L. P.:
1934   — An African People in the Twentieth Century. London (C. I. 5.)

MALCOLM, D. W.:
(1953)   — s.: Bibliographie Nr. 1 (C. I. 8.)

MAYER, P.:
1949   — The lineage principle in Gusii society. London (C. I. 3.)

MERKER, M.:
1910   — Die Masai. Ethnographische Monographie eines ostafrikanischen
(1. Ausg.:   Semitenvolkes. Berlin (C. II. 6.)
1904)

MEYER, H. (Hrsg.):
1912/13   — Das deutsche Kolonialreich. I.—II. Bd. Leipzig. (D. VIII.)
(1. Aufl.:
1909/10)

NIGMAN, E.:
1908   — Die Wahehe. Berlin (C. I. 10.)

PRINS, A. H. J.:
(1952)   — s.: Bibliographie Nr. 1 — "Ethn. Survey Afr.: E. C. Afr.", Part 3
    (C. I. 18.)

ORDE-BROWNE, G. St. J.:
1925   — The vanishing tribes of Kenya. Philadelphia (C. I. 17.)

RECHE, O.:
1914   — Zur Ethnographie des abflußlosen Gebietes Deutsch-Ostafrikas.
    Hamburg (C. I. 1; C. II. 8.)

REHSE, H.:
1910   — Kiziba — Land und Leute. Stuttgart (C. I. 7.)

RICHARDS, A. I.:
(1950/53)   — s.: Bibliographie Nr. 1 (C. I. 5.)

ROSCOE, J.:
1911   — The Baganda — an Account of their Native Customs and Beliefs.
    London (C. I. 5.)
1915   — The Northern Bantu (An account of some Central African Tribes
    of the Uganda Protectorate). Cambridge (C. I. 4, 5, 6; C. II. 3, 4.)
1923   — The Bakitara or Banyoro (The first part of the report of the
    Mackie ethnological expedition to Central Africa). Cambridge
    (C. I. 6.)
1923 a   — The Banyankole (The second part of the report of the Mackie
    ethnological expedition to Central Africa). Cambridge (C. I. 6.)

SCHEERDER, R. P., et TASTEVIN, R. P.:
1950   — Les Wa lu guru. Anthropos, 45, 1/3, Jan.—June, 241—286, map.
    (C. I. 14.)

SCHNEE, H. (Hrsg.):
1920   — Deutsches Koloniallexikon. Bd. I—III. Leipzig (D. VIII.)

SCOTT, R.:
(1935)   — s.: THOMAS, H. B., and SCOTT, R.

SELIGMAN, C. G.:
1930   — Races of Africa. London (D. VIII.)

SOUTHALL, A. W.:
(1950/53 a) — s.: Bibliographie Nr. 1 (C. II. 2.)
STIGAND, C. H.:
1913   — The land of Zinj. London (C. I. 18.)
STUHLMANN, F.:
1894   — Mit Emin Pascha ins Herz von Afrika. Berlin (C. I. 5, 6, 7; D. VIII.)
1909   — Beiträge zur Kulturgeschichte von Ostafrika. Berlin (D. VIII.)
1910   — Handwerk und Industrie in Ostafrika. Hamburg (D. VIII.)

TASTEVIN, R. P.:
(1950)   — s.: SCHEERDER, R. P., et TASTEVIN, R. P.
THURNWALD, R.:
1935   — Black and White in East Africa: The Fabric of a new Civilization. A Study in Social Contact and Adaptation of life in East Africa. London (D. VIII.)
(1940)   — s.: BAUMANN, H., THURNWALD, R., und WESTERMANN, D.
THOMAS, H. B., and SCOTT, R.:
1935   — Uganda. London (D. VIII.)
TORDAY, E.:
1930   — African Races. London (D. VIII.)

VELTEN, D. C.:
1903   — Sitten und Gebräuche der Suaheli. Göttingen (C. I. 18.)

WAGNER, G.:
1947   — Kenia. „Afrika. Handbuch der angewandten Völkerkunde", hrsg. H. A. Bernatzik. Bd. II, S. 888—925 (D. VIII.)
1947 a   — Uganda. „Afrika. Handbuch der angewandten Völkerkunde", hrsg. H. A. Bernatzik. Bd. II, S. 926—963 (D. VIII.)
1949   — The Bantu of North Kavirondo. v. 1. London
(1956)   — idem, v. 2 — s.: Bibliographie Nr. 1 (C. I. 4.)
WEISS, M.:
1910   — Die Völkerstämme im Norden Deutsch-Ostafrikas. Berlin (C. I. 4, 5, 7; C. II. 5, 6.)
WERTH, E.:
1915   — Das deutsch-ostafrikanische Küstenland und die vorgelagerten Inseln. I.—II. Bd. Berlin (C. I. 18.)
WESTERMANN, D.:
(1940)   — s.: BAUMANN, H., THURNWALD, R., und WESTERMANN, D.
1952   — Geschichte Afrikas. Staatenbildungen südlich der Sahara. Köln (D. VIII.)
WEULE, K.:
1908   — Wissenschaftliche Ergebnisse meiner ethnographischen Forschungsreise in dem Südosten Deutsch-Ostafrikas. Berlin (C. I. 12.)
WILLOUGHBY, W. C.:
1928   — The soul of the Bantu. New York (D. VIII.)
WILSON, MONICA:
(1950/51)   — s.: Bibliographie Nr. 1 (C. I. 9.)
WINTER, E. H.:
(1950/52)   — s.: Bibliographie Nr. 1 (C. I. 6.)

Bibliographie Nr. 3

Ausgewählte Arbeiten über wissenschaftstheoretische Fragen, Stand, Probleme, Methoden und Techniken der Forschung.

Anhang zu den Kapiteln B und E.

ADAMS, R. N., and PREISS, J. J.:
  1960   — Human organization research; field relations and techniques. Homewood, Ill., Publ. for the Soc. for Applied Anthrop. by the Dorsey Press. Pp. 456.

AFRICAN STUDIES ...
  1960   — African Studies Association. African Studies in the United States. Afr. Stud. Bull., 3, 1, Mar., 30—40.

AFRICAN STUDIES ...
  1957   — African Studies Association in the United States. Africa, Oct., 401.
  1958   — idem. Oct. 365.

AFRICAN STUDIES ...
  1962   — African Studies in Canada and Scandinavia. Afr. Stud. Bull. 6, 2, May, 10—13.

AFRICAN STUDIES ...
  1962   — African Studies in the United States. Afr. Stud. Bull., v. 5, no. 1, 19—30.

ALEXANDRE, P.:
  1959   — Développements récents des études Bantu à Londres. J. Soc. African., 29, 2, 297—305.
  1959 a — Notule sur l'anthropologie britannique actuelle. Afr. et Asie 48, 23—30.
  1959 b — Quelques observations sur l'ethnologie britannique actuelle. Cah. ISEA, 93, Oct., Sér. M. no. 5, 7—22.

ANTROPOLOGIA CULTURALE ...
  1961   — (L')Antropologia culturale in Italia. Boll. Ric. Soc., 1, 6, Nov., 473—595 (With Contributions by T. TENTORI, L. W. Moss, C. T. ALTAN, G. VINCELLI, A. SIGNORELLI D'AYALA, T. SEPPILLI, P. GRASSO, and G. FABBRI GAGGI).

APTER, D. E.:
  1954   — Africa and the social scientist. Wld. Polit., 6, 4, 538—548.
  1956   — Some problems of comparative political analysis in Africa. Conf. Paper EAISR. Pp. 5.

ATTITUDE RESEARCH ..
1958 — Attitude Research in Modernizing Areas. Special Issue (Contributors: A. Girard, R. K. Goldsen, M. Ralis, L. and S. H. Rudolph,
F. X. Sutton, E. C. Wilson), Publ. Opin. Quart., v. 22, no. 3, Fall.

BALANDIER, G.:
1958 — Social, Economic and Technological Change (ed. par G. B.). A
Theoretical Approach. Int. Soc. Sci. Council, UNESCO. Pp. 355.
1958 a — Sociologie, ethnologie et ethnographie. „Traité de Sociol." ed. par
G. Gurvitch, Tome I. Paris, Presses Universitaires de France, 99
à 113.
1959 — Tendances de l'ethnologie française. I. Cah. Int. Sociol., 6, 27,
11—12.
1960 — The French Tradition of African Research. Human Organiz., 19, 3,
Fall, 108—111.
(1960) — s.: MINER, H. (ed.).
1963 — Sociologie dynamique et histoire à partir de faits africains. Cah.
Int. Sociol., v. 34, nouv. série, 10e année, janv.—juin, 3—11.

... and MORAZÉ, CH.:
1958 — L'apport synthétique de l'anthropologie et de l'histoire — Étude
inter-disciplinaire et contribution de l'anthropologie; Leçons de
l'Histoire. "Soc. Econ. and Technol. Change", ed. by G. Balandier,
295—334.

BARNES, J. A.:
1949 — Measures of Divorce Frequency in Simple Societies. J. Roy. Anthrop.
Inst., v. 79, 37—62.
1960 — Anthropology in Britain before and after Darwin. Mankind, 5, 9,
July, 369—385.
1963 — Some ethical problems in modern fieldwork. Brit. J. Sociol., v. 14,
no. 2, 118—134.

BARNETT, H. G.:
1956 — Anthropology in administration. Row, Peterson, Evanston, Ill.
Pp. 196.

BARTLETT, H.:
(1959) — s.: STOODLEY, and BARTLETT, H.

BAUMANN, H.:
1959 — Kurze vorläufige Übersicht über den Stand der Kenntnis afrikanischer Völker südlich der Sahara. Bull. Int. Committee Urgent
Anthrop. Ethnol. Res., 101—102, map.
1962 — Grundeinsichten der Ethnologie in die neuen afrikanischen Entwicklungen. Z. Ethnol., Bd. 87, H. 2, 250—263.

BEALS, R. L.:
1960 — Current trends in the development of American ethnology. "Men
and Cultures", ed. by. A. F. C. Wallace, Philadelphia, 11—18.

BEATTIE, J. H. M.:
1955 — Contemporary Trends in British Social Anthropology. Sociologus,
v. 5, no. 1.
1956 — Ethnography and sociological research in East Africa: a review.
Africa, 26, 3, July, 265—276.

1959 — Understanding and Explanation in Social Anthropology. Brit. J. Sociol., 10, 1, Mar., 45—60.

1963 — Hans Cory. Man, 63, 4, Jan.

1964 — Other Cultures: Aims, Methodes and Achievements in Social Anthropology. Cohen and West, London. Pp. 295.

BEHREND, R. F.:

1961 — Interdisziplinäre Zusammenarbeit in der Entwicklungsländerforschung (Referat vor der Wirtschaftspolit. Ges. 1947). Hrsg. Dtsche Stift. f. E-Länder.

BENNET, J. W.:

1948 — The Study of Cultures: A Survey of Technique and Methodology in Field Work. Amer. Sociol. Rev., v. 13, 672—688.

BERNARD, J.:

1945 — Observation and Generalization in Cultural Anthropology. Amer. J. Sociol., v. 50, 284—291.

BIESHEUVEL, S.:

1954 — The measurement of African attitudes towards European ethical concepts, customs, laws and administration of justice. J. Nat. Inst. Personnel Res., 6, 1.

1957 — Attitude Studies among Africans. Methods and results from investigations in the Union of South Africa. Proceedings of the 15th Internat. Congress of Psychol. held at Brussels, North-Holland Publ. Co., Amsterdam, 172—175.

1957 a — Objectives and Methods of Research into the Psychology of African Peoples. Proceedings of the 15th Internat. Congress of Psychol. held at Brussels, North-Holland Publ. Co., Amsterdam, 164—166.

1958 — Methodology in the study of attitudes of Africans. J. Soc. Psychol., 47, 169—184.

1958 a — Objectives and methods of African psychological research. J. Soc. Psychol., 47, 161—168.

BIRMINGHAM, W. B., and JAHODA, G.:

1953 — A pre-election survey in a semi-literate society. Publ. Opin. Quart., v. 19.

BLANC, R.:

(1956) — s.: THEODORE, G., and BLANC, R.

1958 — Manuel de recherche démographique en pays sous-développés. Ministère de la France d'Outre-Mer, Service des Stat., Apr. Pp. 69.

BOAS, F.:

1920 — The Method of Ethnology. Amer. Anthrop., v. 22.

BOGUSLAW, R.:

1955 — Sociometric methodology and valid cross national research. Int. Soc. Sci. Bull., v. 7, no. 4, 567—575.

BRAUSCH, G. E. J.:

1951 — The Solvay Institute of Sociology in Belgian Africa. Int. Soc. Sci. J., 11, 2, 238—250.

BREITINGER, E.:

1959 — Beiträge Österreichs zur Erforschung der Vergangenheit und Kulturgeschichte der Menschheit (Hrsg. E. B. et al.). F. Berger, Horn (S. 127—147: J. Haekel: Zur gegenwärtigen Forschungssituation der Wiener Schule der Ethnologie).

232

..., Haekel, J., und Pittioni, R.:
1961 — Theorie und Praxis der Zusammenarbeit in den Anthropologischen Disziplinen. Bericht über das zweite Österreichische Symposium auf Burg Wartenstein b. Gloggnitz 6—12, Sept. 1959. Horn, Niederösterreich, Ferdinand Berger for the Wenner-Gren Foundation for Anthropological Research.

Busia, K.:
1960 — Sociology in a rapidly changing society. Int. J. Comp. Sociol., 1, 1, Mar., 67—75.

Buswell, J. O.:
1961 — Anthropologist and administrator. Pract. Anthrop., 8, 4, July—Aug., 157—167.

Campbell, D. T., and Le Vine, R. A.:
1961 — A proposal for cooperative cross-cultural research on ethnocentrism. J. Confl. Resol., 5, 1, Mar., 82—108.

Chave, J.:
(1951) — s.: Thurstone, L. L., and Chave, J.

Chombart de Lauwe, P. H.:
1960 — Esquisse d'un plan de recherches sur la vie sociale en milieu urbain. Cah. Tunisie, 1er, 2e trim., no. 29—30, 5—16.

Ciglio, C.:
1960 — Le discipline africanistiche, orientalistiche e coloniali nelle università italiane. Africa, Roma, 25, 3, May—June, 107—120.

Clémens, R.:
1960 — La contribution de la sociologie à l'aide au développement. Vortrag an der Tagung der Deutschen UNESCO-Kommission und der Friedrich-Ebert-Stiftung, Mai, Tagungsbericht, 1—10.

Cole, T.:
1963 — African studies and training in West Germany. Afr. Stud. Bull., 6, 1, Mar., 14—21.

Coleman, J. S.:
1959 — Research on Africa in European centers. Afr. Stud. Bull., 2, 3, Aug., 1—33.

Colson, E.:
1958 — The African research and studies program. Boston Univ. Grad. J., 6, 6, June, 150—154.

Conference on ...
1964 — Conference on International Support for Research in East Africa. Held at EACSO Headquarters Conference Hall, Nairobi, 20th and 21st Febr. (Mimeogr.) Proceedings, Nairobi. Pp. 110.

Connaissance africaine ...
1956 — Connaissance africaine et sondages. Ministère de la France d'Outre-Mer, Paris.

Cryns, A. G. J.:
1962 — African intelligence: a critical survey of cross-cultural intelligence research in Africa south of the Sahara. J. Soc. Psychol., 57, 283—301.

Culwick, A. T.:
1935 — A method of studying changes in primitive marriage (Mbunga, Ngoni, Bena, Ndamba). J. Roy. Anthrop. Inst., 65, Jan.—June, 185—193, map.

CULWICK, G. M.:
1954   — Some problems of social survey in the Sudan. Sudan Notes, 35, 1, June, 110—131.

DE RIDDER, J. C.:
1961   — The Personality of the Urban African in South Africa. A Thematic Apperception Test Study. London.

DER ÜBERGANG ...
1962   — Der Übergang vom Traditionellen zum industriellen Arbeitsverhalten in Entwicklungsländern. Bericht über eine Literaturstudie, durchgeführt von der Studienstelle der Dtschen Stift. f. Entw.länder, Berlin-Tegel. Pp. 94.

DE SOUSBERGHE, L.:
1955   — L'étude du droit coutumier indigène: Méthodes et obstacles. Zaïre, 9, 4, avr., 339—358.

DIAS, A. J.:
1961   — Portuguese contribution to cultural anthropology. Witwatersrand Univ. Press, Johannesburg. Pp. 112.

DIOP, A.:
1962   — Sociologie africaine et méthodes de recherche. Notes Afr., no. 96, Oct., 114—116.

DOOB, L. W.:
1957/58 — The Use of Different Test Items in nonliterate Societies. Publ. Opin. Quart., v. 21, no. 4, winter, 499—504.
(1958) — s.: Bibliographie Nr. 1.

DORATO, M.:
1960   — Les institutions culturelles italiennes spécialisées dans les études africaines. C. R. Acad. Sci. O.—M., 20, 1, janv., 11—15.

DORSINFANG-SMETS, A.:
1959   — L'organisation et les tendances de l'anthropologie culturelle et sociale africaine en Belgique. Cah. ISEA, 93, Oct., Sér. M. no. 5, 65—85.

DRIVER, H.:
(1956) — s.: SCHUESSLER, K. F., and DRIVER, H.

DUIJKER, H. C. J.:
1955   — Comparative Research in Social Science with Special Reference to Attitude Research. Int. Soc. Sci. Bull., v. 17, 555—566.

DUVIGNAUD, J.:
1963   — La pratique de la sociologie dans les pays décolonisés. Cah. Int. Sociol., v. 34, Jan.—juin, 165—174.

EAST AFRICAN ...
1954   — East African Institute of Social Research 1950—1953. A Report on three years' work (Prepared by the Chairman, A. I. Richards), Kampala.

EAST AFRICAN INSTITUTE ...
1956   — (The) East African Institute of Social Research 1950—1955. Report. Pp. 19.

ÉTUDES DE ...
1962   — Études de socio-économie africaine. Cah. Sci. Appl., no. 131, v. 5, Nov.

EVANS-PRITCHARD, E. E.:
1946 — Applied Anthropology. Africa, v. 16, no. 2, Apr., 92—98.
1950 — Social Anthropology: Past and Present. The Marrett Lecture. Man, v. 50, no. 198.
1951 — Social Anthropology: The Broadcast Lectures. Cohen and West, London.

FALKENSTEIN, A. (ed.):
1960 — Denkschrift zur Lage der Orientalistik. Dtsche Forsch.-Gemeinsch., Franz Steiner Verl. GmbH, Wiesbaden.

FALLERS, L. A.:
(1950) — s.: Bibliographie Nr. 1.

FIRTH, R.:
1951 — Contemporary British Social Anthropology. Amer. Anthrop., v. 53, no. 4.
1955 — Functionalism. The Yearbook of Anthropology, Wenner-Gren Foundation for Anthrop. Res.
1960 — Recent trends in British social anthropology. "Men and cultures", ed. by A. F. C. Wallace, 37—42.

FORTES, M.:
1938 — Culture Contact as a Dynamic Process (Methods of Study of Culture Contact in Africa). Oxford Univ. Press.
1953 — Analysis and Description in Social Anthropology. Presidential Address to Section H of the British Association. Advanc. of Sci., no. 38.
1953 a — Social Anthropology at Cambridge since 1900. Inaugural Lecture. Cambridge Univ. Press.

... STEEL, R. W. et al.:
1947 — Ashanti survey 1945—1946: an experiment in social research. Geogr. J., v. 110, no. 4/6, 149—179.

FOOSBROOKE, H. A.:
(1952) — s.: MOFFETT, J. P., and FOSBROOKE, H. A.

GERBRANDS, A. A.:
1959 — La situation actuelle de l'anthropologie culturelle en Hollande. Cah. ISEA, 93, Oct., Sér. M no. 5, 115—138.

GERMAN ETHNOLOGY
1962 — German Ethnologie. Africa, Oct., 397.

GJESSING, G.:
1962 — The Relationship between Ethnology and Social Anthropology. Ethnos, 167—185.

GLUCKMAN, M.:
1945 — The Seven-Year Plan of the Rhodes-Livingstone Institute. Rhodes-Livingstone J., 4, 1—32.
1961 — Ethnographic data in British social anthropology. Sociol. Rev., 9, 1, Mar., 5—17.

GOLDTHORPE, J. H.:
1962 — The Present Position of Elite Studies. Conf. Paper EAISR. Pp. 4.

GOLL, R.:
1962 — Das positivistische Erbe der Ethnologie. Ethnos, 186—204.

GRAEBNER, F.:
1911 — Methode der Ethnologie. Heidelberg, S. 192.

235

GRIAULE, M.:
1957   — Méthode de l'Ethnographie. Presses Univ. de France. Pp. 107.
GROTTANELLI, V. L.:
1960   — Principi di etnologia. Morfologia dei fatti economici e delle istituzioni sociali. Ed. dell'Ateneo, Roma. Pp. 324.
GULLIVER, P. H.:
(1960)   — s.: MINER, H. (ed.)
GUTKIND, P. C. W.:
(1960)   — s.: MINER, H. (ed.)

HAEKEL, J.:
1956   — Zum heutigen Forschungsstand der historischen Ethnologie. „Die Wiener Schule der Völkerkunde, Festschrift zum 25jährigen Bestand 1929—1954", Horn-Wien, 17—90.
(1959)   — s.: BREITINGER, E. et al. (eds.)
(1961)   — s.: BREITINGER, E., HAEKEL, J., und PITTIONI, R.
HAILEY, HON. LORD:
1944   — The Rôle of Anthropology in Colonial Development. Man, 5, 1—7.
HALL, R. DE Z.:
1938   — The study of Native Court Records as a method of Ethnological Enquiry. Africa, v. 11, 412—427.
HARRIES, L.:
1950   — Mission Research and the African Marriage Survey. Int. Rev. Missions, v. 39, no. 153, 94—99.
HARVEY, J. M. (ed.):
1961   — Information — Methods of Research Workers in the Social Sciences. Proceedings of the Conf. held 1st June, 1960 under the Chairmanship of C. Madge. The Library Association, London, Chaucer House. Pp. 28.
HAYES, S. P. (Jr.):
1959   — Measuring the results of development project. A manual for the use of field workers. UNESCO, Paris. Pp. 100.
HEINDEL, R.:
1950   — The present position of foreign area studies in the United States. New York.
HEINE-GELDERN, R.:
1960   — Recent developments in ethnological theory in Europe. "Men and cultures", ed. by A. F. C. Wallace, 49—53.
HEINTZ, P.:
1962   — Interkultureller Vergleich. „Handbuch der empirischen Sozialforschung". Hrsg. R. König, Stuttgart, F. Enke Verlag, Bd. I, 639 bis 649.
HERSKOVITS, M. J.:
1950   — Man and his work. The Science of Cultural Anthropology. New York, Pp. 300.
1954   — Program of African studies: the first five years, 1949—1953. Northwestern Univ. Evanston, Illinois. Pp. 31.
1956   — The Northwestern University Program of African Studies. Int. Soc. Sci. Bull., v. 8.
1958   — Some thoughts on American research in Africa. Afr. Stud. Bull., 1, 2, Nov. Pp. 25.

1959 — Anthropology and Africa — a wider perspective. The Lugard memorial lecture for 1959. Africa, July, 225—238.

1960 — The ahistorical approach to Afro-american studies: a critique. Amer. Anthrop., 62, 4, Aug., 559—568.

HOERNLÉ, W.:

1940 — Philosophers and Anthropologists. Bantu Studies, v. 14, 395—408.

HOFFMANN, M.:

1963 — Research on Opinions and Attitudes in West Africa. "Opinion Surveys in Developing countries". A special issue of the Int. Soc. Sci. J., v. 15, no. 1.

HOLAS, B.:

1954 — Quelques réflexions sur les méthodes et l'organisation de la recherche ethnographique: État actuel de la question en France. Zaïre, 8, 4, avr., 401—413.

HOLDSWORTH, M.:

1959 — Afrikakunde in der Sowjetunion. Osteuropa, 9, 7—8, 442—451.

1962 — African Studies in the USSR. Afr. Stud. Bull., v. 5, no. 1, Mar., 9—13.

HUANG, W. S., and HO LIEN-KWEI:

1960 — Recent developments and trends in ethnological studies in China. "Men and Cultures", ed. by A. F. C. Wallace, 54—58.

INTERNATIONAL UNION ...

1958 — International Union of Anthropological and Ethnological Sciences. Bull. Int. Committee Urgent Anthrop. Ethnol. Res., no. 1, 47.

ISRAEL, J.:

(1954) — s.: ROMMETVEIT, R., and ISRAEL, J.:

JAHODA, G.:

(1953) — s.: BIRMINGHAM, W. B., and JAHODA, G.

1957 — Immanent Justice among Gold Coast Children. Proceedings of the 15th Internat. Congress of Psychol. held at Brussels. North-Holland Publ. Co., Amsterdam, 171.

1961 — A social-psychological approach to the study of culture. Hum. Relat., 14, 1, Feb., 23—30.

KEESING, F. M.:

1960 — The international organization of anthropology. Amer. Anthrop., 62, 2, Apr., 191—201.

KIRK-GREENE, A. H. M.:

1959 — A Sample Note on African Studies in America. W. Afr. J. Educ., v. 3, 104—106.

1961 — Career and consultant: new elements in African studies. J. Afr. Adm., 13, 4, Oct., 220—234.

1962 — American universities extend their activities in Africa. Africa, 32, 1, Jan., 69.

KOEBBEN, A.:

1956 — Die vergleichend-funktionelle Methode in der Völkerkunde. Sociologus, Jg. 6, no. 1, 1—17.

KROEBER, A. L. (ed.):

1952 — Anthropology Today. An encyclopedic inventory. Univ. of Chicago Press. Chicago, Ill. Pp. 966.

KUMATA, H., and SCHRAMM, W.:

1956   — A pilot study of cross cultural meaning (Application of semantic differential in cross-cultural research). Publ. Opin. Quart., v. 20, 219—238.

KUZNETS, S.:

1958   — Measurement of Social Implications of Technological Change. "Soc. Econ. and Technol. Change", ed. by G. Balandier, 151—192.

LA CONNAISSANCE ...

1963   — La connaissance de l'âge en milieu urbain, Méthode d'approche concernant Dakar. Bull. IFAN. Serie B, Jan./Avr., 125 ff.

LAJOS, V.:

1961   — Miért és hogyan történeti tudomány a néprajz? (Why is ethnography an historical science?), Nép. Értesitö, 43, 5—20.

LAMBERT, J.:

196 .   — Structure sociale et opinion publique, étude de sociologie comparée. Opin. Publ., 71—108.

LANGSCHMIDT, W.:

1958   — Market research among Bantu in South Africa. A paper read before the World Association of Public Opinion Research, Chicago, May.

LANGUAGE AND ...

1962   — Language and Area Study Programs in American Universities. USA Dept. of State, Bureau of Intelligence and Research, External Res. Division. Pp. 143.

LAROCHE, J. L.:

(1957)   — s.: VERHAEGEN, P., and LAROCHE, J. L.

LAZARSFELD, P. F.:

1962   — The Sociology of empirical social research. Amer. Sociol. Rev., Dec., v. 27, no. 6.

LESTRANGE, M. DE:

1956   — Pour une méthode socio-démographique. J. Soc. African. v. 21, no. 1, 97—109.

LE VINE, R. A.:

(1961)   — s.: CAMPBELL, D. T., and LE VINE, R. A.

LEVIN, M. G.:

1960   — Očerki po istorii antropologii v Rossii (Essays on the history of anthropology in Russia). Moskva, Izd-vo Akad. Nauk SSSR. Pp. 174.

LÉVI-STRAUSS, C.:

1960   — L'anthropologie sociale devant l'histoire. Annales, 15, 4, juil.—août, 625—637.

1961   — Le métier d'ethnologue. Annales, 129, juil, 5—17.

LISON TOLOSANA, C.:

1960   — Antropología social en Inglaterra. Rev. Int. Sociol., 18, 70, Apr.—June, 221—251.

LOMMEL, A.:

1963   — Ist die Völkerkunde antiquiert? Kritische Anmerkungen zu einem wissenschaftlichen Kongreß in Heidelberg. SZ, 2/3. 11.

LOWIE, R. H.:

1959   — The history of ethnological Theory. Rinehart and Co., New York. Pp. VIII + 296.

LYSTAD, R. (ed.):
196 . — Social research in Africa. To be published under the auspices of the African Studies Association. In preparation in 1963.

MACCOBY, E. E. and NATHAN:
1954 — Interviewing in other societies. "Handbook of Soc. Psychol." ed. by G. Lindzey.

MACGREGOR, G. (MAKGREGOR, G.):
1959 — Étnografija v pravitelstvennyh učreždenijah SŠA (Anthropology in Government institutions of the U.S.A.). Vestnik Ist. mir. Kult., 4, 75—85.

MACRAE, D. G.:
1959 — The British tradition in social anthropology. Kroeber Anthrop. Soc. Pap. 21, 1—5.

MAIR, L. P.:
1938 — Methods of Study of Culture Contact in Africa (ed. by L. P. M.). Memorandum XVI. Int. Afr. Inst., London.
1960 — African studies in Britain: progress of economic and sociological research. Afr. Wld., Mar., 11.
1960 a — The social sciences in Africa south of the Sahara: the British contribution. Human Organiz. 19, 3, 98—107.
(1960) — s.: MINER, H. (ed.).

MALINOWSKI, B.:
1938 — Methods of Study of Culture Contact in Africa. Memorandum XV. Int. Afr. Inst., London.

... and MITCHELL, SIR P.:
1929/30 — A Rationalization of Anthropology and Administration. Africa.

MANUEL DE FORMATION ...
1961 — Manuel de formation de l'enquêteur et du controleur d'une enquête démographique par sondage dans un pays en voie de développement. INSEE, Paris.

MANUEL POUR LA FORMATION ...
1955 — Manuel pour la formation d'agents recenseurs dans le cadre d'une étude démographique par sondage dans un pays sous-développé. Ministère de la France d'Outre-Mer, Paris, Sept.

MANUEL POUR LA FORMATION ...
1960 — Manuel pour la formation d'agents recenseurs dans le cadre d'une étude agricole par sondage dans un pays en voie de développement. INSEE, Paris.

MANUEL POUR LA FORMATION ...
1961 — Manuel pour la formation de l'enquêteur dans le cadre d'une étude par sondage de budgets familiaux et de consommation dans un pays en voie de développement. INSEE, Paris.

MAQUET, J. J.:
1949 — Unité de l'Anthropologie Culturelle. Bull. Inst. Rech. Econ. Soc., Univ. Louvain, 15e année, no. 5, Pp. 37.
1953 — A Report on Research done by IRSAC in the sphere of the social sciences. Conf. Paper EAISR. Pp. 3.
1964 — Objectivity in Anthropology. Current Anthrop., v. 5, no. 1, Febr., 47—55.

MARCO SURVEYS LTD.:
1965   — Survey of Scientific and Research Facilities in East Africa (Part of a Project of the East African Academy). Nairobi.
MARTINS, D.:
1960   — As sciencias sociais no panorama africano. Bol. Soc. Est. Moçambique, 29, 125, Nov.—Dec., 11.
MARWICK, M. G.:
1956   — An experiment in public opinion polling among preliterate people. Africa, Apr., 149—159.
MASSÉ, L.:
1956   — Contribution à l'étude de la ville de Thiès. Note concernant un sondage socio-démographique. Bull. IFAN, v. 18, nos. 1—2, 255—280.
1956 a — Enquêtes et sondages socio-démographiques en zones urbaines d'Afrique Occidentale française. S.: PROCEEDINGS OF THE WORLD ...
1957   — Contribution à l'étude de la ville de Thiès, II. Bull. IFAN, v. 19, nos. 1—2, 275—283.
MEINUNGSFORSCHUNG IN ...
1963   — Meinungsforschung in Entwicklungsländern. Int. Soc. Sci. J., no. 1.
MERCIER, P.:
1951   — Les tâches de la sociologie. Bull. IFAN.
1959   — Étude du mariage et enquête urbaine. Cah. Ét. Afr., 1, 28—43.
1960   — Compénétration des Méthodes Ethnologiques et Sociologiques. Traité de Sociologie II, ed. par. G. Gurvitch, 434—445.
METHODOLOGICAL PROBLEMS ...
1957   — Methodological Problems in the Psychological Study of Indigenous Black Population of Africa. Proceedings of the 15th Internat. Congress of Psychol., held Brussels, North-Holland Publ. Co., Amsterdam, 164—181.
METHODS OF ...
1948   — Methods of Study of Culture Contact in Africa. Int. Afr. Inst., London.
MINER, H. (ed.):
1960   — Social Science in action in sub-Saharian Africa (Contributors: G. Balandier; P. H. Gulliver; P. C. W. Gutkind; L. P. Mair). Human Organiz., 19, 3, fall, 97—168.
MITCHELL, J. C.:
1960   — The anthropological study of urban communities. Afr. Stud. 19, 3, Sept., 169—172.
1960 a — Tribalism and the Plural Society. Oxford Univ. Press, London. Pp. 36.
MITCHELL, SIR P.:
(1929/30) — s.: MALINOWSKI, B., and MITCHELL, SIR P.
MOFFETT, J. P.:
1945   — The Need for Anthropological Research. TNR, no. 20, 39—47.
... and FOSBROOKE, H. A.:
1952   — Government sociologists in Tanganyika. J. Afr. Adm., 4, 3, July, 100—108.
MOLNOS, A. v.:
1965   — Forschung in Ostafrika. Bericht von einer Arbeitstagung über praktische und methodische Fragen der Feldforschung (mimeogr.). IFO-Inst. f. Wirtsch. Forsch., Afrika-Studienstelle, München.

Moore, W. E.:
1958   — Measurement of Organizational and Institutional Implications of Changes in Productive Technology. "Soc. Econ. and Technol. Change", ed. by G. Balandier, 229—260.
1963   — La méthode comparative appliquée au changement social. Rev. Int. Sci. Soc., v. 15, no. 4, 549—558.

Morazé, Ch.:
(1958)   — s.: Balandier, G., and Morazé, Ch.

Mühlmann, W. E.:
1938   — Methodik der Völkerkunde. Stuttgart.
1960   — Situation actuelle de l'ethnographie et de l'ethnologie en Allemagne Occidentale. Cah. ISEA, 103, juil., Sér. M no. 8, 179—215.

Mukherjee, R.:
1960   — Some considerations on social research. East. Anthrop., 13, 3, Mar.-May, 121—131.

Murdock, G. P.:
1951   — British Social Anthropology. Amer. Anthrop., v. 53, no. 4, 465 to 473.

Nadel, S. F.:
1951   — The Foundation of Social Anthropology. Cohen and West, London. Pp. 426.
1956   — Understanding Primitive Peoples. Oceania, v. 26, no. 3.
1957   — The Theory of Social Structure. Cohen and West, London.

Naraghi, E.:
1960   — L'étude des populations dans les pays à statistique inclomplète: contribution méthodologique. Mouton, Paris. Pp. 139.

Neurath, P.:
1960   — Probleme der empirischen Sozialforschung in Entwicklungsländern, dargestellt am Beispiel Indiens. Tagung der Deutschen UNESCO-Kommission und der Friedrich-Ebert-Stiftung, Mai, Tagungsbericht, 27—38.

Ngcobo, S.:
1954   — Problems of research among non European with special reference to Africans. Univ. of Natal, Proceedings of the Soc. Sci. Conf., July, 62—69.

Nishino, T.:
1963   — The beginnings of African Studies in Japan. J. Modern Afr. Stud., 1, 3, Sept., 385—386.

Odhiambo, D., et al.:
1964   — Maintaining and Expanding Research in East Africa. E. Afr. J., May, 18—22.

Ombredane, A. (avec la collaboration de P. Bertelson et E. Beniest-Noirot):
1957   — Le Problème de la lenteur du noir analysé dans une tâche intellectuelle (Comparaison d'une population blanche et d'une population noire). Proceedings of the 15th Internat. Congress of Psychol., held at Brussels. North-Holland Publ. Co., Amsterdam, 169—170.

Opinion Surveys ...
1963   — Opinion Surveys in Developing Countries. A special issue of the Int. Soc. Sci., J., v. 15, no. 1.

PHILLIPS, H. P.:
1959   — Problems of translation and meaning in field work. Human
        Organiz., 18, 4, 184—192.

PIDDINGTON, R.:
1950   — An Introduction to Social Anthropology. V. I. Oliver and Boyd,
        Edinburgh.

PITTIONI, R.:
(1961) — s.: BREITINGER, E., HAEKEL, J., und PITTIONI, R.

POIRIER, J.:
1963   — Questionnaire d'ethnologie juridique appliqué à l'enquête de droit
        contumier. — Préface de John Gilissen. Univ. Libre de Bruxelles
        (Les Editions de l'Institut de Sociologie-fondé par Ernest Solvay).
        Pp. 51.

PONS, V. G.:
1957   — The Role of Social Surveys in the Study of African Urbanization.
        Conf. Paper EAISR. Pp. 12.

POPPER, K. R.:
1957   — The Poverty of Historicism. Routledge and Kegan Paul, London.

PREISS, J. J.:
(1960) — s.: ADAMS, R. N., and PREISS, J. J.

PROBLEMS IN ...
1960   — Problems in African Demography. Int. Union for the Scient. Study
        of Popul., Papers of a Seminar organized by. F. Lorimer, Paris.
        Pp. 59.

PROCEEDINGS OF THE WORLD ...
1956   — Proceedings of the World Population Conference, Rome, 31. 8. to
        10. 9. 1954 (v. 6: Problems and Methods in Demographic Studies
        of Preliterate Peoples: 79—83; Design and Control of Demo-
        graphic Field Studies: 101—105). Summary Report. UN Dept.
        Econ. Soc. Affairs, New York, 7 vols.

RADCLIFFE BROWN, A. R.:
1923   — The Methods of Ethnology and Social Anthropology. S. Afr. J.
        Sci., v. 20.
1935   — On the Concept of Function in Social Science. Amer. Anthrop.,
        v. 37, no. 3.
1936   — The Development of Social Anthropology. — A lecture given
        before the Div. of Soc. Sci. Univ. Chicago (Mimeogr.).
1940   — On Social Structure. Presidential Address. Roy. Anthrop. Inst.,
        J. Roy. Anthrop. Inst., v. 70, 1.
1951   — The Comparative Method in Social Anthropology. The Huxley
        Memorial Lecture. J. Roy. Anthrop. Inst.
1952   — Historical Notes on British Social Anthropology. Letter in Amer.
        Anthrop., v. 54, no. 2.
1952 a — Structure and Function in Primitive Society. Cohen and West, Lon-
        don.
1958   — Method in social anthropology: selected essays (ed. by Srinivas).
        Univ. Chicago Press. Pp. 189.

READER, D. H.:
1963   — African and Afro-European research: a summary of previously
        unpublished findings in the National Institute for Personnel
        Research. Psychologia Africana, 10, 1. Jan., 1—18, bibl.

RECHERCHE SCIENTIFIQUE ...
1960 — Recherche scientifique Outre-Mer. Chron. Communauté, no. spéc., juin, 3—60.

REDFIELD, R.:
1952 — Relations of Anthropology to the Social Sciences and to the Humanities. "Anthrop. Today", ed. by A. L. Kroeber, Chicago.

REINING, C. C.:
1962 — A lost period of applied anthropology. Amer Anthrop., 64, 3, Pt. I, June, 593—600.

REINING, P.:
1953 — Survey Technique: The Bukoba Survey. Conf. Paper EAISR. Pp. 6.

REPORT OF ...
1961 — Report of the Commission on the Most Suitable Structure for the Management, Direction and Financing of Research on East African Basis, E. A. High Commission, Nairobi. Pp. 76.

REPORT OF ...
1953 — Report of the secont joint conference on research in the social sciences in East and Central Africa. EAISR, Kampala. Pp. 176.

RESEARCH HANDBOOK ...
1963 — Research Handbook of Africa. Ed. by Afr. Stud. Assoc.

RICHARDS, A. I.:
1944 — Practical Anthropology in the Lifetime of the International African Institute. Africa, v. 14.
(1950) — s.: Bibliographie Nr. 1.
1953 — Anthropological research in East Africa. Trans. N. Y. Acad. Sci., 16, 1, Nov., 44—49.
1953 a — Social Research Programms of the EAISR. Conf. Paper EAISR.
(1954) — s.: EAST AFRICAN INSTITUTE ...
1961 — Anthropology on the scrap-heap? J. Afr. Adm., 13, 1, Jan. 3—10.

ROBINSON, E. A. G.:
1955 — Report on the needs for economic research and investigation in East Africa. Govt. Printer, Entebbe. Pp. 26.

ROMMETVEIT, R., and ISRAEL, J.:
1954 — Notes on the standardization of experimental manipulations and measurements in cross-national research. J. Soc. Issues v. 10, 61—68.

RUDOLPH, W.:
1959 — Die amerikanische "Cultural Anthropology" und das Wertproblem. Berlin.
1961 — Entwicklungshilfe und Sozialwissenschaften. Sociologus, 11, 1, 4—19.

RUDY, Z.:
1961 — Die sowjetische Ethnosoziologie der Gegenwart. KZfSS, 13, 1, 41—67.

SCHACHTER, S., et al.:
1954 — Cross-Cultural Experiments on Threat and Rejection. Human Relat., v. 7, no. 4.

SCHÄDLER, K.:
1964 — Bericht über eine Informationsreise zum Studium der Afrikaforschung in den USA (Mimeogr.). IFO-Inst. f. Wirtsch.-Forsch., Afrika-Studienstelle, München. Pp. 49, Anhang 1—4.

SCHAPERA, I.:
1949 — Some problems of Anthropological Research in Kenya Colony. Memorandum XXIII. Int. Afr. Inst., London.
1953 — Some comments on the Comparative Method in Social Anthropology. Amer. Anthrop., v. 55, no. 3.
1962 — Should anthropologists be historians? Presidential address. J. Roy. Anthrop. Inst., 92, 2, July—Dec., 143—156, bibl.

SCHEIDT, W.:
1961 — Anthropologie seit 1900 in den Vereinigten Staaten, in West- und in Osteuropa. Anthropolog. Inst., Hamburg. Pp. 21.

SCHOTT, R.:
1961 — Die Bedeutung der Ethnologie für die Entwicklungsländerforschung. Freiburg.

SCHRAMM, W.:
(1956) — s.: KUMATA, H., and SCHRAMM, W.

SCHRÖDER, D.:
1959 — Missionare als Forscher und Gelehrte. Weltmission, 4, 98—123.

SCHUESSLER, K. F., and DRIVER, H.:
1956 — A Factor analysis of 16 Primitive Societies. Amer. Sociol. Rev., 21.

SMALLEY, W. A.:
1960 — Making and keeping anthropological field notes. Pract. Anthrop., 7, 4, 145—152.

SMITH, M. G.:
1962 — History and social anthropology. J. Roy. Anthrop. Inst., 92, 1, Jan.—June, 73—85.

SOROKIN, P. A.:
1962 — Theses of the role of historical method in the social sciences. Transact. of the Fifth World Congr. of Sociol., v. 1, Louvain, Internat. Sociol. Associat., 235—254.

SOUTHALL, A. W.:
1953 — The Study of social differentiation in Kampala. Conf. Paper EAISR. Pp. 9.
1954 — Problems of Statistical Analysis in Community Studies. Conf. Paper EAISR. Pp. 6.
1957 — The Theory of Urban Sociology. Conf. Paper EAISR. Pp. 15.
1964 — The Task of Sociology and Social Anthropology. Sociol. J. Makerere, v. 1, no. 2, Febr., 35—38.

STANNER, W. H.:
1949 — Report on Social Science Research in Uganda and Tanganyika. Pp. 80.

STEEL, R. W.:
(1947) — s.: FORTES, M., STEEL, R. W. et al.

STEINMETZ, S. R.:
1906 — Ethnographische Fragensammlung (revidiert von R. Thurnwald). Verl. R. v. Decker-G. Schenck.

STENNING, D. J.:
1956 — Some Problems of Sociological Fieldwork in a Pastoral Society. Discovery, Dec.
1963 — Relationship of Social Research to Planning: Organization and Evaluation of National Social Welfare and Community Development Programmes. Conf. Paper EAISR.

STOETZEL, J.:
1963　　— Un bilan mondial des sciences sociales et humaines est-il possible? Rev. Franç. Sociol., 4e année, no 2, 131—143.

STOODLEY, and BARTLETT, H.:
1959　　— A Cross-Cultural Study of Structure and Conflict in Social Norms. Amer. J. Sociol., 65.

STYCOS, J. M.:
1955　　— Further Observations on the Recruitment and Training of Interviewers in Other Cultures. Publ. Opin. Quart., v. 19, no. 1, spring, 68—78.

SUTTON, F. X.:
1958　　— Research and development in Africa south of the Sahara. Publ. Opin. Quart. 22, 3, Fall, 261—274.
1960　　— The Ford Foundation Development Program in Africa. Afr. Stud. Bull., v. 3, no. 4, Dec., Pp. 10.
1963　　— The Uses of Social Research in the Developing Countries. "Industrialization and Society."

SWEETSER, F. (JR.):
1953　　— Notes on the African Research and Study Program (in continuation). Boston Univ. Grad. J., 2, 3, Nov., 41—42.

TAX, S. et al.:
1953　　— An Appraisal of Anthropology Today. Chicago.

TERMINOLOGIE DES ...
1955　　— Terminologie des sciences sociales (coutume, mariage, endogamie, exogamie, tabou, clan, mythe). Rev. Inst. Sociol. Bruxelles, no. 2, 318—324.

THEODORE, G.:
1958　　— Introduction à la méthode des sondages. Bingerville, Côte d'Ivoire.

... et BLANC, R.:
1956　　— Étude démographique par sondage, Guinée, 1954—1955. I. Partie. Technique d'enquête. Ministère de la France d'Outre-Mer, Service des Stat. Paris, Fevr.

THURNWALD, R.:
(1948)　— s.: WESTERMANN, D., and THURNWALD, R.
1955　　— Forschungsprinzipien und Umrisse meiner soziologischen Betrachtungsweise. Sociologus, N. F. 5, 2, 97—104.

THURSTONE, L. L.:
1959　　— The Measurement of Values. Chicago Univ. Press. Pp. 322.

... and CHAVE, J.:
1951　　— The Measurement of Attitude. Chicago Univ. Press. Pp. 96.
(1st ed.: 1929)

TOKAREV, S. A.:
1960　　— Zum heutigen Stand der Wiener Schule der Völkerkunde. EAZ, 1, 107—123.

TUBIANA, J.:
1961　　— Moyens et méthodes d'une ethnologie historique de l'Afrique orientale. Cah. Ét. Afr., 2, 5, 1—11.

TUCCI, G.:
1959　　— Note sur l'orientation actuelle des études ethnographiques en Italie. Cah. ISEA, 93, oct., Sér. M no. 5, 23—63.

VAN DER LINDEN, P.:
1962   — Institut italien pour l'Afrique. Bull Assoc. Ét. Probl. O.-Mer., no. 176, nov., 18—22.

VERNHAEGEN, P., and LAROCHE, J. L.:
1957   — Considérations méthodologiques en rapport avec l'étude des aptitudes et l'élaboration de tests chez les autochtones africains. Proceedings of the 15th Internat. Congress of Psychol. held at Brussels. North-Holland Publ. Co., Amsterdam, 167—169.

WAGNER, G.:
1942   — Das quantitative Verfahren in der völkerkundlichen Feldforschung. Beitr. z. Kolonialforsch., 1, 111—128.

WALLACE, A. F. C. (ed.):
1960   — Men and Cultures. Philadelphia (With contributions of R. L. Beals; R. Firth, R. Heine-Geldern; W. S. Huang and Ho Lien-Kwei; etc.).

WALRAET, M.:
1959   — Le Centre de documentation économique et sociale africaine (CEDESA). Bull. Commiss. Belge Bibl., v. 3, no. 4, B. 45 à B. 48.

WARD, B. E.:
1958   — Recent Research on racial relations: East Africa. Int. Soc. Sci. Bull., 10, 3, 372—386.

WELTFISH, G.:
1962   — Some main trends in American anthropology. A. Amer. Acad. Polit. Soc. Sci., 339, Jan., 171—244.

WESTERMANN, D., and THURNWALD, R.:
1948   — The missionary and anthropological Research. Memorandum VIII.
(reprinted;   Int. Afr. Inst., London. Pp. 31.
1st ed.: 1932)

WHITELEY, W. H.:
1953   — The sentence and sociology. Conf. Paper EAISR. Pp. 7.

WHITING, J. W. M.:
1954   — The Cross-Cultural Method. "Handbook of Soc. Psychol.", ed. by G. Lindzey, Cambridge, Mass., v. I.

WILCOCKS, CH.:
1962   — Aspects of medical investigation in Africa. Oxford Univ. Press, London, New York. Pp. 120.

WILSON, GODFREY:
1940   — Anthropology as a Public Service. Africa, v. 13.

WILSON, MONICA:
1948   — Some Possibilities and Limitations of Anthropological Research. Inaugural Lecture at the Rhodes Univ. Coll., Rhodes Univ. Coll., Grahamstown. Pp. 20.

WINTER, E. H.:
1953   — Life histories as a research tool. Conf. Paper EAISR. Pp. 3.

WORTHINGTON, E. B.:
1956   — A survey of research and scientific services in East Africa, 1947 to 1956. E. Afr. High Commission, Nairobi. Pp. 79.

WRIGHT, A. C. A.:
1953   — Sociology in Sukumaland. Corona, 5, 3, Mar., 100—103.

WRIGLEY, C. C.:
 1954 — Economic Research Problems. Conf. Paper EAISR. Pp. 5.

YANG, HSIN-PAO:
 1960 — Factfinding with rural people: a guide to effective social survey.
(reprinted; FAO, Rome. Pp. X, 138.
1st ed.: 1955)

Bibliographie Nr. 4

Ausgewählte bibliographische Arbeiten, Bibliographien und Verzeichnisse.
Anhang zu den Kapiteln B, C, D und E.

A BIBLIOGRAPHY OF ...
1955   — A bibliography of African bibliographies covering territories
         south of the Sahara. South Afr. Public Library, Cape Town. Pp.
         VII 169.
1961   — idem. Pp. 79.

ADY, P.:
1960   — Inventory of economic studies concerning Africa South of the
         Sahara: an annotated reading list of books, articles and official
         publications. Commission for Technical Co-operation in Africa
         South of the Sahara, London. XI Pp. 301.

AFRICA LIBRARIES ...
1962   — Africa Libraries, Book Production and Archives: A List of
         references. Library of Congress. Pp. 64.

AFRICA SOUTH OF ...
1963   — Africa South of the Sahara: A Selected Annotated List of Writ-
         ings. Library of Congress.

AFRIKA- ...
1963   — Afrika-Bibliographie. Verzeichnis des wissenschaftlichen Schrift-
         tums in deutscher Sprache aus den Jahren 1960/1961, Deutsche
         Afrika-Gesellschaft, Kurt Schroeder, Bonn.

ALLOTT, A. N., et al.:
1961   — Bibliography of African law. Part I. East Africa. School Orient.
         Afr. Stud., London. Pp. 83.

BAKER, S. J. K.:
196 .   — Contributions on British East Africa and the Federation of Rho-
         desia and Nyasaland. Bibliogr. Géogr. Internat. 1949—1959.

BALANDIER, G.:
(1958/59 — s.: INTERNATIONAL BIBLIOGRAPHY ... (ed. by G. Balandier and
1959 a/60   J. F. M. Middleton).
1961)

BEAUCHENE, G. DE, et al.:
1959   — Bibliographie africaniste. J. Soc. African., 29, 2, 307—384.

BEIER, E.:
1960   — Afrika-Bücher aus den letzten Jahren. Neue Volksbildung, 11, 6,
         246—260.

BELTON, E. J.:
1961 — Directory of East African libraries. Makerere Coll. Library, Kampala. Pp. 76.

BIBLIOGRAPHIE ETHNOGRAPHIQUE ...
1963 — Bibliographie ethnographique de l'Afrique sud-saharienne 1961. Musée Royal de l'Afrique Centrale, Tervuren, Belgique. Pp. 454.

BIBLIOGRAPHIE INTERNATIONALE ...
1955 — Bibliographie internationale des arts et traditions populaires. Rédigé par R. Wildhaber et al. Annes 1950 et 1951 (avec suppléments d'années antérieures). Pp. XXXI + 666.

BIBLIOGRAPHY OF AFRICAN ...
1962 — Bibliography of African statistical publications. UNECA 4th Session, UNESCO.

BIBLIOGRAPHY OF ECONOMICS ...
1958 — Bibliography of economics in East Africa: Kenya, Tanganyika, Uganda and Zanzibar. E. Afr. High Commission Stat. Dept. Pp. 28.

BRANTSCHEN, A.:
1953 — Die ethnographische Literatur über den Ulanga-Distrikt. Acta Trop., 10, 2, 150—185, bibl.

BRIDGEMAN, J.:
196. — German Africa: A Bibliography.

BROSE, M.:
1891 — Repertorium der deutsch-kolonialen Literatur 1884 bis 1890. Verl. von Georg Winckelmann, Berlin.

CARTRY, M. (avec la collaboration de B. CHARLES):
1962 — L'Afrique au Sud du Sahara. Guide de recherches. Centre d'Étude des Relat. Internat., Paris. Pp. 85.

CEPOLLARO, A.:
1957 — Bollettino bibliografico africano. Africa, 12, 5, Sept.—Oct.: 143—148; 12. 6. Nov.—Dec.: 189—192.

COLLINS, R., and DUIGNAN, P. (eds.):
The US in Africa.
1962 — Part I.: Americans in Africa. A Preliminary Guide to Missionary Archives and Manuscript Collections.
1963 — Part II.: Guide to the National Archives African Related Materials (comp. by M. Rieger).
1963 a — Part III.: Guide to American Printed Materials on Africa (comp. by P. Duignan).

COMHAIRE, J. L. L.:
1952 — Urban conditions in Africa; select reading list on urban problems in Africa (comp. by J. L. L. C., new and rev. ed.). Publ. for the Inst. of Colonial Stud. by Oxford Univ. Press, London. Pp. 48.

CONOVER, H. F.:
1957 — Africa south of the Sahara. A selected, annoted list of writings, 1951—1956. US Library of Congress. General Reference and Bibliography Division, Washington. Pp. VII + 269.
(1960) — s.: OFFICIAL PUBLICATIONS ...
1961 — Serials for African Studies. Library of Congress. General Reference and Bibliography Division, Reference Department, Washington. Pp. VIII, 163.

Conséquences sociales ...
o. J.   — Conséquences sociales de l'industrialisation et problèmes urbains en
            Afrique. Bibliographie classifiée et commentée. Bull. Bur. Int. Rech.
            Impl. Soc. Progrès Techn. Pp. 77.

Couch, M.:
1962   — Education in Africa: a select bibliography. Part I: British and
            former British territories in Africa. Inst. of Education, Univ. of
            London. Pp. 121.

Dahlberg, R. E.:
1963   — An analysis and bibliography of recent African atlases: supplement
            one. Afr. Stud. Bull., 6, 2, May, 6—9.

Dethine, P.:
1961   — Aspects économiques et sociaux de l'industrialisation en Afrique.
            Enquêtes bibliographiques, VIII, CEDESA, Pp. IV 136.

Deutsche Dissertationen ...
1962   — Deutsche Dissertationen über Afrika. Ein Verzeichnis für die Jahre
            1918—1959. Deutsche Afrika-Gesellschaft e. V., Bonn.

Dissertations in ...
1959   — Dissertations in anthropology. Yb. Anthropol., 1, 55: 701—752
            (International bibliography 1870—1954).

Draft Bibliography ...
1961   — Draft Bibliography of African Statistical Publications. UNECA,
            E/CN. 14/65, 6. Jan.

Drake, H.:
1942   — A bibliography of African education south of the Sahara. Univ.
            Press, Aberdeen (Univ. of Aberdeen Anthropological Museum.
            Publication, no. 2). Pp. 97.

Duignan, P.:
1960   — The African collections at Stanford University. Afr. Stud. Bull., 3,
            4, Dec., 11—15.
            United States and Canadian Publications on Africa (ed. by P. D.).
            Library of Congress, Washington.
1962   — (publications in) 1960. Pp. 98.
1963   — (publications in) 1961. Pp. 114.
1964   — (publications in) 1962 (comp. by H. Sims). Pp. 103.
(1962/63/63a) — s.: Collins, R., and Duignan, P. (eds.).
(1963 a)   — s.: Collins, R., and Duignan, P. (eds.). Part III (comp. by P.
            Duignan).

... and Glazier, K. M.:
1963   — A Checklist of Serials for African Studies (based on the Libraries
            of the Hoover Institution and of Stanford University). Stanford
            Univ. Pp. 104.

External ...
1962/64   — External Research. Bureau of Intelligence and Research. List of
            recently completed studies, Fall 1962. Studies in Progress, Spring
            1963. Completed Studies, Fall 1963 — Winter 1964. USA Dept. of
            State, Washington.

FORDE, D. (ed.):
1956 — Selected annoted bibliography of Tropical Africa. Twentieth Century Fund, New York.

FREITAG, R. S.:
1963 — Agricultural Development Schemes in Sub-Saharan Africa. A Bibliography (compiled by R. S. F.). General Reference and Bibliography Division, Reference Dept., Library of Congress, Washington. Pp. 189.

GLAZIER, K. M.:
1963 — Recent reference works on Africa. Africana news letter (Stanford), 1, 4, 53—59.
(1963) — s.: DUIGNAN, P., and GLAZIER, K. M.

GUTKIND, A. E.:
(1958) — s.: WHITELEY, W. H., and GUTKIND, A. E.

HAMBLY, W. D.:
1937 — Source Book of African Anthropology. Chicago.
1952 — Bibliography of African Anthropology 1937—1949 (Supplement of Source Book of African Anthropology 1937). Chicago.

HAZLEWOOD, A. (comp.)
1959 — Economics of "underdeveloped" areas. An annotated reading list of books, articles and official publications. Oxford Univ. Press for Inst. of Commonwealth Studies, London. Pp. 147.

HEINTZ, P.:
1955 — Neuere Literatur zum Problem Persönlichkeit und Kultur. KZfSS 7, 3.
1956/57 — Neuere Literatur über Nationalcharaktere. KZfSS 8, 4.

HEYSE, T.:
1960 — Problèmes fonciers et régime des terres. Enquêtes bibliographiques, IV. CEDESA. Pp. 163.

HOLDSWORTH, M.:
1961 — Soviet African Studies 1918—1959. An annotated bibliography. Part I: General Functional Studies. Part II: Regional Studies. Oxford Univ. Press, London.

HOPKINS, J.:
1962 — Bibliographie des recherches psychologiques conduites en Afrique. Rev. Psychol. Appl., 12, 3, 201—213.

HUNGARIAN PUBLICATIONS ...
1963 — Hungarian publications on Asia and Africa 1950—1962; a selected bibliography. Akadémiai Kiadó, Budapest. Pp. 106 (Africa 93—97).

INTERNATIONAL BIBLIOGRAPHY ...
International Bibliography of Social and Cultural Anthropology, ed. by G. Balandier and J. F. M. Middleton. UNESCO, Paris.
1958 — v. I.: Works published in 1955. Pp. 259.
1959 — v. II.: Works published in 1956. Pp. 391.
1959 a — v. III.: Works published in 1957. Pp. 410.
1960 — v. IV.: Works published in 1958. Pp. 341.
1961 — v. V.: Works published in 1959. Pp. 443.
(Fortsetzung s.: "International Bibliography of the Social Sciences. Anthropology", ed. by J. Middleton.)

INTERNATIONAL BIBLIOGRAPHY ...

        International Bibliography of the Social Sciences. Anthropology ed. by J. Middleton (Fortsetzung von "International Bibliography of Social and Cultural Anthropology", ed. by G. Balandier and J. F. M. Middleton).

1962   — v. VI.: Works published in 1960. Pp. 378.
1963   — v. VII.: Works published in 1961. Pp. 254.
1963 a   — v. VIII.: Works published in 1962. Pp. 175.

INTERNATIONAL BIBLIOGRAPHY ...

1954   — International bibliography of sociology. UNESCO, Paris. Issued in "Current Sociology", 3, 2—3, 79—277. Pp. 198.
1955   — idem: 4, 2—3. Pp. 241.

INTERNATIONAL DIRECTORY ...

1961   — International directory of anthropological institutions. Curr. Anthrop., 2, 3, June, 286—298.

INTERNATIONAL DIRECTORY ...

196 .   — International Directory of Research Organizations and University Chairs in the field of African Studies (to be compiled by J. Tubiana). The Internat. Council for Philosophy and Humanistic Stud. and UNESCO.

INTERNATIONAL REPERTORY ...

1959   — International Repertory of Institutions conducting Population Studies. Reports and Papers in the Social Sciences, N. 11, UNESCO. Pp. 240.

INVENTORY OF ECONOMIC ...

1959   — Inventory of Economic Studies concerning Africa South of the Sahara. An annoted reading list of books, articles and official publications. Publication no. 30, Joint project no. 4 CCTA/CSA. Pp. 301.

ITALIAANDER, R.:

1962   — Africana. Selected bibliography of reading in African history and civilisation. Holland, Mich., Hope College 61. Pp. 103.

JONES, R.:

1960   — Africa bibliography series: East Africa (general, ethnography, sociology, linguistics — compiled by J. R.). Int. Afr. Inst., London. Pp. 62.

KERREMANS-RAMIOULLE, M. L.:

1959   — Le problème de la délinquance juvénile. Enquêtes bibliographiques, I, CEDESA. Pp. 63.

KLEIN, H.:

1951   — Afrika südlich der Sahara. Enthnologische Veröffentlichungen 1945 bis 1950. Paideuma, 5, 138—150.

LANDSKRON, W. A.:

1961   — Official serial publications relating to economic development in Africa South of the Sahara. A preliminary list of English language publications. Center for Internat. Stud. Massachusetts, Inst. of Technology, Cambridge, 44 feuillet.

LANGLANDS, B. W.:
1963 — Uganda bibliography, 1961—1962 (in continuation). UJ, 27, 2, Sept., 245—260.

LES ORGANISATIONS . . .
1961 — Les organisations internationales des sciences sociales (ed. revue et augmentée). Reports et Documents de Sciences Sociales, No. 13, UNESCO. Pp. 151.

LEWIN, P. E.:
1943 — Annoted Bibliography of Recent Publications on Africa South of the Sahara, with Special Reference to Administrative, Political, Economic and Sociological Problems. Roy. Empire Soc., London.

LEYDER, J.:
1960 — L'enseignement supérieur et la recherche scientifique en Afrique intertropicale. Enquêtes bibliographiques, II, CEDESA. Pp. 219.

LIEBENOW, J. G. (JR.):
(1954) — s.: YOUNG, R., and LIEBENOW, J. G. (JR.).

LIPS, E.:
1961 — The German Democratic Republic: anthropological and folcloristic institutions. Curr. Anthrop., 2, 1, Feb., 65—68.

LIST OF . . .
1959 — List of current periodical published wholly or partly in Swahili. Swahili 30, Dec., 79—86.

LITERATUR ÜBER . . .
1961/63 — Literatur über Entwicklungsländer. Schriftenreihe der Forschungsstelle der Friedrich-Ebert-Stiftung. Verl. f. Literatur und Zeitgeschehen, Hannover.

LOEWENTHAL, R.:
1960 — Russian materials on Africa: a selective bibliography. Islam, 37, 1—2, 128—152.

MATERIALSAMMLUNG . . .
1963 — Materialsammlung und Dokumentation über Entwicklungsländer und Entwicklungshilfe. Ein Verzeichnis deutscher Institutionen. Deutsche Stiftung für Entwicklungsländer, Berlin-Bonn. S. 76.

MEZGER, D., und LITTICH, E.:
1966 — Die neuere englische und amerikanische Wirtschaftsforschung in Ostafrika. IFO-Inst. f. Wirtsch.-Forsch., Afrika-Studienstelle, München.

MIDDLETON, J. F. M.:
(1958/59/59 a/60/61) — s.: INTERNATIONAL BIBLIOGRAPHY . . . (ed. by G. Balandier and J. F. M. Middleton)
(1962/63/63 a) — s.: INTERNATIONAL BIBLIOGRAPHY . . . (ed. by J. Middleton)

MONDOLFO, A.:
1948 — L'Africa dalle origini alla metà del secolo XIX: Mostra bibliografica. Bibliot. Nazionale Centrale, Firenze. Pp. 80.

MYLIUS, N.:
1952 — Afrika-Bibliographie 1943—1951. Wien.

NISHINO, T.:
1963 — Japanische Literatur über Afrika. Afrika Heute. 1. Dez., 276.

NUYENS, J.:
1961 — Le problème des routes en régions intertropicales. Enquêtes bibliographiques, VI, CEDESA. Pp. 133.

OFFICIAL PUBLICATIONS . . .
Official Publications of British East Africa. General Reference and
Bibliography Division, Library of Congress, Washington.
1960 — Part I.: The East African High Commission and other Regional
(reprinted: Documents. Comp. by H. F. Conover. Pp. 67.
1961)
1962 — Part II.: Tanganyika. Comp. by A. A. Walker. Pp. X 134.
1962 a — Part III.: Kenya and Zanzibar. Comp. by A. A. Walker. Pp. IX 162.
1963 — Part IV.: Uganda. Comp by A. A. Walker. Pp. VIII 100.

PANOFSKY, H. E.:
1961 — A bibliography of labor migration in Africa south of the Sahara.
Northwestern Univ. Library, Evanston. Pp. 28.
PERIODICALS OF . . .
1963 — Periodicals of Kenya, Tanganyika, Uganda and the Sudan. Bull.
Inf. Africana, v. 1, no. 4, Winter. Stanford Univ. 42—51.
PLISNIER-LADAME, F.:
1961 — La condition de l'Africaine en Afrique noire. Enquêtes bibliographiques, IX CEDESA. Pp. VII 241.
POLITICAL . . .
1963 — Political Behavior. A list of current studies. Bureau of Intelligence
and Research Dept. of State, USA, External Research Staff —
Spring.

REINING, C. C.:
1961 — American doctoral dissertation concerned with Africa. Afr. Stud.
Bull., v. 4, no. 1, 1—54.
1962 — A list of American Doctoral Dissertations on Africa. Library of
Congress, Washington. Pp. 69.
REPERTOIRE DES . . .
1963 — Repertoire des Principales Institutions s'intéréssant à l'Afrique
Noire. Inst. Afr. de Genève. Centre de Documentation de l'Inst.
Univ. de Hautes Études Internat., Genève, juillet.
RESEARCH ON . . .
1960 — Research on underdevelopment. Assessment and inventory of re-
search on economic, social and political problems of underdeveloped
areas. Annex II: Africa. External Research Division, Dept. of
State, Washington. Pp. 56.
RIEGER, M.:
(1963) — s.: COLLINS, R., and DUIGNAN, P. (eds.).
ROTH, W. J.:
1961 — The Wasukuma of Tanganyika: an annoted bibliography. Anthrop.
Quart., 34, 3, July, 158—163.
RUTHENBERG, H.:
1964 — Landwirtschaftliche Entwicklungspolitik in Tanganyika. Bibliographie S. 38 (mimeogr.). IFO-Inst. f. Wirtsch.-Forsch., Afrika-
Studienstelle, München.

254

SCHILLER, H.:
1961   — Afrika. Ein Kontinent verändert sein Antlitz. Bibliographie zur Unabhängigkeitsbewegung der afrikanischen Völker. Stadt- und Bezirksbibliothek. 61. Frankfurt/Oder. Pp. 132.

SCOLMA DIRECTORY . . .
1963   — (The) Scolma directory of libraries and special collections on Africa. Heffer, Cambridge. Pp. 101.

SHIELDS, J. J. (Jr.):
1962   — A selected bibliography on education in East Africa 1941—1961. Makerere Univ. Coll., Kampala. Pp. 39.

SELECT BIBLIOGRAPHY . . .
1957   — Select Bibliography on Co-operation. FAO, Rome. Pp. 84.

SMET, G.:
1960   — Bibliographie de la contribution à l'étude de la progression économique de l'Afrique. V, CEDESA. Pp. 217.

SOCIAL SCIENTISTS . . .
1963   — Social Scientists specializing in African Studies. Directory prepared by the Secretariat of UNESCO. Mouton & Co., Paris. Pp. 375.

SOVIET WRITING . . .
1963   — Soviet Writing on Africa 1959—1961. An annoted bibliography compiled by the Staff of the Central Asian Research Centre, Chatham House Memoranda, London.

SPOHR, O. H.:
1963   — Wissenschaft in Afrika. Südafrikanische Bibliographien der Afrikaforschung. Afrika Heute, 15, 12, S. 1.

TUBIANA, J.:
(196 .)   — s.: INTERNATIONAL DIRECTORY . . .

VERHAEGEN, P.:
1960   — Le problème de l'habitat rural en Afrique noire. Enquêtes bibliographiques, III, CEDESA. Pp. 73.
1962   — L'urbanisation de l'Afrique noire: son cadre, ses causes et ses conséquences économiques, sociales et culturelles. Enquêtes bibliographiques, IX, CEDESA. Pp. 388.

WALKER, A. A.:
(1962/62 a/63)   — s.: OFFICIAL PUBLICATIONS . . .

WHITELEY, W. H., and GUTKIND, A. E.:
1958   — A Linguistic Bibliography of East Africa. EAISR, Kampala.
(revised ed.)   Pp. 202.

WIESCHOFF, H. A.:
1948   — Anthropological bibliography of Negro Africa. Amer. Orient. Soc., Baltimore. Pp. XI 416.

WILDHABER, R.:
(1955)   — s.: BIBLIOGRAPHIE INTERNATIONALE . . .

WILSON, G. M.:
1961   — Bibliography of material on Kenya tribes (prepared by G. M. W. 1959). Appendix C to the "Report of a Survey of Problems of Child Welfare in Kenya". Govt. Printer, Kenya.

YOUNG, R., and LIEBENOW, J. G. (Jr.):
  1954   — Survey of Background material for the study of government of East Africa. Amer. Pol. Sci. Rev., 48, 1, Mar., 187—203.

ZEMPLENI, A.:
  1961   — Problèmes méthodologiques de l'entretien. Bibliographie commentée. Sondages, 23, no. 2.

Verzeichnis Nr. 1

Liste der in den Bibliographien vorkommenden Zeitschriften

Abgekürzter Titel	Titel	Erscheinungsort
A. Amer. Acad. Polit. Sci.	Annals of the American Academy of Political and Social Science	Philadelphia, Pa.
A. Assoc. Amer. Geogr.	Annals of the Association of American Geographers	Albany, N. Y.
Acta Ethnogr.	Acta Ethnographica	Budapest
Acta Trop.	Acta Tropica	Basel
Adm. Sci. Quart.	Administrative Science Quarterly	Ithaca, N. Y.
Adult Educ.	Adult Education	London
Advanc. of Sci.	Advancement of Science	London
Aequatoria	Aequatoria	Coquilhatville
Afr. Aff.	African Affairs	London
Afr.-Docum.	Afrique-Documents	Dakar
Afr. et Asie	Afrique et Asie	Paris
Africa	Africa (Journal of the International African Institute — Journal of the International Institute of African Languages and Cultures)	London
Africa, Madrid	Africa	Madrid
Africa, Roma	Africa	Roma
Africa-Tervuren	Africa-Tervuren (früher: Congo-Tervuren)	Tervuren
Afrika	s.: Neues Afrika	
Afrika – heute	Afrika — heute (Deutsche Afrika-Gesellschaft)	Bonn
Afrik. Etnogr. Sbornik	Afrikanskij Etnografičeskij Sbornik	Moskva
Afr. Inf.dienst	Afrika-Informationsdienst (Deutsche Afrika-Gesellschaft)	Bonn
Afr. South	Africa South	Cape Town
Afr. Stud.	African Studies (vor 1941: Bantu Studies)	Johannesburg
Afr. Stud. Bull.	African Studies Bulletin	New York
Afr. Stud. Univ. Witwatersrand	African Studies University of the Witwatersrand	Johannesburg
Afr. Today	Africa Today (American Committee on Africa)	New York
Afr. u. Übersee	Afrika und Übersee	Berlin
Afr. Wld.	African World	London
Afr. Women	African Women (nach 1963: Women Today)	London
Amer. Anthrop.	American Anthropologist	Menasha, Wisc.
Amer. Econ. Rev.	American Economic Review	Menasha, Wisc.
Amer. J. Econ. Sociol.	American Journal of Economics and Sociology	New York
Amer. J. Sociol.	American Journal of Sociology	Chicago

Abgekürzter Titel	Titel	Erscheinungsort
Amer. Pol. Sci. Rev.	American Political Sciences Revue	Menasha, Wisc.
Amer. Sociol. Rev.	American Sociological Review	New York
Annales	Annales	Paris
Ann. Later.	Annali Lateranensi	Roma
Anthropos	Anthropos	Freiburg
Anthrop. Quart.	Anthropological Quarterly	Washington, D. C.
Anthrop. Tomorrow	Anthropology Tomorrow	Chicago
Archiv Anthrop.	Archiv für Anthropologie	Braunschweig
Archiv Völkerk.	Archiv für Völkerkunde	Wien
Austral. Geographer	Australian Geographer	Sydney
Baessler-Archiv	Baessler-Archiv. Beiträge zur Völkerkunde	Berlin
Banker	Banker, The	London
Bantu	Bantu	Pretoria
Bantu Stud.	Bantu Studies (nach 1940: African Studies)	Johannesburg
Behavioral Sci.	Behavioral Science	Ann Arbor, Mich.
Beitr. z. Kolonial-forsch.	Beiträge zur Kolonialforschung	Berlin
Black Orpheus	Black Orpheus	Ibadan
Bol. Geral Ultramar	Boletim Geral do Ultramar	Lisboa
Bol. Soc. Est. Moçambique	Boletim da Sociedade de Estudos da Colónia de Moçambique	Lourenço Marques
Boston Univ. Grad. J.	Boston University Graduate Journal	Boston
Brit. J. Psychol.	British Journal of Psychology	London
Brit. J. Sociol.	British Journal of Sociology	London
Bull. Assoc. Ét. Probl. O.-Mer	Bulletin de l'Association pour l'Étude des Problèmes d'Outre-Mer	Paris
Bull. Bur. Int. Rech. Impl. Soc. Progr. Techn.	Bulletin du Bureau International de Recherche sur les Implications Sociales du Progrès Technique	Paris
Bull. Commiss. Belge Bibl.	Bulletin de la Commission Belge de Bibliographie	Bruxelles
Bull. Dept. Sociol., Tokyo Univ.	Bulletin of the Department of Sociology, Tokyo University	Tokyo
Bull. IFAN	Bulletin de l'Institut Français d'Afrique Noire	Dakar
Bull. Inst. Interafr. Travail	Bulletin de l'Institut Interafricain du Travail	Brazzaville
Bull. Inst. Rech. Écon. Soc., Univ. Louvain	Bulletin de l'Institut de Recherches Économiques, et Sociales de l'Université de Louvain	Louvain
Bull. Int. Committee Urgent Anthrop. Ethnol. Res.	Bulletin of the International Committee on Urgent Anthropological and Ethnological Research	Wien

Abgekürzter Titel	Titel	Erscheinungsort
Bull. Inter-Afr. Labour Inst.	Bulletin of the Inter-African Labour Institute	Brazzaville
Bull. Int. Sci. Soc.	Bulletin International des Sciences Sociales (UNESCO)	Paris
Bull. School Orient. Afr. Stud.	Bulletin of the School of Oriental and African Studies	London
Bull. Schweiz. Ges. Anthrop. Ethnol.	Bulletin der Schweizerischen Gesellschaft für Anthropologie und Ethnologie	Bern
Cah. Ét. Afr.	Cahiers d'Études Africaines	Paris
Cah. Int.	Cahiers Internationaux	Paris
Cah. Int. Sociol.	Cahiers Internationaux de Sociologie	Paris
Cah. ISEA	Cahiers de l'ISEA	Paris
Cah. O.-Mer	Cahiers d'Outre-Mer	Bordeaux
Cah. Sci. Appl.	Cahiers de Science Appliquée	Paris
Cah. Sociol. Écon.	Cahiers de Sociologie Économique	Le Havre
Cah. Tunisie	Cahiers de Tunisie, Les	Tunis
Cambridge Rev.	Cambridge Review	Cambridge
Canad. Geogr. J.	Canadia Geographical Journal	Ottawa
Canad. J. Econ. Polit. Sci.	Canadian Journal of Economics and Political Science	Toronto
Centr. Afr. J. Med.	Central African Journal of Medicine	Salisbury
Ceskoslov. Etnogr.	Ceskoslovenská Etnografie	Praha
Chron. Communauté	Chroniques de la Communauté	Paris
Civilisations	Civilisations	Bruxelles
Civiltà Catt.	Civiltà Cattolica	Roma
Coll. Sc. Fac. Droit, Univ. Liège	Collection Scientifique de la Faculté de Droit, Université Liège	Liège
Communauté et Continents	Communauté et Continents	Paris
Community Develop. Bull.	Community Development Bulletin	London
Commun. School Afr. Stud. Univ. Cape Town	Communications of the School of African Studies, University Cape Town	Cape Town
Comp. Stud. Soc. Hist.	Comparative Studies in Society and History	The Hague
Congo-Tervuren	s.: Africa-Tervuren	
Connaiss. du Monde	Connaissance du Monde	Paris
Contemp. Rev.	Contemporary Review	London
Contrib. Amer. Anthrop. Hist.	Contributions to American Anthropology and History	Washington, D. C.
Cornhill Magaz.	Cornhill Magazine	London
Corona	Corona	London
Courr. Centre Int. Enfance	Courrier du Centre International de l'Enfance	Paris

Abgekürzter Titel	Titel	Erscheinungsort
C. R. Acad. Sci. O.-M.	Comptes Rendus de l'Academie des Sciences d'Outre-Mer	Paris
Crane	Crane	Kampala
Crisis	Crisis	New York
Curr. Anthrop.	Current Anthropology	Chicago
Curr. Hist.	Current History	Philadelphia
Dével. et Civilis.	Développement et Civilisations	Paris
Diogène	Diogène	Paris
Discovery	Discovery	London
Dtsches Jb. Volksk.	Deutsches Jahrbuch für Volkskunde	Berlin
E. Afr. Agric. J.	East African Agricultural Journal	Amani
E. Afr. Annu.	East African Annual	Nairobi
E. Afr. Econ. Rev.	East African Economics Review, The	Nairobi
E. Afr. Econ. Stat. Bull.	East African Quarterly Economic and Statistical Bulletin	Nairobi
E. Afr. J.	East African Journal (East African Institute of Social and Cultural Affairs)	Nairobi
E. Afr. Local Stud.	East African Local Studies (East African Literature Bureau)	Nairobi
E. Afr. Med. J.	East African Medical Journal	Nairobi
E. Afr. Rhod.	East Africa and Rhodesia	London
East. Anthrop.	Eastern Anthropologist	Lucknow
EAZ	Ethnographisch-archäologische Zeitschrift	Berlin
Econ. Bull. Ghana	Economic Bulletin of Ghana	Legon
Econ. Develop. Cult. Change	Economic Development and Cultural Change	Chicago
Econ. Geogr.	Economic Geography	Worcester, Mass.
Econ. Hist. Rev.	Economic History Review	London
Economist, Haarlem	Economist, De	Haarlem
Econ. Stat. Rev.	Economic and Statistical Review (East African Statistical Department)	Nairobi
Econ. Stor.	Economia e storia	Roma
Éduc. Base Éduc. Adultes	Éducation de Base et Éducation des Adultes	Paris
Empire Cotton Grow. Rev.	Empire Cotton Growing Review	London
Empire J. Exper. Agric.	Empire Journal of Experimental Agriculture	Oxford
Encounter	Encounter	London
Endeavour	Endeavour	London
Enfance	Enfance	Paris
Eranos-Jb.	Eranos-Jahrbuch	Zürich
Erde	Erde	Berlin
Erdkunde	Erdkunde	Bonn

Abgekürzter Titel	Titel	Erscheinungsort
Essex Inst. Hist. Coll.	Essex Institute Historical Collections	Salem, Mass.
Ethnographia	Ethnographia	Budapest
Ethnologica	Ethnologica	Köln
Ethnol., Pittsburg	Ethnology	Pittsburg
Ethnos	Ethnos	Stockholm
Euntes Docente	Euntes Docente	Roma
E. W. Afr. Rev.	East and West African Review	London
Fam. d. Monde	Familles dans le Monde	Paris
Filosofia, Torino	Filosofia	Torino
Food Res. Inst. Stud.	Food Research Institute Studies	Stanford, Calif.
Geogr. Helvet.	Geographica Helvetica	Bern
Geogr. J.	Geographical Journal	London
Geogr. Magaz.	Geographical Magazine	London
Geogr. Rdsch.	Geographische Rundschau	Braunschweig
Geogr. Rev.	Geographical Review	New York
Health Educ. J.	Health Education Journal	London
Human Organiz.	Human Organization	New York
Hum. Probl. Brit. C. Afr.	Human Problems in British Central Africa (The Rhodes-Livingstone Institute Journal)	Lusaka
Hum. Relat.	Human Relations	London
India Quart.	India Quarterly	New Delhi
Ind. J. Soc. Res.	Indian Journal of Social Research	Ranchi
Ind. Labor Rel. Rev.	Industrial and Labor Relations Review	New York
Ind. Sociol.	Indian Sociologist	Indora
Int. Aff.	International Affairs	London
Int. Archiv. Ethnogr.	International Archives of Ethnography	Leiden
Inter-Afr. Lab. Inst. Bull.	Inter-African Labour Institute Bulletin	London/Bukavu
Internat. Conciliation	International Conciliation	New York
Internat. Genoss. Rdsch.	Internationale genossenschaftliche Rundschau (Internationaler Genossenschaftsbund IGB)	London
Int. J. Comp. Sociol.	International Journal of Comparative Sociology	Dharwar
Int. J. Sexol.	International Journal of Sexology, The	Bombay
Int. Labour Rev.	International Labour Review	Geneva
Int. Organiz.	International Organization	Boston
Int. Rev. Missions	International Review of Missions	London
Int. Soc. Sci. Bull.	International Social Science Bulletin (UNESCO)	Paris

Abgekürzter Titel	*Titel*	*Erscheinungsort*
Int. Soc. Sci. J.	International Social Science Journal (UNESCO)	Paris
Isis	Isis	Cambridge, Mass.
Islam	Islam	Berlin
J. Abnorm. Soc. Psychol.	Journal of Abnormal and Social Psychology	New York
J. Afr. Adm.	Journal of African Administration	London
J. Afr. Hist.	Journal of African History	London
J. Afr. Law	Journal of African Law	London
Japanese J. Ethnol.	Japanese Journal of Ethnology	Tokyo
J. Confl. Resol.	Journal of Conflict Resolution (University of Michigan)	Ann Arbor
J. E. Afr. Swahili Committee	Journal of the East African Swahili Committee	Arusha
J. Ecology	Journal of Ecology	Cambridge, Engl.
J. Econ. Hist.	Journal of Economic History	New York
J. Educ. Sociol.	Journal of Educational Sociology	New York
J. Hum. Relat.	Journal of Human Relations	Wilberforce, Ohio
J. Int. Inst. Afr. Lang. Cult.	s.: Africa	
J. Loc. Adm. Overseas	Journal of Local Administration Overseas	London
J. Marketing	Journal of Marketing	Chicago
J. Mental Sci.	Journal of Mental Science	London
J. Modern Afr. Stud.	Journal of Modern African Studies	London
J. Nat. Inst. Personnel Res.	Journal of the National Institute of Personnel Research	Johannesburg
J. Negro Educ.	Journal of Negro Education	Washington
J. Negro Hist.	Journal of Negro History	Washington
J. Nervous Mental Diseases	Journal of Nervous and Mental Diseases	New York
J. Psychol.	Journal of Psychology	Worcester, Mass.
J. Psychol. Norm. Pathol.	Journal de Psychologie Normale et Pathologique	Paris
J. Psychol. Res.	Journal of Psychological Research	Madras
J. Racial Aff.	Journal of Racial Affairs	Stellenbosch
J. Roy. Anthrop. Inst.	Journal of the Royal Anthropological Institute	London
J. Soc. African.	Journal de la Société des Africanistes	Paris
J. Soc. Issues	Journal of Social Issues	New York
J. Soc. Psychol.	Journal of Social Psychology	Provincetown, Mass.
J. Soc. Psychol., Johannesburg	Journal of Social Psychology	Johannesburg
J. Soc. Res.	Journal for Social Research	Pretoria
J. Trop. Geogr.	s.: Malayan J. Trop. Geogr.	
Kongo-overzee	Kongo-overzee	Antwerpen
Kratkije soobšč. Inst. Vostokoved.	Kratkije soobščenija Instituta Vostokovedenija	Moskva

262

Abgekürzter Titel	Titel	Erscheinungsort
Kroeber Anthrop. Soc. Pap.	Kroeber Anthropological Society Papers	Berkeley, Calif.
Kruis en Wereld	Kruis en Wereld	Diest
Kyklos	Kyklos	Bern
KZfSS	Kölner Zeitschrift für Soziologie und Sozialpsychologie	Köln
Leprosy Rev.	Leprosy Review	London
Listener	Listener	London
Makerere J.	Makerere Journal	Kampala
Malayan J. Trop. Geogr.	Malayan Journal of Tropical Geography (auch: Journal of Tropical Geography — University of Malaya)	Singapore
Man	Man	London
Manchester Guardian	Manchester Guardian	Manchester
Mankind	Mankind	Sydney
Mass. Educ. Bull.	Mass Education Bulletin	London
Méd. Trop.	Médecine Tropicale	Marseille
Mens en Mij	Mens en maatschappij	Amsterdam
Midwest J. Polit. Sci.	Midwest Journal of Political Science	Bloomigton, Ind.
Miss. Consolata	Missioni di Consolata	Torino
Missioni	Missioni	Verona
Mitt. Anthrop. Ges. Wien	Mitteilungen der Anthropologischen Gesellschaft zu Wien	Wien
Mitt. Inst. Auslands-beziehungen	Mitteilungen des Instituts für Auslandsbeziehungen	Stuttgart
Mitt. Inst. Orient-forsch.	Mitteilungen des Instituts für Orientforschung	Berlin
Mitt. Österr. Geogr. Ges.	Mitteilungen der Österreichischen geographischen Gesellschaft	Wien
Monde non chr.	Monde non chrétien	Paris
Nahdat Ifriqiyar	Nahdat Ifriqiyar	Cairo
Nahdatu Ifriquiah	s.: Nahdat Ifriqiyar	
Nar. Azii Afr.	Narody Azii i Afriki	Moskva
Natur. Hist.	Natural History	New York
Negro Hist. Bull.	Negro History Bulletin	Washington, D. C.
Nép. Közlem.	Néprajzi Közlemény	Budapest
Nép. Értesítő	Néprajzi Értesítő	Budapest
Neues Afr.	Neues Afrika (früher: Afrika — München)	Bonn
Neue Volksbildung	Neue Volksbildung	Wien
Notes Afr.	Notes Africaines (IFAN)	Dakar
Oceania	Oceania	Sydney
Offene Welt	Offene Welt	Köln

Abgekürzter Titel	*Titel*	*Erscheinungsort*
Opin. Publ.	Opinion Publique, L'	Paris
Optima	Optima	Johannesburg
Osteuropa	Osteuropa	Stuttgart
Oversea Educ.	Oversea Education	London
Paideuma	Paideuma	Frankfurt/Main
Panorama	Panorama	Washington
Petermann's Geogr. Mitt.	Petermann's geographische Mitteilungen	Gotha
Polit. Quart.	Political Quarterly	London
Polit. Sci. Quart.	Political Science Quarterly	New York
Polit. Stud.	Political Studies	Oxford
Popul. Stud.	Population Studies	London
Pract. Anthrop.	Practical Anthropology	Tarrytown, N. Y.
Présence Afr.	Présence africaine	Dakar
Probl. Vostokoved.	Problemy Vostokovedenija	Moskva
Proc. Minnesota Acad. Sci.	Proceedings of the Minnesota Academy of Science	Minneapolis
Progress	Progress	London
Psychologia Africana	Psychologia Africana	Johannesburg
Publ. Opin. Quart.	Public Opinion Quarterly	Princeton
Race	Race	London
Race Relat. J.	Race Relations Journal	Johannesburg
Rech. Afr.	Recherches Africaines	Conakry-Berlin
Rev. Deux Mondes	Revue des Deux Mondes	Paris
Rev. Econ. Stud.	Review of Economic Studies	London
Rev. Franç. Hist. O.-Mer	Revue Française d'Histoire d'Outre-Mer	Paris
Rev. Franç. Sociol.	Revue Française de Sociologie	Paris
Rev. Geogr. Amer.	Revista geográfica americana	Buenos Aires
Rev. Hist. Écon. Soc.	Revue de l'Histoire Économique et Sociale	Paris
Rev. Inst. Sociol. Bruxelles	Revue de l'Institut de Sociologie	Bruxelles
Rev. Inst. Sociol. Solvay	Revue de l'Institut de Sociologie Solvay	Bruxelles
Rev. Int. Sci. Soc.	Revue Internationale des Sciences Sociales	Paris
Rev. Int. Sociol.	Revista Internacional de Sociología	Madrid
Rev. Int. Trav.	Revue Internationale du Travail	Genève
Rev. Méd. Hygiène O.-Mer	Revue de médecine et d'hygiène d'outre-mer	Paris
Rev. Psychol. Appl.	Revue de Psychologie Appliquée	Paris
Rev. Psychol. Peuples	Revue de Psychologie des Peuples	Le Havre
Rev. Univ. Bruxelles	Revue de l'Université de Bruxelles	Bruxelles
Rhodesian Inst. Afr. Aff. Quart. B.	Rhodesian Institute of African Affairs Quarterly Bulletin	Bulawayo

Abgekürzter Titel	Titel	Erscheinungsort
Rhodes-Living-stone J.	Rhodes-Livingstone Journal, The	Manchester
Riv. Antropol.	Rivista di antropologia	Roma
Riv. Etnogr.	Rivista di etnografia	Napoli
Riv. Geogr. Ital.	Rivista geographica italiana	Firenze
Saeculum	Saeculum	Freiburg/Brsg.
S. Afr.	South Africa	London
S. Afr. Archaeol. Bull.	South African Archaeological Bulletin	Cape Town
S. Afr. J. Econ.	South African Journal of Economics	Johannesburg
S. Afr. J. Sci.	South African Journal of Science	Johannesburg
Schmollers Jb.	Schmollers Jahrbuch	Berlin
Sci. and Soc.	Science and Society	New York
Science	Science	Washington
Scient. American	Scientific American	New York
Scientia	Scientia	Milano
Soc. Econ. Stud.	Social and economic Studies	Mona, Jamaica
Sociol. J. Makerere	Sociological Journal Makerere, The	Kampala
Sociologus	Sociologus	Berlin
Sociol. Rev.	Sociological Review	Keele
Sociol. Soc. Res.	Sociology and Social Research	Los Angeles
Soc. Probl.	Social Problems	Washington, D. C.
Soc. Res.	Social Research	New York
Soc. Sci. Monogr.	Social Science Monographs	Washington, D. C.
Sondages	Sondages	Paris
Sov. Étnogr.	Sovetskaja Étnografija	Moskva
Sov. Pedag	Sovetskaja Pedagogika	Moskva
Studi Stor.	Studi storici	Roma
Sudan J. Vet. Sci. Anim. Husbandry	Sudan Journal of Veterinary Science and Animal Husbandry	Khartoum
Sudan Notes	Sudan Notes and Records	Khartoum
Sudan Soc.	Sudan Society	Khartoum
Sunday Times	Sunday Times	London
Swahili	Swahili	Arusha
S. W. J. Anthrop.	Southwestern Journal of Anthropology	Albuquerque, New Mex.
Synthèses	Synthèses	Bruxelles
SZ	Süddeutsche Zeitung	München
Tiers Monde	Tiers Monde	Paris
Times Brit. Colon. Rev.	Times British Colonies Review	London
T. K. Ned. Aardrij. Genootsch.	Tijdschrift van het Koninklijk Nederlandsch Aardrijkskundig Genootschap	Amsterdam
TNR	Tanganyika Notes and Records	Dar es Salaam
Trans. N. Y. Acad. Sci.	Transactions of the New York Academy of Sciences	New York

Abgekürzter Titel	Titel	Erscheinungsort
Trans. Papers. Inst. Brit. Geogr.	Transactions and Papers of the Institute of British Geographers	London
Tribus	Tribus	Stuttgart
Tropic. Agric.	Tropical Agriculture	Trinidad
Übersee Rdsch.	Übersee Rundschau	Hamburg
Uganda Argus	Uganda Argus	Kampala
UJ	Uganda Journal	Kampala
Universo	Universo	Firenze
Unsere Wirtsch.	Unsere Wirtschaft (Monatsheft der Industrie- und Handelskammer)	Düsseldorf
Venture	Venture	London
Verbraucher	Verbraucher, Der	Hamburg
Veröff. Mus. Völkerk. Leipzig	Veröffentlichungen des Museums für Völkerkunde zu Leipzig	Leipzig
Vestnik Ist. mir Kult.	Vestnik Istorii mirovoj kultury	Moskva
Vie Afr.	Vie africaine	Paris
W. Afr. J. Educ.	West African Journal of Education	London
W. Afr. Rev.	West African Review	London
Weltmission	Weltmission	München
Wiss. u. Weltbild	Wissenschaft und Weltbild	Wien
Wiss. Veröff. Dtschen Inst. Länderk.	Wissenschaftliche Veröffentlichungen des Deutschen Instituts für Länderkunde	Leipzig
Wiss. Z. Humboldt-Univ.	Wissenschaftliche Zeitschrift der Humboldt-Universität	Berlin
Wiss. Z. Univ. Berlin	Wissenschaftliche Zeitschrift der Universität Berlin	Berlin
Wiss. Z. Univ. Leipzig	Wissenschaftliche Zeitschrift der Universität Leipzig	Leipzig
Wld. Aff.	World Affairs	Washington
Wld. Polit.	World Politics	New York
Wld. Today	World Today	London
Women Today	Women Today (vor 1964: African Women)	London
W. Polit. Quart.	Western Political Quarterly	Utah
Yale Econ. Essays	Yale Economic Essays	Yale
Zaïre	Zaïre	Louvain
Z. Agrargesch. u. Agrarsoziol.	Zeitschrift für Agrargeschichte und Agrarsoziologie	Frankfurt/M.
Z. Ethnol.	Zeitschrift für Ethnologie	Braunschweig
Z. Gesch.-Wiss.	Zeitschrift für Geschichtswissenschaft	Berlin
Z. Kolon.-Sprachen	Zeitschrift für Kolonialsprachen	Hamburg/Berlin

266

Abgekürzter Titel	Titel	Erscheinungsort
Z. Miss. u. Religionswiss.	Zeitschrift für Missions- und Religionswissenschaft	Münster
Z. Vergl. Rechtswiss.	Zeitschrift für vergleichende Rechtswissenschaft	Stuttgart
Z. Volksk.	Zeitschrift für Volkskunde	Stuttgart
Z. Wirtsch.-Geogr.	Zeitschrift für Wirtschaftsgeographie	Hagen/Deutschland

Verzeichnis Nr. 2

Liste der in Kenya, Tanganyika-Sansibar und Uganda lebenden Stämme (zusammengestellt von L. Vajda)

Anhang zu den Kapiteln C und D

Vermerke zur Liste

Die Angaben über die Seelenzahl der Stämme sind — wenn keine Jahreszahl angegeben ist — aus dem Jahr 1948.

Die Angaben über die Verbreitung der Stämme (nach Distrikten) beziehen sich im allgemeinen nur auf das Stammesgebiet. Die Städte als Ballungszentren und die räumliche Streuung von Wanderarbeitern, „Kolonien"-Gründern u. dgl. sind nicht berücksichtigt.

[1] nach der Seelenzahl bedeutet: Die in Portugiesisch-Ostafrika lebenden Stammesteile sind nicht mit einbegriffen.

[2] nach der Seelenzahl bedeutet: Die in Malawi (Nyasaland) bzw. Zambia (N-Rhodesien) lebenden Stammesteile sind nicht mit einbegriffen.

[3] nach der Seelenzahl bedeutet: Die im Kongo lebenden Stammesteile sind nicht mit einbegriffen.

[4] nach der Seelenzahl bedeutet: Die im Sudan lebenden Stammesteile sind nicht mit einbegriffen.

Stammesname	Land	Distrikt	Seelen-zahl	Kapitel
Abdalla s. Somali				
Abdwale s. Somali				
ACHOLI	U	Acholi	209 000	C. II. 2
Aikipiak				
s. Masai/Aikipiak				
Ais s. Galla				
Ajie s. Jie				
Ajuran s. Somali				
Akokolemu s. Kumam				
Akum s. Kumam				
Alagwa s. Alawa				
ALAWA	T	Kondoa	13 000	C. II. 8.
ALUR	U	West Nile	81 000 [3]	C. II. 2.
Amakuani s. Makua				
AMBA (einschl. BWIZI)	U	Toro	30 000	C. I. 6.
Amu s. Swahili/Amu				
Angoni s. Ngoni				
Ankole s. Nkole				
Araber s. Swahili				
Aramanik s. Dorobo				
Ariangulo				
s. Nyika/Restgruppen				
ARUSA (am Meru-Berg)	T	Arusha	52 000	C. II. 6.
Arush s. Arusa				

268

Stammesname	Land	Distrikt	Seelen-zahl	Kapitel
Arusha (am Meru-Berg) s. Arusa				
Arusha Chini s. Kuma				
Asa s. Dorobo				
Asi s. Alawa				
Asu s. Pare				
Auidi s. Madi				
Aulihan s. Somali				
Bahu s. Madi				
Bajoon s. Swahili/Bajuni				
Bajuni s. Swahili/Bajuni				
Bajut s. Datoga				
Bamia s. Teso				
Banda s. Wanda				
Bangala s. Luguru				
Bangara s. Luguru				
Banyarwanda s. Rwanda				
Barabaig s. Datoga				
Baragui s. Baraguyu				
BARAGUYU	T	Bagamoyo, Dodoma, Handeni, Iringa, Kilosa, Kondoa, Mpwapwa; Pare	15 000 (1957)	C. II. 6.
Barareta s. Galla				
Basi s. Kuria				
Bassi s. Gusii				
Bayuda s. Datoga				
Bayuta s. Datoga				
BENA	T	Iringa, Njombe, Songea, Ulanga,	159 000	C. I. 10.
BENDE	T	Mpanda	9 000	
Bfokomo s. Pokomo				
Bianjit s. Datoga				
Biluana s. Nyamwezi				
Bindi s. Toro				
Birwana s. Nyamwezi				
Bokomu s. Pokomo				
BONDEI	T	Pangani, Tanga	30 000	C. I. 15.
Bon(i) s. Nyika/Restgruppen				
Bo'ok s. Kony (einschl. Pok)				
Boondei s. Bondei				
Boran s. Galla				
Borana s. Galla				
Brariga s. Datoga				
Bugusu s. Luyia/Bugusu				
Bukusu s. Luyia/Bugusu				

Stammesname	Land	Distrikt	Seelen-zahl	Kapitel
Bulega s. Alur				
Bulibuli s. Amba				
Bumbiro s. Haya				
Bunduguli s. Nyakyusa				
Bunga s. Mbunga				
Bungu (östlich des Rukwa-Sees) s. Wungu				
Burabule s. Amba				
Buradik s. Datoga				
Burana s. Galla				
Burkeneji s. Samburu				
BURUNGI	T	Kondoa	10 000	C. II. 8.
Buu s. Pokomo				
Buwe s. Mbugwe				
Bwanji s. Wanji				
Bwanyi s. Pangwa				
Bwezi s. Amba				
Bwirwana s. Nyamwezi				
Bwizi s. Amba				
Bwyo s. Mbugu				
Caga s. Chaga				
CHAGA (einschl. NGASA)	T	Moshi	237 000	C. I. 16.
Chagga s. Chaga				
Chemnal s. Nandi				
Chemngal s. Nandi				
Chemwal s. Nandi				
Chemwel s. Nandi				
Chepbleng s. Pokot				
Chiga s. Kiga				
Chigga s. Kiga				
Chinga s. Machinga				
Chingani s. Segeju				
Chobo s. Ngindo				
Chonyi s. Nyika/Chonyi				
Chopi s. Palwo				
Chuka s. Meru/Chuka				
Churunga s. Toro				
Dabida s. Taita				
Dafeta s. Taveta				
Dahalo s. Nyika/Rest-gruppen				
Daichu s. Segeju				
Daiso s. Segeju				
Dakama s. Nyamwezi				
Dama s. Padhola				

Stammesname	Land	Distrikt	Seelen-zahl	Kapitel
Daragwajek s. Datoga				
Datog s. Datoga				
DATOGA	T	Mbulu, Musoma, Nzega, Shinyanga, Singida	20 000	C. II. 5.
Degere s. Nyika/Rest-gruppen				
Deruma s. Nyika/Duruma				
Didagal s. Galla				
Digo s. Nyika/Digo				
Digodia s. Somali				
Dirigo s. Baraguyu				
Dodos s. Dodoth				
Dongwe s. Hehe				
Dodoso s. Dodoth				
DODOTH	U	Karamoja	20 000	C. II. 4.
DOE	T	Bagamoyo	8 000	C. I. 14.
Dogliani s. Masai/Kaputie				
DOROBO	K	Baringo, Elgeyo-Marakwet, Kajiado, Laikipia, Naivasha, Nakuru, Nandi, Nanyuki, Narok, Uasin Gishu	ca. 5 000	C. II. 5.
	T	Masai		
Doroma s. Nyika/Duruma				
Dororajek s. Datoga				
Duli s. Nyoro				
Dum s. Teso				
Dunda s. Vidunda				
Duruma s. Nyika/Duruma				
Dzihana s. Nyika/Jibana				
Dzomba s. Swahili/Jomba				
Elburgon s. Masai/Kinopop				
ELGEYO	K	Baringo, Elgeyo-Marakwet	40 000	
Elgony s. Kony				
Elgumi s. Teso				
Elkony s. Kony				
Elmarau s. Ikoma				
Elmolo s. Samburu				
Elmosiro s. Dorobo				
Eloigob s. Baraguyu				

Stammesname	Land	Distrikt	Seelen-zahl	Kapitel

Eltoroto s. Mbugwe
Elwana s. Pokomo
Emberre s. Mbere
EMBU
Emezi s. Nyika/Rest-
   gruppen
Endagaba s. Haya
Endegere s. Nyika/Rest-
   gruppen
Endo s. Pokot
Engatana s. Pokomo
Enjamusi s. Njemps
Enjemusi s. Njemps
Erok s. Iraqw
	K	Embu	66 000	C. I. 17.

Fafoyo s. Luyia/Fafoyo Fagellu s. Pajulu Fajellu s. Pajulu Fajulu s. Pajulu Fatjulu s. Pajulu Fiome s. Gorowa FIPA (einschl. KWA, KULWE) Fiti s. Ngoni Fungo s. Kinga Fyoma s. Sumbwa	T	Ufipa	78 000	C. I. 9.

Gabba s. Geleba
Gabbra s. Galla
   (einschl. Gabra)
Gabra s. Galla
Gabu s. Toro
Gala (in Kenya) s. Galla
Gala (in Tanganyika)
   s. Nyamwezi
Galaganza s. Nyamwezi
Galeb s. Geleba
Galebi s. Geleba
Galep s. Geleba
GALLA (einschl.
   SAKUYE, GABRA und
   andere Vasallen-
   Stämme)
Gallab s. Geleba
	K	Kilifi, Northern
		Frontier, Tana River
			30 000 [1]	C. II. 7.

[1] Nur die in Kenya lebenden Stammesteile. Der größte Teil der Galla wohnt in Äthiopien und Somaliland.

Stammesname	Land	Distrikt	Seelen-zahl	Kapitel
Galleba s. Geleba				
Gallopa s. Geleba				
Galubba s. Geleba				
GANDA	U	Masaka, Mengo, Mubende	840 000	C. I. 5.
Gang s. Acholi				
Gangaizi s. Toro				
Garaganza s. Nyamwezi				
Gaya s. Luo				
Gekuyu s. Kikuyu				
Gelab s. Geleba				
Gelaba s. Geleba				
GELEBA	K	Northern Frontier	In Kenya wenige Tausende [1]	
Gelef s. Geleba				
Gellab s. Geleba				
Gellaba s. Geleba				
Gelleb s. Geleba				
Gelubba s. Geleba				
Gerra s. Somali				
Geshu s. Gisu				
Gesu s. Gisu				
Getutu s. Gusii				
Ghaemo s. Luguru				
Ghamba s. KUTU				
Ghekoyo s. Kikuyu				
Ghelebba s. Geleba				
Ghumbiek s. Datoga				
Gichugu s. Kikuyu/Kichugu				
Gikuyu s. Kikuyu				
Girango s. Kuria				
Giriama s. Nyika/Giryama				
Giryama s. Nyika/Giryama				
Gisamajenk s. Datoga				
Gishu s. Gisu				
GISU (einschl. LEGENYI)	U	Bugisu	244 000	C. I. 4.
Gitara s. Nyoro				
Gitwara s. Nyoro				
Gizii s. Gusii				
GOGO (einschl. NGOMWIA)	T	Dodoma, Manyoni, Mpwapwa	285 000	C. I. 1.
Goliba s. Geleba				
Gongo s. Hehe				

[1] Der größte Teil des Stammes wohnt auf äthiopischem bzw. sudanischem Gebiet.

Stammesname	Land	Distrikt	Seelen-zahl	Kapitel
Gonja s. Nyika/Digo				
Gonja s. Pare				
Goroa s. Gorowa				
GOROWA	T	Mbulu	18 000	C. II. 8.
Guas Ngishu s. Masai/ Wuasin-Kishu				
Guluha s. Safwa				
Gunga s. Kutu				
Gunya s. Swahili/Bajuni				
Guruka s. Safwa				
GUSII	K	Kericho, South Nyanza	238 000	C .I. 3.
Gwaki s. Toro				
Gwangwara s. Ngoni				
Gwano s. Pokomo				
GWE (in Uganda)	U	Bukedi	21 000	C. I. 4.
Gwe (in Tanganyika) s. Sukuma				
GWENO	T	Pare	14 000	C. I. 16.
GWERE	U	Bukedi	83 000	C. I. 4.
Gweri s. Gwere				
Gwunno s. Gweno				
HA (einschl. JIJI)	T	Biharamulo, Kasulu, Kibondo, Kigoma	300 000	C. I. 7.
Hadimu s. Swahili/Hadimu				
Hadza s. Hadzapi				
HADZAPI	T	Maswa, Mbulu	unter Tausend	C. II. 8.
Hafiwua s. Hehe				
Hamba (westlich des Viktoria-Sees) s. Haya				
Hamba (nördlich des Mbwemkuru-Flusses) s. Ngindo				
Hamba (südlich des Mbwemkuru-Flusses) s. Mwera 1				
Hamis s. Galla				
Handa s. Wanda				
Hanga s. Luyia/Wanga				
Hangaza s. Rundi/Hangaza				
Hatsa s. Hadzapi				
HAYA	T	Biharamulo, Bukoba, Karagwe	326 000 (1957)	C. I. 7.
Hayo s. Luyia/Hayo				

Stammesname	Land	Distrikt	Seelen-zahl	Kapitel
HEHE (einschl. KOSIS-HAMBA, ZUNGWA)	T	Iringa, Mbeya	192 000	C. I. 10.
Heia s. Haya				
Hendagabo s. Haya				
Hi s. Hadzapi				
Hiao s. Yao				
Hindagawo s. Haya				
Holo s. Luyia/Holo				
HOLOHOLO	T	Kigoma, Mpanda	5 000	
Hororo s. Nkole				
Humba s. Baraguyu				
Hunyaga s. Kuria				
Iambi s. Iramba				
Idakho s. Luyia/Idakho				
Idaxo s. Luyia/Idakho				
Igembe s. Meru/Igembe				
Igoji s. Meru/Igoji				
Ihangiro s. Haya				
Ihanju s. Isanzu				
Ihanzu s. Isanzu				
Ikemba s. Ngindo				
IKIZU	T	Musoma	9 000	
Ikokolemu s. Kumam				
IKOMA (einschl. ISSENYE und NATA)	T	Musoma	10 000	
Ikuyu s. Kikuyu				
Il-Arusa s. Arusa				
Ilamba s. Iramba				
Ilangi s. Rangi				
Il-Oikop s. Baraguyu				
Imbo s. Luo				
Imenti s. Meru/Imenti				
Inamwanga s. Nyamwanga				
Indigiri s. Nyika/Restgruppen				
Ingoratok s. Teso				
Injamusi s. Njemps				
Inyamwanga s. Nyamwanga				
Iraku s. Iraqw				
IRAMBA (einschl. IAMBI)	T	Iramba	172 000	C. I. 1.
Irangi s. Rangi				
IRAQW	T	Mbulu	103 000	C .II. 8.
Iregi s. Kuria				
ISANZU	T	Iramba	12 000	C. I. 1.

Stammesname	Land	Distrikt	Seelen-zahl	Kapitel
Iseera s. Teso				
Iseimajek s. Datoga				
Isenye s. Ikoma				
Isiria s. Masai/Loitai				
Issenye s. Ikoma				
Isukha s. Luyia/Isukha				
Isuxa s. Luyia/Isukha				
Itakho s. Luyia/Idakho				
Itesio s. Teso				
Iteso s. Teso				
Itumba s. Sagara				
Itumbi s. Sagara				
Iwa s. Nyamwanga				
Iwoporom s. Teso				
Iyambi s. Iramba				
Jaga s. Chaga				
Jaluo s. Luo				
Jaruo s. Luo				
Jibana s. Nyika/Jibana				
JIE	U	Karamoja	18 000 [4]	C. II. 4.
Jiji s. Ha				
Jiriama s. Nyika/Giryama				
JITA (einschl. RURI, KWAYA)	T	Musoma, Ukerewe	106 000	
Jiye s. Jie				
Jogni s. Nyika/Chonyi				
Jomba s. Swahili/Jomba				
Jombo s. Nyika/Digo				
JONAM	U	West Nile	16 000	
Jopadhola s. Padhola				
Jopaluo s. Palwo				
Jopawir s. Palwo				
Junza s. Pokomo				
Kabarasi s. Luyia/Kabras				
Kabras s. Luyia/Kabras				
Kagura s. Kaguru				
KAGURU (einschl. KINONGO)	T	Kilosa, Kisarawe, Mpwapwa	63 000	C. I. 14.
KAHE	T	Moshi	2 000	C. I. 16.
Kakalelwa s. Luyia/Kakalelwa				
Kakamega s. Luyia/Isukha				

Stammesname	Land	Distrikt	Seelen-zahl	Kapitel
Kakua s. Kakwa				
Kakuak s. Kakwa				
Kakumega s. Luyia/Isukha				
KAKWA	U	West Nile	19 000	
Kakwak s. Kakwa				
Kala s. Galla				
Kala s. Haya				
Kalindi (im Ungulu-Gebirge) s. Kilindi				
Kalindi (am Tana-Fluß) s. Pokomo				
Kamasia s. Tuken				
Kamasya s. Tuken				
KAMBA	K	Machakos, Kitui	663 000	C. I. 17.
	T	Kilosa		
Kambe s. Nyika/Kambe				
Kamega s. Luyia/Isukha				
Kami s. Luguru				
Kamias s. Tugen				
Kamiaas s. Tuken				
KANGARA	T	Ukerewe	einige Familien	
Kangeju s. Hadzapi				
Kapiti s. Masai/Kaputie				
Kaputie s. Masai/Kaputie				
Kapte s. Masai/Kaputie				
Kara s. Shashi				
KARAMOJONG	U	Karamoja	55 000	C. II. 4.
Karimojong s. Karamojong				
Karura s. Kikuyu				
Kauma s. Nyika/Kauma				
Kavirondo-Bantu s. Luyia				
Kavirondo-Niloten s. Luo				
Kawende s. Bende				
Kazingo s. Toro				
Kene s. Soga				
Kengi s. Nyika/Restgruppen				
Kenye (am Viktoria-See) s. Kuria				
Kenyi s. Soga				
Kerebe s. Kerewe				
KEREWE	T	Ukerewe	35 000	C. I. 2.

Stammesname	Land	Distrikt	Seelen-zahl	Kapitel
Kesi s. Kisi				
Keyo s. Elgeyo				
Khayo s. Luyia/Hayo				
Khutu s. Kutu				
Kia s. Nyamwezi				
Kichugu s.				
Kikuyu/Kichugu				
KIGA	U	Ankole, Kigezi,	320 000 (1959)	C. I. 6.
Kihawa s. Nyakyusa				
Kihuiro s. Pare				
Kiko s. Nyahoza				
KIKUYU:				
Kikuyu i. e. S.	K	Fort Hall, Kiambu Machakos, Naivasha, Nakuru, Nyeri, Thika	1 010 000	C. I. 17.
Ndia	K	Embu	67 000	
Kichugu	K	Embu	43 000	
KILINDI	T	Handeni	20 000	C .I. 15.
Kilindini s.				
Swahili/Mvita				
Kilio s. Segeju				
Kimbili s. Nyahoza				
KIMBU (einschl. YANZI)	T	Chunya, Manyoni	15 000	
Kinakomba s. Pokomo				
Kinangop s.				
Masai/Kinopop				
Kindiga s. Hadzapi				
KINGA (einschl. MAHASI)	T	Njombe	61 000	C. I. 10.
Kinongo s. Kaguru				
Kinopop s.				
Masai/Kinopop				
KIPSIGIS	K	Naivasha, Nakuru, Narok	160 000	C. II. 5.
Kipsiki s. Kipsigis				
Kipsikiek s. Kipsigis				
Kipsikis s. Kipsigis				
Kira s. Kuria				
Kirau s. Segeju				
Kire s. Fipa				
Kiriama s.				
Nyika/Giryama				
Kiroba s. Kuria				
Kisa s. Luyia/Kisa				
Kisankasa s. Dorobo				
KISI	T	Njombe, Rungwe	6 000	C. I. 10.
Kisii (in Kenya) s. Gusii				
Kisii (am Nyasa-See) s. Kisi				

Stammesname	Land	Distrikt	Seelen-zahl	Kapitel
Kisingiri s. Gusii				
Kisiwani s. Pare				
Kisongo s. Masai/Kisonko				
Kisonko s. Masai/Kisonko				
Kitara s. Nyoro				
Kitosh s. Luyia/Bugusu				
Kitwara s. Nyoro				
Kivinga s. Nyakyusa				
Kiya s. Nyamwezi				
Kizu s. Ikizu				
Kofia s. Galla				
Kokawa s. Galla				
Koki s. Ganda				
Koma s. Ikoma				
Konde s. Nyakyusa				
Kondoa s. Sagara				
KONJO	U	Toro	107 000 (1959)	C. I. 6.
KONONGO	T	Mpanda	20 000	
KONY (einschl. POK)	K	Elgon Nyanza	4 000	
Konzo s. Konjo				
Korokoro s. Pokomo				
Korovera s. Makua				
Kosishamba s. Hehe				
Kosova s. Suba				
Koyonjo s. Kony				
Kukatta s. Galla				
KUKU	U	West Nile	1 000 [4]	
Kukwe s. Nyakyusa				
Kulia s. Kuria				
Kuluwe s. Fipa				
Kulwe s. Fipa				
KUMA	T	Moshi	2 000	C. I. 16.
KUMAM	U	Teso, Lango	56 000	C. II. 4.
Kumama s. Kumam				
Kumega s. Luyia/Isukha				
Kunta s. Nkole				
KURIA (einschl. GIRANGO, SIMBITI)	K T	Narok, South Nyanza Musoma, North Mara	95 000	C. I. 3.
Kurwe s. Fipa				
KUTU (einschl. GUNGA, LELENGWE, NGHAMBA)	T	Morogoro	18 000	C. I. 14.
Kwa s. Fipa				
Kwafi s. Baraguyu				
Kwavi s. Baraguyu				

Stammesname	Land	Distrikt	Seelen-zahl	Kapitel
Kwaya s. Jita				
Kwenyi s. Sagara				
KWERE	T	Bagamoyo, Morogoro	34 000	C. I. 14.
KWIVA	T	Kilosa	5 000	
Kyiga s. Gisu				
Labur s. Labwor				
LABWOR	U	Karamoja	5 000	C. II.
LAGO	K	Elgon Nyanza	1 000	
Laikipya s. Masai/Aikipiak				
Lakkara s. Lugbara				
Lako s. Kony (einschl. Pok)				
Lale s. Akum				
Lambia s. Nyiha				
Lambya s. Nyiha				
Langi s. Rangi				
LANGO (der Lwo-Gruppe)	U	Lango	265 000	C. II. 2.
Lango (zwischen den nördlichen Armen des Kyoga-Sees) s. Kumam				
Langulo s. Nyika/Restgruppen				
Laramanik s. Dorobo				
Larusa s. Arusa				
Legenyi s. Gisu				
Legi s. Shashi (einschl. Kara)				
Lelengwe s. KUTU				
Lemi s. Rimi				
LENDU	U	West Nile	einige Tausende [3]	
Lereshiat s. Geleba				
Leukop s. Baraguyu				
Lihuhu s. Ngoni				
Limi s. Rimi				
Logbara s. Lugbara				
Logoli s. Luyia/Logoli				
Loguari s. Lugbara				
Loikop s. Baraguyu				
Loitai s. Masai/Loitai				
Lokoma s. Nyika/Duruma				
Longo s. Rongo				

Stammesname	Land	Distrikt	Seelen-zahl	Kapitel
Luaguara s. Lugbara				
Lubara s. Lugbara				
LUGBARA	U	West Nile	183 000 [3]	C. II. 1.
Lugbware s. Lugbara				
Lugori s. Lugbara				
Lugulu s. Nyakyusa				
LUGURU (einschl. KAMI, PONDA, PHANGARA, GHAEMO, MGERA)	T	Morogoro	180 000 (1957)	C. I. 14.
Lugwaret s. Lugbara				
Lugwari s. Lugbara				
Luhyia s. Luyia				
Lumbwa (im Distrikt Nakuru) s. Kipsigis				
Lumbwa (in Tanganyika) s. Baraguyu				
Lumpua s. Baraguyu				
Lungo s. Nyika/Digo				
Lungu s. Rungu				
Lungwa s. Rungwa				
LUO	K	Central Nyanza, Kericho, South Nyanza,	810 000	C. II. 3.
	T	Musoma, North Mara		
Luva s. Nyika/Digo				
Luvi s. Jita				
Luwo s. Luo				
Lwana s. Nyamwezi				
Lwo s. Luo				
LUYIA				C. I. 4.
Samia	K	Central Nyanza	56 000	
	U	Bukedi		
Bugusu, Tadjoni, Hayo, Fafoyo	K	Elgon Nyanza		
Kakalelwa, Kabras	K	Elgon Nyanza, North Nyanza	654 000	
Idakho, Isukha Kisa, Logoli, Marama, Nyore, Tiriki, Tsotso, Wanga (einschl. Mukulu)	K	North Nyanza		
Holo	K	Central Nyanza		
Maa s. Mbugu				
Maasai s. Masai				
Maathi s. Mbugu				
MACHINGA (einschl. SONGO)	T	Kilwa, Lindi	15 000	

Stammesname	Land	Distrikt	Seelen-zahl	Kapitel
Machoga s. Gusii				
Machonde s. Ngoni				
MADI	U	Acholi, West Nile	63 000 [4]	C. II. 1.
Mafiti s. Ngoni				
Magama s. Kinga				
Magingo s. Ngindo				
Magwangwara s. Ngoni				
Mahasi s. Kinga				
Majita s. Jita				
Makenera s. Hehe				
MAKONDE (einschl. MAWIA-Einwanderer)	T	Lindi, Masasi, Mtwara, Newala	280 000 [1]	C. I. 12.
MAKUA	T	Masasi, Nachingwea, Tunduru	96 000 [1]	C. I. 12.
Malachini s. Pokomo				
Malakote s. Pokomo				
Malalulu s. Pokomo				
Malankote s. Pokomo				
Malila s. Nyiha				
MAMBWE	T	Ufipa	16 000 [2]	C. I. 9.
Manganya s. Wanyasa				
Mangati s. Datoga				
Mangat'k s. Datoga				
Marach s. Luyia/Fafoyo				
Maragoli s. Luyia/Logoli				
Maragwet s. Pokot				
Marakwet s. Pokot				
Marama s. Luyia/Marama				
Marrach s. Luyia/Fafoyo				
Masaba s. Gisu				
MASAI				C. II. 6.
Aikipiak, Wuasin-Kishu, Kinopop, Kaputie, Loitai	K	Kajiado, Naivasha, Nakuru, Narok, Uasin Gishu	67 000	
Kisonko	T	Handeni, Kondoa, Masai, Moshi	56 000	
Masitu s. Ngoni				
MATAMBWE	T	Masasi, Mtwara, Newala, Tunduru	20 000	
MATENGO (einschl. NINDI)	T	Songea	59 000 [1]	C. I. 12.
MATUMBI	T	Kilwa	42 000	C. I. 13.
Maviha s. Makonde				
Mawanda s. Rufiji				
Mawemba s. Pangwa				
Mawia s. Makonde				
Mawindi s. Ngoni				

Stammesname	Land	Distrikt	Seelen-zahl	Kapitel
Mbai s. Sebei				
Mbarawui s. Baraguyu				
Mbee s. Mbere				
Mbei s. Sebei				
MBERE	K	Embu	30 000	
Mbiro s. Haya				
Mbokomu 1. s. Nyika/Digo				
Mbokomu 2. s. Pokomo				
Mbowe s. Mbugwe				
MBUGU	T	Lushoto	13 000	
MBUGWE	T	Mbulu	8 000	C. I. 1.
Mbulu s. Iraqw				
Mbulunge s. Burungi				
MBUNGA	T	Ulanga	14 000	C. I. 11.
Mbwera s.				
Swahili/Mbwera				
Mbwila s. Safwa				
Mediak s. Dorobo				
Mera s. Kuria				
Meru (am Meru-Berg)				
s. Rwo				
MERU				C. I. 17.
Chuka			20 000	
Miutini, Muthambi,			15 000	
Igoji				
Mwimbi	K	Meru	20 000	
Imenti			92 000	
Tigania			49 000	
Igembe			50 000	
Tharaka	K	Meru, Kitui	17 000	
		(zusammen:)	263 000	
Meta s. Makua				
Metume s. Kikuyu				
Mgera s. Luguru				
Mhadze s. Zaramu				
Mia s. Teso				
Miro s. Lango				
Mirra s. Kuria				
Mitupi s. Makua				
Miutini s. Meru/Miutini				
Mnyot s. Kipsigis				
MOGOGODO	K	Nanyuki	1 000	
Mohamed Zubeir s.				
Somali				
Monga s. Nyika/Digo				
Mongo s. Kuria				
Mosiroi s. Dorobo				
Mpororo s.				
Nkole/Hororo				

Stammesname	Land	Distrikt	Seelen-zahl	Kapitel
Mporwe s. Makua				
Mpoto s. Wanyasa				
Mrima s. Swahili/Mrima				
Mshope s. Ngoni				
Mtawi s. Nyika/Digo				
Mugirango s. Gusii				
Mukulu s. Luyia/Wanga				
Muno s. Pokomo				
Munya s. Pokomo				
Munyo s. Pokomo				
Murille s. Somali				
Muthamba s. Meru/Muthambi				
Muthambi s. Meru/Muthambi				
Mvioni s. Bondei				
Mwanga s. Nyamwanga				
Mwani s. Haya				
Mwenewunge s. Wungu				
MWERA 1 (einschl. HAMBA)	T	Kilwa, Lindi, Nachingwea	110 000	C. I. 12.
MWERA 2	T	Songea	7 000	C. I. 12.
Mweri s. Nyamwezi				
Mwimbe s. Meru/Mwimbi				
Mwimbi s. Meru/Mwimbi				
Mwina s. Pokomo				
Mwita s. Swahili/Mvita				
Nahosa s. Nyahoza				
Namwanga s. Nyamwanga				
NANDI (einschl. TERIK)	K	Elgeyo-Marakwet, Nandi	117 000	C. II. 5.
Nangia s. Ngiangeya				
Nankhwilu s. Nyamwezi				
Napore s. Ngiangeya				
Nata s. Ikoma				
Nchari s. Gusii (?); Kuria (?)				
Nda s. Wanda				
Ndali s. Nyakyusa				
NDAMBA	T	Ulanga	19 000	C. I. 11.
Ndegere s. Nyika/Rest-gruppen				
Ndendeule s. Ngoni				
NDENGEREKO	T	Bagamoyo, Kisarawe, Rufiji	55 000	C. I. 13.
Ndera s. Pokomo				

Stammesname	Land	Distrikt	Seelen-zahl	Kapitel
Nderobo s. Dorobo				
Ndgengereko s.				
Ndengereko				
Ndia s. Kikuyu/Ndia				
Ndigiri s. Nyika/Rest-				
gruppen				
Ndonde s. Ngindo				
Ndorobo s. Dorobo				
Ndura s. Pokomo				
Ndwewe s. Ngindo				
Nege s. Hadzapi				
Nena s. Pangwa				
Ngao s. Pokomo				
Ngaramanig s. Dorobo				
Ngasa s. Chaga				
Ngatana s. Pokomo				
Nghamba s. KUTU				
Nggulak s. Teuso				
Nghwele s. Kwere				
NGIAKWAI	U	Karamoja	1 500	
NGIANGEYA	U	Karamoja	3 000	
Ngijie s. Jie				
NGINDO (einschl.	T	Kilwa, Lindi,	100 000	C. I. 12.
NDONDE, MAGINGO,		Nachingwea, Ulanga,	(1956)	
CHOBO, IKEMBA,				
HAMBA, NDWEWE)				
Nginga s. Pangwa				
Ngingo s. Ngindo				
Ngi-pore s. Napore				
Ngiporen s. Ngiangeya				
Ngiturkana s. Turkana				
NGOMA	K	Elgon Nyanza		
Ngomanek s. Ngoma				
Ngomwia s. Gogo				
NGONI (einschl.	T	Kahama, Mbeya,	85 000 [2]	C. I. 12.
NDENDEULE,		Njombe, Songea,		
MAWINDI)		Ulanga		
Ngoroine s. Nguruimi				
Ngruimi s. Nguruimi				
NGULU	T	Handeni, Morogoro	46 000	C. I. 15.
Ngupe s. Pokot				
Ngureme s. Nguruimi				
Nguru s. Ngulu				
NGURUIMI	T	Musoma	12 000	
Nguu s. Ngulu				
Ngwele s. Kwere				
Ngwira s. Hehe				
Nika (an der Ostküste)				
s. Nyika				

285

Stammesname	Land	Distrikt	Seelen-zahl	Kapitel
Nika (südlich des Rukwa-Sees) s. Nyiha				
Nindi s. Matengo				
Njamusi s. Njemps				
Njelu s. Ngoni				
NJEMPS	K	Baringo		
Nji s. Wanji				
Njole s. Nyika/Rest-gruppen				
Njuwe s. Tharaka				
NKOLE (einschl. HORORO)	U	Ankole, Kigezi, Masaka	520 000 (1959)	C. I. 6.
Nkonde s. Nyakyusa				
Nkore s. Nkole				
Nkunda s. Sagara				
Nkwifya s. Sagara				
Nonega s. Datoga				
Nselya s. Nyakyusa				
Ntali s. Nyakyusa				
Nyabasi s. Kuria				
NYAHOZA	T	Kibondo	wahrsch. nicht über Tausend	
Nyagatwa s. Zaramu				
Nyaihangiro s. Haya				
Nyakihawa s. Nyakyusa				
Nyakivinga s. Nyakyusa				
Nyakwai s. Ngiakwai				
NYAKYUSA (einschl. SELYA, KUKWE, SAKU, NDALI, PENJA, NYIHA am Kiwira-Fluß, LUGULU)	T	Mbeya, Rungwe	229 000	C. I. 9.
Nyala s. Luyia/Kabras bzw. Luyia/Kakalelwa				
Nyamanga s. Nyamwanga				
Nyamba s. Haya				
Nyambo s. Haya				
Nyamongo s. Kuria				
NYAMWANGA (einschl. IWA)	T	Mbeya, Ufipa	27 000 [2]	C. I. 9.
NYAMWEZI	T	Kahama, Mpanda, Nzega, Tabora	370 000	C. I. 8.
Nyangeya s. Ngiangeya				
Nyangori s. Nandi (Terik)				
Nyanko s. Haya				
Nyankore s. Nkole				

Stammesname	Land	Distrikt	Seelen-zahl	Kapitel
Nyanyembe s. Nyamwezi				
Nyaribari s. Gusii				
Nyarwanda s. Rwanda				
Nyasa s. Wanyasa				
Nyaturu s. Rimi				
Nyembe s. Nyamwezi				
Nyifa s. Luo				
Nyifwa s. Luo				
NYIHA südlich des Rukwa-Sees (einschl. LAMBYA, MALILA, RAMBIA)	T	Mbeya, Rungwe, Ufipa	89 000 [2]	C. I. 10.
Nyiha (am Kiwira-Fluß) s. Nyakyusa				
Nyijie s. Jie				
Nyika (südlich des Rukwa-Sees) s. Nyiha				
NYIKA				C. I. 18.
Digo	K	Kwale, Mombasa	100 000	
	T	Tanga		
Duruma	K	Kwale	60 000	
Rabai			7 500	
Ribe			1 500	
Kambe			3 000	
Jibana	K	Kilifi	4 500	
Chonyi			13 000	
Kauma			4 500	
Giryama			120 000	
Restgruppen (Boni, Sanye usw.)	K	Kilifi, Kwale	wahrsch. nicht über 2 000	
Nyiramba s. Iramba				
Nyixa s. Nyiha				
Nyole (in O-Uganda) s. Nyuli				
Nyole (in SW-Kenya) s. Luyia/Nyore				
Nyore (in O-Uganda) s. Nyuli				
Nyore (in SW-Kenya) s. Luyia/Nyore				
NYORO	U	Bunyoro, Mubende	200 000 (1959)	C. I. 6.
NYULI	U	Bukedi	57 000	C. I. 4.
Nyungwe s. Nyahoza				
Oikop s. Baraguyu				

Stammesname	Land	Distrikt	Seelen-zahl	Kapitel
OKEBO	U	West Nile	5 000	
Okiek s. Dorobo				
Okiot s. Dorobo				
Orm s. Galla				
Orma s. Galla				
Oromo s. Galla				
Pachuni s. Swahili/Bajuni				
PADHOLA	U	Bukedi	73 000	C. II. 2.
Pajellu s. Pajulu				
PAJULU	K	Turkana	1 000 [4]	
Pakombe s. Amba				
Pakot s. Pokot				
Paluo s. Palwo				
PALWO	U	Bunyoro	10 000	
PANGWA	T	Njombe, Songea	31 000	C. I. 12.
PARE	T	Pare	99 000	C. I. 16.
Pate s. Swahili/Pate				
Patjulu s. Pajulu				
Pawir s. Palwo				
Pemba s. Swahili/Pemba				
Penja s. Nyakyusa				
Phangala s. Luguru				
Phangara s. Luguru				
PIMBWE	T	Mpanda, Songea	13 000	C. I. 9.
POGORO	T	Ulanga	65 000	C. I. 11.
Pöjulu s. Pajulu				
Pok s. Kony				
POKOMO (einschl. KOROKORO)	K	Northern Frontier, Tana River	17 000	C. I. 18.
POKOT (einschl. MARAKWET und ENDO)	U K	Karamoja Baringo, Karasuk, Transnzoia, West Suk	63 000	C. II. 5.
Pokwut s. Pokot				
Polopwe s. Makua				
Poma s. Ngoni				
Ponda s. Luguru				
Pook s. Kony				
Poren s. Ngiangeya				
Pororo s. Nkole				
Poroto s. Safwa				
Rabai s. Nyika/Rabai				
Rabaye s. Nyika/Rabai				
Rabbai s. Nyika/Rabai				
Ragoli s. Luyia/Logoli				
Rahai s. Nyika/Rabai				
Ramatta s. Galla				

Stammesname	Land	Distrikt	Seelen-zahl	Kapitel
Rambia s. Nyiha				
Randale s. Rendile				
Randili s. Rendile				
RANGI	T	Kondoa	96 000	C. I. 1.
Rashiat s. Geleba				
Regi s. Shashi				
(einschl. Kara)				
Reimojik s. Datoga				
Reki s. Shashi				
(einschl. Kara)				
Remi s. Rimi				
Renchoka s. Kuria				
RENDILE	K	Northern Frontier	wenige Tausende	C. II. 6.
Reshiat s. Geleba				
Riangulo s. Nyika/Rest-gruppen				
Ribe s. Nyika/Ribe				
Rihe s. Nyika/Ribe				
RIMI (südlich des Eyasi-Sees)	T	Manyoni, Singida	182 000	C. I. 1.
Rimi (nördlich des Viktoria-Sees) s. Luyia/Wanga bzw. Luyia/Kabras				
Risiat s. Geleba				
Rogoli s. Luyia/Logoli				
Roh s. Rwo				
RONGO	T	Geita, Kahama	25 000	
Rori s. Sangu				
Rotagenga s. Datoga				
Rotigenga s. Datoga				
Ruanda s. Rwanda				
RUFIJI (einschl. MAWANDA)	T	Kisarawe, Rufiji	72 000	C. I. 13.
Ruguru s. Luguru				
RUNDI				
Rundi i. e. S. (außer-halb des Königreichs Burundi)	T/U	in vielen Distrikten	heute weit über 100 000	
Hangaza	T	Ngara	55 000	
RUNGU	T	Ufipa	11 000 [2]	C. I. 9.
RUNGWA	T	Mpanda	5 000	C. I. 9.
Ruo (am Viktoria-See) s. Luo				
Ruo (am Meru-Berg) s. Rwo				
Ruri s. Jita				
Rusha s. Kuma				

Stammesname	Land	Distrikt	Seelen-zahl	Kapitel
Rusia s. Geleba				
Rutageink s. Datoga				
Ruvu s. Zigua				
Rwana s. Nyamwezi				
RWANDA (außerhalb der Republik Rwanda)	T/U	in vielen Distrikten	110 000	
RWO	T	Arusha	25 000	C. I. 16.
Sabaot s. Kony (einschl. Pok)				
Sabaut s. Kony (einschl. Pok)				
Sabei s. Sebei				
SAFWA (einschl. GURUKA, MBWILA, SONGWE)	T	Chunya, Mbeya	46 000	C. I. 10.
Sagala s. Sagara				
SAGARA (einschl. ITUMBI)	T	Kilosa, Mpwapwa	23 000	
Saku s. Nyakyusa				
Sakuye s. Galla (einschl. Sakuye)				
Sakuyu s. Galla (einschl. Sakuye)				
Salagwajek s. Datoga				
SAMBAA	T	Lushoto, Tanga	152 000	C. I. 15.
Sambala s. Sambaa				
Sambara s. Sambaa				
Sambur s. Samburu				
SAMBURU	K	Laikipia, Northern Frontier	20 000	C. II. 6.
Samia s. Luyia/Samia				
Sampur s. Samburu				
SANDAWE	T	Kondoa	28 000	
SANGU (einschl. RORI)	T	Chunya, Mbeya	30 000	C. I. 10.
Sania s. Nyika/Rest-gruppen				
Sanye s. Nyika/Rest-gruppen				
Sapei s. Sebei				
Sapiny s. Sebei				
Saramo s. Zaramu				
Savei s. Sebei				
SEBEI	U	Bugisu	24 000	C. II. 5.
SEGEJU	T	Tanga	15 000	C. I. 18.
	K	Kwale		
Segua s. Zigua				
Selya s. Nyakyusa				
Sese s. Ganda				
Shaka s. Chaga				

Stammesname	Land	Distrikt	Seelen-zahl	Kapitel
Shambaa s. Sambaa				
Shambala s. Sambaa				
Shambara s. Sambaa				
SHASHI (einschl. KARA)	T	Musoma, Ukerewe	34 000	C. I. 2.
Shifalu s. Palwo				
Shimba s. Nyika/Digo				
Shinyanga s. Sukuma				
Shirazi s. Swahili				
Shomvi s. Zaramu				
Shubi s. Subi				
Si s. Alawa				
Sigula s. Zigua				
Simbiti s. Kuria				
Simityek s. Datoga				
Simjega s. Datoga				
Singa (an der Ostküste Tanganyikas) s. Segeju				
Singa (am Ostufer des Viktoria-Sees) s. Gusii				
Singaju s. Segeju				
Sinja s. Zinza				
Sinyanga s. Sukuma				
Siria s. Masai/Loitai				
Situ s. Ngoni				
Siu s. Swahili/Siu				
Siyu s. Swahili/Siu				
Sizaki s. Shashi				
Soba s. Suba				
Soeta s. Suba				
SOGA	U	Busoga	430 000	C. I. 5.
Sokile s. Nyakyusa				
SOMALI	K	Northern Frontier	56 000	C. II. 7.
Songo s. Machinga				
Songwe s. Safwa				
SONJO	T	Masai	4 500 (1957)	C. I. 2.
Sova s. Suba				
Sowa s. Holoholo				
SUBA	T	North Mara	17 000	C. I. 3.
Subaki s. Pokomo				
Subakini s. Pokomo				
SUBI	T	Geita, Ngara	75 000	C. I. 7.
Sui s. Subi				
Suk s. Pokot				
SUKUMA	T	Geita, Kwimba, Maswa, Mwanza, Shinyanga	900 000	C. I. 8.
SUMBWA (einschl. FYOMA)	T	Biharamulo, Geita, Kahama	64 000	

Stammesname	Land	Distrikt	Seelen-zahl	Kapitel
Surwa s. Suba				
Suvi s. Subi				
SWAHILI (einschl.				C. I. 18.
SHIRAZI und ARABER)				
Bajuni	K	Lamu	20 000 [1]	
Pate	K	Lamu ⎫		
Siu	K	Lamu ⎬	3 000	
		⎭		
Amu	K	Lamu	10 000	
		⎧ Kilifi (mit Malindi)	10 000	
Mvita	K	⎨ Mombasa (mit der Stadt Mombasa)	28 000	
		⎩ Kwale		
Vumba	K	Kwale ⎫		
Jomba	⎧ K	Kwale ⎬	9 000	
	⎩ T	Tanga (mit der Stadt Tanga) ⎫		
		⎧ Tanga (mit der Stadt Tanga) ⎬	11 000	
		Pangani	9 000	
Mrima	T	⎨ Bagamoyo	3 000	
		Kisarawe (mit Dar es Salaam)	9 000	
		⎩ Rufiji (Festland)	4 000	
Mbwera	T	Rufiji (Mafia-Inseln)	11 000	
Pemba	Z	Insel Pemba	13 000	
Hadimu	Z	Insel Zanzibar	30 000	
Tumbatu	Z	Insel Zanzibar, Tumbatu und Pemba	36 000	
Andere Swahili von Zanzibar	Z	Insel Zanzibar einschl. Stadtbewohner	43 000	
Sweta s. Suba				
Swi s. Subi				
Tabori s. Kuria				
Tadjoni s. Luyia/Tadjoni				
Tageta s. Hehe				
Tagwenda s. Toro				
Takama s. Nyamwezi				
Takama s. Rimi				
Taita s. Teita				
Talamoje s. Somali				
Talamuga s. Somali				
Tanuka s. Toro				
Tatog s. Datoga				
Tatsoni s. Luyia/Bugusu				

[1] Zusammen mit den in Somaliland lebenden Bajuni.

Stammesname	Land	Distrikt	Seelen-zahl	Kapitel
Taturu s. Datoga				
TAVETA	K	Teita	6 000	C. I. 16.
TEITA	K	Teita	57 000	C. I. 16.
Temekwira s. Bena				
Temi s. Sonjo				
Tende s. Kuria				
Tepes s. Tepeth				
TEPETH	U	Karamoja	4 000	
Terik s. Nandi				
Teriki s. Luyia/Tiriki				
Tesio s. Teso				
TESO (einschl. ELGUMI)	U K	Bukedi, Teso Elgon Nyanza	508 000	C. II. 4.
Tesyo s. Teso				
TEUSO	U	Karamoja	1 500	
Teuth s. Teuso				
Tharaka s. Meru/Tharaka				
Theraka s. Meru/Tharaka				
Tiamus s. Njemps				
Tigania s. Meru/Tigania				
Tikulu s. Swahili/Bajuni				
Tikuu s. Swahili/Bajuni				
Timbaru s. Kuria				
Tindega s. Hadzapi				
Tindiga s. Hadzapi				
Tiriki s. Luyia/Tiriki				
Tiwi s. Nyika/Digo				
Tjaga s. Chaga				
To s. Pokot (einschl. Marakwet und Endo)				
Tobur s. Labwor				
TONGWE	T	Kigoma, Mpanda	9 000	
TORO	U	Toro	185 000 (1959)	C. I. 6.
Torobo s. Dorobo				
Towso s. Teuso				
Tsotso s. Luyia/Tsotso				
Tugen s. Tuken				
TUKEN	K	Baringo	67 000	
Tuku s. Toro				
Tumbatu s. Swahili/Tumbatu				
Tupeita s. Taveta				
TURKANA	K	Turkana	77 000	C. II. 4.
Turu s. Rimi				
Tuta s. Ngoni				
Tweta s. Taveta				

Stammesname	Land	Distrikt	Seelen- zahl	Kapitel
Uasin-Gishu s. Masai/Wuasin-Kishu				
Unguja s. Swahili von Zanzibar				
Upe s. Pokot				
VIDUNDA	T	Kilosa	15 000	
Vinamwanga s. Nyamwanga				
Vinyamwanga s. Nyamwanga				
VINZA	T	Kigoma	5 000	
Vugusu s. Luyia/Bugusu				
Vukusu s. Luyia/Bugusu				
Vuma s. Ganda				
Vumba s. Swahili/Vumba				
Vungu s. Wungu				
Wahi s. Hadzapi				
Wakala s. Galla				
Wamia s. Teso				
WANDA	T	Mbeya	8 000	C. I. 9.
Wanderobo s. Dorobo				
Wanege s. Hadzapi				
Wanga (in SW-Kenya) s. Luyia/Wanga				
WANJI	T	Njombe	18 000	C. I. 10.
Wanonega s. Datoga				
WANYASA (einschl. MPOTO)	T	Songea	36 000 [2]	C. I. 12.
Warday s. Galla				
Ware s. Gusii				
Wasi (am Manyara-See) s. Alawa				
Wasi (nördlich des Mara-Flusses) s. Kuria				
Watu-wa-Mrima s. Swahili/Mrima				
Watu-wa-Mvita s. Swahili/Mvita				
Wende s. Bende				
Widunda s. Vidunda				
Winamwanga s. Nyamwanga				
Winyamwanga s. Nyamwanga				
Winza s. Vinza				
Wiwa s. Nyamwanga (einschl. Iwa)				

Stammesname	Land	Distrikt	Seelen-zahl	Kapitel
Wuasin-Kishu s. Masai/Wuasin-Kishu				
WUNGU	T	Chunya	8 000	C. I. 10.
Xayo s. Luyia/Hayo				
Yambi s. Iambi				
Yandi s. Amba				
Yanzi s. Kimbu				
Yeke s. Nyamwezi				
Yikungu s. Nyamwezi				
YAO	T	Masasi, Nachingwea, Songea, Tunduru	127 000 [1]	C. I. 12.
Yinga s. Hehe				
Yoya s. Ngoni				
Yoza s. Haya				
Yunda s. Pokomo				
ZANAKI	T	Musoma	23 000	
ZARAMU (einschl. MHADZE, NYAGATWA	T	Bagamoyo Kisarawe	174 000	C. I. 14.
Zeguha s. Zigua				
Zegula s. Zigua				
Zegura s. Zigua				
Ziba s. Haya				
ZIGUA (einschl. RUVU)	T	Bagamoyo, Handeni, Morogoro, Pangani	122 000	C. I. 15.
Zigula s. Zigua				
ZINZA	T	Biharamulo, Geita, Ngara	56 000 (1957)	C. I. 7.
Ziraha s. Sagara				
Zubaki s. Pokomo				
Zungwa s. Hehe				

Verzeichnis Nr. 3

Liste der Distrikte von Kenya, Tanganyika-Sansibar und Uganda

Anhang zu den Kapiteln C und D

Vermerke zur Liste

Die Längen- und Breitengrade werden zur Präzisierung der geographischen Lage der Distrikte angeführt. Diese Angaben geben jedoch keinen direkten Aufschluß über die Größe der einzelnen Distrikte.

In dieser Liste wurden weder die Synonyma der Stammesnamen noch die Namen von Unterstämmen aufgenommen (vgl. Verzeichnis Nr. 2).

| Distrikt | Lage zwischen | | Land | Stämme |
	Längen-graden	Breiten-graden		
Acholi	31—34	4—2 N	U	Acholi, Madi
Ankole	29—32	1—1 N/S	U	Kiga, Nkole
Arusha	36—37	3—4 S	T	Arusa (am Meru-Berg), Rwo
Bagamoyo	38—39	6—7 S	T	Baraguyu, Doe, Kwere, Ndengereko, Swahili, Zaramu, Zigua
Baringo	35—37	1—0 N	K	Dorobo, Elgeyo, Njemps, Pokot, Tuken
Biharamulo	31—32	2—3 S	T	Ha, Haya, Sumbwa, Zinza
Bugisu	34—35	2—0 N	U	Gisu, Sebei
Bukedi	33—35	2—0 N	U	Gwe, Gwere, Luyia, Nyuli, Padhola, Teso
Bukoba	31—32	1—2 S	T	Haya
Bunyoro	31—33	3—1 N	U	Nyoro, Palwo
Busoga	33—34	2—0 N	U	Soga
Central Nyanza	34—35	1—1 N/S	K	Luo, Luyia
Chunya	32—34	7—8 S	T	Kimbu, Safwa, Sangu, Wungu
Dodoma	35—37	5—7 S	T	Baraguyu, Gogo
Elgeyo-Marakwet	35—36	2—0 N	K	Dorobo, Elgeyo, Nandi
Elgon Nyanza	34—35	1—0 N	K	Kony, Lago, Luyia, Ngoma, Teso
Embu	37—38	0—1 S	K	Embu, Ndia, Kichugu, Mbere
Fort Hall	36—38	0—1 S	K	Kikuyu

Distrikt	Lage zwischen Längengraden	Lage zwischen Breitengraden	Land	Stämme
Geita	32—33	2—3 S	T	Rongo, Subi, Sukuma, Sumbwa, Zinza
Handeni	37—39	5—6 S	T	Baraguyu, Kilindi, Masai, Ngulu, Zigua
Iramba	34—35	4—5 S	T	Iramba, Isanzu
Iringa	35—37	7—9 S	T	Baraguyu, Bena, Hehe
Kahama	31—33	3—4 S	T	Ngoni, Nyamwezi, Rongo, Sumbwa
Kajiado	36—38	1—3 S	K	Dorobo, Masai
Karagwe	30—32	1—2 S	T	Haya
Karamoja	33—35	4—1 N	U	Dodoth, Jie, Karamojong, Labwor, Ngiakwai, Ngiangeya, Pokot, Tepeth, Teuso
Karasuk	35—36	3—1 N	K	Pokot
Kasulu	30—31	4—5 S	T	Ha
Kericho	35—36	0—1 S	K	Gusii, Kipsigis, Luo
Kiambu	36—37	0—2 S	K	Kikuyu
Kibondo	30—32	3—4 S	T	Ha, Nyahoza, Kiga,
Kigezi	29—31	1—1 N/S	U	Nkole
Kigoma	29—31	5—6 S	T	Ha, Holoholo, Tongwe, Vinza
Kilifi	39—40	2—4 S	K	Galla, Nyika, Swahili
Kilosa	36—38	6—8 S	T	Baraguyu, Kaguru, Kamba, Kwiva, Sagara, Vidunda
Kilwa	38—40	8—10 S	T	Machinga, Matumbi, Mwera (1), Ngindo
Kisarawe	38—40	6—8 S	T	Kaguru, Ndengereko, Rufiji, Swahili, Zaramu
Kitui	37—39	0—3 S	K	Kamba, Meru
Kondoa	35—37	4—6 S	T	Alawa, Baraguyu, Burungi, Masai, Rangi, Sandawe
Kwale	38—40	4—5 S	K	Nyika, Segeju, Swahili
Kwimba	33—34	3—4 S	T	Sukuma
Laikipia	36—37	1—0 N	K	Dorobo, Samburu
Lamu	40—41	1—3 S	K	Swahili
Lango	32—34	3—1 N	U	Kumam, Lango
Lindi	38—40	9—11 S	T	Machinga, Makonde, Mwera (1), Ngindo
Lushoto	38—39	4—5 S	T	Mbugu, Sambaa

Distrikt	Lage zwischen		Land	Stämme
	Längen-graden	*Breiten-graden*		
Machakos	37—39	1—3 S	K	Kamba, Kikuyu
Mafia (Insel) s. Rufiji				
Manyoni	33—36	6—7 S	T	Gogo, Kimbu, Rimi
Masai	35—38	2—6 S	T	Dorobo, Masai, Sonjo
Masaka	31—32	1—1 N/S	U	Ganda, Nkole
Masasi	38—40	10—12 S	T	Makonde, Makua, Matambwe, Yao
Maswa	33—35	2—4 S	T	Hadzapi, Sukuma
Mbeya	32—35	8—10 S	T	Hehe, Ngoni, Nyakyusa, Nyamwanga, Nyiha, Safwa, Sangu, Wanda
Mbulu	35—36	3—4 S	T	Datoga, Gorowa, Hadzapi, Iraqw, Mbugwe
Mengo	31—33	2—0 N	U	Ganda
Meru	37—39	1—1 N/S	K	Meru
Mombasa	39—40	4 N	K	Nyika, Swahili
Morogoro	37—39	6—8 S	T	Kutu, Kwere, Luguru, Ngulu, Zigua
Moshi	37—38	3—4 S	T	Chaga, Kahe, Kuma, Masai
Mpanda	30—32	6—7 S	T	Bende, Holoholo, Konongo, Nyamwezi, Pimbwe, Rungwa, Tongwe
Mpwapwa	36—37	6—7 S	T	Baraguyu, Gogo, Kaguru, Sagara
Mtwara	39—41	10—11 S	T	Makonde, Matambwe
Mubende	30—32	2—0 N	U	Ganda, Nyoro
Musoma	33—35	1—2 S	T	Datoga, Ikizu, Ikoma, Jita, Kuria, Luo, Nguruimi, Shashi, Zanaki
Mwanza	32—34	2—3 S	T	Sukuma
Nachingwea	37—39	9—10 S	T	Makua, Mwera (1), Ngindo, Yao
Naivasha	36—37	0—1 S	K	Dorobo, Kikuyu, Kipsigis, Masai
Nakuru	35—37	1—1 N/S	K	Dorobo, Kikuyu, Kipsigis, Masai
Nandi	34—36	1—0 N	K	Dorobo, Nandi
Nanyuki	36—38	1—1 N/S	K	Dorobo, Mogogodo
Narok	34—37	0—2 S	K	Dorobo, Kipsigis, Kuria, Masai

298

Distrikt	Lage zwischen Längen-graden	Breiten-graden		Land	Stämme
Newala	39—40	10—11	S	T	Makonde, Matambwe
Ngara	30—31	2—3	S	T	Hangaza, Subi, Zinza
Njombe	34—35	9—10	S	T	Bena, Kinga, Kisi, Ngoni, Pangwa, Wanji
Northern Frontier	36—41	5—0	N	K	Galla, Geleba, Pokomo, Rendile, Samburu, Somali
		0—2	S		
North Mara	34—35	1—2	S	T	Kuria, Luo, Suba
North Nyanza	34—35	1—0	N	K	Luyia
Nzega	33—34	4—5	S	T	Datoga, Nyamwezi
Nyeri	36—38	0—1	S	K	Kikuyu
Pangani	38—39	3—5	S	T	Bondei, Swahili, Zigua
Pare	37—39	3—5	S	T	Baraguyu, Gweno, Pare
Pate (Insel) s. Lamu					
Pemba (Insel)	39—40	4—6	S	T	Swahili
Rufiji	38—40	7—9	S	T	Ndengereko, Rufiji, Swahili
Rungwe	33—34	9—10	S	T	Kisi, Nyakyusa, Nyiha
Shinyanga	33—34	3—4	S	T	Datoga, Sukuma
Singida	34—35	4—6	S	T	Datoga, Rimi
Songea	35—37	10—12	S	T	Bena, Matengo, Mwera (2), Ngoni, Pangwa, Pimbwe, Wanyasa, Yao
South Nyanza	34—35	0—1	S	K	Gusii, Kuria, Luo
Tabora	31—34	5—6	S	T	Nyamwezi
Tana River	38—41	1—3	S	K	Galla, Pokomo
Tanga	37—39	5—6	S	T	Bondei, Nyika, Sambaa, Segeju, Swahili
Teita	37—40	3—5	S	K	Taveta, Teita
Teso	33—35	3—1	N	U	Kumam, Teso
Thika	37—38	0—2	S	K	Kikuyu
Toro	29—32	1—0	N	U	Amba, Konjo, Toro
Transnzoia	34—36	2—0	N	K	Pokot
Tumbatu (Insel)				Z	Swahili
Tunduru	36—38	10—12	S	T	Makua, Matambwe, Yao
Turkana	34—37	5—1	N	K	Pajulu, Turkana

Distrikt	Lage zwischen		Land	Stämme
	Längen-graden	*Breiten-graden*		
Uasin Gishu	35—36	1—0 N	K	Dorobo, Masai
Ufipa	31—32	7—9 S	T	Fipa, Mambwe, Nyamwanga, Nyiha, Rungu
Ukerewe	32—34	1—3 S	T	Jita, Kangara, Kerewe, Shashi
Ulanga	36—38	8—10 S	T	Bena, Mbunga, Ndamba, Ngindo, Ngoni, Pogoro
West Nile	30—31	4—2 N	U	Alur, Jonam, Kakwa, Kuku, Lendu, Lugbara, Madi, Okebo
West Suk	35—36	2—1 N	K	Pokot
Zanzibar (Insel)	39—40	5—7 S	Z	Swahili

Verzeichnis Nr. 4

Anschriften von Instituten und Institutionen
Anhang zum Kapitel B und zur Bibliographie Nr. 4

I. Ostafrika

Kenya

Agency for International Development
of the U.S.A.
  P.O. Box 30137
  NAIROBI

Centre for Economic Research
c/o The Royal College
  P.O. Box 30197
  NAIROBI

College of Social Studies
  P.O. KIKUYU (Nairobi)

Commission for Technical Co-operation
in Africa (CCTA) Scientific Council for
Africa (CSA)
  P.O. Box 30234
  NAIROBI

East African Academy
c/o The Royal College
  P.O. Box 30197
  NAIROBI

East African Common Services
Organization (EACSO)
  P.O. Box 30005
  NAIROBI

East African Statistical Department
  P.O. Box 30462
  NAIROBI

Ford-Foundation
  P.O. Box 1081
  NAIROBI

Government Archives
  Central Govt. Bldg.
  Convention Ave
  NAIROBI

Joint Advisory Committee on Research
Aid (JACRA)
c/o The Executive Officer, Social and
Research Service Ministerial Committee
  P.O. Box 30005
  NAIROBI

Marco Surveys Ltd.
  P.O. Box 5837
  NAIROBI
UNESCO-Mission
  P.O. Box 30197
  NAIROBI

Tanganyika

East African Institute for Medical
Research (Research Organization of the
EACSO)
  P.O. Box 162
  MWANZA

Nyegezi Social Research Institute
  P.O. Box 139
  MWANZA

UNESCO-Mission
  P.O. Box 9182
  DAR ES SALAAM

University College Dar es Salaam
  P.O. Box 9184
  DAR ES SALAAM

Uganda

East African Institute of Social Research
(EAISR)
    P.O. Box 16022
    KAMPALA

East African Medical Research Council
    P.O. Box 351
    KAMPALA

Makerere University College
    P.O. Box 262
    KAMPALA

Medical Research Council — Infantile
Malnutrition Unit Old Mulago Hospital
    P.O. Box 2072
    KAMPALA

Uganda Society
    National Theatre Bldg.
    KAMPALA

University of East Africa
    P.O. Box 44
    ENTEBBE

II. Außerhalb Ostafrika [1]

Äthiopien

United Nations Economic Commission
for Africa (UNECA)
Social Investigation Unit
    P.O. Box 3001
    ADDIS ABABA

Belgien

Centre de Documentation Économique et
Sociale Africaine (CEDESA)
    42, Rue de Commerce
    BRUXELLES

Institut de Sociologie Solvay —
Université Libre de Bruxelles
    Parc Leopold
    BRUXELLES

Institut pour la Recherche Scientifique
en Afrique Centrale (IRSAC)
    BRUXELLES

International Institute of Differing
Civilisations (INCIDI)
    11, Boul. de Waterloo
    BRUXELLES

Deutschland

Afrika-Studienstelle des IFO-Instituts
für Wirtschaftsforschung
    8 MÜNCHEN 27
    Pienzenauerstraße 44

Afrika-Verein e. V.
    2 HAMBURG 36
    Schleusenbrücke 1

Arbeitsgemeinschaft deutscher wissen-
schaftlicher Forschungsinstitute
— Arbeitskreis Entwicklungsländer —
Arbeitsgruppe Afrika
    53 BONN
    Koblenzer Straße 170

Arnold-Bergstraesser-Institut für kulturwissenschaftliche Forschung
    78 FREIBURG i. Br.
    Erbprinzstraße 18

Bremer Ausschuß für Wirtschaftsforschung
    28 BREMEN
    Am Bahnhofsplatz 29/VII

Bundesministerium für wirtschaftliche
Zusammenarbeit (BWZ)
    53 BONN
    Kaiserstraße 185—197

---

[1] Vgl. Begriffsbestimmung „Ostafrika" auf Seite 6.

Deutsche Afrika-Gesellschaft e. V.
53 BONN
Markt 10—12

Deutsche Gesellschaft für Völkerkunde
53 BONN
Liebfrauenweg 7

Deutsche Stiftung für Entwicklungsländer — Dokumentation und Zentral-
register —
53 BONN
Königstraße 95

Forschungsstelle der Friedrich-Ebert-
Stiftung e. V.
53 BONN
Koblenzer Straße 75

Forschungsstelle für Entwicklungshilfe
an der Universität des Saarlandes
66 SAARBRÜCKEN 15
Universität — Stadtwald

Frobenius-Institut
6 FRANKFURT/M
Liebigstraße 41

Hamburgisches Welt-Wirtschafts-Archiv
2 HAMBURG 36
Poststraße 11

Institut für Empirische Soziologie
66 SAARBRÜCKEN
Trillerweg 48

Institut für Völkerkunde der Ludwig-
Maximilians-Universität München
8 MÜNCHEN
Museuminsel 1
Deutsches Museum

England

Department of Technical Co-operation
Eland House, Stage Place
LONDON, S.W. 1

Institute of Race Relations
36 Jermyn street
LONDON, S.W. 1

International African Institute
— International Institute of African
Languages and Cultures —
St. Dunstan's Chambers
10—11 Fetter Lane, Fleet street
LONDON, E.C. 4

National Institutes of Health, U.S.A.
Office of International Research
24/31 Grosvenor Square
LONDON

Standing Conference on Library
Materials on Africa (SCOLMA)
University of London
LONDON, W.C. 1

Frankreich

Centre d'Études et de Documentation
sur l'Afrique et l'Outre-Mer
(CEDAOM)
31 Quai Voltaire
VIIe PARIS

Institut National de la Statistique et
des Études Économiques (INSEE)
— Service de la Coopération —
41 Quai Branly
VIIe PARIS

Musée de l'Homme
Palais de Chaillot
XVIe PARIS

Italien

Food and Agricultural Organization of
the United Nations (FAO)
   via delle Terme di Caracalla
   ROMA

Istituto Italiano per l'Africa
   via Aldrovandi, 16
   ROMA

Kanada

Committee on African Studies
   4071 Grand Boulevard
   MONTREAL 28

U.S.A.[1]

African Affairs — National Academy
of Sciences
   2101 Constitution Ave.
   WASHINGTON, D.C.

African Studies Association
   409, W. 117 St.
   NEW YORK 27

External Research Staff
Bureau of Intelligence and Research
   Department of State
   WASHINGTON, D.C.
Library of Congress, African Section
   WASHINGTON 25, D.C.

---

[1] Informationen über die zahlreichen anderen Institutionen, die sich in den
USA mit Afrikaforschung befassen, können vor allem bei der African Studies
Association angefordert werden.

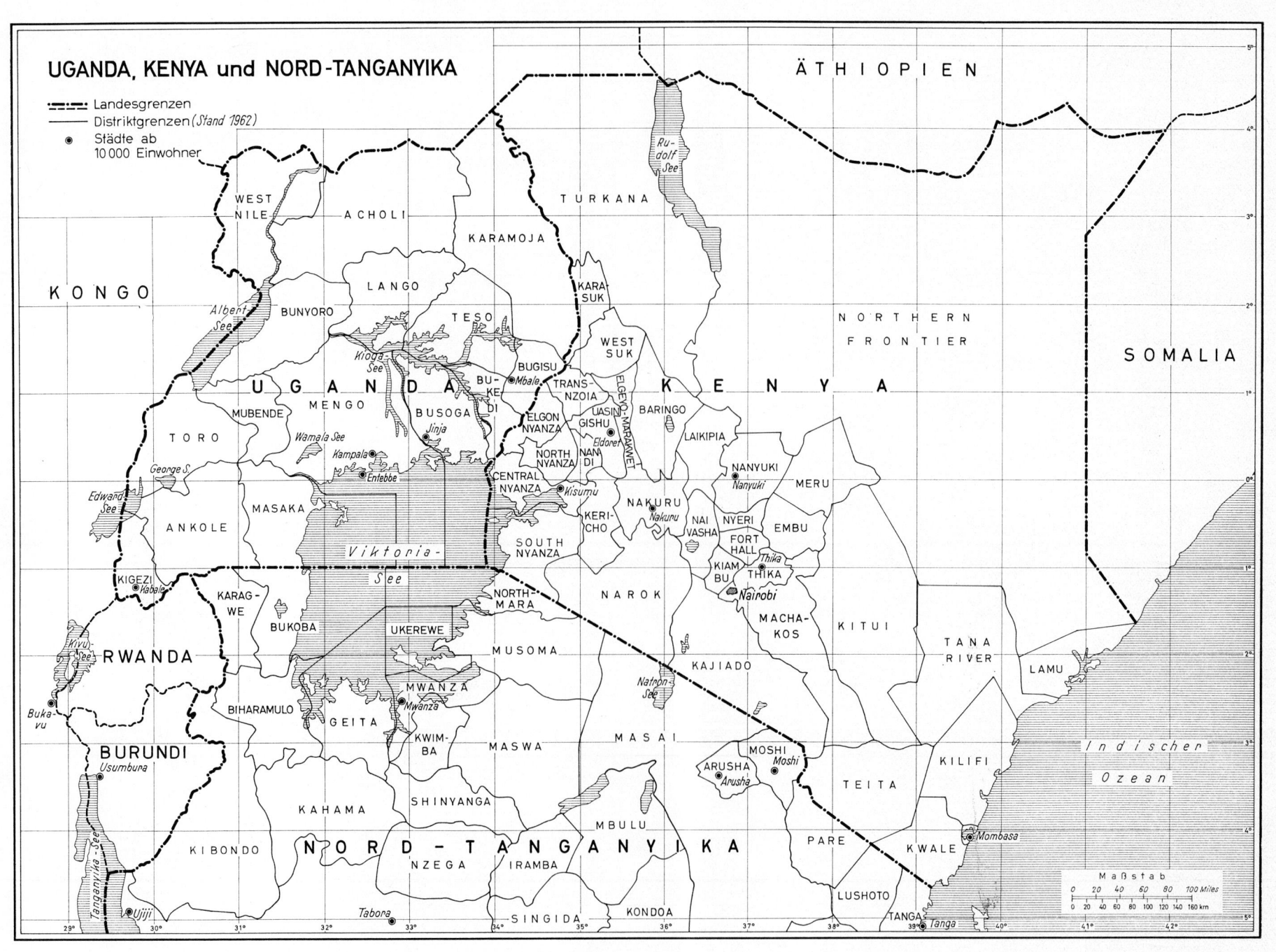

UGANDA, KENYA und NORD-TANGANYIKA

Landesgrenzen
Distriktgrenzen *(Stand 1962)*
Städte ab
10 000 Einwohner

ÄTHIOPIEN

KONGO

WEST
NILE

ACHOLI

TURKANA

*Ru-
dolf
See*

KARAMOJA

LANGO

KARA-
SUK

*Albert
See*

BUNYORO

TESO

WEST
SUK

NORTHERN
FRONTIER

SOMALIA

UGANDA

MUBENDE

MENGO

*Kioga
See*

BUGISU

BU-
KE-
DI

TRANS-
NZOIA

ELGEYO-MARAKWET

BUSOGA

Mbale

KENYA

BALINGO

BARINGO

TORO

Wamala See

Jinja

ELGON
NYANZA

UASIN
GISHU

NAN-
DI

NANYUKI

Nanyuki

MERU

Kampala

NORTH
NYANZA

Eldoret

LAIKIPIA

George S.

Entebbe

CENTRAL
NYANZA

Kisumu

NAKURU

*Edward
See*

MASAKA

KERI-
CHO

Nakuru

NAI-
VASHA

NYERI

EMBU

ANKOLE

*Viktoria-
See*

SOUTH
NYANZA

FORT
HALL

Thika

KIAM-
BU

THIKA

KIGEZI

Kabale

NAROK

Nairobi

*Kivu-
See*

KARAG-
WE

NORTH-
MARA

MACHA-
KOS

KITUI

RWANDA

BUKOBA

UKEREWE

MUSOMA

TANA
RIVER

LAMU

*Buka-
vu*

BIHARAMULO

MWANZA

KAJIADO

*Indischer
Ozean*

BURUNDI

GEITA

Mwanza

KWIM-
BA

MASAI

Usumbura

MASWA

MOSHI

KILIFI

ARUSHA

Moshi

KAHAMA

SHINYANGA

Arusha

TEITA

KIBONDO

NZEGA

IRAMBA

NORD-TANGANYIKA

MBULU

PARE

KWALE

Mombasa

LUSHOTO

Maßstab
0 20 40 60 80 100 Miles
0 20 40 60 80 100 120 140 160 km

Tanganjika-See

Ujiji

Tabora

SINGIDA

KONDOA

TANGA

Tanga

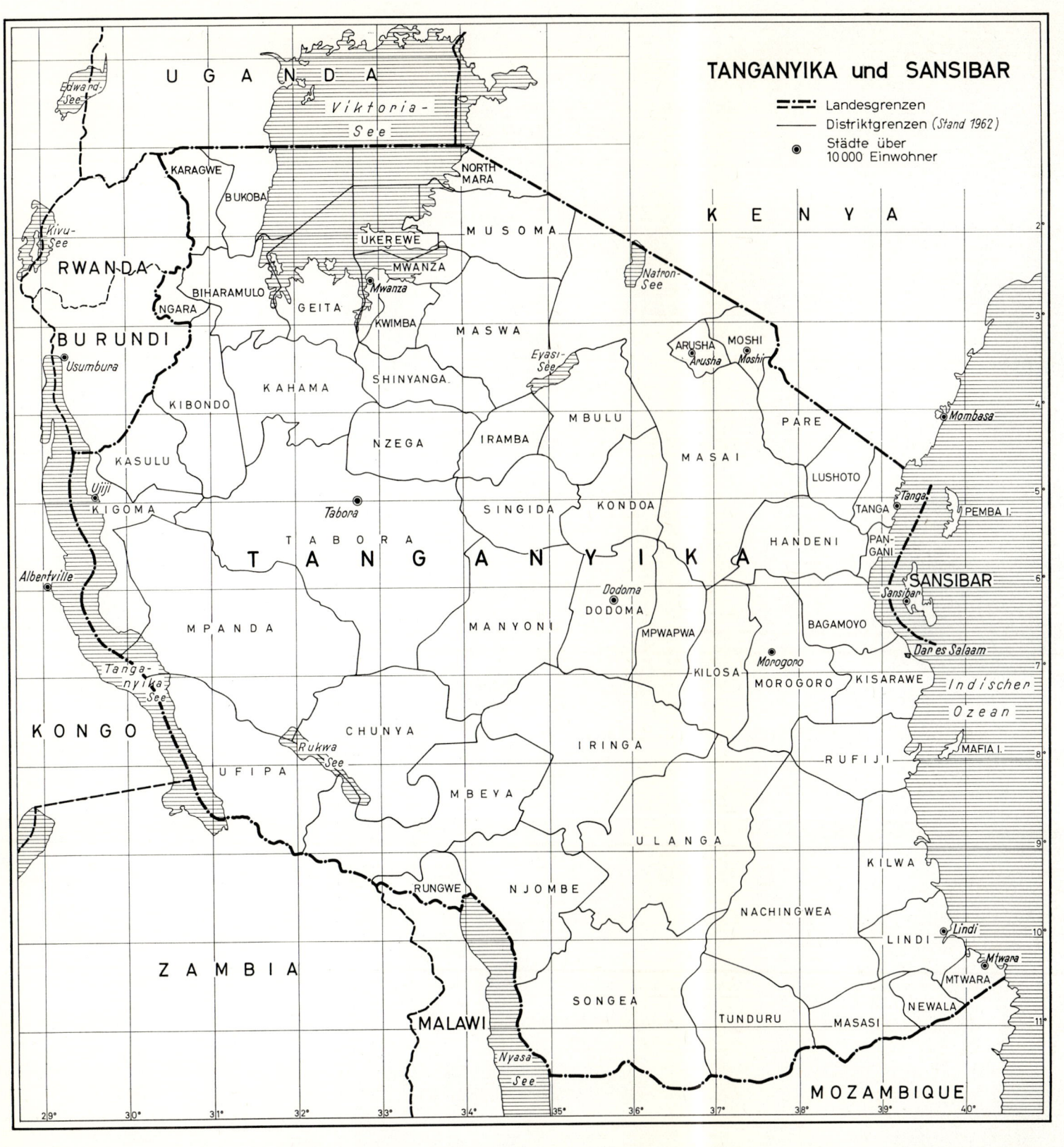

TANGANYIKA und SANSIBAR

Landesgrenzen
Distriktgrenzen (Stand 1962)
Städte über
10000 Einwohner

UGANDA

Edward-See

Viktoria-See

KARAGWE
BUKOBA
NORTH MARA
KENYA

Kivu-See
RWANDA
UKEREWE
MUSOMA
Natron-See

BURUNDI
NGARA
BIHARAMULO
GEITA
MWANZA
Mwanza
ARUSHA
Arusha
MOSHI
Moshi

Usumbura
KWIMBA
MASWA
Eyasi-See

KIBONDO
KAHAMA
SHINYANGA
MBULU
MASAI
Mombasa

KASULU
NZEGA
IRAMBA
PARE

Ujiji
KIGOMA
Tabora
SINGIDA
KONDOA
LUSHOTO
TANGA
Tanga

TABORA
TANGANYIKA
HANDENI
PEMBA I.

Albertville
MPANDA
MANYONI
Dodoma
DODOMA
MPWAPWA
BAGAMOYO
PANGANI
SANSIBAR
Sansibar

KONGO
Tanganyika-See
KILOSA
Morogoro
MOROGORO
KISARAWE
Dar es Salaam
Indischer
Ozean

Rukwa-See
CHUNYA
IRINGA
RUFIJI
MAFIA I.

UFIPA
MBEYA
ULANGA
KILWA

ZAMBIA
RUNGWE
NJOMBE
NACHINGWEA
Lindi
LINDI

SONGEA
Mtwara
MTWARA
NEWALA

MALAWI
Nyasa-See
TUNDURU
MASASI

MOZAMBIQUE

Frau Dr. A. v. Molnos
c/o Afrika-Studienstelle
    IFO-Institut
 8 München 27
   Pienzenauerstr. 44

KORREKTURVORSCHLÄGE
(Bitte mit Maschine oder Druckschrift ausfüllen
und an die obige Adresse einschicken)

Fehler	Seite	Zeile	Korrekturen

Bemerkungen:

Name des Lesers:

Beruf:

Adresse:

Frau Dr. A. v. Molnos
c/o Afrika-Studienstelle
   IFO-Institut
8 München 27
   Pienzenauerstr. 44

ERGÄNZUNGEN
(Bitte mit Maschine oder Druckschrift ausfüllen
und an die obige Adresse einschicken)

Kap.	Seite	Zeile	Wichtige Informationen, Angaben, bibliographische und sonstige Daten, die im Buch fehlen.

Bemerkungen:

Name des Lesers:

Beruf:

Adresse: